国家哲学社会科学
基金项目03BZX053阶段性成果

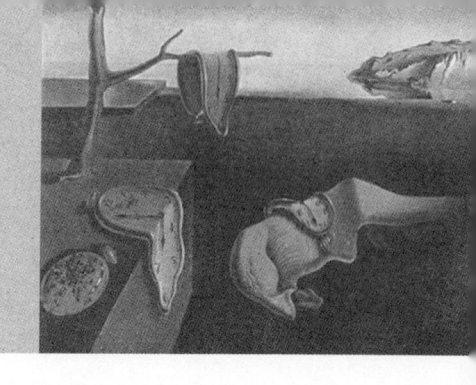

ESCAPING FROM THE ETHICAL RISK IN
INTERNATIONAL ECONOMICS

逃离国际经济中的伦理风险

韦正翔/著

中国社会科学出版社

图书在版编目（CIP）数据

逃离国际经济中的伦理风险/韦正翔著. —北京：中国社会科学出版社，2008.1
ISBN 978-7-5004-6482-2

Ⅰ. 逃… Ⅱ. 韦… Ⅲ. 国际经济学：伦理学—研究 Ⅳ. B82-053

中国版本图书馆 CIP 数据核字（2007）第 164706 号

责任编辑　李炳青
责任校对　徐幼玲
封面设计　回归线视觉传达
版式设计　张汉林

出版发行	中国社会科学出版社		
社　　址	北京鼓楼西大街甲 158 号	邮　编	100720
电　　话	010—84029450（邮购）		
网　　址	http://www.csspw.cn		
经　　销	新华书店		
印　　刷	北京新魏印刷厂	装　订	广增装订厂
版　　次	2008 年 1 月第 1 版	印　次	2008 年 1 月第 1 次印刷
开　　本	880×1230　1/32		
印　　张	14.75	插　页	2
字　　数	367 千字		
定　　价	32.00 元		

凡购买中国社会科学出版社图书，如有质量问题请与本社发行部联系调换
版权所有　侵权必究

前　言

本人的专业为伦理学，而自 1987 年参与管理国际经济合作项目和从事国际贸易工作开始，就有了把伦理学与国际经济学联系起来研究的想法。2000 年到清华哲学系任教后开始具体构思本书，本书是本人多年的相关学术研究和实际工作经验的总结。

本项目的立项题目为《国际经济中的伦理风险》，在写作过程中本人感觉应该更清楚地点明主题，因此将题目具体化为《逃离国际经济中的伦理风险》。在研究过程中，项目组成员王新研究员、牛京辉副编审和刘威女士为项目负责人的写作提供了咨询和帮助收集了资料。本课题组共发表了四篇阶段性成果，其中《反经济全球化研究》被中国人民大学书报资料中心主办的《世界经济导刊》（2005 年第 9 期）全文转载；《跨国公司的全景研究》被中国人民大学书报资料中心主办的《工业经济》（2005 年第 9 期）全文转载，并被《新华文摘》列为推荐文章。

在研究方法上，全书以马克思主义哲学作为指导思想，从中国崛起的角度，对西方国际经济学理论进行了系统的评析，在对中国和西方的伦理资源的精华兼收并蓄的基础上，提出了中国在国际经济中的逃离伦理风险的方法。本人主要尝试从伦理学的角度来解决国际经济学中的问题，研究以定性为主。本书没有采用定量研究的方式，但并不是认为量化研究不重要。只是量化研究标志着经济伦理研究的成熟程度，而定量研究是以定性研究为前提的。本人认为中国的国际经济伦理尚未完成定性研究，因此有必要先在定性研究达成基本共识的基础上再进行定量研究。

在资料处理上，本人引用的经济学方面的资料多以注释的方式注明，而伦理学方面的资料则以参考文献的方式注明，因为本人主要运用经济学方面的资料来说明经济学方面的理论史、事实史和热点，这些只能用资料来加以说明，因此以梳理的方式写作；而在伦理学方面，本人说明的道理，多是综合运用了自己伦理学等方面的知识而产生的创新性思想，这是本人在掌握了那些系统知识后通过独立思考而得出的结论，所以以独白的方式写作。这些伦理学等方面的知识与自己的思想不是一一对应的关系，因此主要以参考文献的方式注明。为了避免重复，本人在注脚里注明的资料不再出现在参考文献部分。另外，本人选读了一些经济学诺贝尔奖获得者的著作，这些著作对本人思想的形成也起了间接的作用。

在本书的构思方面，全书分为理论坐标系和分领域研究两大部分。理论坐标系部分为分领域研究提供分析用的理论框架。如果不把具体问题放在一个理论坐标系里研究，对这些具体问题的分析就会因为缺乏根基而缺乏确定性，而且会因为没有理论基础而造成思想混乱。为此本人首先需要建立一个自己分析问题的理论框架。在理论坐标系部分，本人主要需要说明本课题要研究的两个主要概念，即伦理风险和国际经济，并说明与这两个概念相关的问题。为此，本部分以伦理风险的研究作为开篇。

此后，本人在构思上采取了倒推的方式，在写作上采取了正推的方式。从倒推的角度来看，本人要写作的是国际经济中的相关问题。由于目前中国的国际经济学受西方国际经济学的影响比较大，本人就把西方国际经济学作为自己评析的对象。而西方国际经济学是建立在西方微观经济学和西方宏观经济学的基础上的，西方宏观经济学又是建立在西方微观经济学之上的，而西方微观经济学又是以追求利益最大化的经济人为出发点的，因此本人从正推的角度，就应该从西方的经济人开始评析，然后评析西方微观经济学和宏观经济学，最后落实到评析西方国际经济学上。因为本人不同意西方微观经济学的追求利益最大化的经济人的假设，为了说明这种假设的局限性，本人在评析经济人之前，加写了情绪的非理性这一章，因为这些人不必然是追求利益最大化的，任何经济人都是一个自然人和有情绪的人。

在分领域研究方面，本人主要研究了国际经济的三大分领域中的伦理风险问题，即国际金融领域里的伦理风险、国际贸易中的伦理风险和国际直接投资中的伦理风险。在这三大分领域的研究中，本人都是先说明西方的相关理论、西方的现实中存在的问题和中国的现实中存在的问题，然后分别从西方的理论、西方的现实和中国的现实方面，以独白的方式分析其中的伦理风险，并提出逃离伦理风险的方法。

在全书的写作中，本人不仅运用了国际经济学和伦理学方面的知识，还采用了国际政治学和公共管理学方面的知识。而且社会性的伦理风险会体现在国际经济领域之中，因此一般的逃离伦理风险的方法，在国际经济领域中也是适用的。在本课题的研究中，本人总结出了一般的逃离伦理风险的方法，并以半文半白的方式写作，以附录的方式包括在本书之中。

在上面的说明中，本人已经同时说明了本项目的创新点、主要特点和主要建树。本书作为中国第一本系统研究国际经济中的伦理风险的专著，试图在国际经济学与伦理学之间搭起桥梁。因为尚未有人进行过这方面的系统研究，因此可以说是比较新的研究成果。本书又试图用伦理学理论来解决国际经济领域中的问题，因此这又是一本应用研究作品，从而具有实用价值。而从目前中国学界的研究状况上看，几乎所有的交叉学科的研究都还处在尝试阶段，因为这种研究难度比较大，作者必须至少掌握两个学科的核心内容，本书的写作也不例外。这也就使本书的写作具有开拓性和探索性，因此尚待不断完善。

本书已经送交全国哲学社会科学办公室评审，五名匿名评审专家进行了评审。他们对本书的内容、创新、理论意义和实践意义给予了肯定：本成果"在探索和开拓中有所创见"，"得出若干具有创新性质的结论"，"尤其对作为研究基础的经济人、人性、情绪等，都阐发了作者独立的见解"。"理论上具有一定的开拓性"，"联系实际存在的矛盾和问题作出分析，提出讨论伦理风险的途径和方式，其中不乏针对性、实证性很强的分析和对策建议"。本成果"立题新颖，意义较大"；"资料翔实，分析全面"；"思路清晰，论证充分"；"成果丰富，特色鲜明"。这"是国内第一本专门研究国际经济中的伦理风险问题的专著"，"首次全面、系统地分析了国际经济中的伦理风险"。专家提出的意见主要集中在内容的组织形式、语言使用和目录的题目方面。有的专家提出了需进一步澄清伦理学与经济学之间的关系问题的建议。本人从专家们提出的建议中受益匪浅，在此特表衷心的感谢，并将根据专家们的建议对本课题进行修改：在结构上进行大幅调整，在语言上更术语化，在目录上更贴近内容，在相关理论上再尽可能补充一些内容。本书只是作为本课题（国家哲学社会科学基金项目03BZX053）的阶段性成果出版。

本人提供的最终研究成果的修改量达二分之一，因此本书只是作为本课题（国家哲学社会科学基金项目03BZX053）的阶段性成果出版，最终成果将在结项后再出版。

在此我首先要感谢所有在我处于困境的时候给予我帮助、鼓励和祝愿的人。非常感谢本课题组成员国务院政策研究室的王新研究员、《求是》杂志牛京辉副编审和我的开门硕士生、干女儿——首都经济贸易大学组织部的刘威女士的大力支持。非常感谢中国社会科学出版社的冯春凤、陈彪和李炳青三位老师的大力支持。我们在学术交流中建立起了非常珍贵的友谊。他们的特点是为人厚道、对好的选题具有敏锐的洞察力、在编辑过程中能够提出建设性的修改意见和对稿件的审阅认真负责。

在我心目中,永远都有三位导师。中国人民大学哲学系的宋希仁教授对我进行了影响深远的全方位的指导。中国社会科学院世界经济与政治研究所的王逸舟教授在国际政治学方面的指导对我影响深远。自从我入清华大学哲学系以来,万俊人老师既是我的领导,也是我的导师。我的所有研究课题都是在他的策划、构思、指导和支持下进行的,因此我的研究在不断扩展和深化。我的国际政治伦理研究已经扩展为国际关系伦理研究,其中包括国际经济伦理、国际政治伦理和国际道德三个层面,分别在我的《逃离国际经济中的伦理风险》、《软和平:国际政治中的强权与道德》和《国际政治的全球化与国际道德的危机:全球伦理的圆桌模式构想》这三本独著中得到了系统的研究,另外,我的独译作品《金融领域中的伦理冲突》为我的国际经济伦理层面的研究提供了支持。为了从更深的层次上解决在全球化条件下中西文明是否会发生冲突的问题,从而深化自己对于国际关系伦理的研究,本人正在研究《追寻幸福:中西伦理比较》这个总课题,目前正在写作的是其中的两个子课题《追寻幸福:中西源头神话伦理的区别》和《追寻幸福:〈红楼梦〉中的伦理冲突研究》。万俊人教授除了在学术研究方面对我具有深远的影响之外,在讲课风格和英文翻译方面对我的指导所产生的影响也同样深远,因此使我获得了不少参会、讲学和翻译的机会。

目　　录

前言 ……………………………………………………… (1)

第一部分　理论坐标系

第1章　风险中的伦理风险 ……………………… (3)
1. 风险概念 ……………………………………… (3)
2. 风险规避 ……………………………………… (13)
3. 独白：风险互动 ……………………………… (28)

第2章　情绪的非理性 …………………………… (37)
1. 情绪机理 ……………………………………… (37)
2. 情绪调节 ……………………………………… (50)
3. 独白：非理性行为 …………………………… (61)

第3章　道德的经济人 …………………………… (79)
1. 发展阶段 ……………………………………… (79)
2. 批评与完善 …………………………………… (85)
3. 独白：公益潜能 ……………………………… (92)

第4章　微观经济理论分析 (102)
1. 发展状况 (102)
2. 核心原理 (109)
3. 独白：精神价值 (130)

第5章　宏观经济理论分析 (141)
1. 发展状况 (141)
2. 政府干预 (156)
3. 独白：政府主导 (166)

第6章　国际经济整体研究 (176)
1. 研究方式 (176)
2. 收支平衡 (178)
3. 商情研究 (182)
4. 协调与制裁 (183)
5. 独白：全球性全方位策划 (187)

第二部分　分领域研究
分领域1：国际金融中的伦理风险

第1章　理论脉络 (199)
1. 利率和投机 (199)
2. 外汇和汇率 (202)
3. 理性与非理性 (205)
4. 独白：逃离伦理风险 (207)

第2章 发展状况 (216)
1. 四个阶段 (216)
2. 金融全球化 (219)
3. 创新和整合 (224)
4. 金融中心 (233)
5. 独白：逃离伦理风险 (237)

第3章 几个焦点 (246)
1. 金融风险 (246)
2. 风险防范 (252)
3. 国际融资 (262)
4. 中国金融 (264)
5. 独白：逃离伦理风险 (273)

分领域2：国际贸易中的伦理风险

第4章 理论主线 (284)
1. 贸易分工 (285)
2. 早期思想 (287)
3. 主流理论 (288)
4. 非主流理论 (299)
5. 独白：逃离伦理风险 (300)

第5章 发展状况 (310)
1. 先发优势 (310)
2. 后发劣势 (315)
3. 主要影响因素 (321)
4. 独白：逃离伦理风险 (325)

第6章 几个焦点 ……………………………………（335）
1. 业务关键 ……………………………………（335）
2. 贸易壁垒 ……………………………………（342）
3. 中国状况 ……………………………………（360）
4. 独白：逃离伦理风险 ………………………（371）

分领域3：国际直接投资中的伦理风险

第7章 跨国投资 ………………………………（382）
1. 投资理论 ……………………………………（382）
2. 投资与贸易 …………………………………（390）
3. 发展状况 ……………………………………（394）
4. 独白：逃离伦理风险 ………………………（398）

第8章 风险投资 ………………………………（407）
1. 投资方式 ……………………………………（407）
2. 风险管理 ……………………………………（414）
3. 独白：逃离伦理风险 ………………………（419）

第9章 中国状况 ………………………………（428）
1. 对华投资状况 ………………………………（428）
2. 房地产引资 …………………………………（435）
3. 对外投资 ……………………………………（438）
4. 独白：逃离伦理风险 ………………………（440）

附录 逃离伦理风险之方法缩影 …………………（450）
参考文献 …………………………………………（452）

第一部分　理论坐标系

第一部分　理論分析系

第1章 风险中的伦理风险

国际经济中的伦理风险防范与总体性的伦理风险相关，因此，本书开篇首先论述总体性的伦理风险问题，因为这是本书的核心问题。本章对风险概念、风险规避的方法和征信体系进行了系统研究，并在此基础上提出了风险互动问题。笔者把风险分为智能风险和伦理风险，分别说明了智能风险和伦理风险的防范问题，又说明了智能风险和伦理风险之间的互动问题。虽然本书研究的是伦理风险，但不得不关注智能风险。因为有时智能风险是制约伦理风险的有效手段。在这个充满风险的社会中，人不可能时时处处都依靠他人或制度来防范伦理风险。提升自己的智能在很大程度上能够使自我具有伦理风险的防范能力。

1. 风险概念[①]

人只有很少的处理风险的动物本能，人应对风险的方法主要来自人的思考。人不仅可以解决已出现的灾祸，而且还能对灾祸作出预期。人类应付风险的最初的成就是发明了工具。工具减少

[①] 顾孟迪、雷鹏编著：《风险管理》，清华大学出版社2005年版。本小节下的资料，除特别注释外均来自此书第3—31页。

了风险并使人类得以生存下来。人能够通过集体来防御风险。人还学会了通过储备来应对将来的灾祸。驯养动物就是早期的储存形式，拥有私有财产也是一种储备形式。在现代社会中，贫困、生态环境的恶化、疾病的蔓延、犯罪、恐怖活动等都带来了很大的风险。在经济实践中，成功往往需要有很多的原因，而失败的原因却往往只需要一个。目前对于风险这个词，尚未形成一致公认的定义，但所有的定义都有两个共同点，就是其中包含了不确定性和损失这两个概念[1]。

（1）不确定性

不确定性常常被本能地使用着[2]。不确定性理论主要包括模糊理论、灰色理论和属性理论[3]。随机性和模糊性都是对事物不确定性的描述[4]。在风险的概念中包含着不确定性。这种不确定性是不确定性经济学分析的对象[5]，它涉及市场中的不可预测的因素[6]。当风险存在时，至少存在着两种可能的结果，但事先无法知道会出现哪种结果。这就是不确定性。不确定性指的是事物

---

[1] ［美］保罗·萨缪尔森、威廉·诺德豪斯：《经济学》，萧琛主译，人民邮电出版社2004年版，第33页。

[2] See Jaime Gil-Aluja, *Fuzzy sets in the management of uncertainty*, Berlin, Germany: Springer, 2004, p. 20.

[3] 李群：《不确定性数学方法研究及其在社会科学中的应用》，中国社会科学出版社2005年版，第266页。

[4] 张涛、孙林岩：《供应链不确定性管理》，清华大学出版社2005年版，第47页。

[5] ［美］保罗·萨缪尔森、威廉·诺德豪斯：《经济学》，萧琛主译，人民邮电出版社2004年版，第166页。

[6] ［美］保罗·舒梅科：《从不确定性中盈利》，北京天则经济研究所选译，云南人民出版社2005年版，第9页。

的发展结果有多种可能性①。风险的不确定性常给人带来精神上的不安。在经济发展的历史中，人们一直在寻求确定性的知识。在确定性的世界里，所有经济现象都可以用规则的、一致的和能观察到的确定性结果来解释。牛顿的经典力学更是把这种观点推到了极致。这种思想可以追溯到古希腊时代，其哲学思想归纳为世界是受确定性规律支配的。20世纪80年代至90年代的主流经济学，基本上都采取了回避不确定性问题的态度，至多是在完全可概率化的意义上，探讨用某些形式化的方式描述不确定性②问题。但回避不确定性并不能否定不确定性的客观存在。不确定性的假设比确定性的假设更符合经济现实。自李嘉图以来，经济学理论的构建遇到了两难的选择：经济分析只有排除了不确定性和变动才能进行，经济政策也只有认真考虑了不确定性和变动性后才能实行。而大部分纯粹经济分析探讨的都是确定性的世界。奈特在《风险、不确定性和利润》（1921）一书中将不确定性等同于完全不可概率化、不可保险化的情况。企业是在不确定的条件下进行特殊决策和风险分摊的。企业的利润是不确定性所致，是在不确定性环境中作出决策的企业家承担不可保风险而获得的相应收益。

20世纪海森堡的测不准原理否定了拉普拉斯的因果决定论。他在微观尺度上把测不准原理引入了现实世界，并认为在宏观层次上，测不准原理的效果可能在统计意义上被覆盖掉，人们刻画的世界的任何规律实际上都只是对客观世界运行规律的一种近似描述。这种认识论上的转变对经济学方法论的发展产生了深刻的

---

① 黄国石：《预期与不确定性》，厦门大学出版社2004年版，第76页。
② 汪浩瀚：《不确定性理论与现代宏观经济学的演进》，《经济评论》2003年第1期，第81—85页。

影响。传统经济理论忽视了不确定性在现代经济中所扮演的角色，而新古典学派则假定不确定性可以通过概率表述来实现。凯恩斯引入了无处不在的不确定性和不稳定的预期。他对不确定性经济学的研究，使得更多的经济学家进入了这个领域来进行探索。在经济学上，凯恩斯主义的革命就在于把不确定性和预期提高到了主导地位。不确定性分析在现代金融理论中更是成为金融理论的中心内容。

不确定性是种普遍存在的客观现象，它可以带来损失，也可以带来收益，它可被划分为内生不确定性和外生不确定性。外生不确定性指的是在某个经济系统之外产生的不确定性；而内生不确定性指的则是在某个经济系统中产生的、影响经济系统运行效果的不确定性。如果个体决策者不能完全知道其自身行为的后果，他就会受不确定性的支配。不确定性可能会涉及不完全信息或无法预测的事件，它可分为可度量的和不可度量的两种。可度量的不确定性，一般以风险表示，可以进行概率计算；而不可度量的不确定性则是定性化的，不能用概率计算。如果不确定性是由于获取信息的限制造成的，那就是种认知不确定性；如果是由于随机扰动的影响而引发的统计波动所致，则是一种统计不确定性。

不确定性是相对于确定性而言的。不确定性是由于对未来会发生或不会发生什么事情缺乏认识而产生的一种怀疑的思维状态。人对于现实的确定与不确定的看法往往是主观的，与现实生活中的实际情况可能不吻合。由于人们的认识和态度不同，对于不确定性的认识也不同。对于同样一件事情，有的人感觉是确定的，有的人则感觉不确定；有的人感觉不确定的程度比较高，有的人则感觉不确定的程度比较低。这种不确定性的感觉类似下述情况：当一个人在沙漠中跋涉的时候，他喝到的第一杯水是最甜的。随着水的增加，水给这个人带来的满意程度的增加量会越来越少。他的总满意程度是随水的增加而增加的，而单位增量的水所带来的效用增量是递减的。这种边际效用递减与人们的一般行为是一致的，这也就是所谓的物以稀为贵的道理。人们在财富比较少的时候，得到一定数量的财富会使人的满意程度大大提高；而当财富水平较高时，得到同样数量的财富当然也会使人的满意程度有所提高，但就不如财富少的那个时候感觉那么珍贵。也就是说，人在财富水平比较低的时候，对财富的增加会比较敏感；而在财富水平比较高的时候，人对同样数量的财富的增加的反应就变得迟钝得多。

从客观上看，不确定性的存在主要有两个原因：有的情况在客观上是确定的，但是人们无法获得必要的信息；在许多情况下，不确定性是由一些偶然因素导致的。无论人们的认识能力如何，都无法判断未来的结果。风险是有条件的不确定性。人们对于每种状态发生的概率和结果是知道的或者是可以估计的，只是不确定未来到底何种状态会发生。在理论上分析市场时，一个基本的假定是已经知道了成本和需求，而且每个企业都可以预见其他企业将会如何行动。而在现实生活中，商业活动却充满了风险与不确定性。产品的价格每月都在波动，竞争者的行为也无法提前预知。企业当前的投资目的是为了未来的利润，为了积累财富以备应对未来的不确定性[①]。项目成本的不确定性可能会导致人们推迟投资或加快投资[②]。项目的风险源指的是能够影响项目执

---

① ［美］保罗·萨缪尔森、威廉·诺德豪斯：《经济学》，萧琛主译，人民邮电出版社2004年版，第167页。
② ［美］阿维纳什·迪克西特、罗伯特·平迪克：《不确定条件下的投资》，朱勇等译，中国人民大学出版社2002年版，第43页。

行效果的任何因素①。

（2）损失与偏离

在不确定性导致的结果中有一种是不尽如人意的：个人资产会蒙受损失或所得比预料中的要少。有时这种损失不是经济方面的，而是一种不舒服、不如意。风险可能会给人带来经济损失、机会损失和给人带来心灵的不安。纯经济上的损失指的是被害人直接遭受的经济上的不利或金钱上的损失②。在风险概念中包括可能的损失，但风险与损失之间没有必然联系。在现实中，有无风险和有无损失这四种组合都是存在的：第一，有风险同时有损失，如火灾风险。一旦发生火灾，就会造成损失。第二，无风险同时无损失。通常说来风险无处不在，但有的风险可以忽略不计。第三，有风险同时无损失，因为存在着实际结果对预期结果的偏离，即使结果是不利的，也未必就是损失。第四，无风险同时有损失。如果损失完全是确定的，这时是没有风险的，但决策者可能为了公共利益而进行投资。损失发生的概率越大，风险越大，但是只有损失概率在 0 与 1 之间时才存在风险。当损失概率为 0 时，损失必然不会发生；而当损失概率为 1 时，损失必然会发生。选择前者没有损失的可能性，选择后者为自杀行为。在这两种情况下，结果都是确定的，因此不存在风险。

经济意义上的人对财富的追求是无止境的，并千方百计地规避损失。但是人们对风险的规避没有对损失的规避那么坚决。如果在损失与风险中选择的话，人们会选择风险。没有风险的损失

---

① ［英］克里斯·查普曼、斯蒂芬·沃德：《项目风险管理：过程、技术和洞察力》，李兆玉等译，电子工业出版社 2003 年版，第 8 页。

② 李昊：《纯经济上的损失赔偿制度研究》，北京大学出版社 2004 年版，第 7 页。

是确定的损失。有风险的损失中包含着有利结果出现的可能性，因此人更愿意选择有风险的损失。与风险概念相关的两个术语是损失原因和危险因素。损失原因是造成损失的原因，如火灾。危险因素是指引起或增加某种损失的原因，从而产生损失机会的因素。危险因素主要可以分为五大类：物质危险因素、道德危险因素、心理危险因素、法律危险因素和犯罪危险因素。

风险也可以看做是对实际结果与预期结果的偏离。任何经济结果通常都表现为一系列可能的结果。衡量这种结果的最重要的两个指标是大小与偏差。大小是对经济结果的度量，偏离则是风险的一种定量表达。从广义上看，风险一词包含了所有与预期结果的偏离，特别是不利的偏离。而不利的偏离，有的时候是经济损失，有的时候则不是。经济风险（financial risks）就是有经济损失后果的风险，否则就是非经济风险（nonfinancial risks）。经济风险主要是指个人或组织的预期收入或财产的损失或损坏的可能性。

实际的经济结果通常与统计意义上的收益有偏离。当实际经济收益高于统计上的平均结果时，这种偏离是有利的；当实际经济结果低于均值时，这种偏离就是不利的。实际结果与均值的这种偏离就是风险。风险作为实际结果与期望结果之间的偏离，可以用方差或标准差来表示。从对风险的规避的角度上看，决策者害怕的是实际结果向不利的方向偏离，因此在投资决策时，实际结果向有利方向偏离的情况可以不予考虑。只有实际结果向不利的方向的偏离才是真正的风险。表现这种偏离的方法主要是半方差。其中当实际结果向有利方向偏离的概率增加时，风险仅略为增加，因为它只能使期望值略为增加。由于方差和半方差均为随机量的可能取值与期望值之差的平方之加权合，因此对分布范围比较敏感。而平均绝对偏差则是实际结果与均值之差绝对值的期望值。

预期结果主要有两种：人们心理上的预期和统计意义上的预期。人都希望负面结果不要发生，但现实往往违背人的意愿。统计意义上的预期结果通常有两种表达形式：最有可能发生的结果和平均意义上发生的结果。尽管最可能发生的结果在很多情况下是很重要的，但是平均意义上发生的结果则更能反映事物的本质。统计上的期望值或均值就是这种平均结果的最常用的表达，与概率相关。只要实际结果不是预期的结果，那就是发生了偏离。

（3）概率和随机量

概率是用来度量不确定性的。概率论是对随机事件进行数学分析的理论[1]。概率的种类可能是经验的或逻辑的、归纳的或演绎的、客观的或主观的、基数的或序数的等类型，因此具有众多的概率定义。自卡尔纳普在20世纪初通过尝试多种类型的概率来超越拉普拉斯的古典概率开始，概率的多元性已被逐渐接受，其中较为流行的三种基本概率类型是古典的频率概率、逻辑概率和个人信仰概率[2]。可把未来的情况分为确定型的、不确定型的和风险型的。如果未来事件的发生是必然的，那就是确定型的；如果对未来事件的发生的有关情况一无所知，既不知道哪个事件会发生，也不知道每个事件发生的概率，这就属于不确定型的。在风险型中，尽管决策者不知道未来到底哪个事件会发生，但他能够确定每个事件发生的概率。

---

[1] See A. N. Shiryaev, *Probability*, translated by R. P. Boas, Springer-Verlag New York Inc., 1996, p. 1.

[2] 汪浩瀚：《不确定性理论与现代宏观经济学的演进》，《经济评论》2003年第1期，第80页。

在风险型情况下，损失或其他经济结果实际上是一种随机量，企业所面临的是经济结果，是随机量。在进行决策时，需要对随机量进行评价。在风险型情况下，经济结果的不确定性只是具体结果的不确定，而这种经济结果的概率分布是已知的。在统计上，对随机量大小的度量是其期望值或均值。在大多数情况下，均值是对随机量的比较恰当的度量方法。但是在一些特殊情况下，尤其是离散情况下，可能用中数或模数来度量随机变量更为合理。中数是将随机变量的可能取值从小到大排序，位于中间的那个数就是中数。模数则是在随机变量的可能结果中出现频率最高的那个数值。

（4）风险分类

根据不同的标准，可以把企业风险分为基本风险和特殊风险；纯粹风险和经营风险；私人风险和社会风险等。企业生存的外部环境复杂多变，因此造成了环境风险。环境风险可分为基本风险和特殊风险。基本风险主要包括经济系统的不确定性、社会和政治的不确定性和意外的自然破坏。特殊风险主要包括非正常死亡和火灾、地震等。从生产风险的角度看，生产能力与市场需要之间的匹配状况，库存量都会造成风险。从市场风险上看，市场信息失真或产品老化等都能造成风险。从财务风险的角度看，无法还贷、顾客赊账和股票发行等都要冒风险。对于银行来说，风险指的是收益的挥发性[1]。从人事风险上看，高级人才的流失，尤其是几个技术骨干的流失，会对整个企业的技术开发产生

---

[1] See Hal S. Scott, ed., *Capital adequacy beyond BASEL: banking, securities, and insurance*, New York: Oxford University Press, 2005, p. 262.

动态风险（dynamic risks）是因为宏观经济环境的变化引起的。这种风险主要来自两类因素：一类是外部环境，比如说经济、产业、竞争者等。这些因素的变化是不可控的。另一类是来自内部的决策。尽管动态风险可能影响大量的人群，但是因为缺乏规律性而难以预测。静态风险（static risks）是在经济环境未发生变化时可能产生损失的风险，比如，来自自然界或人的不诚实的原因。这类损失通常具有可预测性。重大风险和特定风险的区别主要在于损失的起因和后果不同。重大风险所涉及的损失通常属于团体风险，多数是由于经济、政治、社会和巨大的自然灾害引起的，影响到许多人，乃至整个社会。特定风险所涉及的损失则是个人和单位的。处理重大风险的主要是社会的责任，而对付特定风险则主要是个人的责任。

纯粹风险（pure risks）是指只有损失机会的风险，其结果是只有损失或没有损失，但无获利的可能。对于这种风险，最好的结果是什么也不发生。投机风险（speculative risks）是一种既有损失可能性也有盈利可能性的风险。通常说来，纯粹风险是可投保的，而投机风险是不可投保的。个人和企业面临的大多数风险是纯粹风险，它们多属于静态风险，主要有四类：人身风险、财产风险、责任风险和他人的过失造成的风险。人身风险主要是由于员工的死亡或丧失劳动能力而给企业带来的损失风险。通常是关键岗位上的员工才有可能对企业造成比较大的损失。一般员工的劳动是很容易被替代的，因此风险不大。财产风险是所拥有的财产遭受损耗或被偷走的风险。这种损失主要可以分为直接损

---

[1] 张梁、李宏编著：《做最好的管理者——风险企业的经营突破》，金城出版社2001年版，第226—228页。

失和间接损失两类。直接损失是直接造成的经济损失。间接损失是行为后果带来的损失。责任风险是指无意中对他人人身的伤害或因疏忽或粗心而对他人的财产的损害的风险。尽管不是有意的，但是行为人要对这种伤害或损害承担责任。他人的过错造成的风险指的是他人有意无意的行为对个人或企业造成的人身伤害或财产损害。

2. 风险规避[①]

当人们能够得到补偿时，有可能愿意承担风险。承担的风险越大，要求得到的补偿也越高。回报就是平均收益。人们在本质上是追求低风险、高回报的，只是在不得已的情况下才追求高风险、高回报。风险规避型的经济主体通常愿意放弃一部分财富来避免风险，如购买保险。在面对同样的风险时，为了避免风险而愿意放弃的财富的数量可能是不同的。在风险一定的前提下，为避免风险愿意放弃的财富越多，风险规避程度也就越高。反之亦然。风险规避型主体为避免风险而愿意放弃的最大财富量就是风险价格（Markowitz）。如果为避免风险而需要放弃的财富量超过风险价格（Markowitz），经济主体就宁愿承担风险。

一般说来，人都是在尽量回避风险，总是想要避免各种消费和收入的不确定性，总是更喜欢做比较有把握的事。在同样的平均值的条件下，人宁愿要不确定性小的结果。对任何理性的经济主体而言，拥有的财富越多，就越感到满意；损失越大，就越感到不满意。这对非理性的行为主体不适用。经济主体不一定是风

[①] 顾孟迪、雷鹏编著：《风险管理》，清华大学出版社 2005 年版。本小节下的资料，除特别注释外均来自此书第 2、28—33、50—65 页。

险规避型的，有些甚至是风险喜好型的，以追逐风险为乐。如果一个人在损失一定数量的收入而产生的痛苦感大于他得到同等数量的收入而产生的满足感，他就是个风险规避（risk-averse）者。如果一个人进入一场公平的赌博，输赢的概率都是50%，而他拒绝这种赌博，他就是个风险规避者。一个风险爱好者（risk lover）则会接受这种赌博[1]。

（1）保险市场

尽管风险规避者都在尽力回避风险，但风险并不会因此而被消除。市场通过风险分摊（risk spreading）机制来应付各种风险。也就是将对一个人来说很大的风险分摊给许多人，从而使每个人所承担的风险很小。风险分担的主要方式是保险，这是一种方向相反的赌博。保险公司在与个人打赌，其优势在于很多对个人来说是难以预见的事件，而对于整个人群来说则具有很强的预见性，可以通过概率来把握。通过保险能够将风险从风险规避者或风险较大的一方转移到风险爱好者或比较容易承担风险的人一方。风险规避者会选择购买保险来避免那种可能性很小但却很惨重的损失，尽管他所付出的保费高于不发生问题时的成本[2]。在典型的保单中通常都规定保单持有人向保险人支付一笔固定的保费，保险人则承诺赔付保单条款中所列出的损失[3]。

在企业面临纯粹风险管理问题时，一个风险单位相当于一次赌局。随着企业风险单位数量的增加，实际损失与预期损失也不

---

[1] [美]保罗·萨缪尔森、威廉·诺德豪斯：《经济学》，萧琛主译，人民邮电出版社2004年版，第169—170页。

[2] 同上书，第171页。

[3] [美]斯科特·E.哈林顿、格勒格利·R.尼豪斯：《风险管理与保险》，陈秉正等译，清华大出版社2005年版，第66页。

断接近，这样会使风险不断降低。这里要注意的是应保持每个风险单位的独立性。也就是说，在风险单位集中后，一个风险单位的损失不会影响其他风险单位。保险机制运行的基础就是风险集中原理。保险公司把不同企业的财产风险集中后，财产的实际损失与预期损失的偏差就会大大降低，如果承保的财产数量足够多，保险公司承担的风险就会很小。通常是由企业来购买保险合同[1]。风险单位的分割是风险集中的一种变通方式，也就是把所面临损失的风险单位在时间上和空间上分离，不把它们集中在可能毁于同一次损失的同一地点。其控制原理与风险集中的原理是完全一样的。

保险也是转移风险的一种方法。风险转移是把自己所面临的风险转移给其他人承担的风险应对方法。保险合同限定了保险人的责任[2]。风险转移不能降低损失。转移风险通常必须付出代价，使风险承担者得到补偿。风险的来源主要有两种情况：一是自己的生命或财产遭受损失的可能性；二是造成他人的生命或财产损失的可能性。转移了这些风险源，就可以转移风险。通过出售、租赁和分包，都能把风险转移出去。签订免除责任协议也是比较有效的转移风险的方式。利用合同中的条款也能把风险转移出去。对风险在财务上加以安排的方法，并不试图改变风险，而是在损失发生时，保证有足够的资金来补偿损失，使企业能够尽快恢复生产。风险自担是风险财务安排的最基本的形式。对于损失频率较高而损失程度较低的风险，企业可以现收现付，不需要有专门的财务安排。而如果在对企业进行风险分析后，发现可能

---

[1] [美]乔治斯·迪翁、斯科特·E. 哈林顿：《保险经济学》，王国军等译，中国人民大学出版社 2005 年版，第 189 页。

[2] See Peter M. Eggers, Simon Picken, and Patrick Foss, *Good faith and insurance contracts*, Great Britain: MPG Books, 2004, p. 7.

发生的损失无法从企业现有的现金流量和财务中得到补偿，企业在年度财务预算中就要有预留资金。

保险市场不灵的两个主要原因是：逆向选择和道德风险。当风险最大者成为最可能购买保险的人群时，便发生了逆向选择（adverse selection）。投保人知道自己的身体状况，而保险公司可能不知道，投保的可能多是身体不好的人，这样就出现了逆向选择。而且人不可能对生活中的所有风险都投保，况且有的时候保费也不具有任何吸引力。保险市场要正常运转，必须具有这样一些条件：必须存在大量的随机事件；各种随机事件还必须是独立的，保险公司能够尽力使其承保的范围分散到各种不同的和相对独立的风险上；保险公司对这些随机事件的估计比较准确；保险公司必须能够排除道德风险（moral hazard）[①]。

（2）控制和补偿

除了保险以外，风险管理的方法主要可以分为两大类：风险控制方法与风险的财务安排。风险控制方法试图直接改变风险；而风险的财务安排则是准备在损失发生时能有足够的财务资源来补偿损失。改变风险的途径主要有两种，一种是改变损失，另一种是不改变损失而直接改变风险。控制损失的途径有两个：一个是改变损失的频率；另一个是改变损失的程度。风险控制技术包括人们为避免伤害和损失所采取的所有活动。亨里奇（H. W. Heinrich）认为事故指的是所有出乎意料但未能进行控制的事件，其中会导致人身伤害或财产损坏。在他研究的案例中，他发现88%的事故是由人的不安全行为引起的，10%是由危险

[①] [美]保罗·萨缪尔森、威廉·诺德豪斯：《经济学》，萧琛主译，人民邮电出版社2004年版，第172页。

物质或机械状态引起的，2%属原因不明。那就是说98%的事故是可以控制的。机械或物质方面的危险因素也是由于人的疏忽造成的，因此人的行为就是事故发生的主要原因。他还强调，损失控制的着手点在事故，而不是人身伤害和财产损失。而事故的原因又主要是由人的行为引起的，因而是可以控制的。他把事故和损失的关系用多米诺骨牌来表示。每张骨牌倒下，都会引起连锁反应。损失发生的根源可以追溯到人出生和生长的环境条件。最后一张骨牌仅仅是事故的结果。

小威廉·哈顿（William Haddon, Jr.）提出了能量释放理论。他不太关注人的行为，而是把事故当做一种物理工程问题。他认为人和财产都可以看成是种结构物，在解体之前都有一个承受极限。在能量失控和压力超过这个极限时，事故就会发生。通过控制能量和压力就能预防事故。损失预防和控制的工程方法强调的是消减不安全的物质条件，其主要假设是人们很少注意到自身的人身安全。人类行为方法则强调安全教育。它的基本出发点是，大量的事故都是不安全的行为导致的，可以通过教育和强制措施来规范人们的行为。

控制损失可以降低风险管理的成本。当决定不让风险发生时，就要采用避免风险的应对措施。但是如果经常应用避免风险的方法，那么企业在很多情况下可能就无所作为。有的风险是不可避免的，如地震。风险的存在往往伴随着收益的可能，避免风险就意味着放弃收益。在任何经济行为中都必然存在着一定的风险。有的时候经营的潜在收益较高，为了避免风险而放弃收益则代价太高。有时避免一种风险可能产生另一种风险，甚至是一种更大的风险。风险减缓则是一系列使风险最小化的努力。风险减缓的方法也包含着损失预防和损失控制这两个方面的措施。损失预防的努力是尽力防止损失的出现。如果损失确实发生，则通过损失控制的努力降低那些损失的严重程度。

不改变损失的风险控制方法主要有风险集中和非保险风险转移两种。风险是实际结果与预期结果之间的一种偏差。实际结果与预期结果越接近，风险就越少。根据统计学中的大数法则，风险单位越多，每个风险单位的实际损失就越接近于预期损失。换言之，风险单位越多，损失风险就越小。风险集中就是把风险单位，尤其是同质的风险单位集合起来以降低风险的方法[1]。风险集中和风险单位分割等风险控制措施利用了统计中的大数法则。根据这种法则，只要风险单位足够多，实际损失就会接近于预期损失，风险因此趋向于零。这就是"不把所有鸡蛋装到一个篮子里"的方法，实际上也就是风险分散化技术。

对于一个理性的投资者来说，收益的增加或风险的降低都会使他享有更高的效用水平。资本市场也能分散风险，因为有形资本的资金所有权可通过企业所有权这个媒介，将风险在很多所有者之间进行分摊。投资者还可以通过购买世界上众多公司的股票来降低自己所持有的证券组合的风险[2]。通过分散化的过程不可能消除投资中的所有风险，这种不能通过分散化过程消除的风险被称为系统风险。系统风险产生于所有公司共同经历的事件，如国内的周期性经济波动。如果将投资选择扩展到国际范围，系统风险就能大为减少，因为各国国内的经济周期性波动并不是完全同步的。就国内而言，通过扩大投资范围，系统风险会转为非系统风险，可以被分散化过程消除。这就意味着，随着财富的增加，投资者为了维持这些最优的资产组合而总会让资本在各国之

---

[1] 顾孟迪、雷鹏编著：《风险管理》，清华大学出版社2005年版，第54页。
[2] [美]保罗·萨缪尔森、威廉·诺德豪斯：《经济学》，萧琛主译，人民邮电出版社2004年版，第171页。

间流动①。

对于大多数企业而言，风险单位数量有限，所以实际的损失结果与预期损失相差很大。对于那些许多年才发生一次的重大损失，每年的预留资金常常是不够的，因此要采用基金的形式，每年提留一定的资金，逐年累积，形成意外损失补偿专用基金。预算资金通常不进入下一个财务年度，而专用基金则是跨财务年度的。保险费是可以作为必要成本从应税所得中扣除，而预留资金和专用资金一般是不免税的。而专业自保公司能够解决这个问题。专业自保公司是由非保险企业建立的保险公司，主要是向母公司及其子公司提供保险，这样就可以把不可免税的损失准备金变成可以免税的保险费。也可以通过保证合同筹资。保证合同主要分为合同保证和忠诚保证。合同保证主要针对的是不履约补偿；忠诚保证主要是是针对不诚实行为的。

（3）博弈论②

博弈是力图在动态中逃离风险的一种方式。博弈论是种数学理论③。博弈论（game theory）或对策论分析的是目标相互冲突的两个或多个决策者的行为情况④。20世纪80年代中期开始，博弈论（game theory）的思想和建模方法已渗透到几乎所有的经

---

① 陈宪、石士钧、陈信华、董有德编著：《国际经济学教程》，立信会计出版社2003年版，第204页。

② 蒋殿春：《博弈论如何改写了微观经济学》，《经济学家》1997年第6期。本题目下的资料，除特别注释外，均参见本文第86—93页。

③ See Jacco Thijssen, *Investment under uncertainty: coalition spillovers and market evolution in a game theoretic perspective*, Netherlands: Kluwer Academic Publishers, 2004, p. 26.

④ ［美］保罗·萨缪尔森、威廉·诺德豪斯：《经济学》，萧琛主译，人民邮电出版社2004年版，第154页。

济分析领域，其中受益最大的是微观经济学。博弈论又称为对策论，是专门研究理想个体之间的相互冲突和合作的学科。博弈论创立的标志以冯·诺伊曼（J. von Neumann）和摩根斯顿（O. Morgenstern）在 1944 年出版的《博弈论和经济行为》为标志，而其飞速发展发生在纳什（J. Nash）的两篇非合作博弈论在 20 世纪 50 年代初发表之后。博弈论由合作博弈论和非合作博弈论两个部分组成，但是非合作博弈论的发展速度更快，而且在经济学等其他学科中的应用也更为广泛，因此博弈论通常指的是非合作博弈论。

博弈论研究的对象是理性的个体。每个局中人不仅要先清理出自己和其他局中人的所有可选择的战略来，而且还得知晓在各种情况下自己的最终收益。不明真相的局中人对各种可能情况出现的概率有个主观判断。在一个最基本的博弈结构中，至少包括三个要素：局中人（player）、战略空间（strategy space）和支付结构（payoff structure）。局中人指的是在博弈中能够独立决策、独立行动并承担决策结果的个人或组织[1]。博弈论假定，局中人是理性而明智的；每位局中人在所有可选行动范围（战略空间）内是独立的，不受其他局中人的任何形式的胁迫；支付结构表示的是局中人在不同情况下博弈终了时的收益或得分。局中人的利益是相互牵连和相互制约的。在博弈分析中，信息结构也是非常重要的，研究者要明确每个局中人知道什么和不知道什么。理性个体指的是每个局中人都在追求自己的利益最大化。但是由于博弈者在能力、信息、价值观及所追求的利益上总是存在差异，因此在博弈中总是存在不确定性[2]。

---

[1] 侯光明、李存金：《管理博弈论》，北京理工大学出版社 2005 年版，第 3 页。
[2] 秦合舫：《战略，超越不确定性》，机械工业出版社 2005 年版，第 48 页。

博弈论认为，保安的巡逻路线应该是随机的而不是固定的。在玩牌时，不仅要在自己手气差的时候能够赢，而且要在手气好的时候也保证对手不要输得太多而退出牌局。其占优策略（dominant strategy）指的是无论其他博弈者采用什么战略，该博弈者的策略总是最好的。在价格博弈中，正常价格是一种占优策略。当两个或全部博弈者都采用占优策略时，其结果就会是一种占优均衡（dominant equilibrium）。非合作均衡对于博弈各方来说可能不是有效率的均衡。合作性均衡（cooperative equilibrium）也就是博弈各方结成联盟以实现利润最大化的策略。比如说卡特尔可以制定高价，并在企业间平均分配所有利润，而这是以消费者的利益为代价的。但是很难实现和保持合作性的垄断，其主要原因是：在绝大多数市场经济中，卡特尔和限制性贸易的合谋是非法的；有的合谋者会偷偷地降价。在许多博弈中，信誉（credibility）是个非常关键的因素。如果一个人能说到做到，他便是个可以信任的人，但是他不能只通过许诺而获得信誉。信誉必须与博弈的动机保持一致[1]。

博弈的"解"指的是该博弈最可能出现的结果，也称为均衡（equilibrium），其中最重要和最基本的均衡是纳什均衡。当其他局中人不改变当前的战略的前提下，任何一个局中人都无法单方面改变自己的战略而获取更高的支付时，则称博弈达到了纳什均衡。纳什均衡的重要性在于它规定了任何一个"合理"结果都要满足一个最起码的条件：当任何一个局中人发现他单方改变战略可以获得更多时，他就会毫不犹豫地改变自己的战略，博弈自然就没有达到均衡；纳什均衡是其他所有均衡概念的基础。

---

[1] [美]保罗·萨缪尔森、威廉·诺德豪斯：《经济学》，萧琛主译，人民邮电出版社2004年版，第173—180页。

事实上，在许多博弈中可以找出多个纳什均衡。纳什均衡（Nash equilibrium）属于一种对抗博弈（rivalry game）的结果，它指的是在其他博弈者的策略给定时，没有一方还能改变自己的获利情况的状况。它也被称为非合作性均衡（noncooperative equilibrium），因为每一方选择策略时都没有共谋，他们只选择了对自身最有利的策略，而不考虑社会福利或其他任何群体的利益[1]。博弈论主要被广泛用在经济学的研究领域，而在现实中则不是那么通行。有的人对一群具有良好理论素质的经济学家作过试验，其结果表明，即使在一些非常简单的博弈中，他们选择的行为也与博弈论的理性要求相去甚远。即使局中人可以找到最优的行为途径，但是为此他不可避免地要付出成本。而且模型越是复杂，这种成本越是高昂。但是在通常的模型中，局中人的这种行为成本并没有被考虑进去。非合作博弈的模型对于国际经济问题很可能更适用一些，因为国际法的效力有限[2]。

（4）征信体系[3]

伦理风险就是因为伦理道德问题造成的产生损失的可能性[4]。尽管在西方社会中从20世纪50年代以来，贷方就开始使用与伦理风险有关的信用评分系统，但是近10年以来才有了广

---

[1] ［美］保罗·萨缪尔森、威廉·诺德豪斯：《经济学》，萧琛主译，人民邮电出版社2004年版，第175—176页。

[2] ［美］约翰·麦克朱伦：《国际经济中的博弈论》，高明译，北京大学出版社2004年版，第17页。

[3] 任兴洲：《从中国征信业发展历程看未来模式选择》，《广东经济》2005年第5期。本小节资料，除特别注释外均来自本文第10—12页。

[4] 曾小春、胡贤文：《工程项目管理中的伦理风险与防范》，《中国软科学》2002年第6期，第122页。

泛的发展，其范围扩大到了诸如住房贷款和小买卖这些领域[1]。道德风险（moral hazard）是20世纪80年代由西方经济学家提出的一个经济哲学范畴，指的是经济代理人在对他们的行为的后果不必承担全部责任的情况下，因追求自身效用的最大化而损害他人的利益。到90年代，道德风险已经被学者们广泛用于解释保险市场、公共福利、卫生保健和借贷市场等行为。有的国家建立了征信体系来防范伦理道德风险。世界银行在1997年成立了一个部门专门研究征信问题[2]。只有建立起对失信行为的有效防范和惩戒机制，才能很好地维护公共利益和各方合法利益[3]。

道德风险已经成为制约中国的企业发展的一个重要原因[4]。中国由于信用缺失造成了比较大的伦理风险。针对信用缺失现象，信用评估与征信体系开始发展。征信指的是运用专业知识通过收集掌握公开信息以及调查掌握的隐蔽信息对某个市场主体履行债务的能力作出客观公正的评价报告。它是对各类企业和个人所负的各种债务能否如约还本付息的能力和可信任程度的评估，是对债务偿还风险的评价，是现代金融体系的重要组成部分[5]。传统的信用分析注重的是对公司的选择[6]，而目前的征信系统的

---

[1] See Elizabeth Mays, *Credit scoring for risk managers*, Mason, Ohio: South-Western, 2004, p.3.

[2] [美] 玛格里特·朱勒：《全球的征信系统》，载中国人民银行征信管理局编《"征信与中国经济"国际研讨会文集》，中国金融出版社2004年版，第55页。

[3] 刘玉平主编：《资产评估行业的诚信建设与风险规避》，中国财政经济出版社2004年版，第513页。

[4] 乔晓华：《我国国有企业道德风险问题剖析及有效解决途径》，《经济师》2005年第10期，第195页。

[5] 李正波、高杰：《征信体系与中国经济发展——评世行〈征信体系与国际经济〉一书》，《管理世界》，第166页。

[6] See Frank Hagenstein, Alexander Mertz and Jan Seidert, *Investing in corporate bonds and credit risk*, New York: Palgrave MacMillan, 2004, p.109.

范围则日益扩大。中国的信用经济发展落后，存在着交易信息不完全和不对称的情况，因此交易成本较高，交易效率低下，严重阻碍了经济的发展①。21世纪的前20年将是中国信用规模迅速扩张的重要时期，包括银行信用、商业信用和其他多种形式的信用规模。

中国征信所是近代中国著名的信用调查机构，1932年成立于上海②。中国的征信业再兴起于1989年，1999年中国成立了第一家征信公司。2000年7月，在中国人民银行和上海市政府推动下，于2000年7月开始个人征信系统的应用试点。全国企业信贷登记咨询系统已于2002年实现全国联网，个人信用信息基础数据库于2004年12月中旬开始试运行。2005年7月1日个人征信系统正式联网运行，有不良记录的用户将很难再贷到款③。中国当代征信业的发展大体经历了三个阶段：第一，起步和初期发展阶段（1989—1994年）。当时由于外贸企业需要信用调查，外经贸部下属的计算中心成立了中贸远大信用调查机构，标志着中国企业征信业的产生。随后，一些民营企业也开始从事信用调查。第二，民营征信业发展和外资进入阶段（1995—1999年）。这个时期一些以跨国公司为代表的外资大规模进入中国市场，他们普遍重视企业信用调查，从而带动了民营征信企业的发展。国外大型的跨国征信企业，如美国的邓白氏征信公司也开始登陆中国市场。第三，政府重视征信业发展，个人信用征信进入

---

① 王玉琴、项东辉、熊秀东：《发达国家征信体系模式对我国的启示》，《黑龙江社会科学》2005年第4期，第66页。

② 孙建国、彭善民：《从中国征信所两次公司登记看其属性之辨》，《史林》2005年第2期，第91页。

③ 李正波、高杰：《征信体系与中国经济发展——评世行〈征信体系与国际经济〉一书》，《管理世界》，第166页。

试点阶段（2000年至今）。

目前中国大约有500家信用机构，大致可分为四类：第一，中资企业资信调查公司。这类公司开始时由政府出资和借助政府数据，后演化为民营企业。第二，外经贸系统、国家统计局系统、国家工商管理系统和商业系统所属的专门提供企业资信调查服务的有关机构。第三，外资征信公司。第四，正在试点的个人征信机构。目前中国的征信业存在的主要问题是：相关法律法规不健全；征信企业经营规模偏小；信用数据不能共享[①]。目前企业征信行业规模初步显现，市场化运作模式已经基本形成，民营经济成分占绝大多数。从发展前景上看，企业征信应选择民营模式，个人征信短期内应该是两种模式并存，目标模式是以市场化运作为主。

信用在很长时间以来就已经是人类存在的一个组成部分了[②]。在个人征信体系方面，分别有以美国、英国为代表的民营模式和以欧洲大陆多数国家为代表的公共模式。在民营征信模式中，征信机构的市场化和提供第三方服务的色彩更强，这种征信机构是由民间投资组成的，它们独立于政府和各类金融机构和商业机构之外，信息来源比较广泛，并为法律许可范围内的所有市场主体提供信用调查服务。而公共模式一般由政府财政出资建立，其中包括个人信用数据系统，由央行作为系统的管理者，具有非盈利性。这种模式的信用信息主要来自金融机构，同时服务对象也只限于金融机构。目前有的国家只有民营模式，有的国家只采取公共模式，有不少国家则是两种模式并存。欧洲的征信系

---

① 王玉琴、项东辉、熊秀东：《发达国家征信体系模式对我国的启示》，《黑龙江社会科学》2005年第4期，第66页。

② See Burt Edwards, *Credit management handbook*, Burlington, USA: Gower Publishing Company, 2004, p. 3.

统以公共信用调查管理机构为代表。公共信用登记系统主要是由金融监管机构设立，更多地体现监管者的意志和需要。日本的征信系统则以银行协会建立的会员制征信机构与商业性机构为主体。日本银行协会建立的非盈利性的银行会员制机构——日本个人信用信息中心负责对消费者个人或企业进行征信。

美国的征信体系主要以民营征信服务为特征。美国的企业征信主要分为两种：一种是上市公司，其资信等级的评定由世界著名的穆迪、标准普尔公司完成；另一种是中小企业，其征信工作主要由专业的企业征信公司完成。其主要特征是：第一，民营征信机构的信息来源广泛。其信息主要来自官方信息、公众媒体信息、消费者信用调查机构的信用信息、金融机构等。第二，征信机构的服务是面向社会的，其服务对象包括机构、个人、政府等。信息数据的获取和使用受美国公平信用报告法案及其相关法律的约束。第三，征信公司可以提供企业概况、企业高级管理人员的相关情况、企业资信等级等。美国的个人征信业务通常由非盈利的机构完成，主要提供关于消费者还款历史的信用报告和来自司法机构及其他方面的公共记录；按一定规则整理和组织的信贷记录；消费者信用评分和个性化的消费者信息等。其主要特征是：美国通过了一系列限制征信行为和保护消费者权益的法案；征信数据主要来源于金融机构的信用评级、第三方数据处理公司、与消费者求贷过程中的查询行为相关的数据和公共记录等。美国在1912年成立了联合信用局，主要搜集的是消费者的还贷数据。第四，标准的消费者信用调查报告的内容主要由三个部分组成。这三个部分是消费者的基本信息、账户信息和附加信息，附加信息中包括联合借贷人和配偶的信用档案等。根据美国的法律规定，个人征信局保留的消费者的信用记录是有时间限制的。正面数据保留10年，负面数据保留7年，而公共记录的信息保留年限不确定①。

按服务对象，可把征信分为信贷征信、商业征信、雇佣征信以及其他征信②。信用信息主要可以分为个人信用信息、企业信用信息和社会信用信息三大类。《美国公平信用报告法案》(Fair Credit Reporting Act) 第603条规定，消费者信用报告指的是信用报告机构提供的有关消费者信用可靠度、信用的名声、信用能力、性格、一般名誉、个人特点或生活方式的任何书面、口头及其他方式的信息。个人信息征信体系主要包括征信机构的设置；信用信息真实和完整的机制、信息保密机制；当事人权利保护；征信行业的监督和管理；信用信息争议解决机制；信用等级评定制度；征信机构的法律责任等内容。社会信用体系主要包括的是信用数据的开放和信用管理行业的发展；信用管理系列的立法与执法，即信用的规范和失信惩罚机制的建立与完善；政府对信用交易和信用管理行业的监督和管理，以及民间信用管理机构的建立；信用管理教育的研究和发展③。信用评估不仅需要时间，而且需要与信用分析相关的专业技巧④，其中包括财务和非财务的因素⑤。

---

① 王玉琴、项东辉、熊秀东：《发达国家征信体系模式对我国的启示》，《黑龙江社会科学》2005年第4期，第67—68页。

② 杜金富等：《征信理论与实践》，中国金融出版社2004年版，第40页。

③ 虞岚、张鹏：《论个人信用信息征信体系的内涵和外延》，《市场周刊》2005年9月，第65—66页。

④ See Mark J. P. Anson, Fank J. Fabozzi, Moorad Choudhry, and Roen-Raw Chen, *Credit derivatives: instruments, applications, and pricing*, New Jersey: John Wiley & Sons, Inc., 2004, p. 24.

⑤ See Andrew Fight, *Credit risk management*, Great Britain: Biddles Ltd., 2004, p. 3.

3. 独白：风险互动

笔者认为风险是种不确定性，但并不是所有不确定性都是风险。从时间上来看，不确定性总是发生在未来而不是已经发生。已经发生的事是事实，人只能去面对而无法防范。未发生的事是可以采取措施避免的。人并不会逃离所有不确定性，因为在不确定性中，可能出现三种情况：一种可能性会产生有利的结果；一种可能性是会产生不利的结果；一种是可能产生的结果既没有利也没有不利。产生有利结果的不确定性，可称为机遇，它是人希望获得的。机遇越大的不确定性，人越容易去追求。产生不利结果的不确定性，可称为风险。风险是人希望逃离的。人们最希望的是他们面对的不确定性只有机遇没有风险。而事实上机遇与风险通常是并存的。机遇大的事情，通常追求的人多，实现的概率就比较小，风险就比较大。因此人在面对不确定性时，通常希望把机遇最大化，而把风险最小化。人通常不会去追求没有机遇的风险，也通常不会关注既没有有利也没有不利结果的可能性，风险可分为智能风险和伦理风险两大类。这两类风险之间存在着互动关系。

（1）逃离智能风险

智能风险是因人的判断力和技能方面的原因导致的风险。人因为对某个领域不熟悉，可能会把不可能产生机遇的可能性判断为能够产生机遇的可能性。机遇有的时候是一次性的。同样的事情再重复一遍效果可能就与上次不一样了，因为产生机遇的环境变了。一个人看别人赚了钱，以为模仿那个人的行为自己也能赚钱，而其实当他模仿那个人的时候，那种机遇已经不存在了。有的人爱看成功的企业家的传记,爱模仿企业家的行为,以为有的企业家中途辍学,自己也应该中途辍学。也许那个企业家辍学确实给他带来了成功,因为那个时候存在机遇,如果他不辍学就可能失去机遇。而在模仿者的时代,可能在他自己要干的那件事的领域并不存在机遇,他辍学了也不会成功。人应该看的是企业家的成功经验中的具有规律性的东西,而不应该模仿企业家的某种行为。当机遇不在的时候,就是让那位企业家自己再重走一遍同样的路,也不会成功的。在经济领域,不熟的不做是一条能够更好地防范风险的原则。

人也可能判断对了,确实抓住了机遇,但因为自己的技能不行又失去了这种机遇。一个人因为有了好的机遇,签订了一个可能产生丰厚利润的合同。但是他的技能不行,没有能够很好地履行这个合同,最后产生的可能不是利润而是负债。管理也是一种技能。当自己有很好的判断力和相应的决策能力,自己没有相应的技能去完成任务时,他可以组织一个队伍去完成这个任务。一个大企业的经理,不可能具有完成这个企业的所有任务的所有才能。而即便他具有所有的才能,他也没有时间亲自做所有的事情,因此对于一个企业家来说,管理才能是至关重要的。

管理看上去是容易的,似乎是把一些人通过发工资的方式纠集在一起就可以了。其实不那么简单。一群人可以组成一个堆,也可以组成一个系统。当一群人是一个堆的时候,这群人在一起劳动的成果可能还不如单个人的劳动成果之和。而这群人组成一个系统时,他们的劳动产生出的成果一定是大于单个人的劳动成果之和的。就好比一台电脑的零件,在一个不懂电脑装配的人的手里,无论他怎么摆弄都不可能产生能用这种总体功能。而一个电脑工程师就能够装出一台能用的电脑来。因此同样是一群人,在一个不懂管理的人手里,这些人组成的企业可能年年亏损,而换了一个会管理的企业家，这个企业可能就活了。

对一个企业家来说，最关键的智能表现为决策能力，即对机遇的正确判断力，还包括管理能力。因为机遇与风险通常是并存的，因此企业家的决策通常是种风险决策，他不得不承担非决策者不需要承担的巨大风险。风险承担能力与管理能力看上去都很虚，因此有人难以认识到这两方面的价值。而这两方面的才能对于一个企业家来说是很关键的。没有这两方面的卓越才能，就不可能成为优秀的企业家，没有优秀的企业家，就不可能有成功的大企业。企业家应该从风险承担和管理能力中获得合理的报酬。这部分报酬应该属于劳动所得。因此，为了逃离智能风险，人必须学习相关的专业知识，必须具有够用的专业技能，以便能够作出正确的判断和利用自己的技能完成好任务。

（2）逃离伦理风险

a. 伦理与道德

尽管伦理风险与道德风险联系密切，但是也有所区别。伦理和道德都是种规范，但伦理规范的是群体，而道德规范的是一个群体中的个体。伦理规范指的是一个群体中人们普遍认同的规则。这些规范可能不是群体中的所有人都认同的，但是大多数人认同的，这些人通常能够自觉地遵守这些规范。虽然少数人可能不认同这些规范，但是只要他们需要在这个群体中工作和生活，他们就必须遵循大多数人共同遵守的规则，否则他们会成为只享受这些规则带来的利益，而不尽相应义务的特权拥有者。公共利益是难以排外的。如果他们生活在这种群体中，尽管他们承诺他们不享受群体规则带来的利益，群体也很难把他们排除在外。而且对于大多数认同这些原则的人来说，也许在某些时候这些规则并不符合他们的利益，但是如果已经立了规矩，他们也不能随意破坏这种规则。

一个群体之所以必须按大多数人定的规则办事,这是因为任何一个群体的存在都必须有规则。而群体中力量最大的是大多数人。群体活动需要得到大多数人的支持。大多数人的总体能够代表群体,而少数人则无法代表群体。从这个角度上看,伦理与民主是一致的。民主的要求是按大多数人的意见办事。少数人只能选择离开这个群体或者遵守大多数人制定的原则。从这个角度上看,伦理中也包含着强制,但这种强制与法律强制不同。违反伦理原则通常会失去大多数人的支持,会受到大众舆论的谴责,但也许不会被法律惩罚。当某个群体是确定的,其成员也是确定的,其大多数人支持的原则也是确定的时候,伦理原则就是确定的。也就是说,一个人在这个群体中违反了这个群体的伦理原则,必然会被这个群体的大多数人谴责。

而针对个体的道德规范是根据群体的伦理规范要求来设定的。把规范群体的原则转变成规范个人行为的规则时,这些规则就是道德规范。如果人不在一个群体中生活,就没有群体的伦理规则的束缚,也就不会有道德规范。从这个意义上说,道德虽然是规范个体行为的,但是个人无法选择自己要遵守什么道德规范,因为道德规范的来源是伦理原则,而伦理原则来自一个群体中的大多数人的共识。当这种共识是确定的时候,道德规范也是确定的。而当一个群体中的大多数人改变了主意,订立了新的伦理原则时,道德规范也需要根据这种原则进行调整。当一个人能够始终用这种道德规范来对自己的行为进行善恶评价,当自己按照这种道德规范行为就感觉问心无愧,而当自己违反这种道德规范就会感觉内疚时,他就具有了一种以良心为基础的道德品质。当一个群体的伦理原则和道德规范都很明确,而群体成员都形成了相应的道德品质,这个群体就会是一个和谐稳定的群体,而这种和谐的秩序就是伦理秩序。

　　一个群体的伦理规范体系同时也可以是道德规范体系，这是因为这个群体在扮演群体的角色的同时也在扮演个体的角色。全球共同体是最大的人类共同体，因此只有全球伦理规范，没有全球道德规范。国家对于全球共同体来说是个体，因此当国家根据全球伦理规则来设定其行为规则时，这些规则就是国家道德规范。而生活在一个国家之中企业相对于国家来说是个体，企业根据国家的伦理规则能够设定企业的道德规范。员工对于企业来说是个体，员工又要根据企业的伦理规则来设定自己的道德规范。员工在家里可能是一家之主。他又可以根据家庭成员的意见设立家规，这种家规在群体层次上也是伦理原则，而具体到规范家庭各个成员的行为时，就变成了家庭成员的道德规范。与伦理相关的风险为伦理风险，与道德相关的风险为道德风险。从广义上说，伦理包括道德，伦理是道德的起点和终点，因此伦理风险也应该包括道德风险。本书是在广义上讨论伦理风险，因此笔者把道德风险纳入到伦理风险体系之中。

b. 伦理风险评级

　　一个征信系统，应该包括对全球伦理、国家道德和国家伦理、公民道德和企业道德以及企业伦理和员工道德、家庭伦理和家庭成员道德的伦理风险以及道德风险的评级。伦理的核心是公正，道德的核心是为了公正而自我牺牲。一个群体的公正程度，是其伦理风险评级的基础。公正是伦理体系中表现出的人对于崇高的追求。这种追求具有可不断趋近而无法完全实现的特征，因此具有理想性。也正因为如此，一个群体能够在公正方面通过不断努力而升级。这个群体越是公正，群体成员之间的关系越是融洽，这个群体的总体伦理风险就越低。

　　从底线伦理的角度看，现代国家普遍建立了以市场经济为基础的经济体系，市场的自由与平等程度是衡量其经济体系的公正程度的标志。没有自由，人、财、物无法自由流动，便会影响市场配置资源的效率。但这种自由和平等只应该局限于经济领域，如果泛化到道德领域，则会导致一个国家的道德体系的解体。尽管现代国家有制度之别，但是都普遍建立了以人权、民主和协商为基础的政治制度。人权的主要保护对象是在市场竞争中处于弱势地位的群体，这是对市场分配的不公正的修正。民主则是把公民整合为一个整体的工具。协商能使成员之间互相沟通，以便更好地达成共识。人权、民主和协商的原则主要是在政治领域生效。如果泛化到企业组织，则会降低企业的工作效率。企业作为一个政治体系中的成员应该支持国家政治中的人权、民主和协商原则。自由和平等程度是一个现代国家的经济底线伦理风险评级的基础，而人权、民主和协商是一个现代国家的政治伦理底线风险评级的基础。

从底线道德的角度看，一个现代国家的道德风险的评级基础是这个国家的公民拥有慈善心、责任心和诚信心的广泛程度。对于采用市场经济的国家来说，慈善心是很关键的。市场分配具有偶然性。有的人成为社会中的弱势群体，不是因为他们不愿意工作或工作技能不强，而是因为市场特征导致的失业。这些人不是传统意义上的弱势群体，但是他们需要社会的关顾。而且在市场之中生存的人，都难免有沦落到失业境地的可能性。在他们失业时，需要得到社会的救助。还有老弱病残者及女性在市场竞争中都会处于弱势，应该对这些弱势群体给予关顾。如果一个社会的公民没有对于陌生人的慈善心，他们就可能抵制因此而付出的税收和相应的优惠政策。

另外，现代社会是个普遍建立了市场经济的社会，市场的组织通常是按契约组织起来的。在契约中，人获得了一定的权利，同时负有一定的责任。他人的权利就是我的责任。我的责任就是他人的权利。如果人们都只享受权利而不承担责任,市场这样的权利责任体系就无法存在。责任不是一种自由,而是一种不自由。在一个人许诺承担某种责任之前,他是自由的。而当他许诺了承担某种责任时,他就不再自由了。从这个角度上看,市场的自由恰好是要用道德领域的责任这种不自由来保障的。

诚信也是在现代市场经济社会中生存的人必备的道德品质。市场经济以信用为基础。如果人们都采取欺诈手段,并隐瞒对他人不利的信息,市场的信用体系就会发生危机。从这个角度上看,康德的不许说谎的例证具有为市场经济的道德体系奠基的作用。康德认为,人在任何时候都不应该说谎。这看上去似乎太绝对,没有给特殊情况留下余地,而道德恰好是靠这种绝对性来发生效用的。这种绝对性在对说谎的人实施精神上的制裁。他并没有说人不能说谎,而是说人可以选择说谎,但必须认识到这种做法是不应该的。一个医生为了避免病人的绝望,对病人隐瞒了病情。医生是可以这样选择的,但是并不能因此而说他说谎是对的。正因为说谎不能被合理化,因此说谎的医生在说谎时是有精神压力的。这样就会使他每次说谎时,他都会首先想是否可以通过不说谎的方式来解决问题。这种道德规范的绝对性是市场得以良好运转的基础。

社会的底线道德通常容易被处于两极的人突破。一极是社会精英。现代社会精英应该追求的是公益潜能的最大发挥,这是种崇高的追求。这是评价一个社会的精英集团的精神境界的标准。他们追求潜能的发挥,但是以服务公益为目标。这里的公益指的是对社会有益的事物。对于这些人来说,金钱的数目、权位的高低、名气的大小都只是他的公益潜能发挥的标识,而不是实现其贪欲的手段。一个追求发挥公益潜能的人,不太容易抛弃人格尊严去追求不应该得到的享乐。即便自己拥有了通过合理手段获得的财富，他也会节省这些财富，并把这些财富尽量用到对社会有益的事业中去。贪婪的人通常对于奢华的物质生活有着强烈的不满足感，这种不满足容易导致人贪污腐败。同样是社会精英，有的人会腐化堕落，有的人则公正廉洁，这是与人的精神境界有关的。另一极是在经济状况上处于绝境中的人，这些人容易为了生存而走上贪污盗窃和骗钱的道路。一个社会有太多的在经济上处于绝境的人，其道德风险就比较大。

另外从总体上看，当一个国家处于转型时期时，由于旧的伦理体系被破坏，而新的伦理体系尚未确立，个人遵守旧的道德规范不合时宜，而又不知道该遵循什么道德规范时，社会的伦理体系就会比较混乱，这个社会的伦理风险就比较大。法律体系不健全的国家比法律体系健全的国家伦理风险大。传统伦理体系坚固的国家在转型时比传统伦理体系薄弱的国家伦理风险小。中国目前正处于变革之中，而总体上相对比较稳定，这与中国的传统伦理体系仍然在发挥着作用相关。尽管当代的中国人没有很系统地去学习中国传统伦理思想，而这种伦理思想是在家庭中代代相传的。一个人小时候的道德教育主要是在家庭中完成的，家庭成为传统道德进入生活的重要渠道。每个国家都会保护其包括传统伦理体系在内的文化，只是在刚面临一种异文化冲击的时候，它尚不知道如何将二者融合起来。中国目前便处于此阶段，未来将会在一种更高的层次上复归传统。

（3）互动中的风险

这里的风险互动指的是智能风险与伦理风险之间的互动。这二者之间存在互动关系，主要是因为无论是群体还是个体，都存在着智能与伦理两个方面的特征。如果一个群体是被组织起来干坏事的，其技能越强，它给社会带来的伦理风险就越大，他人就会生活在他们造成伦理风险之中。同样，如果一个人也是用他的技能去干坏事，那么他的智能也会给他人造成伦理风险。他造成的伦理风险的强度与他的智能是配套的。从这个角度上看，只对一个群体或个体进行智能评级是完全不够的，必须对其伦理状况进行评级。反过来说，如果一个群体的伦理状况很好，而智能很差，这样的群体则容易成为技能强而道德品质差的人欺骗的对象，他们的纯正道德可能成为被坏人利用的缺点。这样他们就会因为智能水平差而使他人的不道德现象能够在更大的范围内存在。他们虽然是受害者，但是也正是他们使社会的伦理风险增大了。另外，也要注意来自伦理方面的风险。人在追求机遇和防范风险的博弈中，不仅要注意来自智能方面的风险。有的人在博弈中失败了，不是因为他的技能不行，而是他被别人误导或欺骗了。因此在中国的传统的"仁义礼智信"这五德中，也包括了智能。智能的作用，一是在防范他人的不道德行为；二是在防止自己好心办坏事。由于智能风险与伦理风险联系密切，因此虽然本书的主题是伦理风险，但同时包括了智能风险的内容。智能风险可以看成是一种间接的伦理风险。

第 2 章 情绪的非理性

西方国际经济学的理论基础是西方微观经济学，而西方微观经济学研究的前提是经济人假设。经济人假设设定个人是追求自身利益最大化的。西方经济学家认为在这个基础上能够建立起经济方面的科学。西方经济学家一再强调，这只是个假设，现实中的人不只是经济人，还是政治人和道德人等，经济学只是为了弄清经济学的发展规律才把经济人抽象出来研究。即便如此，对于经济人的假设的批判还是很多，其中西蒙提出了有限理性的问题。他认为经济人因为不能掌握完全的信息和全部的备选方案，而不可能实现追求利益最大化的目标。笔者认为经济人是由自然人演变来的，而自然人不仅因为西蒙提出的有限理性问题而没有能力追求利益最大化，而且自然人本身的欲望也是有限的。因此必须说明为什么自然人的欲望是有限的，还必须说明具有有限欲望的自然人怎么就变成了具有无限欲望的经济人。而且人是有情绪的，经济人也不例外。

1. 情绪机理

（1）心理机理[1]

情绪和情感（emotion and feeling）是人对事物的态度体验，

---

[1] 彭家仪主编：《情绪的奥秘》，人民军医出版社 1991 年版，本题目下的资料除特别注释外均见该书第 1—4、46—79、88—94、125—130 页。

是人的需要是否得到满足的反映，是多重神经系统基于对刺激的评价而产生的反应[1]。从情绪是因某事而引起的角度来说，它是种故意状态[2]。情绪的来源是需要，需要表现为一定的动机，动机又表现为理想、计划和愿望等。人具有生物性和社会性的需求。从生物性的需求上看，人具有保护个体和保护种族以及保护自己免受伤害的需求。从社会需求的角度上看，人具有被社会认同的需求。人面对现实主要有战斗、逃避和接受煎熬三种状态。接受煎熬让人感觉到烦恼。情绪是人的心理状态的外部表现，是个体在满足其需求活动中，对满足程度的主观体验和行为流露，它具有流动性和变化性，其差别多不胜数。情绪通常具有情境性，情绪的情境性是指情绪受外界的影响而发生变化的现象。通过改变环境可以改变人的情绪状态，具有思想内容的言语也能通过刺激大脑而引起思想活动与情绪变化。

　　心境是持久的情绪状态，是人的心理状态的一般背景。心境可以影响情绪，而情绪也可以影响心境。一个偶然的负面事件发生于快乐心境时，负面情绪系统难以被激活；而如果该事件发生于愤怒心境时，则可能激活负面情绪系统[3]。心境是被拉长了的情绪，它是能够比较长时间地影响人的整个行为的一种情绪状态；它使人的一切体验和活动都留下了明显的烙印；它具有弥散性。当人处于某种心境时，往往会以同样的情绪来看待一切事物，心境主要受生活中的重大事件的影响。激情也称为爆发性情

---

[1] See Damasio A. R., *The feeling of what happens: body and emotion in the making of consciousness*, New York: Harcourt Brace, 1999, pp. 203—204.

[2] See Robert C. Solomon, ed., *Thinking about feeling: contemporary philosophers on emotions*, New York, N.Y.: Oxford University Press, 2004, p. 9.

[3] 罗跃嘉、吴健辉：《情绪的心理控制与认知研究策略》，《西南师范大学学报（人文社会科学版）》2005年第3期，第28—29页。

绪，它是种强烈、短暂、爆发式的情绪状态，通常由突发的对人具有重大意义的事件引起。这种应激是人在生命和精神处于极端情景时产生的情绪状态。艺术家在创作过程中的情绪体验是决定创作是否成功的重要因素之一，一个没有激情的艺术家的作品会丧失艺术感染力[1]，也就是说情绪对人的创造力可能有积极影响[2]，而长期持续的应急会造成精神创伤和危及身体健康。

情绪可以分为愉快与不愉快的两大类。它具有特殊的主观体验、显著的身体—生理变化和外部表情行为。人们常把短暂而强烈的具有情景性的感情反应称为情绪，如愤怒、狂喜等；而把稳定而持久的、具有深沉体验的感情反应看做是情感，如自尊心、责任感、爱等。情感具有稳定和持久性。情绪比情感具有更多的冲动性和较明显的外部表现。事实上，强烈的情绪反应中有主观体验；而情感也在情绪中表现出来。因此通常说的感情既包括情感，也包括情绪[3]。现代心理学认为，喜、怒、哀、乐等情绪和情感是人对现实的对象是否适合人的需要和社会要求而产生的体验[4]。那些能够满足人的需要或社会要求的对象，就会引起肯定的情绪体验；反之则会引起否定的情绪体验。能够增强人的精力、体力、驱使人去活动的情绪体验为积极的情绪体验；反之则为消极的情绪体验[5]。积极的情绪和情感是人克服困难的动力。

在遇到困难时，积极的情绪能爆发出奋进的激情去战胜困

---

[1] 史宏云：《大写意花鸟画创作中的情绪体验》，《文艺研究》2005年第4期，第155—156页。

[2] See Neal M. Ashkanasy, guest editor, *Emotion and performance*, Mahwah, N. J.: Lawrence Erlbaum Associates, Inc., 2004, p. 180.

[3] 《中国大百科全书·心理学卷》，中国大百科全书出版社1991年版，第257—258页。

[4] 斯米尔诺夫，A. A.：《心理学》，朱智贤等译，人民教育出版社1957年版。

[5] 匡调元：《中医病理研究》，上海科学技术出版社1980年版，第54—55页。

难。而消极的爆发情绪则容易使人头脑发热,不计后果。人受辱后会被激怒;仇恨之极会不顾一切与人拼命,甚至会杀人。从某种意义上说,情绪是人对于重要的生活事件的生物性反应[1]。通常说来,以下十种人容易产生爆发情绪:第一,虚荣心强和爱自我表现的人;第二,相互关系紧张、心里有疙瘩的人;第三,长期处于后进或者犯了错被指责而怀恨在心的人;第四,有恋爱、婚姻和纠纷的人;第五,家庭困难得不到解决或久病不愈的人;第六,亲友遭到不幸或触犯了法律而不能正确对待的人;第七,性格粗暴和自我控制力差的人;第八,组织纪律差和思想意识不健全的人;第九,私心重和爱占小便宜的人;第十,缺乏理智、分不清是非的人。从这个角度上看,古希腊的斯多葛派哲学家认为人在情绪状态下提供的信息是不可靠和古怪的这种观点是有道理的[2]。气怒损生。人的生理上和精神上的强烈刺激会使交感神经高度兴奋,肾上腺素分泌突然增多,心率急剧加快,从而容易导致猝死。

情绪具有四个维度:强度、快感度、紧张度和激动度。强度指的是情感的强弱度;快感度指的是愉快和不愉快的程度;紧张度指的是从紧张到轻松的程度;激动度是指从激动到平静的程度。在个体发展中,先出现具有反射性质的情绪反应,然后才出现具有体验性质的情感体验[3]。原始情绪分为快乐、愤怒、恐惧、悲哀四种。它们的共同特点是目的性强和复杂程度低,因此

---

[1] See Johnmarshall Reeve, *Understanding motivation and emotion*, Hoboken, NJ: Wiley, 2005, p. 323.

[2] See David Yun Dai, Robert J. Sternberg, ed., *Motivation, emotion, and cognition: integrative perspectives on Intellectual functioning and development*, Mahwah, N. J.: Lawrence Erlbaum Associates, 2004, p. 175.

[3] 《中国大百科全书·心理学卷》,中国大百科全书出版社1991年版,第257—258页。

它们常常强度很大、紧张性很高。快乐通常是指愿望、需要和目的达到后，随之而来的紧张解除时的情绪体验；愤怒往往是既定的目的达不到，而他认为所遇到的挫折是不合理的而产生的一种高紧张情绪；悲哀是与失去所热爱的事物或所盼望的东西相关的体验，它所带来的紧张释放是哭泣；恐惧是意识到造成威胁或危险的事物将来临并企图逃避的情绪。在基本情绪的基础上，可能出现许多复合形式的情绪。情绪也可能被赋予各种社会内容。

情感主要有这么几种：第一，与嗅、味、触、声音、颜色等感觉刺激相联系的简单情感，如对噪声的厌恶。第二，与饥饿、疼痛等机体感觉相联系的简单情感。第三，道德感、审美感、理智感等高级社会性情感或称情操。开朗和诚实是实现自我满足和体验快乐的重要因素。诚实的功绩能给个人带来满足感。第四，个人的气质，如乐观、冷静、忧郁、等等①。也就是说，人不仅有基本情绪，还有社会情绪。与社会内容相联系的情感主要有道德感、理智感和审美感，也就是情操。社会情绪是人类区别于其他物种的一个显著特征，社会情绪的发生和发展晚于基本情绪，它依赖于社会情景，有助于个体了解自我和他人的处境与状况，以适应社会的需要，能够更好地生存和发展。个体的情绪状态会影响道德判断、推理和决策等高级认知过程。社会情绪大致可分为自我意识情绪，自我预期情绪和依恋性社会情绪。个体在社会环境中，因为关注他人对自身或自身行为的评价而产生的情绪称为自我意识情绪，它可分为正性和负性两类：负性的包括内疚、害羞、尴尬等；正性的包括自豪等。在面临机会选择或竞争状况时，个体对不同行为方式的后果作出预期，并根据自己的期望和

---

① 《中国大百科全书·心理学卷》，中国大百科全书出版社1991年版，第257—258页。

价值取向对社会信息进行认知和加工。这一过程引发的情绪称为自我预期情绪,包括后悔和嫉妒等。依恋性情绪更多地涉及人与人之间的情感联结,其中包括母爱、情爱、共鸣等[1]。

情绪表露指的是个体的情绪的外在表现,如行为和表情等。情绪以表情形式表现出来,包括面部表情、言语声调表情和身段姿态表情[2]。有的人能够严格控制自己的情绪的外部表现,做到不动声色,但一般说来,人的任何情绪都会以某种方式或强或弱地表现出来。表情已经成为非语言社会交流中的一个重要组成部分[3],据统计,人的面部表情传达的信息和情感可达上千种之多[4]。面部表情能够精确地表达不同性质的情绪和情感,因此表情是鉴别情绪的主要标志之一。个体的表情传达着关于生物学方面和社交方面的重要特征信息,如,身份、性别、年龄和情绪状态。识别某些情绪比其他一些情绪更重要,人们对消极情绪表情的察觉要快于对愉快情绪表情的察觉[5]。情感求助指的是个体向经验丰富的人或自己信任的朋友寻求情绪上的支持,以减轻自己对消极情绪的体验和感受。情绪放松指的是个体避免直接面对情绪冲击而借助外力帮助来缓和情绪的方式。情绪的认知应对指的是对引发情绪的因素或情景本身进行分析,以解决或消除情绪产生的原因。情绪压抑指的是个体不轻易外露自己的情绪,注意控

---

[1] 徐晓坤、王玲铃、钱星、王晶晶、周晓林:《心理科学进展》2005 年第 4 期,第 517—524 页。

[2] 《中国大百科全书·心理学卷》,中国大百科全书出版社 1991 年版,第 257—258 页。

[3] See Ralph D. Ellis, Natika Newton, ed., *Consciousness & emotion*: *agency*, *conscious choice*, *and selective perception*, Amsterdam: John Benjamins Pub., 2005, p. 121.

[4] 洪炜主编:《心理评估》,南开大学出版社 2006 年版,第 7 页。

[5] 葛吉艳:《消极情绪表情的觉察特点研究探析》,《首都师范大学学报(社会科学版)》2005 年第 3 期,第 111—112 页。

制表情行为，压制自身的情绪体验，哭泣则是把哭作为调节情绪的手段。情绪替代是指通过回忆曾有的积极情绪体验来摆脱现实中的不良情绪和感受。情绪回避指的是个体逃离引发不良情绪的环境[①]。

情绪和情感通常具有两极性，比如说满意与不满意。在两极之间存在着种种不同程度的差异。青年人的情绪、情感比人生的其他年龄阶段更具有两极性的特色，这与青年的生理发育和变化有关。每个人的生理和心理素质不同，在社会和家庭中所处的地位不同，年龄和经历也不同，每个人都是在适应—改造—再适应—再改造的动态过程中走完自己的人生之路的。在人的幼年、少年、青年、中年和老年的每个时期的生理上和心理上的特征是有共同之处的。神童只是智力超群，而在生理和心理上的成熟度与其他人差不多。在幼儿期，人的行为受本能和直觉影响比较大，少年期开始有道德等社会约束，青年时期是智力发展的高峰阶段，中年期知识和经历增加，人也趋于成熟，到了老年，各方面都在衰弱。情绪是神经生理、外显表情和内在体验的综合过程。情绪在诱发靶情绪的同时，也诱发其他情绪。人们对同一事件的情绪反应会随着重复而发生动态变化。对于一件新鲜事物，最初的反应是由于感到新奇而靠近，而随着了解的深入，会逐渐产生好感、麻木甚至讨厌的情绪。每次情绪都可能受到上一次发生的情绪事件的影响，同时也可能影响下一次情绪[②]。

在情绪与理性的关系上，主要有两种观点：一种观点认为情绪与理性是对立的；一种观点认为情绪不等于非理性。持第一种

---

① 李梅、卢家楣：《不同人际关系群体情绪调节方式的比较》，《心理学报》2005年第4期，第517—523页。

② 罗跃嘉、吴健辉：《情绪的心理控制与认知研究策略》，《西南师范大学学报（人文社会科学版）》2005年第3期，第28页。

观点的人认为,在一个决策过程中,情绪认知作用小,则理性认知作用大;反之亦然。当个体理性从一个极端(完全理性水平)向另一个极端(不理性水平)变化时,个体的情绪认知相应地会从一个极端(完全没有情绪)向另一个极端(完全情绪化)变化。当决策条件完全确定时,完全理性认知的决策分析导致的决策结果是最佳的;当决策条件有风险时,通过情绪认知和理性认知共同作用来进行决策分析,得到的决策结果是满意的;当决策条件完全不确定时,通过完全情绪认知来决策的结果是处于模糊状态的,要么处于最佳和不佳之间、要么处于满意和不满意之间[1]。行为金融学认为市场是无效率的,因为投资者不是完全理性。假如投资者都严格遵循理性的、利益最大化的原则来投资,那情绪就不会影响资产的价格。但许多证据表明投资者决策时是受情绪波动的影响的。天气环境(如日照时间)、生物节律(如月象)以及社会因素(如新闻数量)都可能产生人的情绪波动,从而产生对股价的影响。投资者在决策时的偏差主要可分为经验简化、自我欺骗及情绪基础判断等。经验简化指的是人们为了节省分析成本而避免计算,听信小道消息或根据经验来进行决策。自我欺骗指的是人们有过度自信的倾向。当相信某种事情会发生时,就会高估其发生的概率;而当不相信某事会发生时,就会低估事件发生的概率。情绪基础判断指的是情绪变化多端,如哀伤或愉快会影响决策。个人的思想也会受到群众心理的感染,盲目跟风,这也是情绪影响投资决策的反映。人人看好、情绪高涨的时候就是股市即将跌落的信号[2]。

---

[1] 张辉华、凌文辁:《理性、情绪与个体经济决策》,《外国经济与管理》2005年5月版,第7页。

[2] 高清辉:《论投资者情绪对股市的影响》,《经济纵横》2005年第4期,第35页。

持另一种观点的人把心理学引入了经济学。在经济学和心理学各自成为独立学科后，二者的研究长期处于分离状态。经济学把其研究建立在经济理性的基础上，当遇到不理性或不经济的行为时，就认为那是心理学的研究对象。20世纪中叶以来，经济学和心理学之间开始了对话。西蒙从心理学的角度提出了有限理性论，修正了传统的完全理性假设[1]。近年来，通过交叉研究，对情绪在经济决策中的作用的认识取得了一些突破：第一，情绪不再被认为是认知的外围因素，它也可以测量和量化。情绪并不等于非理性，它在决策过程中的作用并不总是对决策有害；个人行为和决策总是受到理性和情绪两个因素的影响，它是促使人类适应环境的重要因素，有助于决策[2]。第二，情绪和理性受大脑不同部位的控制，它们的活动规则和作用方式不同。情绪可以不通过大脑皮质，其反应比理性反应更为迅速。人类的认知可以分为综合性认知和分析性认知两种。综合性认知是"热"的、立即的和直接的，而分析性认知则是"冷"的、连续的和线性的。情绪影响主要包含在综合性认知内[3]。第三，在经济决策中，情

---

[1] 张辉华、凌文辁：《理性、情绪与个体经济决策》，《外国经济与管理》2005年第5期，第1—2页。

[2] See Joseph P. Forgas & Jennifer M. George, "Affective influences on judgments and behavior in organizations: an information processing perspective", *Organizational Behavior and Human Decision Processes*, 2001, 86 (Sep/1), pp. 6—7; Lucy F. Ackert, Bryan K. Church & Richard Deaves, "Emotion and financial markets-human decisions affect economy", *Economic Review*, 2003/4, p. 36; Roberta Muramatsu & Yaniv Hanoch, "Emotions as a mechanism for boundedly rational agents: the fast and frugal way", *Journal of Economic Psychology*, 2005/26, p. 202.

[3] See Ross Buck, Erika Anderson, Arjun Chaudhuri & Ipshita Ray, "Emotion and reaon in persuation: applying the ARI model and the CASC scale", *Journal of Business Research*, 2004/57, p. 648.

绪是一个重要的变量①。

(2) 生理机理

情绪是种瞬间变化的心理—生理现象，它是机体对不断变化的环境采取的适应模式②。社会或自然界的各种动态刺激作为一种信息，首先是通过人的眼、耳、鼻、舌、身使人感受到的。根据各种刺激的具体内容，转化成特定的神经冲动，传入中枢神经系统，这种冲动不仅引起一般的生理学反应，而且产生心理学的反应，具体表现为一定的情绪色彩③。情绪回路是神经冲动的传导经路：海马回—穹窿—乳头体—丘脑前核—扣带回—海马回。当情绪回路兴奋时，人便产生情绪体验。如果回路传导的冲动微弱，人便产生索然无味和淡漠的体验；如果情绪回路上的冲动大，便能让人感觉兴致勃勃④。

人的神经传输速度为每秒3万厘米，比计算机的电信号传输速度要快几十亿倍，但是人的神经系统对于快速产生的事件也难以适应。当传递的信息是有规则的，多次重复的时候，人会比较顺利地接受和转换。如果信息是杂乱无章的、新奇的和无法预测的，人对现实的反映就会变形，甚至混淆幻想与现实之间的界限，陷入混乱之中。当一个人接受超过他能处理的信息时，就可能导致紊乱。当人被输入太多的混乱的、无形状的、无秩序的感觉刺激，就会出现感觉爆炸现象。当个人被迫超出他的适应范围

---

① 张辉华、凌文辁：《理性、情绪与个体经济决策》，《外国经济与管理》2005年第5期，第6页。

② See Levenson R. W., *The nature of emotions*, New York: Oxford University Press, 1994, pp. 123—126.

③ 匡调元：《中医病理研究》，上海科学技术出版社1980年版，第54页。

④ 彭家仪主编：《情绪的奥秘》，人民军医出版社1991年版，第122页。

行为时，就会产生未来冲击，这种冲击是对过度刺激的反应[①]。

　　情绪的身体—生理反应是由中枢和外周神经系统以及内分泌系统的活动产生的，中枢神经对情绪起调节和整合作用，大脑皮层对有关感觉信息的识别和评价，在引起情绪及随后的行为反应中起重要作用。活跃情绪的必要条件是网状结构的激活，愤怒、恐惧等强烈的情绪与边缘系统的结构有关。情绪的身体—生理反应与自主神经系统密切相关。神经系统和脑的化学过程直接影响着情绪的发生和变化。在情绪调节方面，脑垂体—下丘脑—肾上腺系统的活动起显著作用[②]。情绪和情感的变化会引起心脏、血管、呼吸器官、骨骼肌、表情动作、内分泌的变化。一个受到沉重打击的人可能会产生心脏血管的痉挛、胆液管道的痉挛和肝脏胆液充积症的出现，从而让人发秉。人在遇到困难和危险时，能够产生适应性反应，这种反应涉及到全身的各个系统，其中神经系统和内分泌系统起着主要作用。人的精神和行为改变会引起激素改变，而激素改变也会引起精神与行为改变[③]。

　　当人兴奋或恐惧的时候，都会因肾上腺素的分泌而感到心跳加快，同时伴有呼吸急促，血液从皮肤和内脏流向大脑，从而使手脚冰凉，体内的营养物质重新分配到在紧急关头需要作出反应的部位。人的下丘脑是激素警戒系统的关键部位，它控制着恐惧、愤怒、高兴、悲伤和失望等感情。当人的脑子记录下"危险"反应时，下丘脑向脑垂体发出电化信号，脑垂体分泌一种叫促肾上腺皮质激素激活肾上腺，肾上腺再释放一种叫皮质激素的物质到血液中，皮质激素把信息带给了其他的腺体和器官，其

---

　　① 刘芳编著：《情绪管理学》，中国物资出版社1999年版，第28—29页。
　　② 《中国大百科全书·心理学卷》，中国大百科全书出版社1991年版，第257—258页。
　　③ 匡调元：《中医病理研究》，上海科学技术出版社1980年版，第56—58页。

他器官也开始对危险信号发生了反应。这就是警戒反应,其后果之一是引起胃酸,从而可能导致胃溃疡病。在抵抗阶段,身体在与紧张源进行激烈的斗争。当衰竭阶段来临时,身体很容易患病[1]。

情绪过度激动会引起全身血管痉挛。情绪持续处于紧张状态,会导致血压持续升高,而内脏活动异常也会引起精神、情绪与意志的变化,也与梦境有一定的联系。精神受损伤者,病症虽轻而愈后不佳;精神无损者,病症虽重而不足虑。安慰剂(Placebo)可以出现该药原来没有的作用。患者需要帮助的程度越迫切,安慰剂所引起的作用越大[2][3]。应激反应主要是种激素反应,它使神经网络统一活动进行生理上的适应性调节。觉醒是乙酰胆碱造成的,当它分泌过多时,则会出现超觉醒状态,使人感到焦虑。去甲肾上腺素的直接效应是抑制性的,这两种激素相反相成,构成人的神经系统的特点。5—羟色胺具有安静作用,睡眠可能就是由它造成的[4]。大脑皮层在接受了外界刺激后会产生一定的反应,并指挥相应的肌肉群采取行动。情绪和意志活动会在行动上表现出来,比如说手舞足蹈或呆若木鸡等,因此反过来可以通过行为方式来推断情绪和意志状态[5]。

人造情绪是通过电刺激人脑的有关结构而出现的无对象、无内容、不可名状的愉快或愤怒等情绪。生物节律会因为激素水平的改变而改变人的生理需要,从而产生来自生理方面的情绪。一

---

[1] 彭家仪主编:《情绪的奥秘》,人民军医出版社1991年版,第24—25页。
[2] See Wolf, S., "The pharmacology of placebos", Pharmacol. Rel. 11:689, 1959.
[3] 匡调元:《中医病理研究》,上海科学技术出版社1980年版,第48—53页。
[4] 彭家仪主编:《情绪的奥秘》,人民军医出版社1991年版,第26—27页。
[5] 匡调元:《中医病理研究》,上海科学技术出版社1980年版,第60页。

切生物的内部活动都是有节律的。生物节律的周期可以是一昼夜或一个月等。不少疾病都是正常的节律紊乱造成的,人体还具有体力、情绪和智力的周期。一些学者认为每个人自出生之日起,其体力、情绪和智力总是周而复始地按正弦规律变化,其周期分别为 23 天、28 天和 33 天。每个节律又可分为高潮期和低潮期。在二者交替时有临界期,临界期人在体力、情绪和智力都处于很不稳定的状态,最容易出事故。低潮期也容易出事故。故购买"人体生态节律计算盘"可测量自己的生物节律[1]。

伴随着情绪体验的是复杂的生理变化和神经系统的变化。目前主要存在两种不同的情绪理论:基本情绪论和维度论。基本情绪论认为情绪在发生上有原型形式,即存在着数种基本情绪类型,每种类型都有着各自的独特的体验特征、生理唤醒模式和外显模式,这些模式的不同组合形成了人类的所有的情绪[2]。从个体发展的角度看,基本情绪的产生是有机体自然成熟的结果,而不是习得的。维度论认为几个维度组成的空间包括了人类所有的情绪,人类确实存在着先天的非习得的基本情绪。对于一切生物,情绪的原型形式也许只有两种,即快乐与不快乐。随着生物的不断进化,情绪系统变得越来越复杂,人类的情绪高度分化,正情绪分化为快乐—喜欢—爱,等等,而负情绪分化为厌恶—愤怒/恐惧/忧愁—悲伤—痛苦等。新生儿也许只有基本情绪,但随着时间的推移,后天的环境和学习的影响,使情绪更为系统化和复杂化,新的情绪类型不断增加(如羞耻和尴尬等)。而这种情

---

[1] 彭家仪主编:《情绪的奥秘》,人民军医出版社 1991 年版,第 123、82—84 页。

[2] See Ekman P., "An argument for basic emotions", *Cognition and Emotion*, 1992b/6, pp. 169—200.

绪分化与神经系统的不断进化和发育是分不开的[1]。

2. 情绪调节

大量研究发现，正性情绪促进人的认知活动，而负性情绪则破坏人的认知活动，获胜者比失败者的情绪更积极[2]。情绪调节是一个放大、削弱或维持情绪反应强度的过程[3][4]，正性情绪信息的刺激能够增加认知过程和心理活动的强度。相同的信息也会产生不同的情绪。即使是同一个人，在不同的时期、不同的环境里也可能会对同一信息有不同的情绪体验。人的性格、意向、性别甚至基因都会对情绪造成不同的影响。如果把情绪去掉，人的大脑就会处于一种淡漠和无欲的状态。人们经常能回忆起一生中所经历的各种各样的情绪体验，而且这些情绪体验会终身不忘[5]。

但人类既是情绪的受益者，又是情绪的受害者[6]。联合国世界卫生组织（WHO）曾给健康下了个定义：健康不仅仅是没有

---

[1] 罗跃嘉、吴健辉：《情绪的心理控制与认知研究策略》，《西南师范大学学报（人文社会科学版）》2005年3月版，第26—27页。

[2] ［新西兰］K. T. 斯特依曼：《情绪心理学》，王力主译，中国轻工业出版社2006年版，第234页。

[3] See Cicchetti D., Ackerman B., Izard C., "Emotions and emotion regulation in developmental psychopathology", *Developmental and Psychopathology*, 1995 (7), pp. 1—10.

[4] 杨海燕、姜媛：《情绪调节策略与记忆研究进展》，《首都师范大学学报（社会科学版）》2005年第4期，第109页。

[5] 丁岩、王玉平：《情绪信息刺激对视觉认知过程的影响》，《中国临床康复》2005年第7期，第9卷，第152、153页。

[6] See Dolan R. J., "Emotion, cognition, and behavior", *Science*, 2002; 298 (5596): 1191—1194.

疾病，而且是身体上、心理上和社会上的完好状态或完全安宁。一个完整的个体是包括心身两个方面的，以心为主导。对外界环境的刺激，心身是作为一个整体来反应的。人不仅是个生物的人，而且是个社会的人，他生活在特定的社会环境之中，其中的人际关系会对他的心身产生影响，不过社会因素必须通过心理刺激后才能对健康或疾病发生影响。美国心理卫生会提出了十一条保持心理平衡有帮助的建议：第一，不要对自己过分苛求，把目标和要求定在自己的能力范围内；第二，对他人尤其是丈夫和孩子不要期望过高；第三，疏导自己愤怒的情绪；第四，偶尔也要屈服；第五，暂时逃避；第六，找人倾诉；第七，为别人做点事；第八，在一段时间内只做一件事；第九，不要处处与人辩争；第十，对人表示善意；第十一，娱乐[1]。

为了使人的心身健康，需要对情绪加以调节。心理学家主要从主观体验、生理反应、早期社会化、社交情境和发展趋势五个方面对情绪调节加以研究[2]。不少研究者从不同的角度指出了情绪调节对个体人际关系的重要性。人际关系的形成主要包括三个阶段：友谊关系的确认、发展和维持、成功的合作。在其中，情绪的合理表达和情绪体验的控制起着重要作用[3]。暴力不容易被接受；而解释自己的愤怒的感觉或和解会提高同伴的接受性[4]。

---

[1] 彭家仪主编：《情绪的奥秘》，人民军医出版社 1991 年版，第 71—75 页。
[2] 乔建中：《情绪研究：理论与方法》，南京师范大学出版社 2003 年版，第 278 页。
[3] See Joseph J. C., Franket C. B, et al, "On the nature of emotion regulation", *Child Development*, 2004, 75 (2), pp. 377—394.
[4] See Maria S., Jens V., "Anger regulation between friends: Development and prediction of peer acceptance", *Methods and Techniques in Children's Research*, 2003, 25, pp. 11—29.

在社会交往中经常表现出消极情绪的儿童可能出现社会性退缩[1]。调节能力高的儿童的社会技能发展水平较高,出现的问题比较少。情绪调节不良的儿童会表现出较多的焦虑行为,而且更容易遭到同伴的拒绝和父母的消极评价[2]。

情绪调节可以发生在情绪发生过程中的每个阶段,其中包括情景选择(situation selection)、情景修改(situation modification)、注意分配(attentional deployment)、认知改变(cognitive change)和反应调整(response modulation)。情绪调节还可以分为事前调节和情绪激活后的调节。在调节的时候,其应对策略可分成两大类:问题中心的应对和情绪中心的应对。问题中心的应对是以改变或修改外在事件为指向的;而情绪中心的应对则是指向改变或修改内在事件,也就是直接改变情绪体验。情绪调节有认知重评和表达抑制两种[3]。认知重评是改变对情绪事件的理解,改变情绪事件对个人意义的认识,试图以一种更加积极的方式理解使人产生挫折、厌恶等负性情绪事件,或对情绪事件的产生进行合理化。表达抑制则启动了自我控制机制以抑制自己的情绪行为。认知和情绪都需要占用注意资源,用于情绪的注意资源多,用于认知的注意资源就少。当情绪或失败体验等原因将注意转向个体的内部心理状态时,就会产生以自我为中心的注意。而在自我调节中,注意要么指向自己,要么指向环境。当注意以自我为中心时,就会影响对环境的认知。情绪问题的解决是要让注

---

[1] See Marion K. Underwood, "Top ten pressing questions about the development of emotion regulation", *Motivation and Emotion*, 1997, 21(1), pp. 127—146.

[2] 李梅、卢家楣:《不同人际关系群体情绪调节方式的比较》,《心理学报》2005年第4期,第517—523页。

[3] See Gross, J. J., "Antecedent and response-focused emotion regulation: Divergent consequences for experience, expression, and physiology", *Journal of Personality and Social Psychology*, 1998 (74), pp. 224—237.

意力偏离自我而指向环境①。

在现代社会中，需要调节的情绪和情感主要有以下几种②：

（1）压力③

压力是对精神和肉体承受力的一种要求。无论人愿意或不愿意，生活中的任何改变，都会造成压力，其中配偶的死亡和离婚对人的影响最大。当人的承受力能够满足这种要求并能欣赏其中的刺激时，压力就是有益的；反之则是有害的。在不发达的社会里，压力主要来自生存需求。在发达社会中，压力主要与成功、他人和社会的评价有关。这种"非自然压力"使人紧张和焦虑不安。做一个给别人施加压力的人可以增加自己的权利感和自身的威信。有关研究表明，70%—80%的疾病都与压力有关④。很多意外事故也都与压力过度有关。人体的压力要求促使身体对面临的挑战作出响应，或坚守阵地、或发动反击、或撤退。这是神经系统的无意识的自动反应，它们只作快速敏捷的反应，一旦紧急情况消失则立即关闭反应系统，否则就会产生副作用。

对于压力，人的适应通常经过三个阶段：警觉反应阶段、反抗阶段和筋疲力尽阶段。过度压力对人的心理、情感和综合行为都有影响。从心理上看，过度压力使人难于聚精会神；观察能力变差；经常忘记正在思考或谈论的事情；反应速度减低；弥补的尝试常导致鲁莽的决策；记忆范围缩小，对非常熟悉的事务的记

---

① 杨海燕、姜媛：《情绪调节策略与记忆研究进展》，《首都师范大学学报（社会科学版）》2005年第4期，第110—112页。

② 彭家仪主编：《情绪的奥秘》，人民军医出版社1991年版，下面的资料除特别注释外均见该书第28—37、42—64、76—85页。

③ 刘芳编著：《情绪管理学》，中国物资出版社1999年版，第3、32—44页。

④ See Brian Luke Seaward, *Managing stress: principles and strategies for health and well-being*, Sudbury, Mass.: Jones and Bartlett, 2004, p.3.

忆力和辨别能力下降；错误率增加；组织能力和长远规划能力退化；错觉和思维混乱增加。从情感的角度上看，人在心理和生理上的紧张程度增加，无法放松，烦躁和焦虑产生；爱怀疑，健康快乐的感觉消失；性格发生变化，原来整洁的人变得邋遢，原来热心的人变得冷漠；已经存在的焦躁忧郁、神经过敏和充满敌意的性格更加恶化；容易暴跳如雷和突破道德底线；感觉很自卑。从综合行为方面看，会出现结巴现象，对什么也不感兴趣，对酒精和咖啡等上瘾，精力衰退，容易失眠，处处向人发难，转嫁责任，举止古怪，有自杀的危险。人体经过长时间的进化已经能以动员和解散的方法来对付外界的威胁。而当今社会常常不允许人体用打或撤的方式来对付压力，又不能消除这些压力来使人处于松弛状态。人处于一种随时准备着又不能行动的状态。长期处于这种状态就会导致人的心血管疾病和消化系统的紊乱等疾病。

情绪在压力应对中扮演着重要的角色。压力情景可引发消极情绪如抑郁、焦虑和愤怒等。在压力情景下，积极情绪有三个重要的适应功能：支持应对、缓解压力、恢复因压力消耗的资源。积极情绪能够拓宽注意，提高思考和解决问题的速度和灵活性，能够提高个体活动的目标性和计划性。高强度的消极情绪会使个体思维狭隘，并导致更严重的消极情绪。消极情绪趋向于瓦解社会支持，人们更愿意向那些微笑的人提供安慰。应对指的是对压力事件的反应。当个体认为事件与自己无关，就不会产生任何特定的情绪；当个体认为事件是良性的或积极的，可能就会产生快乐和满足之类的积极情绪；当事件被评定为丧失或有害时，可能就会引起悲伤或愤怒之类的消极情绪；当事件被评定为威胁，通常会产生焦虑；当事件被评定为挑战，就可能引发激动和热情之类的情绪，也可能产生潜在的焦虑和害怕，因为其结果是不确定的。问题应对是采取措施直接处理问题，它包括任何直接指向压力源的行为和认知①。

(2) 紧张

压力能够导致人的精神紧张。紧张指的是由理想与现实之间的差距造成的生理和心理上的压力状态②。紧张主要是来自外界的、机体尚不能完全适应的影响③。紧张主要可以分为恐惧和防御阶段与精疲力竭阶段。在恐惧和防御阶段，人可能会吸烟和喝酒；可能走路快，说话快，呼吸快；平时整洁的人可能变得不整洁，而平时不整洁的人却可能变得整洁；表现出"着急"的样子。情绪紧张的人通常嫉妒心较重，他们的情绪可能会走极端：极度愤怒或极度快乐。情绪受影响时，最初可能出现情绪低落或情绪高涨两种情况。情绪低落时缺乏活力、幽默感和微笑；情绪高涨时则可能不分场合地来表现自己。人越是竭尽全力抵抗紧张，紧张的迹象就表现得越是严重，这是因为能量消耗太大的缘故。抵抗到精疲力竭的时候，也可能就是严重疾病的开始。生命及其有效运转都依赖于能量，人们吃的东西经过消化吸收变成营养，被吸收的营养则转化为能量，能量为人的活动提供动力。人在休息、放松和睡觉时，体内就开始调整生化物质，从而形成心理能量。神经和肌肉的放松能够促使人体恢复到健康状态。体力和脑力过度摄取能量会使人衰竭。能量是以脂肪和碳水化合物的形式贮存起来的，而肝脏是最大的能量贮存库。在紧张时，能量需求增大，肝脏就释放出糖分和其他营养物进入血液。在营养消

---

① 蒋长好、王一牛、郭德俊、方平、赵仑：《积极情绪与压力应对》，《中国临床康复》2005年第9卷，第180页。

② 刘芳编著：《情绪管理学》，中国物资出版社1999年版，第3页。

③ ［德］诺斯拉特·佩塞施基安：《克服紧张：一种积极的方法与途径》，薛思亮译，社会科学文献出版社2002年版，第4页。

耗过度时，人进入低能量循环周期，从而处于疲惫状态，此时其言行更显得压抑。人际危机会导致紧张。癌症也与紧张有很大关系。怒而不发的人容易得十二指肠溃疡；有气往肚里吞的人容易得癌症；赛马型的人容易得心脏病；随遇而安，悠闲马虎的人不容易得心脏病。有的心身疾病患者，先是在社会心理因素的影响下，产生了一定形式的内脏器官反应，久而久之，在二者之间形成了条件反射关系。此后只要一经刺激，就会产生相应的内脏反应，使病情加重或恶化。美国心脏病学家弗里德曼发现，持久的心理紧张是血脂升高和易发冠心病的主要原因。他把好胜心强，长期情绪紧张，终日忙碌不休的人称为"A"型人。这种人的肾上腺素等明显高于一般人群，而生长激素却低于一般人群。

（3）压抑

情绪压抑要求高水平的自我关注和自我调节，从而导致占用认知资源的情况，这是一种非常消耗心理能源的过程。情绪压抑只是压抑了情绪的表达而没有改变情绪的体验，因此会造成记忆损害[①]。健康的心理具有自动自我调节消极情绪的能力，持续性的对负性情绪抑制的失调可能是抑郁症的重要病因。人通常都有喜与哀等情感，在通常的情况下，人能调控自己的情感，欣喜而不发狂，抑郁而不绝望。许多人体验到抑郁是因为他们采用了严格的自己不能实现的自我价值标准[②]。抑郁症病人主要表现为情绪低落，万念俱灰，思维变得迟钝，唯求一死。正常的抑郁反应通常是因生活中的严重的精神刺激或创伤引起的。抑郁症则可能

---

① 杨海燕、姜媛：《情绪调节策略与记忆研究进展》，《首都师范大学学报（社会科学版）》2005 年第 4 期，第 113 页。

② A. 班杜拉：《自我效能：控制的实施》（下），华东师范大学出版社 2003 年版，第 345 页。

是无故而发或因很小的事情而发。抑郁症早期的症状主要表现为注意力不集中,并倾向于选择注意和记忆与自己的情绪状态相一致的负性信息[1]。情绪记忆是对曾经经历过的情绪和情感的记忆。比较强烈的、对人有重大意义的情绪和情感能够保持得比较久并容易再现[2],因为情绪能够增加注意。注意就是心理活动或意识对一定对象的指向与集中,大脑的注意系统能够维持机体的普遍唤醒或警觉状态,从而使人对刺激信号很敏感;能够对相互竞争的诸多感觉输入信息进行选择加工;能够将意识活动集中于特定的操作任务[3][4]。而情绪压抑能够使人的注意力处于不正常状态。

(4) 焦虑[5]

焦虑是预感到不祥之兆而产生的不安和紧张情绪。焦虑症患者总是对情况作最坏的设想,为的就是使自己能够站在安全的地方[6]。焦虑与惧怕不同。惧怕通常具有具体的对象,而且是因实际存在的危险而产生的感觉。人遇到危险时就会产生恐惧心理。轻微的恐惧使人能够随机应变和灵活机智,而过度的恐惧则会影响工作效率和影响身体健康。新生儿没有恐惧的表现,但随着年

---

[1] 丁岩、王玉平:《情绪信息刺激对视觉认知过程的影响》,《中国临床康复》2005年第9卷,第154页。

[2] 《中国大百科全书·心理学卷》,中国大百科全书出版社1991年版,第257—258页。

[3] 张卫东:《扣带皮层的生理心理机能》,《心理科学》2000年第6期,第4页。

[4] 丁岩、王玉平:《情绪信息刺激对视觉认知过程的影响》,《中国临床康复》2005年第9卷,第153页。

[5] 刘芳编著:《情绪管理学》,中国物资出版社1999年版,第49—59页。

[6] [美]艾伯特·伯恩斯坦:《情绪管理》,范蕾等译,中国水利水电出版社2005年版,第100页。

龄的增长而开始出现恐惧与不安的情绪。人的不少情绪反应都是过敏反应，这是一种受过刺激后，一旦类似的情景产生时，就会产生类似的反应的现象。比如说，一个人曾受到过警察的恐吓，从而留下了印象。一旦再看到警察时，即便已经没有这种恐吓的威胁，他还是会产生类似的反应，过敏反射具有自动反射的特点。焦虑不安则是心里预料可能会遇到危险和恐惧的事情而感到紧张。有的人时时刻刻都感觉紧张，对各种事物都害怕，这就是"泛虑症"。有的人感觉焦虑，却不知道这种焦虑从何而来，这就是"飘荡性"不安。长期焦虑会使全身疲乏和注意力不集中，还会出现失眠现象。引起焦虑的病理不是紧张，而是紧张过后不易缓解下来。焦虑的种类主要有三种：变态恐惧、潜意识焦虑和惊慌失措。恐高症和恐水症属于变态恐惧。事发时有焦虑，但没有意识到它的存在。这种焦虑属于潜意识焦虑。惊慌失措是指人全然无法控制自己的行为和情绪的状态。适当的焦虑可以使人工作更有效率，力量更大。没有焦虑的生活是单调和乏味的，给自己微量的焦虑，可让人享受到焦虑消逝时的欢畅，紧张刺激的艺术作品就是这样起作用的，先制造紧张和焦虑，再进行释放。而过多的焦虑则让人颓废。

（5）挫折

人在实现其动机时的受阻状态在心理学上叫挫折。挫折是多方面的：第一，要求上的中断；第二，事业上的失败；第三，工作中的失误；第四，前进中的逆境；第五，生活中的不幸。在挫折产生后，消极的反应主要有外罚反应、内罚反应、无罚反应三种。外罚反应是以攻击别人来消除自己受挫后的紧张情绪；内罚反应就是将受挫的原因归于自己，因此惩罚自己，主要表现为感觉没面子、自寻短见、自我安慰等；无罚反应就是本来受到了挫折,但是自己不承认处于挫折状态中,提出一些牵强附会的理由来为自己辩护。挫折通常会导致自卑。自卑指的是一个人由于某些生理或心理缺陷而总认为自己在某些方面不如别人的一种心态,人皆有自卑感,人在自卑时往往有寻求补偿的愿望。如以优越感的补偿来维护自己的尊严,而优越感使用不当则会发展为自大自傲,奥地利心理学家阿特勒就认为优越感的本质还是自卑。青年和老年都易产生自卑感,青年人好胜,胜不了则可能自卑;老年人体衰,只能想当年,有人老珠黄之叹。人常因缺乏自信而感觉精神紧张。

(6) 嫉妒

嫉妒是一种对优于自己的人感到不悦和怨恨的情绪,这种情绪的强烈程度与其要求高低有关。如果他认为他完全可以达到与别人并驾齐驱的地步,但却因为种种原因没有达到时,这种情绪会更强烈。如果人要嫉妒,什么都可以是嫉妒的对象。嫉妒是由于嫉妒者与被嫉妒者的差异悬殊以及改变造成的。一般说来,处于优势地位的人容易引起劣势者的嫉妒,尤其是当处于劣势地位的人认为优势者的主观条件与自己差不多和甚至不如自己的时候。而若处于劣势地位的人向占优势的方向发展时,又会引起处于优势地位的被嫉妒者的嫉妒。当被嫉妒者衰落到不如嫉妒者的地步时,嫉妒者的嫉妒心理通常变为怜悯心理,而少数人则会幸灾乐祸。如果看到对方的优点,积极努力进取,这是积极的嫉妒。嫉妒者伤害被嫉妒者的行为不易被察觉。嫉妒心理会变成嫉妒行为。恶性嫉妒主要发生在与嫉妒者自己的性别、年龄、文化、地位、职务等类似,而好事却发生在他人的身上。嫉妒通常是弱者所具有的一种心理。由于老年人处于弱者的地位,因此他们也容易产生各种嫉妒心理。嫉妒是一种精神上的病态,会出现失眠、头痛等症状,最容易导致脱发和白发,甚至早衰。巴尔扎克说:"嫉妒者遭受的痛苦比任何人受的痛苦更大,因为他自己的不幸和别人的幸福都使他痛苦万分。"

(7) 人格

人格指的是个体行为的内部倾向[1]。人格特质决定着个体行为的基本特性,其中人的神经质是人格特质的核心因素之一,它反映了个体在情绪稳定性上的差别,它是一个包含了情绪稳定(低神经质)和情绪不稳定(高神经质)的连续体。情绪稳定的人的情绪反应轻微而且缓慢,并且容易恢复平静。这类人不容易焦虑、稳重温和、容易自我克制,通常表现得比较坚定、稳健和冷静。情绪不稳定的人通常能够体验到更多的消极情绪,对生活的满意程度比较低,常表现为焦虑、担忧、情绪化或神经过敏[2][3]。自我意识是人对自己的认识。每个人的自我意识组成每个人的人格核心。自我意识把人的愿望、爱好、欲念、习惯和利益结合成一个体系。人要认识自我,也就是认识自己的身体、欲望、能力、情感和思想等。人对自我的认识是带着情感和态度的,伴着自我评价的感情。我对我自己是不是满意?我对我自己是否有好感?能接纳自己的人才能幸福。本能是种自发地、直接地、没有节制地进行的行为。如果人的生物本能没有得到意识和理智的过滤,这个人的生命就只

---

[1] 杨波:《人格与成瘾》,新华出版社2005年版,第13页。
[2] 丁妮、郭德俊:《个体情绪反应与神经质维度关系研究的评价》,《首都师范大学学报(社会科学版)》2005年第3期,第106页。
[3] 陈仲庚、张雨新:《人格心理学》,辽宁人民出版社1986年版,第117—152页;珀文:《人格科学》,周榕等译,华东师范大学出版社2001年版,第211—219页;黄希庭:《人格心理学》,浙江教育出版社2002年版,第42—47页。

能处在一种本能状态。历史上有不少人,可以控制一个国家,却不能控制自己。

气质是人的高级神经系统的活动特点在行为方式上的表现。人的高级神经系统有三个基本特征:强度、灵活性和均衡性。它们的不同组合构成了人的四种气质:第一,强而不均衡的胆汁型,其主要表现是精力充沛、情感强烈、迅速和不容易控制;第二,强、均衡和灵活的类型叫多血型,主要表现为活泼好动、情感产生迅速但不持久、动作灵敏;第三,强、均衡而不灵活的类型为黏液质型,主要表现为安静沉着、情感产生慢、持久而不暴露、动作缓慢;第四,弱型为抑郁型,主要表现为体验丰富而内向,动作缓慢无力。气质与遗传关系密切,因此具有一定的稳定性,它们都可以通过积极的或消极的性格特征表现出来。性格是对现实比较稳固的态度及与之相适应的习惯性行为。在生活中一时性偶然表现出来的态度或行为方式不属于性格特征,性格是在生活和教育的影响下形成的,一旦形成就比较稳固。一个人生活中经历的重大事件往往会在性格上打下深深的烙印。按照机能类型说,可以把人的性格分为:理智型,用理智来衡量一切;情绪型,举止受情绪左右;意志型,有明确的目标,行为主动。人还可以分为外向型和内向型两种。外向型的人开朗活泼,善于交际;内向型的人,表现沉静,反应缓慢,适应性差。人还可以分为顺从型和独立型。顺从型容易受暗示影响,紧急情况下易惊慌失措;独立型则反之。

3. 独白:非理性行为

上文研究了情绪机理及其调节。下面将说明自然人的欲望是有限的。自然人是可能以知足常乐的方式生存的。经济人首先是个自然人，因此是可以不追求利益最大化的。笔者还认为，情绪是非理性的。理性具有多种概念。本文中的理性指的是西方经济学中所说的理性。在这里理性的人就是追求利益最大化的人，而非理性的人就是不考虑利益最大化的人。人可能会根据情绪进行决策，这种人是可能不考虑自己的利益最大化的。自然人的有限欲望及人的情绪型决策，都说明人不一定是追求利益最大化的，因此建立在这条理性原则上的西方微观经济学在应用到现实中时，至少是有瑕疵的。

（1）有限欲望

笔者认为首先应该从生理功能的角度来理解欲望。从这个角度上看，人的欲望是有限的。节制欲望的生理机能表现为欲望被满足后的麻木状态和因过度满足而产生的痛苦状态。长期过度满足欲望，可能给人带来长期的病痛和死亡。从生理的角度上看，一个人即便经常处于过度满足状态，其欲望也是比较容易满足的。一个生理健康的人，常常是只满足来自植物神经系统的欲望，这样的人往往表现为知足常乐，他们的欲望是非常有限的。信仰道家思想的人，通常能够只在植物神经需求的层次上来满足欲望，因此比较容易活得长。以自然人的有限欲望为基础，可以发展出一种休闲的生活方式。以这种方式生存的人，并不一定追求物质利益的最大化。这是在西方微观经济学谈论人是追求物质利益最大化这个前提时应该排除的情况。

a. 机体需要

从机体需要的角度上看，欲望是来自人体内部的信息，机体因为需要保持身体健康而具有一些基本需求，这些需求是人产生欲望的依据。从机体内产生出来的欲望不会超过机体的需求。一旦机体内部的需求得以满足，欲望就会消失。人的基本欲望主要以食、性、衣、住、行等相关。从机体本身的角度上看，人对这些基本条件的需求是很有限的。超过这些基本需求的东西，对于机体来说是种负担。比如，人对食物的欲望是有限的，当人饿的时候，就产生了对食物的欲望，这个时候说明身体需要补充营养。人在什么时候需要多少食物，这是由内分泌系统分泌的某种激素来决定的，当人吃的食物达到了那种激素需要的水平时，就饱了。这种激素积累的量越多，人吃东西越香，感觉食物越好吃。当这种激素因为满足程度而慢慢消失时，人吃东西时舒服的感觉也就慢慢消失了，在机体中不存在这种激素时，人吃东西就会没有味道，再继续吃就会难受了，这就是生理机能对于人的食物欲望的克制。机体只是让人在需要食物的时候去行动觅食，在食欲满足的时候就让人懒得动，这样可以节省人的精力，机体是通过分泌激素来指挥人的这些行为的。这样人就具有一些共同的行为方式，即在饿的时候就想动，在饱的时候就不想动。因此不管人有多少财富，他能够享的口福都是有限的。这也是开自助餐厅通常不会赔本的原因，因为人在一天就是放开来吃也吃不了多少东西。人请客吃饭时的花费也是比较有限的，因为人的食量是有限的。

　　这种激素用以控制人的手段是舒服和不舒服。人并不能感受到这种激素的存在，但是能够感觉到舒服和不舒服。当饥饿的时候，这种激素产生的欲望让人感觉不舒服。如果他不用食物来满足他的欲望，他就无法消除这种不舒服。当这种激素分泌很多时，人就饿得更难受，甚至会导致胃痛，这样促使人必须行动去获取食物。从这个角度上看，饿着的人比饱着的人更有口福。在饿着的人的机体内这种激素已经积累到了一定的量，因此他吃土豆的感觉可能比饱着的人吃大虾的感觉还香。如果一个人时时刻刻都很容易获得食物，他稍微有点饿的感觉或甚至还不饿的时候就为了礼节而要吃饭，那时他的身体里还没有产生这种激素，这样他就吃什么也不香，甚至还可能有恶心和厌恶食物的感觉。因此饿着的人吃饭不需要开胃品，而饱着的人吃饭则需要开胃品。开胃品的作用就在于刺激机体产生这种激素。

一个人的体内在什么时候分泌多少产生食欲的激素，这是由植物神经系统决定，由内分泌系统来执行的。人吃进猪肉，通过口腔和胃进行物理性粉碎，到小肠经过化学加工，把有用的部分变成了人体需要的基本营养素，没有用的部分通过大肠排出体外。这些营养素经过肝脏的消毒，进入血管，成为血管里的营养素。血管通过心脏的跳动，把营养素输送到机体的每个细胞周围。细胞把这些营养素吸收到细胞内，按细胞核内的蓝图进行加工，使之成为人体细胞，这样猪肉就变成了人肉。细胞再把吸收和消耗后产生的废物排到血管里，通过肾脏和其他泌尿器官排出体外。从这个角度上看，机体的生存就是细胞的生存。如果细胞能够不多不少地获得营养素，能够健康地生存着，机体就能够健康地生存着。机体细胞需要的营养素的量是激素分泌量的依据，而激素分泌量又决定了人对于食物的欲望的大小。因为激素量是有限的，人对于食物的欲望也就是有限的。西医中所说的营养素类似于中医中所说的精，精是神的基础，精足神才能足。从营养的角度上看，机体并不需要很考究的烹饪技术来满足其营养需要。相反，有的烹饪方法正好影响了机体对食物营养的吸收，而且可能对机体带来有害的影响。

氧气和水对人的生存是至关重要的，但人对氧气和水的欲望也是有限的。就氧气来说，人通过鼻腔和气管吸入氧气，并通过气管里的纤维细胞上的纤毛净化氧气，使干净的氧气进入肺泡。在肺泡处，血管里的二氧化碳气体与氧气进行交换。氧气进入血管，使动脉血颜色变为鲜红色。左心室把带有氧气的血压到机体的每个角落，使每个细胞都能够得到新鲜的氧气。当人体获得的氧气充足时，就会面色红润，大脑清醒。体内的这种氧气类似于中医所说的阳气。氧气经过细胞消化后，变成人体不需要的二氧化碳气体，进入静脉，因此，静脉里的血较暗。人缺氧时会感到憋气。二氧化碳在肺泡处与氧气交换，通过气管呼出。二氧化碳类似于中医中所说的阴气。人能够吸收多少氧气与二氧化碳气体的浓度相关，出去多少才能进来多少，阴阳之气要平衡人才能保持健康状态。从这个角度上看，氧气对于人虽然重要，但是人对氧气的欲望是有限的。就水来说，人喝水后进入胃，通过小肠和大肠吸收，经过肝脏消毒进入血液。血液的大部分成分是水。人体细胞就像鱼一样是生活在水中。人缺水会感到渴，人便要及时喝水。而人喝入过多的水时，会通过泌尿系统排出。因此，人对水的欲望也是有限的。

　　睡眠对人很重要，但机体对睡眠的欲望同样是有限的。睡眠的作用在于使机体得到休息，并且避免消耗过多的精力。人通常在天黑后睡眠，在天亮后活动，这与氧气的供应是有关的。天亮后，在植物的光合作用下，自然环境中的氧气充足，或者说阳气足。人在活动时消耗的氧气多，因此人在白天活动时不太容易疲倦。天黑后，大自然中的二氧化碳多，人不能像白天一样获得氧气，因此进入睡眠状态比较好。一天之中和一年之中，氧气的充足程度也不一样，因此从养生的角度看，人的活动状态也应该不一样。从这个角度上看，中国医学所说的依据四季变化和四时变化来进行养生的理论是精到的。机体休息的目的是为了更好地活动，因此机体休息的时间是有限的。人在大多数时间中还是处于清醒状态，在人处于清醒状态时，机体中的能量在不断释放，促使人处于一种活动状态，否则就会坐立不安，因此人在无事可做时会感到空虚无聊。人在清醒时，要一直有自己喜欢做的事情做时，人才会感觉到充实，因为这样才能把机体释放的能量用掉，从而让人感觉舒服。如果一种活动具有娱乐性，虽然这种活动不带来什么物质利益，可能还要花费自己的精力和财力，人也会愿意去做。因此，人不一定只是为了利益最大化才去从事这些活动。

另外，机体对性的欲望来源于体内的性激素，服务于人的生殖需要。人的体内积累的性激素越多，人对性的欲望越强。当体内性激素少的时候，人对性的欲望就弱。由于人分泌的性激素是有限的，人对性的欲望也是有限的。在冬天，机体需要衣服来保暖，因为人的体温需要保持在摄氏37度左右。在夏天，人需要房屋来遮阳，因为人的体温不能超过摄氏37度。对于保暖来说，人并不需要太多的款式的衣服，也不需要有几座宫殿来遮阳。人的交通工具可以很简陋，并不一定需要名牌车才能实现交通方便的目的。对于一个自然人来说，能够满足如上基本需求，他就能够过上比较舒服的日子了。人越是符合植物神经系统的需求，越是不扰乱植物神经系统的运作，便越能处于一种健康状态。

b. 滥用舒服

但是在现实中，不少人在满足了这些基本需求后还不满足，而且产生了无法控制的对于物质财富的无限欲望，产生了追求利益最大化的欲望。有的人甚至在自己感觉痛不欲生的时候，依然放弃不了这种欲望，这主要是因为人把舒服至上当成了目的。人通常是不了解机体的机能的。机体在指挥着人的行动，但人并不是为了机体在行动。机体指挥人行动的信号系统是感觉，机体让人去追求感觉舒服的东西，回避感觉不舒服的东西，而总的目的是为了保持人的机体的健康。而现代人对舒服的追求却会背离机体的需要。人会为了舒服而舒服，从而采用许多方式去刺激人的感觉系统。吃饭本来是为了给身体提供营养，人却经常忘记了这个目的,把吃饭当成一种享受。这样人吃的东西就可能超过机体的需要。有的食物能给人带来舒服的感觉,但是不一定对健康有好处。各种考究的烹饪方式和吃饭方式,都在影响着人的感觉系统。这些东西使人完全忘记了吃饭的目的,而且产生了外来的欲望。人因此不满足于为了给机体提供基本的营养素而吃饭,而是希望吃尽人间美食,使人在食物方面的欲望远远超过了人的机体的需要。

烟、酒和咖啡这些能够给人带来舒服感觉而过量使用能给人的身体带来危害的东西也成了人喜欢的东西。烟通过气管吸入,在肺泡处进入血管,使心脏兴奋而加快跳动速度,从而使全身的营养和氧气供应加快,细胞能够更快地更新营养和氧气,因此全身会感觉舒服。但是这种兴奋具有暂时性,而且打乱了机体本来的秩序。心脏该休息时得不到休息,久而久之会衰竭。而且烟在进入气管时会损害气管里的纤维细胞的纤毛,使外部的粉尘容易进入肺泡,从而堵住氧气与二氧化碳进行交换的通道。肺泡是个盲管,形象地说,就像个死胡同。粉尘到达那里后只能积累,无法被排出体外。因此长期吸烟的人,脸色会不好,因为氧气不能通畅地进入血管。久而久之,则会导致肺部发生病变,或者是需要氧气而没有能够得到足够氧气的地方会发生病变。在全身供氧不足的时候,尽管每个细胞都需要氧气,而机体会首先保证大脑和心脏的供氧,其他缺少氧气的地方则容易发生病变。人在供氧和营养不足时,最容易得遗传性疾病,因为那些生病的部位通常是这个家族比较虚弱的地方。酒则要通过肝脏消毒才能进入血管,酒的兴奋作用与烟是一样的,只是进入血管的通道不一样,因此危害的地方不一样。喝咖啡则经常使人在因疲倦而需要休息的时候得不到休息。疲倦是人需要休息的一种信号,而喝咖啡则会修改这种信号,使人在疲劳时继续疲劳,从而可能造成不可逆转的劳损。烟、酒、咖啡的种类也使消费者的欲望失控，从而使消费者对这些物品产生了远远超过机体需求的欲望。

　　人对性的欲望也会因为人为了舒服而舒服而失控。在现代生活中，性成为了人追求为舒服而舒服的手段。有的人会采取很多手段来人为地刺激性欲，结果导致有的人不仅没有得到更舒服的性感觉，就连原来应该有的舒服的感觉也没有了。他们的性器官因为过度地追求舒服而变得麻木，甚至会导致病痛。在有的人那里，性与爱已经分离。他们追求着纯粹的只有性没有爱的舒服。当这种性行为的暴露可能危及他们的名声时，他们甚至可能诬陷或杀害自己的性伴侣。有的人不仅会因为爱而发生性行为，因为恨也会发生性行为，并可能把性行为当成一种泄恨的手段。在不少地区和国家，说脏话骂人都与从性的方面侮辱女性有关。而在现代社会中，有的人不仅是以这种方式骂人，而且以这种方式来行为。这种性行为成了一种侮辱女性人格的手段。

　　舒服至上的生活方式已经随着中国对西方的开放而影响着中国人的生活方式。这种生活方式是被外在刺激起来的不是以机体的需要为依据，而是以幻想为基础的欲望，因此把来自人的机体需要的有限欲望变成了以幻想为基础的无限欲望，这种欲望注定是无法满足的。一种无法满足的欲望产生的是痛苦及与之相伴的焦躁不安。这种无法满足的欲望，还会扰乱人的植物神经系统，使机体内部产生失衡状态，从而给人的健康带来威胁。因此有的人的生活水平虽然提高了，但是却产生了比过去更大的精神痛苦。有的人因此成了精神病人。他们预感到自己无法满足自己的无限欲望，而又放弃不了这种欲望，因此产生绝望的感觉，从而导致抑郁甚至自杀。有的人则可能通过臆想来实现自己的无法在现实中满足的欲望，从而可能成为狂躁病人。

c. 休闲的生活方式

以舒服至上为目的的人欲横流的生活方式，最终会给社会和个人带来负面影响。在中国的传统伦理思想中，从汉朝以来，儒道两家哲学就在以儒家为主道家为辅的方式平衡着中国人的心理状态。当时的读书人通常是以求儒为先，首先追求的是一种进取的生活方式，以治国平天下为己任。但治国平天下的职位是有限的，于是就会产生不少怀才不遇的儒生。这些落魄儒生在求仕不成时，往往转而求道，因此道家哲学就成为了儒生退居的精神家园，平衡着他们的心理状态。由此产生了一种学而优可为仕，仕不成可为道的可进可退的生活方式。道家主要是通过相对主义来平衡人的心理。比如说，在人与他人进行比较，感觉自己不如别人而心里难受时，道家会让这两个人都与宇宙去比较。在这种比较中，人与人之间的差别就可以忽略不计了，这样人就可以不用为人与人之间的差别而苦闷了。当时中国人的核心生活是政治生活，因此这两种哲学以影响政治生活的方式影响着中国社会。真正信仰道家学说的人是不追求利益最大化的。

（2）无限欲望

情绪来源于需要。人的生理需要是相似的和有限的，但是人是在社会中生活的，社会修改了人的需要，对需要的种类、需要的量和满足需要的方式都进行了修改。不同的社会对人的需要的修改的方式不一样。有的社会资源短缺，而且人无论如何努力都不可能增加太多的产品。这种社会就会倡导节省，倡导对需要的节制。而在有的社会中，社会资源虽然短缺，但是通过人的努力、通过发挥人的创造力，能够生产和创造出大量的物品。这种社会就可能会鼓励人去创造。而人的创造需要有动机，社会就可能通过物质诱惑，把人的有限需要变成一种无限的欲望，从而调动人的劳动积极性。

在现代社会中，人的需要变成了无限的欲望。这种无限欲望的来源主要有这么几种：第一，生理需要的无限化。产品的多样化，使人们在满足衣食住行这些基本需要方面，具有了多样化的选择。人只是为了享受到各种物品本身的滋味，都需要竭尽全力去工作。社会总是在更新着旧的产品，总是在生产着新的产品，因此总是在刺激着人的物欲，而这些东西都是可以通过金钱来购买的，因此导致了人对拥有无限的金钱的渴望。第二，社会等级的物质化。现代大众社会的等级主要是靠金钱堆积起来的，金钱的等级决定了人在大众眼里的社会等级，人是站在金钱堆上来比高的。个人拥有的金钱越多，其社会地位就越高。人可以去鄙视金钱，但同时也被金钱鄙视。因为谁都想站在金钱堆的最高处，因此就有了对于金钱的无限欲望。人不仅用金钱来购买物品，也用金钱来购买社会等级。第三，外部特征的标识化。标识也成为了一种等级的象征。时尚、品牌和生活方式都成为人与人之间比试的手段。人通过拥有多种具有优越感的标识来获得他人羡慕的目光，从而以物质的方式来获得精神上的享受。

a. 无限烦恼

这种社会氛围在把人的有限需要变成无限欲望时，同时产生了人在精神上的无限烦恼。情绪可以分为愉快和不愉快两大类。愉快的情绪来自人对需要的满足。人越是能满足自己的需要，人就越能够感觉到精神上的愉快。人越是不能满足自己的需要，人在精神上越是烦恼。现代人具有的无限欲望是无法完全得到满足的，因此现代人在享有无限欲望的同时就享有了无限的烦恼。传统社会也有财富等级的差别，但传统社会并不会给普通人带来那么多的烦恼，因为传统社会通常不会让普通人具有无限的欲望。在传统社会里，人与人之间的等级是相对固定的，等级之间通常具有不可逾越的鸿沟，因此人普遍比较容易安分守己，只具有自己等级内的欲望。而现代社会给普通人制造出了无限的梦想。

人可能发现，周围的人原来与自己是一样的，甚至还不如自己，但是可能因为这么几种原因而暴发了：第一，中了头彩。虽然这种机会是很少的，但是毕竟是有可能的，而且是有可能发生在普通人身上的。于是人便开始想入非非，期盼有一天也能获得头彩。第二，企业成功。有的企业在几年内由小企业变成了大企业，企业家也因此大发，而这些企业家在开始时也是很普通的人，一般人并看不到自己与他们有多大的差别，因此以为自己只要从事同样的事情，自己也能大发。为此可能对自己的现状不满，可能后悔自己的选择。第三，成为娱乐界的红人。娱乐界的走红更是让人充满幻想。这些红人可能会一夜成名，此后一步登天。第四，干得好不如嫁得好。婚姻也成了改变命运的方式。有的普通人嫁了有钱人，从而使自己享有了荣华富贵，这些人使得普通人的发财梦变得很真实，这些期望使人很难看到自己碗里有的，而总是看到别人的锅里有的。无限欲望不能得到满足，从而产生了无限的烦恼，使人的心情容易变得沉重和不愉快。

b. **负面心态**

生活在现代社会中的人，因为有了无限的烦恼，因此在负面心态上便有了几个特点：有的人多少都有点浮躁不安，但凡有点发财的希望，就会想入非非，总是会想是不是会有更好的挣钱机会。对于那种需要长期刻苦努力而又挣不了大钱的行业，他们是望而生畏的。他们不想投入太多的精力，而又想发大财，因此总是在寻求可能的机会。而在这种寻求中，因为没有安下心来做事，即便是有机会了也没有相应的能力去抓住机会。他们总是向上比，而不是向下比。人如果能够总是向下比，通常是能够找到生活状况比自己差的人。人就是与自己比，也常会找到更困难的时候。而向上看已经成为了他们的心理定式，如果因为向上看而一步一步地向上努力也好，只是现代社会的机会经常是瞬间即逝的。当自己看到机会时，等再努力一段时间，机会可能就不在了。因此他们不知道自己到底是应该在什么方向上努力，也不知道努力到自己能够符合那个机会的要求时，那样的机会是否还会在。他们就像出租车司机一样，每天都知道是有机会拉到客人的，但是不知道客人在什么地方，只能乱转悠。当他在西边的时候，有人告诉他东边有客人。而当他把车开到东边的时候，客人可能被别人拉走了。

有的人多少有点郁闷。因为自己身边总是有比自己过得好的，因为在电视上总是能看到有的人比自己过的好，而自己无论如何也不可能过上那样的生活，但是又对那样的生活充满向往。因为自己身边总是有比自己干得好的，总是有比自己学得好的，自己在竞争中总是有压力。有的人在物质上、精神上或标识上比不过别人时，心情就会比较郁闷。有的人因此会嫉妒他人，而嫉妒也会表现为一种郁闷。

有的人多少有点空虚和无聊。如果一个国家虽然提供了一种社会理想，但是大众对这种理想不是很认同，或者大众认为这种理想是好的，但是在自己的有生之年是无法实现的，自己没有希望享受到实现这种社会理想后的生活，那人们就会感觉那种理想很虚，会缺乏追求那种理想的动机。而当一个社会没有精神上的理想时，人的生活就会完全物质化。而在物质化的生活中，人们难以找到生命的意义。这些人不能停下来，或者是拼命地工作，或者是拼命地娱乐，就是不能让自己闲下来，否则体会到的就是空虚和无聊的折磨。

c. 进取与压抑

不过尽管人们都在面对着来源于社会的无穷的欲望，但是人面对这种欲望的方式是有所不同的，因此在情绪上也是有差别的。有一种人会采取积极进取的方式生存，他们不否认自己的强烈的欲望，并把这种欲望作为自己奋斗的动力，百折不挠地向自己的目标奋进。这种人会有不同的结局。有的人因为脚踏实地地奋斗，而且碰到了好的机遇，他也有抓住这种机遇的能力，而且在恰好的时候和恰好的地点提供了恰好的产品，因此成为了人们羡慕的成功人士，但是这类人的数目不是很多。通常是有很多人在追求同一个目标，而且水平也差不多，但是有的人机遇好，有的人则机遇不好，因此成为了人们可怜的失败者。有的失败者能够继续努力，最后变成了成功者。有的人成功后，继续努力但可能成为失败者。当失败者已经没有希望再成功的时候，他们就会面临着情绪调节的问题。有的人不甘心而又无能为力，可能就会在想象中来满足自己的成功，久而久之，就可能变成狂躁病人。有的人反过来否定自己但并没有去掉自己的欲望，从而使自己变得很自卑，久而久之，则可能变成抑郁病人。有的人则能够满足于自己过去的成就，能够具有一种健康的心态。

有一种人会采取压抑自己欲望的方式生存。他们让自己的欲望的火焰在心头熊熊燃烧，但感觉自己没有成功的希望，因此害怕承认自己的欲望，表现得似乎很淡泊名利。他们可能刻意去向世人展示，他们并不努力，别人在学习，他们在玩儿。别人在尽全力工作，他们只是把很少的精力放在工作上。他们要表现其实他们很聪明，他们之所以不像别人那么成功，是因为他们看不起那种很俗的生活方式。他们爱贬低那些成功人的成绩，以实现自己内心的平衡。有的人可能正在从事着被社会边缘化的工作。大众不承认他们的工作价值，因为感觉他们的工作挣不了很多的钱，还很辛苦。而他们则可能会说过去他们如何如何有机会去挣大钱，而自己因为喜欢自己的工作而放弃了这种机会。就像有的人可能在国外呆不下去，回来后把自己说得很爱国一样，但是当他们的孩子选择工作种类时，他们却不让孩子选自己的专业。他们的孩子能在国内上好大学时，他们却鼓励孩子出国和在国外定居。确实有真正淡泊名利的人，也确实有真正喜欢自己的被人们认为没有价值的工作，也确实有因为爱国而回国的人，而这样的人，可能正好是那些不为自己辩护的人。别人怎么说都不在意，只是坚持自己的一份信念而已。

d. 狂躁与抑郁

长期压抑自己的欲望的人，也可能会在某个时候突然爆发精神病。有的人可能一直在幻想自己会多么的成功，通过幻想来满足自己的愿望。虚拟的网络世界也给这些人提供了空间，他们可能在网络上扮演各种成功人士。有的人则会用毒品来帮助自己获得一种仿真的幻想。当这种成功的幻想成为一种习惯，自己意识不到真实的自己时，就可能成为狂躁病人。有的人可能每次幻想都会以失望收场。他是那么喜欢某种生活，但是他对获得那种生活方式是那么的绝望。每种幻想都是需要某种超常的能力才能实现，因此当这种幻想引发自己对自己的能力的评价时，自己可能感觉自己很无能，从而感觉很自卑和没有自信。对自己要求过高自然是会失去自信，这样就可能成为抑郁病患者。

从心理根源上说，无论狂躁还是抑郁，都是因为自己的欲望没有得到满足而导致的。如果一个人没有什么欲望或对自己的生活水平真的要求很低，外界来的刺激没有突破他的心理底线，他得精神病的可能就会比较小，而精神病最后都会导致生理反应。比如说，一个人失去了自己非常喜欢但可能再也得不到的工作。别的人失去了这种工作，也会感觉很难受，这是机体正常的反应。如果人失去了自己心爱的工作，还很高兴，那是不正常的反应。不过一般人如果感觉自己再不能得到自己喜爱的工作了，能够退而求其次。在退的时候，自然可能会有旁人的负面议论，但是适应一段时间也就没有事了。而这个人却在心理上放不下这个工作，也承受不了旁人的负面议论。即使旁人并没有当着他的面议论他，他也会想象旁人会怎么议论他。他可能天天都在想这个工作是如何如何地好，然后开始幻想自己得到了这个工作，而且能干得如何如何地好。因为他总是在幻想，使神经系统总是处于兴奋状态。久而久之，神经系统把兴奋状态当成了常态，这个时候他自己想恢复平静也恢复不了了。当神经系统持续处于兴奋状态时，内分泌系统会分泌激素，让心脏超常跳动。这个时候人会感觉很舒服，因为全身的细胞都能够得到很多的营养素和氧气。而心脏是靠每次跳动之间的间隙来获得营养和氧气的。当心脏跳不动时，心跳就会减慢。这个时候就会感觉胸闷，因为全身供氧不足，于是浑身难受，从而由于生理的原因而使神经系统处于抑制状态，狂躁病患者因此变成抑郁病患者。因此狂躁病人通常是两极性的，狂躁到一定程度就可能转为抑郁。

又比如说，一个人在很多人面前被批评了。这种批评可能是对的，对这个人的长远的发展来说是有好处的。一般人被批评了，也会感觉不舒服，但是仔细想想，自己确实做得不对，自己想以后改了就行了，而这个人却不是这么对待这种批评。尽管他知道这种批评是对的，但是他因为面子上过不去，一定要去评个理。他可能会因此而反驳、甚至谩骂批评者。他也可能因为感觉这种批评对自己的前途影响比较大或让自己没有脸再在这个圈里生存，而自己又找不到别的出路，因此他就会忐忑不安地总是放不下这个批评，总是在想这个批评。在他想这个批评的时候，他就在不断刺激神经系统，使神经系统一再处于抑制状态。久而久之，神经系统把抑制状态当成常态了。在抑制状态下，内分泌系统的激素分泌水平下降，心脏跳动放缓。长期这样下来，全身营养和氧气都供应不足，心脏本身的供氧也不足，因此便发生了怎么呆着都不舒服的状况。他会感到胸闷和全身难受。这个时候就想解脱，想自杀，对于再高的楼都不再有恐惧感，因为跳下去就能够解脱。当人的心理现象造成了自己无法控制的生理现象时，他就成了精神病患者。这个时候就只有药物才能够救他。

e. 情绪型决策

这里笔者陈述了那么多精神病方面的道理，主要是因为在现代人中普遍存在着情绪失控的现象。如果不进行合理的调节，人都具有患精神病的潜在可能。即便不患精神病，长期使自己的情绪偏离正轨，可能会因为狂躁性特征而破坏了自己的人际关系，成为周围人嘲笑的对象，也可能会因为抑郁性特征而让人感觉沉闷，而且一个处于抑郁状态的人是个很痛苦的人。作为微观经济学的假设前提的经济人，就是这么些有着喜怒哀乐，而且情绪化比任何时代都强烈的人。这些情绪会影响着他们的择业，影响着他们的消费行为，影响着他们的投资行为。也因此，情绪管理成为了经济学研究的一个组成部分。

情绪型决策的方式是非理性的。这里所说的情绪型决策指的是根据第一反应的喜不喜欢或有没有用的判断而作出的决策。而理性型决策指的是根据利益最大化的原则通过深思熟虑和算计而作出的决策。在国际经济全球化的今天，每个人的消费或投资行为都可以看成是国际经济体系中的一个微观经济行为，每个人都是经济人。这些经济人通常是在情绪的支配下消费和投资的。当人面对一件物品时，他决定购买与不购买，他首先要看他喜欢不喜欢。在有购买力的情况下，人通常会买喜欢的东西。有的广告设计的理念就是讨顾客喜欢。而且当人进了一个不能讨价还价的商场，在他有购买力的情况下，他是会根据喜欢和不喜欢来作出决策的。

当人面对一件物品时，他还会根据有用与无用的第一反应来决定购买与不购买。他可能不喜欢有的物品，但是根据他的直觉判断，这件物品对他是有用的，他也可能购买这件物品。有的广告设计理念就是让顾客明白其功用，当人面对一个卖主的时候，他可能喜欢他的产品，如果他不喜欢那个卖主，他也可能不买这个卖主的产品。当一个人面对一个很有用的人，但是他讨厌这个人，他也可能就放弃与这个人交往。当人面对一件事的时候，他知道如果他做了这件事会给他带来好处，但是他讨厌做这件事，他就可能因此而放弃做这件事可能带来的好处。人从事各种活动的最终目的是为了让自己感觉舒心。而舒心与不舒心是很难算计的，只能根据各人的喜好来定。

因为人通常首先是根据喜不喜欢和有没有用的第一反应来决策，所以说人在决策时走出的第一步是情绪型的。一个推销员如果上来就向顾客说明这个产品是如何符合利益最大化的原则，而这个顾客根本就不喜欢或感觉这种产品没有用，那对他谈如何省钱就是多余的。喜欢与有用，有的时候是合一的，有的时候是分离的。人喜欢一个布娃娃，这个布娃娃是供人玩儿的，没有什么用。制造者必须把这个布娃娃做得让人喜欢，这样才能够销售出去。而一个锤子对于木匠来说是有用的，只要这个锤子的功能好，木匠又需要，他喜不喜欢都可能买这个锤子。如果一个人再把这个锤子做得很精巧，木匠不仅认为它很好用，而且还很好看，他还很喜欢，这样他购买这个锤子的动机就会加大。

决策的第二步可能才是考虑利益最大化的问题。有的人从头到尾都是情绪型的，没有第二步的思考。他看到了自己喜欢的东西或有用的东西，就不假思索地买了，这是纯情绪型的决策。而有的人在看到了自己喜欢或有用的东西时，他会琢磨划算不划算，是不是要买。当人开始思考的时候，他就开始用理性来决策了。不过有的人思考的问题并不是这个商品是否符合利益最大化的原则,而是考虑自己应该把它用在什么地方。如果人要考虑利益最大化问题,他首先需要知道制造这个商品的成本,看买得值不值。而且他需要对这种商品的市场进行调查,看自己是否买到了最便宜的商品,而这种方式可能让人感觉很麻烦,而且购买这个产品之外会产生更大的费用,因此即便他想到了利益最大化的原则,他最后还是根据喜不喜欢或有没有用来决策。

情绪型决策不一定就是不划算的。人在择业的时候,有的人考虑喜欢不喜欢,有的人考虑挣钱是否多。考虑喜欢不喜欢的那个人,选择了自己喜欢的工作,他当时可能能够找到挣钱更多的工作,但是他不喜欢。他的这个决策就可以看成是情绪型的决策。而有个人放弃了自己喜欢的工作,选择了一个自己不喜欢但挣钱多的工作。后来喜欢自己工作的那个人,可能因为工作与娱乐结合在一起,干得很得心应手,因此有创新而且事业很成功。而选择了自己不喜欢的工作的那个人,可能因为自己不喜欢那个工作,每天感觉很烦。因为心情不好,所以工作缺乏积极性,因此缺乏创造力,最后可能因为没有竞争力而失业了。有的家长给自己的孩子选择了孩子不喜欢的专业,而理由可能就是学这个专业以后可能找到挣钱更多的工作。这个算计是符合利益最大化原则的,但是如果这个孩子不喜欢这个专业,他学习不上进,他学得没有别人好,他就可能没有竞争力。目前的工作竞争是种持续性的竞争,本来竞争压力就很大,如果自己还是以一种烦躁的心情在工作,就会大大削弱他的竞争力。

第3章 道德的经济人

本章主要想说明西方经济人假设在人性自私方面和利益最大化方面存在的问题，沿着阿玛蒂亚·森的思路，把伦理学引入经济学，并试图用公益潜能发挥的最大化来代替利益最大化原则。这种替代不仅能够解决经济学本身的问题，而且能从经济学理论的角度，为人的经济活动提供尊严，为人的趋利活动提供一种伦理方面的崇高的价值，从而有助于解决因为采用市场经济给人带来的精神危机。

1. 发展阶段

经济人假设是西方经济学的理论基石之一，是西方微观经济学的理论出发点[1][2]。它的发展经历了一个从提出到发展的过程[3]。经济人概念的发展大体上可以划分为三个阶段：古典经济

---

[1] 张恒龙：《论"经济人"假说在微观经济学发展中的作用》，《经济评论》2002年第2期，第71页。
[2] ［法］亨利·勒帕日：《美国新自由主义经济学》，北京大学出版社1988年版，第24页。
[3] 徐传谌、张万成：《"经济人"假设的发展》，《当代经济研究》2004年第2期，第27页。

人阶段；新古典经济人阶段和广义经济人阶段。经济人的概念源于亚当·斯密的《国富论》（1776）。他系统地运用经济人（Economic Man）进行分析从而使经济学成为一门独立的学科。斯密认为，经济人的本性是利己性，利己心是每个人从事经济活动的动机。在分工基础上的市场竞争中，如果每个人都自由地追求自己的利益最大化，则会有效地促进社会利益[1][2][3]。追随他的古典经济学家如萨伊、李嘉图、马尔萨斯、麦克库勒赫等几乎都把自利原则作为人类行为的根本动机，同时强调自由放任是实现自利的必要条件[4]。

自斯密首次系统阐述了经济人的思想，并用之来进行经济分析后，经济人就成了西方经济学理论的出发点，在传统的西方经济学中一直扮演着基石的角色，支持着整个西方经济理论分析的大厦，其主要包含以下几个基本命题：第一，利己心即追求个人利益的动机是经济人的行为驱动力。一个人节俭是为了改良自己的现状，而增加财产是必要的手段[5]。第二，经济人是理性的，他总是根据自己所处的市场环境来判断自身的利益，使自身利益最大化。第三，以谋求个人利益为唯一目的的经济人在市场机制

---

[1] ［英］亚当·斯密：《国民财富的性质和原因的研究》（下卷），商务印书馆1981年版，第27页。

[2] 杨春学：《经济人与社会秩序分析》，上海三联书店、上海人民出版社1998年版，第22页。

[3] 徐传谌、张万成：《"经济人"假设的发展》，《当代经济研究》2004年第2期，第27页。

[4] 邓春玲：《"经济人"与"社会人"——透析经济学两种范式的人性假定》，《山东经济》2005年第2期，第5页。

[5] ［英］亚当·斯密：《国民财富的性质和原因的研究》（上卷），商务印书馆1972年版，第314页。

这只"无形之手"的调控下增进社会公共福利①。第四,经济人在实际生活中的具体形态会随着社会的发展而变化,但其自利的本性不变。第五,个人的谋利活动不能违反正义的法律,否则就应受到政府的制裁②。

其后,经过边沁、西尼尔和穆勒等人的进一步补充,古典经济人模式基本形成。1844年,约翰·斯图亚特·穆勒在《论政治经济学的若干未决问题》中,提出了把经济人概念抽象出来的必要性和明确地提出了经济人假设。穆勒等人认为经济人是会计算、有创造性并能获得最大利益的人。在这里经济人的利己本性发展成为了最大化原则。据丹尼尔·贝尔说,经济人这个名词首先是由帕累托引进经济学的。边沁认为人生追求的目标是最大快乐和最小痛苦,趋乐避苦的自然本能为人类社会的有序状态创造了条件③④。他把大小私有者在经济活动中自发产生的功利标准推广到伦理学领域,把最大限度地追求个人利益的自私精神说成是实现最大多数人的最大幸福的途径⑤。

但是古典经济人模式存在着一些缺陷,主要表现为:第一,对于经济人是理性的、追求利益最大化的假设,比较简单粗糙。第二,未阐明经济人的行为是如何促进社会公共福利的,有的社

---

① [英]亚当·斯密:《国民财富的性质和原因的研究》(下卷),商务印书馆1974年版,第199、198页。

② 张恒龙:《论"经济人"假说在微观经济学发展中的作用》,《经济评论》2002年第2期,第71—74页。

③ 杨春学:《经济人与社会秩序分析》,上海三联书店、上海人民出版社1998年版,第22、116页。

④ 徐传谌、张万成:《"经济人"假设的发展》,《当代经济研究》2004年第2期,第27、28页。

⑤ 程恩富:《新"经济人"论:海派经济学的一个基本假设》,《教学与研究》2003年第11期,第22、23页。

会不公平现象和生态问题来自这种经济人的行为①。第三，只把生产者视为自利的经济人，而未对消费者和生产者的行为作出统一的解释。这个假设不是在任何情况下和对任何人都是有效的②，但是经济数学化的风潮使一些经济学家需要为其研究寻求出发点，而经济人这个包含着寻求利益最大化的思想正好满足了这种需要。于是他们开始发展经济人假说，从而引发了一场经济学的巨变——"边际革命"。此后，在历史学派、制度学派的批判下，吸收了同时代自然科学发展的成果，形成了新古典经济人的理念，其主要特点为：第一，经济人是自利的，这是人性的表现。他们参与市场活动都是为了实现自身利益的最大化。第二，引入边际方法来解决经济人如何实现利益最大化的问题，使得经济学家关于人的经济行为的研究具有了可操作性，并将动机与效果结合起来。经济人可通过成本—收益核算来对可供利用的手段进行优化选择。并且引入了波普的科学方法论，从而彻底抽去了经济人思想中包括的功利主义的心理学和伦理学因素。第三，通过帕累托最优证明了个人的自利行为是如何最终增进社会利益的。第四，把利益最大化的假说推广到了消费者③。

在新古典经济学时期，经济人逐渐脱下了功利主义道德学说的外衣，理性被理解为仅仅是一种数学计算。这一转变基于19世纪70年代的经济学的边际革命，它使经济学与自然科学一样，成为一种比较封闭的或自成一体的知识体系。在这个理论框架

---

① See Charles Birch, David Paul, *Life and work: challenging economic man*, Sydney: UNSW Press, 2003, p. iv.
② See Lina Eriksson, *Economic man: the last man standing*, Göteborg: Department of Political Science, Göteborg University, 2005, p. 210.
③ 张恒龙：《论"经济人"假说在微观经济学发展中的作用》，《经济评论》2002年第2期，第71—74页。

里，对各种经济行为的分析完全是以一组公理性假设为前提而进行的推理。在某种意义上，边际革命可以被看做是古典经济人和新古典经济人的分水岭。边际革命的三位奠基者杰文斯、门格尔、瓦尔拉试图以一种新的方法和理论改造和重建理论经济学。他们强调消费、效用和需求，以心理分析来说明经济现象，把经济人最终如何获得最大效用或最大满足作为研究对象，把经济学改造成以消费、交换、生产及分配为序的理论体系。特别是他们借助当时微积分学的发展和广泛应用，以边际分析为工具来阐明经济人所遵循的法则，并以数学方法和数学模型进行充分的形式化，开创了边际效用学派。马歇尔是从边际革命直接导引出新古典经济学的主要代表。在他那里，他假设经济人的唯一动机是追求一定数额的货币。他认为这是构造类似自然科学那样精确的社会科学—经济学的理论前提。但是他说的经济人已不再是虚构的和抽象的，而是实际存在的和真实的[1]。这时的经济人概念广泛接受了波普的科学哲学方法论。在罗宾斯看来，经济人的行为就是选择适当的手段，以保证所期望的目的得以实现。如果这种选择与目的是一致的，那他就是理性的。正是通过罗宾斯，经济人概念抛弃了边际主义者的那种功利主义的心理主义因素，转向了理性选择。尽管新古典经济学的经济人与古典经济学的经济人相比，具有了数学的和形式化的外衣，但他们都认为人们的行为具有自利的动机，人们能够计算判断自己的获利，即理性。经济人会在利己心的驱使下，在各种约束条件的限制下，追求自身利益的最大化。新古典经济学的经济人概念，至今仍存在于西方经济

---

[1] ［美］马歇尔：《经济学原理》（上卷），商务印书馆1997年版，第47页。

学的正统理论中[1]。

　　经济人假设发展到今天,已经脱离了自私自利的狭义经济人的概念,发展为广义的经济人。也就是说,人的行为永远是在约束条件下的最优行为[2]。这种经济人也被称为理性经济人[3]。近30年来,在西方的声势浩大的新政治经济学运动中,以加里·贝克尔、詹姆斯·布坎南、道格拉斯·诺思等为代表的新经济学家对经济人假说进行了第三次抽象,形成了广义的经济人模式,其主要特点是:第一,将经济人假说运用到经济领域以外的诸多社会领域。如詹姆斯·布坎南为代表的公共选择学派就将人类在经济活动和政治活动中的行为都纳入经济人这个模式中进行分析[4]。第二,结合交易成本、信息成本等新的学术成果来修改新古典经济人模式中的那种苛刻的标准理性选择和完全信息假设。第三,新经济学家们把新古典主义经济学家抽象掉的历史伦理和社会道德因素又重新纳入经济人的范畴中。他们认为人们往往选择的不是"最好"而是有"较多好处",因为个人利益不仅包括物质利益,还包括尊严、名誉、社会地位。个人追求的利益已经是一个由多种目标汇集成的目标体系,而这种目标体系是在考虑了诸多限制因素的基础上形成的,比如说法律、道德、伦理、习俗等。因为经济人是社会人,他追求的利益本身就包含着诸多

---

[1] 邓春玲:《"经济人"与"社会人"——透析经济学两种范式的人性假定》,《山东经济》2005年第2期,第6—7页。

[2] 张宇燕:《经济发展与制度选择——对制度的经济分析》,中国人民大学出版社1992年版,第76页。

[3] 徐传谌、张万成:《"经济人"假设的发展》,《当代经济研究》2004年第2期,第30页。

[4] [法]亨利·勒帕日:《美国新自由主义经济学》,北京大学出版社1988年版,第130、253页。

社会因素,因此个人利益结构会自动去符合社会最佳状态①。而且女性主义者也开始渗入经济学,并试图提出新的视角②。

2. 批评与完善

经济人假设从提出开始就不断受到批评③,并在批评中被不断完善。斯密本人的理论也为这种批评提供了机会。斯密在《国富论》中确认了经济领域内的自私自利行为,而在《道德情操论》中又确认了人可能有某些同情心和利他行为。这样便出现了经济—道德二元悖论④。西方关于经济人的公开争论主要有三次:19世纪晚期历史学派与奥地利学派围绕利己与利他问题进行的争论;20世纪40年代的利润最大化之争和70年代的以心理学实验为基础的关于理性行为之争。20世纪下半叶以来,西方经济学家对经济人重新进行了解释,这些解释大致分为对经济人的修补、坚持或抛弃⑤。到目前为止,重新解释经济人的主流是对经济人进行修补,使之更贴近现实。

以弗里德里希·李斯特为代表的德国历史学派对经济人假设持完全排斥的态度。批评者认为用经济人的利己动机无法解释利他动机和行为。1966年,莱宾斯对经济人提出了全面的批判。

---

① 张恒龙:《论"经济人"假说在微观经济学发展中的作用》,《经济评论》2002年第2期,第71—74页。

② See Marianne A. Ferber, Julie A. Nelson, ed., *Feminist economics today: beyond economic man*, Chicago: University of Chicago Press, 2003, p. 7.

③ 徐传谌、张万成:《"经济人"假设的发展》,《当代经济研究》2004年第2期,第27页。

④ 程恩富:《新"经济人"论:海派经济学的一个基本假设》,《教学与研究》2003年第11期,第23页。

⑤ 周怀峰:《经济人的新解释与经济学的新发展》,《理论学刊》2004年第10期,第55页。

他从生产者的角度出发，认为人在生产领域中与在消费领域中一样，其行为也不是追求利益最大化的。他认为一般的微观经济学理论无法解释企业家或工人宁愿弃而不用那些能使产量增加的手段的现象①。赫伯特·西蒙等人从信息不完全及人的有限理性的角度对理性最大化进行了批判②。他认为追求令人满意的利润比追求最大利润更接近现实。新制度经济学认为，完全理性给决策提出了三个难以实现的假设：第一，所有的备选方案都是现成的；第二，在存在风险或不确定性的情况下，每个备选方案的后果都已知道；第三，理性人对所有可能的后果的优劣都一清二楚。而事实上，人不可能知道全部的备选答案。外部环境是不确定的、信息是不完全的、人的认知能力和计算能力是有限的，因此人的理性也是有限的。西蒙认为，因为人的理性是有限的，因此难以实现他个人目标函数的最大化③。威廉姆森是新制度经济学代表人物之一，他接受了西蒙的有限理性假设，并认为由于信息不对称，经济人必然会不择手段地追求个人利益④。以布坎南为代表的公共选择学派把经济人假设扩大到政治领域。他们认为人的政治行为和经济行为一样，都是受自利动机支配的，他们都毫不例外地追求自身利益的最大化⑤。公共选择理论是运用新古典经济学的基本假设和分析工具来研究政治制度的一个新政治经

---

① 徐传谌、张万成：《"经济人"假设的发展》，《当代经济研究》2004年第2期，第28—29页。

② 赫伯特·西蒙：《现代决策理论的基石——有限理性说》，北京经济学院出版社1989年版，第3页。

③ 张纯洪、赵英才：《对"经济人"假设的重新思考——基于个体行为与群体行为的角度》，《北华的大学学报（社会科学版）》2005年第8期，第77页。

④ 徐传谌、张万成：《"经济人"假设的发展》，《当代经济研究》2004年第2期，第28、29页。

⑤ 邓春玲：《"经济人"与"社会人"——透析经济学两种范式的人性假定》，《山东经济》2005年第2期，第7页。

济学的分支。它把经济学的经济人假说推广到了政治领域，把政治领域中的当事人的基本行为动机也假定为追求自身利益最大化①。而当代法国经济心理学创始人阿尔布认为各门人文科学的发展，尤其是心理学、社会学和社会心理学的进步，使人们不难证明有关经济人的论点是不完备的或不确切的②。

20 世纪 90 年代以来，在经济人这一方向上的研究成果获得诺贝尔经济学奖的最多：罗纳得·H. 科斯对经济人假设作出了解释。在科斯看来，经典经济人假设暗含着每个经济人都具有完全的制度知识，完全了解在资源稀缺和未来的不确定性约束下的相互竞争的自利行为必须遵守的规则。由于人具有完全的理性，制度在传统经济学中也就不重要了，而在现实生活中，人是受制度约束的、人的理性是有限的，交易活动是有交易成本的。加里·贝克尔也对经济人假设作出了解释。他认为人不仅有利己的一面，而且还有利他的动机。他认为利他主义的行为动机是行为主体的效用最大化③。贝克尔运用经济人假设分析了种族和性别歧视、犯罪现象、自杀原因、利他主义行为、婚姻生育问题等传统上属于社会学、政治学、法律学等人文科学研究的课题，实现了经济学的帝国式扩张④。他还提出经济学的研究重点不是物质性、商业性，而是稀缺性。他将经济人模式从经济领域扩展到非经济领域。道格拉斯·诺斯认为人的理性是有限的，人的学习对

---

① 张飞岸：《公共选择理论中的"经济人"范式评析》，《前沿》2005 年第 8 期，第 62 页。
② 程恩富：《新"经济人"论：海派经济学的一个基本假设》，《教学与研究》2003 年第 11 期，第 22 页。
③ ［美］贝克尔：《人类行为的经济分析》，王业宇、陈琪译，上海三联书店 1993 年版，第 335—342 页。
④ 邓春玲：《"经济人"与"社会人"——透析经济学两种范式的人性假定》，《山东经济》2005 年第 2 期，第 7 页。

人的决策能产生重大影响,这种学习包括对传统文化的学习,而这种学习来的文化决定着人们对于损益的判断。约翰·豪尔绍尼、约翰·纳什、赖恩·哈德泽尔滕等人将博弈论运用于经济分析,形成了经济对策论,刻画了竞争中的经济人的互动关系。信息经济学承袭了有限理性理论。詹姆斯·米利斯和威廉·维克里在信息不对称方面作出了开拓性的贡献[1]。

阿马蒂亚·森也作出了解释。他认为现代经济学把斯密的关于人的自利行为的看法狭隘化了,从而造就了当代经济学理论的一个主要缺陷。经济学的贫困化主要是由于经济学与伦理学的分离造成的。他提出了经济学与伦理学同源的思想,认为经济学应该关注真实的人。由于抛开了伦理学,帕累托最优实际上是一种乌托邦式的最优。一些人的极度奢侈与一些人的极度贫困也可以被称为帕累托最优[2][3]。罗伯特·卢卡斯坚持和发展了古典经济人的概念,认为经济人具有准确的理性预期。经济人不仅是自利的,而且是理性的,因此经济分析的基本前提还是理性经济人。当事人为了谋求最大利益,会设法去利用一切可以利用的信息,对所关心的经济变量在未来的变动情况作出尽可能准确的估计而不会犯系统性错误。丹尼尔·卡尼曼和弗农·史密斯为代表的行为经济学和实验经济学中考虑的经济人不再仅仅自利,而且利他,有时也会产生冲动行为,他们把经济学的视野从理性行为扩大到包括非理性行为在内的人类行为[4]。

---

[1] 周怀峰:《经济人的新解释与经济学的新发展》,《理论学刊》2004年第10期,第57、58页。

[2] 阿马蒂亚·森:《伦理学与经济学》,商务印书馆2000年版,第32、35页。

[3] 徐传谌、张万成:《"经济人"假设的发展》,《当代经济研究》2004年第2期,第29页。

[4] 周怀峰:《经济人的新解释与经济学的新发展》,《理论学刊》2004年第10期,第57、58页。

实验经济学的研究成果尤其值得注意。实验结果表明，人不一定追求利益最大化。根据最后通牒博弈实验，提议者给予回应者的比例越高，被拒绝的可能性就越大[1]。许多回应者并非按纯粹自利的模式行事。一般说来，提议者给予回应者过低的份额，后者可能因为感觉分配不公而拒绝合作。单方指定博弈[2]的试验结果表明，提议者常常会给予回应者一小部分金钱，虽然他完全可以一毛不拔。礼物交换博弈[3]的实验的结果显示，有相当大比例的回应者愿意回报那些被认为是公平的行为。信任博弈[4]的试验结果表明，大部分提议者总是会转交一定数量的货币给回应者，而大部分回应者也返还了一部分货币给提议者，而且在转交数量和返还数量之间常常有很强的正相关关系。实验研究的结果还发现，人们倾向于能够直接产生最大效用的选择，而不考虑这一选择对未来的影响。实验研究的结果[5]还表明，冲动行为源于人们没有稳定一致的内在偏好。实验经济学家对于经济人只在乎经济利益的假设也提出了质疑。他们认为，除了经济利益外，人们还渴望得到社会认可等其他方面的利益。实验结果证实，社会

---

[1] See Camerer, Colin E. and Thaler, Richard H., "Ultimatums, dictators and manners", *Journal of Economic Perspectives*, vol. 9, 1995, pp. 209—219; Roth, Alvin E., "Bargaining experiments", in: J. Kagel and A. Roth (eds): *Handbook of Experimental Economics*, Princeton University Press, 1995.

[2] See Forsythe, Robert L., Joel Horowitz, N. E. Savin, and Martin Sefton, "Fairness in simple bargaining games", *Games and Economic Behavior*, vol. 6, 1994, pp. 347—369.

[3] See Fehr, Ernst, George Kirchsteiger, and Arno Riedl, "Does fairness prevent market clearing? An experimental Investigation", *Quarterly Journal of Economics*, CVIII, 1993, pp. 437—460.

[4] See Berg, Joyce, John Dickhaut, and Kevin McCabe, "Trust, reciprocity and social history", *Games and Economic Behavior* vol. X, 1995, pp. 122—142.

[5] See Benzion, Uri, Amnon Rapoport, and Joseph Yagil, "Discount rates inferred from decisions: an experimental study", *Management Science*, vol. 35, 1989, pp. 270—284.

认可动机确实影响了个体的决策行为。因为存在着鼓励合作的群体规则，如果公开个人的身份和他对公共品的捐献额，可能提高他的自愿捐献额。搭便车的人会被公开指责[1]。

实验结果还表明，人不一定是理性的。经济人假设除了认为人是纯粹自利的外，还认为人是理性的。也就是说，他有明确的偏好、能够充分处理信息，并能根据客观条件和资源禀赋作出使自己的利益最大化的决策。而试验证明，在经济实践中，人们往往知道什么是最优解，却因为个人的自我控制能力方面的原因而无法作出最优选择。即使他们意识到某些行为会损害自己的利益，却无法控制自己的行为。实验经济学家称之为"冲动"（impulsiveness）行为。而且人们往往是基于短期利益而非长期利益作出选择。在现实中，人常常必须与自己的非理性冲动作斗争[2]。米歇尔在斯坦福幼儿园进行了著名的"糖果试验"，结果证明了冲动对人的影响和自控能力的重要性。实验员告诉4岁左右的孩子，如果等20分钟他办完事回来，就能得到两块糖吃，而等不了那么久就只能吃一块。这是需要在冲动与克制和即刻满足与延迟满足之间进行权衡的。结果只有部分孩子能够熬过20分钟。大约12—14年后，那些能够控制冲动的孩子有较强的社会竞争力、较强的自信心、能够较好地应付生活中的挫折。而那些当初控制不住冲动的孩子则缺乏这些品质。实验结果显示，人们取得的成就与控制冲动的能力有明显的关系[3]。

---

[1] 阮青松、余颖、黄向晖：《关于经济人假设的实验经济学研究综述》，《学术研究》2005年第4期，第37—40页。

[2] See Mischel H., Mischel W., "The development of children's knowledge of self-control strategies", *Child Development*, vol. 54, 1983, pp. 603—619.

[3] 阮青松、余颖、黄向晖：《关于经济人假设的实验经济学研究综述》，《学术研究》2005年第4期，第38页。

在中国，支持、赞同或部分赞同经济人假设的学者大多数是从事经济学研究的，而反对这一假设最为激烈的和最坚决的大多数是哲学和社会学学者。有的学者认为获利行为与道德并非是对立的，只要这种获利行为是在法律许可的范围内，有效的经济行为本身就具有伦理性[①]；有的学者认为不应该把经济人看成是道德中性的人，在现实社会中一般不容易找到纯粹的非道德行为[②]；有的学者认为中国的经济学应该用"半经济人"作为理论基础[③]；有的学者认为，不能把经济人假说扩大到社会生活、政治生活、文化生活和精神生活中去；有的学者认为，经济人所追求的不仅是物质利益，而且追求社会地位、名誉等个人的社会价值；有的学者提出了科学经济人的概念，即要做到经济人与利他人、非理性人、社会人、道德人、生态人的统一；有的学者认为追求正当利益不能被界定为自私[④]；有的学者认为只有假定每个人都可能成为只进行纯粹个人主义的成本与收益计算的经济人，而且缺乏足够的理性，这样才能够设计出一种一视同仁的正规制度[⑤]；有的学者认为经济人行为在现实社会中普遍存在并不因为他有了总经理的头衔而其人性就会有所改变。他总是倾向于选择给自己带来更大满足的决定。对于建立国有企业经理人员的激励

[①] 武经伟、方盛举：《经济人道德人全面发展的社会人：市场经济的体制创新与伦理困惑》，人民出版社2002年版，第52页。

[②] 董建新：《人的经济哲学研究："经济人"的界说、理论分析与应用》，广东人民出版社2001年版，第180页。

[③] 孙守卫、知霖：《打破"经济人"神话》，中国财政经济出版社2003年版，第24页。

[④] 张华荣、黄茂兴、黎元生：《关注"经济人假说"，构建政治经济学新体系——全国"经济人假说"专题讨论会综述》，《福建论坛·人文社会科学版》2005年第7期，第102、103页。

[⑤] 陈孝兵：《现代"经济人"批判》，山西经济出版社2005年版，第65页。

约束机制，承认经济人假设是一个逻辑前提①。

3. 独白:公益潜能

从上面的研究看出，经济人假设在经济学中的地位至关重要，但也存在着不少问题，因此学者们提出了不少批评意见。不过这些意见基本上还是在古典经济学假设的基础上修修补补。而笔者认为应该用公益潜能发挥的最大化的假设来替代利益最大化的假设。由于古典经济人假设是所有经济人讨论的基础，在下文中，笔者将说明古典经济人假设的缺陷和为什么要用公益潜能发挥的最大化来替换利益最大化原则。

(1) 人性问题

古典经济人假设认为人的本性是自私的。笔者认为在人的本性中只有本能。人是否自私，要看其生活的环境是否鼓励自私或让自私行为有存在的余地。如果全社会的人都是自私的，那就说明整个社会在倡导一种自私的价值观，而且自私的人才能够在社会中很好地生存。如果在整个社会中，只有少数人是自私的，大多数人都鄙视自私行为，那就说明整个社会在倡导一种为公的价值观，只有为公的人才能在社会中幸福地生活。

从人的机体来看，人有感觉和欲望，主要因为人有神经系统。而神经系统的功能主要是通过愉快与不愉快的体验，去趋福避祸，并能够为机体的生存提供营养。人是不是自私，要看自私

---

① 徐传谌、张力成:《"经济人"假设的发展》,《当代经济研究》2004年第2期，第30、34页。

是给人带来福还是祸。如果自私的结果是给人带来祸，而为公的结果是给人带来福，人就不会自私。人在自然状态下的意志是自由的。他愿意做什么，只要在能力许可的范围内，他就能做什么，他依本能的指使来行动。没有人会去评价他的行为，因此他的行为没有善恶之分。人进入社会的目的是为了获得安全感和更好地生活。在社会中，人可以共同避免来自野兽的侵害，可以共同防御自然灾害。由于社会具有劳动分工，人因此可以在付出同样的劳动时间的情况下，互相享有各自的劳动产品和共同创造的社会福利，因为劳动分工带来了效益。一个专门生产鞋的人能够通过自己制造的鞋去换来电脑和电视等。而一个人同时要制造鞋和电脑、电视等则是不可能的。

　　社会有分工必然就要有等级，没有等级的社会是个堆而不是个系统。人身上的所有细胞，要按一定的方式排列组合起来，才成为一个活的人。如果还是这些细胞，如果不是按系统要求排列起来，而是堆在一起，人就活不起来，就不会产生活着这个总体功能。社会也必须按系统排列，而不是把人堆在一起。堆在一起的人，可能不仅不会带来效益，还会造成互相间的冲突，其结果还不如一个人呆着。而把人按系统排列起来的方式就是等级。如果一个社会能够把最适合从事某种劳动的人们恰好放在各自适合的位置上，让他们的潜能能够在那里得到适当的发挥，就能够给社会带来总体效益。有的社会强制其劳动者从事某些劳动，比如说奴隶社会。这些人不管同意不同意，都得从事某些劳动。这种强制劳动一是需要暴力为后盾；一是劳动性质通常为体力劳动。人很难被强制去从事创造性的劳动，因为他不知道那个被强制的人是在偷懒还是确实创造不出东西来。多数社会还是靠大多数成员的认同来从事劳动。强制只是用来维持社会秩序，而不是用来强制大多数成员从事某种劳动。

这样的社会在本质上是民主的。

而要让人自愿地按等级从事劳动，就必须有人们认同的规则。人们都要维护这种规则，社会才能够按等级组成一个系统。这些规则就是伦理规则。这就是人们判断善恶的标准。因此只有在社会中才有善恶标准。人在进入社会之前，其行为是无所谓善恶的，从这个意义上说，如果一个社会是按人们认同的规则组织起来的，这个社会在本质上是个善的社会。它要求其成员能够遵循这些善的规则。这些善的规则会转化为人的行为规范，这就是道德规范。在每个组成系统的社会中，人都需要遵循一定的伦理原则和道德规范。

根据人们遵循伦理原则和道德规范的动机，可以把社会分为两类。一类是从自私的角度，把伦理原则和道德规范作为谋生和发展的工具来倡导的社会。这种社会通常把人的生活领域分为私域和公域，认为人只有在公域需要遵循伦理和道德规范，而在私域则可以享受自由，不必受伦理道德规范的约束，因为这些规范本身不是目的，只是手段。在这样的社会中，自私被合理化，人的行为动机通常都被认为是为己的，也就是这样的社会能够普遍承认人是自私的，而且容易接受人的本性是自私的这样的判断。这样的判断能够把自私的行为更好地普遍化和合理化。这样的社会仍然是有伦理道德的，而且法律也是建立在伦理道德规范上的底线，但是人是自私的判断在这种社会中是成立的，因为他们还是遵循伦理道德规范的，只是遵循的理由是自私的。现代西方社会属于此类。

一类是从公益的角度，把伦理原则和道德规范作为目的来倡导的社会。这种社会并不区分私域和公域，而且把遵循道德本身看成是目的。人因为有道德而成为人，人成长为人的过程就是成为有道德的人的过程，没有道德的人不配做人。在这种社会中，个人不仅在公域内而且在私域内也应该有道德，因此对人有"慎独"的要求。由于社会把道德抬高到如此高的地位，因此人最不能忍受的评价就是缺德。一个人被认为很笨不会太难受，而一个人被认为很缺德就会很难受。在这种社会的人容易承认人性本善的判断。把善提高到人性的高度，使道德具有更大的约束力。传统的中国社会属于此类。这两种不同的人性论，从本质上看都是不对的。因为善恶要到社会之中才能加以评价，人的本性是纯自然的，不能从善恶的角度加以评价。

中国的现代社会是传统社会的延伸，传统的伦理道德观念对人的影响是巨大的。西方的以人性自私为前提的经济人假设对中国来说具有两方面的影响：一方面会遇到来自持有传统道德观念的人的抵制；另一方面这种假设会使一些人改变自己的观念，接受人性自私的经济人假设，从而对中国的传统道德价值观念产生瓦解的作用。对于处于转型时期的中国社会来说，传统道德价值观念的瓦解会给全社会带来道德上的灾难，因为中国尚未建立起像西方社会那样完备的法律体系。中国社会的道德失范现象与传统道德价值观念的瓦解有很大的关系。而中国目前在总体上社会还是比较平稳，这也是与传统道德价值观念仍然在发挥着很大作用有关。

那么中国的现代化是否要抛弃中国的传统道德价值观念呢？是否中国抛弃了传统的道德价值观念能够更好地发展经济呢？这两个问题关系到中国是否要接受西方的人性自私的经济人假设，从而全盘接受西方的微观经济学理论。笔者认为中国的传统道德观念是不应该抛弃的。抛弃了中国的传统道德观念，中国人就不再是中国人。中国人在抛弃本国的传统道德观念的同时，就抛弃了这个民族。如果中国把本国的伦理道德观念全部西化，如果中国社会以后变得完全与西方社会一样，那中国未来的成功只能说是西方人的成功而不是中国人的成功。中国也不是要抛弃了传统的道德观念才能更好地发展经济。恰恰相反，中国目前能够保持这样的稳定发展状况，在深层次上正好是有传统道德观念的支持。正好是因为中国有顽固的道德传统，因此在中国的法律这么不健全的情况下，大多数人还是在固守着道德，并为出现了道德失范现象而感到悲哀。仅从这个角度上看，中国也不应该接受西方人性自私的经济人假设，从而也不应该全盘接受西方的微观经济学理论及建立在其之上的西方宏观经济学和国际经济学理论，而且在中国社会的传统道德观念没有被全部消灭的情况下，完全按照这些理论来运作中国的经济也会出现失灵现象。

（2）原则替换

笔者认为应该用公益潜能发挥的最大化原则来替换利益最大化原则。建立在自私基础上的利益最大化原则，会彻底摧毁中国的传统道德观念。在中国的传统道德观念中，在义与利的问题上，总是把义放在首位，把利放在次要的位置上。如果人把利放在首要位置上，一切考虑都是从自私的角度出发的，那人的行为就没有任何道德价值。道德行为必须是发自内心的。如果人在内心是自私自利的，无论他在客观上给社会创造了多少财富，他本身的行为都是没有道德价值的。那就意味着，无论他怎么成功，他获得的只是金钱，人只会羡慕他有钱，而不会尊重他。人只会尊重那些出于本心为社会作贡献的人。无论人的行为结果是什么样的，只要他努力为社会去创造财富，即便结果是失败的，没有在客观上给社会带来什么效益，他的精神也是伟大的，他的人格是高贵的，人们会尊重这样的人。人是从他人的尊重中获得精神幸福的。

当一个社会只是倡导自私自利的利益最大化，这个社会就失去了赋予人精神幸福的能力。人不管挣多少钱，都会感觉自己的人生是无意义和空虚的，而找不到精神的家园。中国传统道德中的那种给人以浩然正气的东西没有了，人的崇高感没有了，剩下的只是对于金钱的无止境的追求，感官刺激的享受和精神无聊的体验。不是金钱为人的快乐服务，而是人为了金钱而快乐或痛苦。人每天的工作，就像前面有个主人拿着根骨头做诱饵，人为了啃到那块骨头而竭尽全力讨主人的欢心一样。在这样的行为中，无论他挣了多少钱，都体验不到做人的尊严。

况且，也不可能像西方经济学家所认定的那样，因为有了利益最大化的假设，经济学就能够像自然科学那样精细化了。从事实上看，不是所有社会都倡导自私自利的价值观，不能用这种理论来解释所有的社会；许多人因为生活方式的原因是不追求利益最大化的，许多人因为没有足够的信息是不可能追求利益最大化的，不能用这种原则来解释这些人的行为。从这些方面看，这个假设就已经不可能精细了，因为在出发点上已经出问题了。而且利益最大化这个原则本身也是非常不确定的。一个人在三分钟内追求的利益最大化与在十年内或在一生之中追求的利益最大化是不一样的。而且人又怎么可能知道一生中怎样能够实现利益最大化？未来有那么多不确定的因素。

如果人每天都在追求利益最大化，每天都在患得患失，每天都不知道明天是不是能使自己的利益最大化，那是多么紧张而又无意义的生活。它让人感觉到浮躁，静不下心来做自己的事情。一个企业在一年内的利益最大化追求与在十年内和一百年内的利益最大化追求是不同的。一个社会在十年内和一百年内的利益最大化的要求也是不同的。而且利益这个概念本身也是不确定的。每个人的需求有差别，而利益就是能够满足他的需求的东西，那么利益最大化对于各个人来说就具有差别。金钱并不能买来一切。人为了获得爱情、获得权力和获得名望，都可能暂时放弃对金钱最大化的追求。一个企业也会因为追求知名度和企业的社会地位而付出金钱，而这些付出的回报也是很难计量的。经济学也不一定为了追求量化而把前提简单化，也不一定要把经济学的原理全部模型化。自然语言的最大特点是具有灵活性，一个用自然语言来解释的理论体系，能够更好地说明复杂的经济现象。

也不是每个学科都必须追求像自然科学所追求的那样的真，包括经济学在内的人文和社会科学不仅追求真，还追求价值物。价值物是对主体有用的东西。真的东西不一定有用，因此不一定有价值；有用的东西不一定是真的，因此有价值的东西也不一定真。从西方伦理学的发展史上可以看到，这门学科的追求在逐渐进行着从真理至上到价值至上的转换。在古希腊时代，自然哲学家们探究关于自然秩序的真理，力图用自然秩序的真理来说明社会秩序的真理。人们认为真的是对的，假的是错的，因此社会秩序要符合真理才能被人们认可。苏格拉底时代的哲学家已经开始发现，自然界的真理与社会的善不是一回事，但是真理至上的观念还一直延续着。到了宗教伦理占主导地位的时代，上帝虽然是假的，但是要被辩成真的才能够被人们认可，于是亚里士多德和柏拉图的哲学都成为论证上帝存在的工具。现代科学对上帝的最大冲击是质疑了上帝是真的这个命题。康德的道德神论把真与价值区别开来，他认为即便上帝不是真的，为了道德这种善上帝也有存在的根据。自元伦理学兴起以来，事实与价值之间的关系问题成了西方伦理学家讨论的热门话题，但是科学真理的地位仍然是至上的。人们仍然是首先把什么东西说成是真的，然后就赋予了那种东西以存在的价值。在这种观念的影响下，杜威得出了有用就是真理的命题。这个时候还是用真理来抬高价值的位置。罗蒂则认为有用的就是有价值的，价值与真理不是一回事。在中国的传统伦理思想中，真理从来没有像西方伦理思想家那么被关注过，但是在中国接受西方思想之时正是西方科学主义兴起的时候，因此中国从近代以来，一直有科学真理至上的倾向。

而如果反思中国和西方的历史的话，我们会发现在真、善、美这三种追求中，社会是把善而不是真放在最高位置。真的东西，如果对社会不善，就会被社会当成消除的对象。美的东西，如果对社会不善，也会被社会当成消除的对象。而假的东西，如果对社会是善的，则可能被社会包容。比如说，即便上帝被宣布是假的，有的国家还是会保留上帝来为其社会服务。小说是假的，但是如果通过小说能够教育人，这种假的东西也是会被社会包容的。丑的东西，如果对社会是善的，也会被社会包容。社会最不能包容的是对社会恶的东西。这种东西不管是不是真的，是不是美的，都是社会消除的对象。而对社会善的东西，不管是不是假的，是不是丑的，都是社会包容的对象。对于社会来说，真理只具有工具性的价值。真理不是至上的，而善是至上的。

从这个角度上看，经济学不仅要考虑真的问题，而且要考虑善的问题。中国在吸收西方的以自私为基础的利益最大化原则的时候，也不仅要考虑真的问题，而且要考虑这种思想对中国社会是否善的问题。经济学在传播经济理论的同时，还在传播着一种价值观。如果它传播的价值观，对中国社会是不善的，那也是需要加以考虑的。而且自私本身也谈不上真的问题。人自私与否和社会有关，与人性无关。而且人是可塑的，自私的人也可以被社会塑造为不自私的人。就连爱吃香肠的警犬也能够被训练得对香肠视而不见，何况人乎。中国的儒家传统思想主要是在教人为仁，从而使人成人，这种思想培育出了中国的君子。他们是能够抛开自私自利的思想，把为国家服务看成是自己的最高职责的。中国的天下为公的思想与利他主义是不一样的，一个人不是利他就是道德的。如果一个人不计报酬地帮他人干坏事，这个人是利他的，但是他的行为还是不道德的。如果一个人能够把道德规范内化为自己的属性，并把这种道德规范本身当成目的而不是手段去始终遵循，这个人就具有了这个社会赞扬的美德。当他具有美德时，社会就会总是赞扬他，他就会从这种赞扬中得到作为一个自然人无法享有的精神幸福。因此人的精神幸福是来源于社会的。当人发展到这个层次上时，他可能会为了这种赞扬而牺牲自己的生命，英雄就是这样诞生的。

因此笔者认为，至少中国的经济学是应该用追求公益潜能的最大发挥来替换利益最大化原则的。追求公益潜能的发挥的人，可视为道德的经济人。每个人都有自己比较有特长的潜能。现代社会的劳动分工就是要使人都使用自己的特长来为社会服务。如果一个社会能够把个人最擅长的潜能开发出来，并使之有用武之地，个人就会感觉到自己的价值得到了实现，就能成为一个精神上充实的人。笔者在潜能前面加上了公益，目的就是要使这种潜能的发挥具有道德性。因为潜能也是可以发挥了来干坏事的。一个黑客的技能可能比一个网络工程师的水平还高，但是黑客不能被社会认可，因为他们不用他们的技能来为公益服务。这里的公益指的是公共利益，而不是慈善活动。人发挥自己的公益潜能为社会服务，也能从社会中获得相应的报酬，但并不是以报酬为目的。追求公益潜能比追求利益最大化要好把握得多。一个人一辈子可能不知道他怎么能够实现自己的利益最大化，但是他是能够知道他在什么地方最有潜能的。如果他专注于发挥自己的潜能，反过来比他直接去追求利益最大化可能更能给他带来益处，因为人在自己具有特长的竞争中更容易处于优势地位。在人的目的离开金钱的时候，人把注意力放到发挥自己的潜能上，他更能够专心于自己所做的事，而且无论从中国还是西方的历史来看，真正受人尊重的人都是那些技艺优秀，而且能够用这种优秀造福于社会的人。这样的人活得很有尊严，活得很充实。就像人并不需要很多的金钱来维持自己的生存一样，人也不一定需要高超的技能才能为社会服务。如果人真正拥有一份为社会作贡献的心，并勤勤恳恳地把自己的最大潜能发挥出来工作，他的灵魂就是崇高的了。

第4章 微观经济理论分析

本书写作的主题是国际经济中的伦理风险,而国际经济学的基础是微观经济学。在第3章里,笔者提出了要用公益潜能的最大发挥来替代利益最大化的原则,而利益最大化原则又是西方微观经济学的前提。本章拟从公共利益和公益潜能的最大发挥为出发点,对西方微观经济学理论加以评析,形成一种把经济学与伦理学融合为一体的研究思路,从而把一种精神价值注入市场体系。因为萨缪尔森的《经济学》教科书,无论在西方和中国都影响很大,而且其中包括了西方微观经济学的精华,笔者将把此书的核心原理作为评析的对象。

1. 发展状况

(1) 三次突破

西方微观经济学[①]是关于单个企业、消费者和市场行为的研究。西方经济学史上的主要争论都发生在微观经济学领域。西方微观经济学是从分析产品市场开始的,产品市场指的是厂商提供

---

① 陈菲琼主编:《微观经济学》,清华大学出版社2004年版;郭熙保、何铃编著:《微观经济学》,中国社会科学出版社2002年版。

的一切商品和劳务市场[1]。迄今为止，微观经济学已经历了三次突破性发展：第一，微观经济学初成体系，形成了古典经济学；第二，"边际革命"后，数学工具的引入，使经济学严格地科学化，微观经济学成为一门工具性色彩很浓厚的分析学科，即新古典经济学[2]；第三，近40年来，随着"新政治经济学"的兴起，微观经济学逐渐成为一门人类行为学[3]。亚当·斯密通常被认为是微观经济学的创始人。他的代表作是《国富论》。目前的微观经济学指的是研究作为单个实体的市场、企业、家庭的行为。斯密指明了市场的效率特征，他看到了社会经济效益事实上是出自于个人的自利行为[4]。

美国经济学家马歇尔以供求理论为基石，以单个消费者、单个厂商和单个行业作为分析对象，构建了新古典微观经济学[5]。马歇尔的《经济学原理》(1895)一书的出版，标志着新古典微观经济学体系的形成。经由帕累托、张伯伦、罗宾逊、希克斯、纳什、海萨尼、泽尔腾、莫里斯、斯蒂格利茨、阿罗、德布鲁等著名经济学家的完善，新古典微观经济学逐渐形成了现在的体系。这个体系在以市场经济为主导的国家中一直处于正统和主流

---

[1] [美]保罗·萨缪尔森、威廉·诺德豪斯：《经济学》，萧琛主译，人民邮电出版社2004年版，第51页。

[2] [法]亨利·勒帕日：《美国新自由主义经济学》，北京大学出版社1988年版，第24页。

[3] 张恒龙：《论"经济人"假说在微观经济学发展中的作用》，《经济评论》2002年第2期，第71页。

[4] [美]保罗·萨缪尔森、威廉·诺德豪斯：《经济学》，萧琛主译，人民邮电出版社2004年版，第2页。

[5] 陈洪安：《4Ws营销组合——一种基于新兴古典微观经济学的营销战略创新》，《华东理工大学学报（社会科学版）》2003年第2期，第47页。

地位①。不过，20世纪30年代以后，相对于宏观经济学而言，微观经济学在相当长一段时间内发展缓慢，其主要原因是，一方面，张伯伦和琼·罗宾逊补充了垄断竞争和不完全竞争条件下的厂商理论后，现代微观经济学的理论体系已初步确立；另一方面，以凯恩斯为代表的经济学家创立了宏观经济学，为政府干预经济提供了理论基础。第二次世界大战后的很长一段时间内，各主要的发达国家都强调政府干预，微观经济学自然就难以获得进展。而20世纪60年代中后期以来，政府干预带来的问题越来越突出，使得经济学家开始重新探究政府与市场调节经济的作用，因此微观经济学得到了长足的发展②。

（2）新进展③

从现代微观经济学的角度看，它不仅分析市场机制有效配置资源的功能，也分析市场的失效及其对策。现代微观经济学的发展包括很多方面：第一，从内容上看，几乎在传统理论框架内的每一领域都进行了重塑和补充；第二，从分析方法上看，数学分析工具越来越多地被使用（除了微积分和线性规划外，集合论、拓扑学、博弈论等也被成功地引入和应用）；第三，出现了一系列新的表达方式，如非对称信息、次优、对偶性，等等。20世纪80年代中期后，这些内容已经被相继写入现代微观经济学教程中。现代微观经济学的新进展主要表现在经济分析中运用了博弈论。大约从20世纪80年代开始，博弈论逐渐成为主流经济学

---

① 于占东：《反思新古典微观经济学——经济学改革国际运动研究述评》，《天津社会科学》2004年第2期，第90页。
② 张培刚、张建华、方齐云：《简论现代微观经济学的新进展》，《当代财经》1998年第1期，第18页。
③ 同上。

的一部分，甚至可以说是现代微观经济学的基础。另外，对市场失效和政府规制问题进行了深入研究。从社会福利的角度上看，价格机制并不是万能的。从纯经济分析的角度看，导致"市场失效"的原因主要包括：外部性、公共产品、非零交易成本、市场权力（即垄断的存在或过度竞争）以及信息问题。在以下两个方面的研究也有很大的进展。

a. 消费者和企业

在消费者行为和企业行为研究方面的新进展：第一，显示偏好理论：如果能找到行为与偏好之间的某种关系，如果消费者的"选择"显示了"偏好"，那么需求理论和偏好理论就可以建立在可观察的消费者行为基础上了，这就是"显示偏好理论"的基本思想。这一理论由萨缪尔森（P. Samuelson）首先提出，并经霍撒克（H. S. Houthakker）、里克特（M. K. Richter）等人补充完善。第二，时间偏好与跨时期选择：它关注的是消费者在不确定的环境下进行的跨时期选择。第三，风险条件下的选择问题：20世纪六七十年代以来，随着心理学的发展，人们对新古典理论的假说或预期效用理论进行了检验，发现在确定的条件下，理性公理假设成立，而在模糊或不确定的条件下，人的行为常违背理性公理假设。在不确定的条件下进行决策，必须考察人们的复杂心态，因此出现了三种比较有代表性的理论：观望理论、遗憾理论及模糊模型。在风险大量存在的情况下，如何有效地回避风险就变得十分重要，相关的理论也就比较活跃。第四，厂商理论的新发展：如果考察所有权与经营权分离的现实，则作为厂商代表的经理并不必然追求企业利润的最大化，而是按照个人主义的原则，追求自身利益的最大化。

b. 不确定性和信息

在不确定性分析和信息经济学方面的理论进展：从近30余

年的发展来看，不确定性经济学和信息经济学已经成为微观经济学的一个重要研究领域。不确定性现象随处可见[①]。在不确定性分析方面，美国芝加哥学派的创立者弗兰克·奈特教授作出了开创性的贡献，他明确地把不确定性与风险作为一种经济问题来分析。他的《风险、不确定性和利润》（1921）至今仍然被看成是这一领域的经典之作。另外西蒙的《管理决策新科学》（1960）、施蒂格勒的《信息经济学》（1961）、马赫卢普的《美国的知识生产与分配》（1962）、阿罗的《保险、风险和资源配置》（1965）以及希尔的《经济学与信息论》（1967）奠定了信息经济学作为一门独立学科的基础[②]。

在经济社会中，每个人的决策都是根据他所掌握的相关信息作出的，而在绝大多数情况下，一个人无法直接了解其他人所掌握的信息。所谓非对称信息（asymmetric information）环境，指的正是这样一些人具有其他人不掌握的私人信息的情形。信息经济学研究的就是在非对称信息环境中个人的最优决策[③]。经济学理论常把完全竞争美化为最有效率的市场结构，而约瑟夫·熊彼特（Joseph Schumpeter）则认为经济发展的本质在创新，而垄断是技术创新的源泉。他认为创新在短期内会产生超额利润，在长期内却由于被模仿，这些利润最终会消失。多数信息在技术上可以用零成本提供给每个地方的每个人。成功的企业家们通常有着超人的智慧和意志，被占有欲在创造中产生的喜悦激

---

① ［意］克里斯蒂安·戈利耶：《风险和时间经济学》，徐卫宇译，中信出版社、辽宁教育出版社 2003 年版，前言第 V 页。

② 张培刚、张建华、方齐云：《简论现代微观经济学的新进展》，《当代财经》1998 年第 1 期，第 18—24 页。

③ 蒋殿春：《博弈论如何改写了微观经济学》，《经济学家》1997 年第 6 期，第 90 页。

励着。保罗·罗默（Paul Romer）发展了熊彼特的理论，他把创新理论补充到比较传统的新古典增长理论中，他进一步强调信息经济学（economics of information）中所存在的一系列特殊的经济问题。信息与一般物品之间存在着本质差别，因为信息的生产成本很高，而再生产的成本却极低，因此信息市场常遭受惨重的损失。美国政府很早就意识到需要对创造性活动给予特别的支持，因此设置了保护知识产权（intellectual property rights）的法规。知识产权的最早形式之一是专利（patent）。版权也属于知识产权①。

（3）营销组合②

在营销组合方面的研究，主要经历了 4Ps、4Cs 和 4Ws 三个发展阶段。美国管理学家麦卡锡提出了 4Ps 来对营销组合的变量进行分类：产品（product）、价格（price）、地点（place）和促销（promotion）。4Ps 流行于 1875 年至第二次世界大战之前③。当时世界经济的主流是短缺经济，其时代背景是卖方市场，因此它代表了销售者即生产者的观点，以生产者为中心，以企业或生产者的利润为目标。美国管理学家罗伯特·劳特伯恩提出了 4Cs 组合：顾客需要与欲望（customer needs and wants）、对顾客的成本（cost to the customer）、便利（convenience）和沟通（communication）。它注意消费者的需要与欲望。它也注意产品的购买成

---

① ［美］保罗·萨缪尔森、威廉·诺德豪斯：《经济学》，萧琛主译，人民邮电出版社 2004 年版，第 157—158 页。
② 陈洪安：《4Ws 营销组合——一种基于新兴古典微观经济学的营销战略创新》，《华东理工大学学报（社会科学版）》2003 年第 2 期，第 47—49 页。
③ 吴金明：《新经济时代"4W"营销组合》，《中国工业经济》2001 年第 6 期。

本与使用成本，认为企业与消费者的交易关系不是一个时点，而是一个时段，即不仅要考虑消费者是否有购买能力，还要考虑消费者是否有使用能力。便利就是要使顾客交易和消费便利。企业在营销过程中要与消费者进行感情交流，真正注意消费者的反应，但是4Cs忽视了生产者的真正需要是利润。如果利润为零，顾客是上帝就不成立了。

4Ws指的是：生产者与消费者双赢（winners of producer and consumer）、生产者与政府双赢（winners of producer and government）、生产者与供应商双赢（winners of producer and supplier）和生产者与环境双赢（winners of producer and environment）。4Ws认为获胜的公司必将是可以方便地满足生产者、消费者、政府、环境和供应商的需要从而产生共赢的结果，其核心是与合作者共赢。4Ps属于第一代营销理论的单赢营销理论，来源于新古典经济学和古典管理学，持有产品推销观念，采用优化理论，生产者至上，店大欺客，适用于短缺经济，利用层级方式组织，注意造实；4Cs也属于第一代营销理论的单赢营销理论，来源于新古典经济学和行为科学，持有市场营销观念，采用优化理论，消费者至上，客大欺店，利用市场方式组织，注意造名；4Ws属于第二代营销理论的共赢营销理论，来源于新兴的古典微观经济学和现代管理学，持有社会营销观念和生态营销观念，采用博弈理论，生产—消费者至上，店客共赢，适用于知识经济，采用网络方式组织，注意使产品名副其实。

（4）反思和批评

古里恩于2002年3月在经济学改革运动国际网站上发表的《标准微观经济学有值得保留的内容吗?》一文启动了经济学改革国际运动对新古典微观经济学的反思和批评。他认为，任何一种理论都是一个逻辑演绎体系。它从一定的假设出发，构造出一系列概念，并建立起概念之间的相互联系，再依此推断出某种结果。一种理论是否有意义，在很大程度上取决于假设的适当性，而新古典微观经济学的假设与现实世界根本无关，因此不可能推演出有价值的结论。新古典微观经济学陷入了以自我为中心的境地，其中充满着数学和大量的"神话"，其"事例"和"应用"也完全是作者杜撰出来的，而不是来源于真实的经济生活。尽管如此，新古典微观经济学在西方经济学界依然处于主导地位。在中国的经济学教学和研究中，新古典微观经济学的主流化倾向日趋明显，经济学的研究正逐渐陷入数学化的泥潭[1]。另外，中国目前的经济改革和发展的现象是无法用现成的经济学理论来解释的[2]。

2. 核心原理[3]

由于全球化的发展和国际交往的日益频繁，尤其是自1969年以来，每年一度的诺贝尔经济学奖的颁发，使得西方经济学的影响覆盖了全世界[4]。本书主要以西方教科书中的微观经济学原理作为研究对象，主要因为是这些原理得到了更广泛的认同，因此具有代表性。西方经济学的教科书主要有两类：一类是像萨缪尔森、斯蒂格利茨等人试图构建自己的理论体系的《经济学》；

---

[1] 于占东：《反思新古典微观经济学——经济学改革国际运动研究述评》，《天津社会科学》2004年第2期，第90、92页。

[2] 林毅夫：《论经济学方法》，北京大学出版社2005年版，第4页。

[3] 本部分资料主要来源于[美]保罗·萨缪尔森和威廉·诺德豪斯的《经济学》，萧琛主译，人民邮电出版社2004年版，第1—187页。

[4] 方福前：《20世纪西方宏观经济学发展的特点与趋势》，《教学与研究》2004年第2期，第66页。

另一类则以叙述西方经济学的基本原理为主，并辅之于实践资料与案例。按西方国家通常的标准，经济学教科书大致可分为三个层次：第一，本科低年级的初级经济学教科书，少用数学工具，以理论分析为主；第二，本科经济学专业高年级的中级经济学，采用一定的数学方法，理论分析较深；第三，研究生的高级经济学，以数学模型为主，通过数理模型进行理论分析[1]。在微观经济学方面，平狄克（Pindyck）和鲁宾费尔德（Rubinfeld）的《微观经济学》（1997）也是一本比较好的现代经济学教科书[2]。另外也还有不少微观经济学方面的教科书[3]。中国也编有《西方经济学》的教材，其中融合了西方经济学的各种思想。本书把萨缪尔森的《经济学》（第十七版）中的微观经济学的核心原理作为评析的对象，因为笔者的研究重点是这本书。

萨缪尔森认为，目前的经济多为既有私人经济又有公共经济的混合经济，前者可以用微观经济学加以解释，后者则可以用宏观经济学加以论证。在世界上没有任何一个国家采取过纯粹的政府不对经济决策施加任何影响的自由放任（laissez-faire）经济或由政府作出有关生产和分配的所有重大决策（command econo-

---

[1] 李国民：《博采众长、匠心独运——评王秋石〈宏观、微观经济学原理〉》，《当代财经》2001年第11期，第81页。

[2] 王则柯：《澄清微观经济学的若干关系》，《中山大学学报（社会科学版）》1999年第4期，第1页。

[3] See Robert E. Hall, Marc Liberman, *Microeconomics: principles and applications*, Mason, hio: South-Western, 2005; Michael E. Wetztein, *Microeconomic theory: concepts & connections*, Mason, Ohio: South-Western, 2005; Walter Nicholson, *Microeconomic theory: basic principles and extensions*, Mason, Ohio: South-Western, 2005; Samuel Bowles, *Microeconomics: behavior, institutions, and evolution*, Princeton, New Jersey: Princeton University Press, 2004; Irvin Tucker, *Microeconomics for today*, Mason, Ohio: South-Western, 2003; N. Gregory Mankiw, *Principles of microeconomics*, Mason, Ohio: South-Western, 2004; Robert S. Pindyck, *Microeconomics*, Prentice Hall, 2005.

my）的指令经济，相反，所有社会都是既带有市场经济成分也带有指令经济成分的混合经济（mixed economy）。萨缪尔森使用了新古典综合派的概念。他认为在经济被恢复到充分就业状态时，原有的古典学派的原理便能够适用。支撑整个经济学的不过是一些最基本的概念。经济学是一门在现实中如何进行选择的科学，就像点菜进餐一样。以下是萨缪尔森的微观经济学的核心原理。

（1）基本概念

经济学研究的双重主题是稀缺（scarcity）与效率（efficiency）。经济学研究的是一个社会如何利用稀缺的资源以生产有价值的物品和劳务，并将它们在不同的人中间进行分配。在这个定义背后隐含着经济学的两大核心思想：一是物品和资源是稀缺的；一是社会必须有效地加以利用。稀缺指的是相对于需求，物品总是有限的。效率是指最有效地使用社会资源以满足人的愿望和需要。在经济学中，在不使其他人的境况变坏的前提下，如果一项经济活动不再有可能增进任何人的经济福利，则该项经济活动就被认为是有效率的。在一定的条件下，包括在完全竞争时，市场经济会显示出配置效率（allocative efficiency）或称帕累托效率（Pareto efficiency）或简称为效率。此时经济作为一个整体是有效率的，即没有一个人的境遇可以在不使他人的境遇变得更糟的情况下变得更好。

投入（inputs）指的是在生成物品和劳务的过程中所使用的物品或劳务。一个经济体系使用其现有的技术把投入转化为产出。产出（outputs）指的是在生产过程中创造出的有用的物品或劳务。这些产出可以被用于消费或进一步生产。投入也称为生产要素（factors of production），主要包括土地、劳动和资本。土地又称为自然资源。劳动指的是人们花费在生产过程中的时间和精力。资本资源是一个经济体为生产其他物品而生产出来的耐用品。专业化的资本品积累是经济发展不可缺少的要素。

生产可能性边界（PPF：production-possibility frontier）表示在技术知识和可投入产品数量既定的前提下，一个经济体的最大产出量，也就是说，产出的最大数量取决于某经济体所拥有的资源的数量与质量以及利用资源进行生产的效率。它代表着可供社会利用的物品和劳务的不同组合。产出品主要可分为消费品和资本品，它们之间有着替代关系（trade-off），在同样的条件下，一个的增多意味着另一个的减少。时间是种稀缺资源，在某个方面花的时间多，在另外的地方花的时间就少了。在生活中存在着多种选择。由于资源是有限的，因此必须不断地决定如何利用有限的时间和收入。机会成本就是在作出一项选择时所要放弃的那些选择。一项选择的机会成本（opportunity cost）是相应的所放弃的物品或劳务的价值，其中不只包括货币成本。在现实中，效率指的是尽可能有效地利用一种经济资源来满足人们的需要和愿望。生产效率只是总体经济效率中的一个重要方面。当经济体无法在不减少一种物品产量的前提下生产出更多的另一种物品时，就可以说该经济体的生产是有效率的。这个时候也就是选择点处在生产可能性边界上的时候。未利用的资源常常以失业的劳动者、闲置的工厂和废弃的土地等形式存在着。当存在着未利用的资源时，社会就处于无效率状态。商业周期的存在是无效率的根源之一。罢工、政治动乱或革命也会使一个经济体遭受无效率之苦。通过提高效率，可以使生产可能性边界往外推。

(2) 市场机制

市场看上去是由杂乱无章的买者和卖者组成的，却总是有适量的食品被生产出来,被送到合适的地点,被需要的人消费。这样奇妙的搭配是通过市场内在的逻辑在控制着的,市场通过价格和市场体系对个人和企业的各种经济活动进行协调。在市场中,没有一个单独的个人或组织专门负责生产、消费、分配和定价等事务,却能相当成功地运行着。它解决了一个连当今最快的超级计算机也无能为力的涉及亿万个未知变量或相关关系的生产和分配等问题。市场机制是买者和卖者共同决定商品或劳务的价格和交易数量的机制。在市场体系中,任何一样东西都有价格,价格就是物品或劳务的货币价值,价格代表着买卖双方愿意交换物品或劳务的条件。对于生产者和消费者来说,价格还是一种信号,当需求数量多而供给不足时,价格就会上升。在市场中,价格在协调生产者和消费者的决策。较高的价格会抑制消费,但同时会刺激生产;相反,较低的价格会刺激消费,但同时会抑制生产。价格在市场机制中起着平衡作用。

市场均衡指的是供给和需求的市场均衡(market equilibrium of supply and demand)。它代表着所有买者和卖者之间的一种平衡。市场正好找到了平衡买者和卖者愿望的均衡价格。在某一价格水平上,买者所愿意购买的数量正好与卖者愿意出售的数量相等。货币就像一种选票,它在决定着生产什么和不生产什么。利润(profit)是企业的净收益,它等于总销售额和总成本之间的差额。企业投向高利润行业和离开亏损行业。当今利润最高的行业是生产抗抑郁和抗焦躁等抗人的脆弱症状的药物行业。为了应付价格竞争和获得最大利润,生产者的最佳方法是采用效率最高的生产技术,以便将成本降到最低点。收入不仅来自劳动收入和积蓄,也来源于遗产、好运、有利的位置和市场所重视的技术。低收入者不一定是懒虫,低收入通常是因教育水平低、种族歧视或生活在就业机会少或工资低的地区造成的。经济的核心控制者是偏好和技术，消费者根据自己先天或后天的偏好，通过货币选票表示如何最终使用社会资源，而可利用的资源和技术对消费者的选择构成了一种基本的约束。市场用利润和亏损来引导企业有效率地生产出符合人们需要的产品。消费者通过出售劳动和其他投入品而获得收入，然后去购买企业生产出的物品。企业按所投入的劳动和财产的成本确定物品的价格。产品市场上的价格平衡的是消费者的需求和企业的供给；要素市场上的价格平衡的是消费者的供给和企业的需求。

（3）供求规律

市场类似于天气，总是变化莫测。但背后也隐藏着规律——供给与需求规律。人们购买一种商品的数量取决于它的价格。在相同的条件下，一种物品的价格越高，人们愿意购买的数量就越少；而市场价格越低，人们购买的数量就越多。这就是需求向下倾斜规律（law of downward-sloping demand）。价格上升时，需求量会减少的主要原因有两个：一个是替代效应（substitution effect），当一种物品的价格上升时，人会用其他类似的物品来替代它；一个是收入效应（income effect），当价格上升时，人就会感觉比以前穷了些，因此要削减开支。决定需求的基本因素是个人的偏好，而市场需求代表的是所有个人需求的总和。在现实中能够直接观察到的往往是市场需求。

一种商品的供给曲线（supply curve）体现的是：在其他条件不变的情况下，该商品的市场价格与生产者愿意生产和销售的数量之间的关系。生产者提供商品为的是利润而不是乐趣或博爱，因此决定供给的一个关键因素是生产成本。相对于市场价格来说，如果某物品的生产成本比较低，生产者大量生产该物品就会有利可图。而当生产成本较高的时候，生产者就会提供比较少的数量或转向其他产品的生产或退出该产业。生产成本主要取决于投入品的价格和技术进步。供给也受相关物品价格的影响。当一种替代品的价格上升时，另一种替代品的供给就会下降。政府政策也会对供给产生重大影响。一些特殊因素也会影响供给曲线。

供给和需求的力量会相互作用产生均衡的价格和均衡的数量，这就是市场均衡（market equilibrium）。市场均衡发生在供给和需求达到平衡的价格与数量的那个点上。当供求平衡时，只要其他条件不变，价格就没有理由继续波动。均衡价格也称为市场出清价格（market-clearing price）。当影响需求或供给的诸因素发生变化时，就会引起需求或供给的变动，从而导致市场上的均衡价格和均衡数量发生变动。市场通过供求的相互作用来进行资源配置，也就是用钱包来进行配给（rationing by the purse）。对生产什么物品最具有影响力的人往往是那些拥有最多货币选票的人。钱包的力量决定了收入和消费的分配。

需求的价格弹性（price elasticity of demand）指的是当一种物品的价格发生变动时，该物品需求量相应变动的大小。不同物品对价格的敏感程度差别很大。如果说一种物品很富有弹性，就是说该物品的需求量对价格变动反应比较强烈。反之，缺乏弹性的物品则对价格变动反应比较微弱。必需品一般都缺乏弹性，而拥有替代品的物品比没有替代品的物品弹性要大。人们对价格变动作出反应的时间的长短也是影响价格弹性的一个因素。总收益（total revenue）等于价格乘以数量。当需求缺乏弹性时，降低价格会减少总收益；当需求富有弹性时，降低价格会增加总收益；当需求缺乏单位弹性时，价格下跌不会引起总收益的任何变动。比如说，商务往来人员对于机票的需求缺乏弹性，提高这些人的票价会有助于增加总收益；而游客对于机票的需求弹性则要高得多,因此提高票价会降低总收益。航空公司通过对不同的乘客采用"价格歧视"(price discrimination)就能把商务人员与游客区分开来。它对有计划并希望选择低价位的乘客提供折扣,而对于临时订票的人员则不提供折扣。小麦和玉米等基本粮食作物缺乏弹性,消费者对于其价格的变动反应迟钝,因此农民的总收益在收成好的时候低于收成不好的时候。

如果所有的投入品都很容易在现行的价格条件下购得,则价格的微小上升就会导致产出的大幅度增加;而如果生产能力受到严格的限制,即使价格急剧上升,供给也只能增加很少,这就是由于供给缺乏弹性。农业曾经是美国国民经济中的最大的产业。在一百年前,美国人口的一半是在农场生活和工作,但今天这个数字已经降到不足其劳动力的3%,而且农产品价格相对于经济中的其他物品价格有所下降。农场主们经常通过院外活动来要求联邦政府给予补贴,许多政府都尝试过通过限制产量来帮助农民。如果需求相对于供给缺乏弹性,则税收主要被转嫁给消费者;而如果供给相对于需求缺乏弹性,则税收主要是被转嫁给生产者。

替代效应(substitution effect)指的是当某一物品的价格上升时,消费者倾向于采用其他替代品,从而能以更便宜的方式获得满足。当货币收入固定不变时,价格上升会导致实际收入下降,这就会导致一种收入效应(income effect),也就是实际收入的减少通常会导致消费的减少。把所有消费者的需求量汇总就能够得到某一物品的整个市场的需求曲线。收入的上升会增加人们所愿意买的大多数物品的数量。必需品对于收入变动作出反应的程度小于大多数物品,而奢侈品作出的反应则比较大。劣品(inferior goods)的购买量随着收入的增加而减少。在美国,烧汤的骨头、公共汽车和二手电视都属于劣品。当物品 A 的价格上升会增加人们对物品 B 的需求时，A 与 B 之间就互为替代品（substitutes）或互补品（complements）。介于替代品和互补品之间的是独立品（independent goods），它的价格变化对另一种物品的需求没有什么影响。

（4）边际效用

每天人们都要对稀缺的金钱和时间作出无数的抉择。人们在平衡各种需求和欲望的时候，就是在作出决定自己的生活方式的各种抉择。在解释消费者的行为时，经济学家的基本假设前提是：人们倾向于选择他们认为最有价值的那些物品和服务。效用（utility）表示的是满足，也就是指消费者如何在不同的物品和服务之间排序。人们在最大化他们的效用指的是他们总是选择自己最偏好的消费品组合。当人吃了足够的冰淇淋后，它将不能再增加人的满意程度或效用，反而会使人难受甚至作呕。当人多吃一单位的冰淇淋时，人可能会得到新增的效用或满足，这一增加量就是边际效用（marginal utility）。边际指的是新增或额外的意思。边际效用规律（law of diminishing marginal utility）指的是随着个人消费越来越多的某种物品，他从中得到的新增或边际效用量是下降的。人从某物品中得到的享受会随着该物品的消费的增多而下降。总效用指的是从开始处累计起来的所有边际效用之和。

现代效用理论源于近两个世纪以来西方思想的一大主流——功利主义。瑞士数学家丹尼尔·贝努利（Daniel Bernulli）在 1738 年发现，在一场公平的赌博中，参与者认为所赢到的一美元的价值小于他们所输掉的一美元的价值，这意味着人们厌恶风险。最早将效用引入社会科学领域的是英国哲学家吉米·边沁（Jeremy Bentham，1748—1832）。他在研究了法律理论和接受了亚当·斯密的影响后，他认为社会应按"效用原则"（principle of utility）组织起来。他认为效用就是任何客体所具有的可以产生满足、好处或幸福或者可以防止痛苦、邪恶或不幸的性质。新古典经济学家威廉·斯坦利·杰文斯（William Stanley Jevons）推广了边沁的效用概念，并用它来解释消费者的行为。他认为经济理论是一种愉快与痛苦的计算，理性的人们应该以每一种物品所能增添的或边际效用为基础来作出他们的消费决策。19 世纪的很多功利主义者都相信效用在心理上是实际存在着的，可以直接以基数加以衡量，就像衡量温度一样。

当代经济学家一般都拒绝接受基数效用概念而注重序数效用（ordinal utility）理论，这种理论只考察消费者对商品组合的偏好顺序。序数是指可以排序但不能衡量各种情况之间的数量差别的变量。基数则能对数量差别加以衡量。满足或效用最大化的基本条件是符合等边际法则（equimarginal principle），也就是说在消费者的收入固定和他所面临的物品的市场价格既定的条件下，如果花费在任何一种物品上的最后一美元所得到的边际效用正好等于花费在其他任何一种物品上的最后一美元所得到的边际效用的时候，该消费者就得到了最大的满足或效用。闲暇通常指的是一个人可以按自己的意愿去支配的时间，如果一个人花费在每一种活动上的最后一分钟的边际效用都相等时，他就最佳地利用了他的时间。

亚当·斯密在他的《国富论》中提出了价值悖论：没有什么比水更有用，而水却很少能够交换到任何东西，而钻石几乎没有任何使用价值，但却经常可以交换到大量的其他物品。对于这个问题的解答是：商品的数量越多，它的最后一单位的相对购买欲望就越小。正是巨额的数量使其边际效用大大减少，从而降低了这些重要物品的价格。价值悖论强调：用一种物品的货币价值来衡量作为该物品总的经济价值的指标可能是极端错误的。空气的可衡量的价值为零,但它对于福利的贡献则是难以估量的。消费者剩余(consumer surplus)指的是一种物品的总效用与其总市场价值之间的差额。这种剩余产生的原因是人们所得到的大于他们所支付的,而这种额外的好处根源于递减的边际效用。消费者剩余衡量的是消费者从某一物品的购买中所得到的超过他们所支付的那部分的额外效用。

(5) 利润最大化

企业都追求有效率的生产,即以最低成本进行生产。对于一定数量的投入,它们总是试图使产出最大化,尽可能地避免浪费。在决定生产什么和出售什么时,这里也假设企业所追求的是经济利润的最大化。生产函数(production function)是指在既定的工程技术和知识水平条件下,在给定投入后所能够得到的最大的产出。每一种物品或劳务都有一个生产函数,其中大部分都没有被写出来,而是存在于人们的脑海中。在经济领域,技术在飞速变化,因此一种生产函数可能在使用后不久就会被淘汰。而且有的生产函数只能被用于特定的目的和地点,比如说在悬崖绝壁上的建筑的设计图,换个地方便毫无用途。总产量(total product)指的是用实物单位衡量的产出总量。在劳动投入量为零时,总产量为零。随着劳动投入的增加,总产量增加。一种投入的边际产量(marginal product)或新增产量是指在其他投入不变的情况下,由于新增一单位的投入而多生产出来的产量或产出。平均产量(average product)等于总产量除以总投入的单位数。

边际效益递减规律(law of diminishing returns)表示的是在其他投入不变的情况下,随着某一投入量的增加,新增加的产出越来越少。也就是说,当一种投入比如劳动被更多地追加到既定数量的土地、机器等要素中时,每一单位的劳动所能发挥作用的对象越来越有限。土地会越来越拥挤、机器会被过度使用,因此劳动的边际产量会下降。边际收益和边际产量指的是当所有其他投入保持不变时,产出对于单一投入增加的反应。而规模报酬(returns to scale)指的是投入规模的增加对产出量的影响。就此概念而言,需要区分三种情况:第一,规模报酬不变(constant returns to scale)表示的是所有投入的增加导致产出以同样的比例增加。第二,规模报酬递增(increasing returns to scale)也叫规模经济(economies of scale)发生在当所有投入增加导致产出以更大比例增加的时候。工程研究发现不少制造流程都有适度的规模报酬递增。第三,规模报酬递减(decreasing returns to scale)发生在当所有投入的均衡增加导致总产出以较小比例增加的时候。在不少流程中,规模的增大会达到一个极点,超过这个点就会导致低效率。

生产不仅需要劳动和土地,也需要时间。短期(short run)指的是企业能够通过改变可变要素但不能改变固定要素来调整生产的那样一个时期;而长期(long run)指的是包括资本在内的所有要素都能够加以调整的这样一个时期。技术变革(technological change)指的是生产物品与劳务过程的改进、旧产品的革新或新产品的推出。产品创新指的是将新的或改良的产品推向市场的做法,工艺创新指的是采用新的或改良的生产加工技术来生产已有的产品。产品创新比工艺创新要更难以被量化,但从长期的角度看,它对于提高生活水平来说更为重要。运行良好的市场势必只接受有用的而非低劣的物品与服务的创新,但在出现市场不灵的时候可能会发生技术退步。比如说,一个不受管制的企业可能采用一种浪费社会资源的生产方式。网络市场很特殊,因为消费者不仅能从自己的使用中获益,而且还能从他人的使用中获益，这就是使用的外部性（adoption externality）。生产率能够通过规模经济和技术变革而得以增长。

（6）企业的组织结构

几乎所有的生产都是由专业组织去完成的，这些专业组织就是主宰现代经济的小型的、中型的和大型的企业。企业是由专业化的组织组成的，它能够管理生产过程。企业的重要功能是筹集资金、组织生产要素和实现批量生产的优势。在 19 世纪，企业往往是由富裕的、喜欢冒险的个人提供资金。而在当前的私有企业经济中，资金大部分来自公司利润或金融市场借款。企业经理既是组织生产、引入新思想、新产品和新工艺以及作出企业决策的人，也是对企业的成功或失败承担责任的人。效率的实现通常都要求在企业里进行大规模的生产。在美国现存的不同企业中，大部分为某一个人所有，即个人业主制。合伙制企业可能由两个或多达 200 个合伙人共同所有。最大的企业通常都采取公司的形式。小企业在数量上占优势，但大公司却占有支配性的地位。

个人业主制或夫妻店是典型的小企业，它仅仅能为小企业主提供最低的工资。虽然这些企业的数量很多，但是它们的销售额却很小。业主通常每周要工作 50 或 60 小时，而且没有假期。小企业的平均寿命只有一年，但是还是有一些人向往着自己开店。他们的小店也可能因为一次成功的冒险而带来数百万美元的财产。合伙企业往往能综合各种人才，比如说专业领域内的律师或医生。在美国，任何两个或两个以上的人都能够成立一个合伙制企业，每位合伙人都承担一部分工作和提供一份资本，从而分享一定比例的利润，也分摊亏损或债务。合伙制企业在经济活动总量中只占相当小的一部分，因为它存在着某些缺陷，使之不适合大企业。其中的主要缺陷之一是无限责任制。每位合伙人对整个合伙企业的债务都具有无限的责任，因此具有很高的个人风险，而且这种企业筹资很困难。

在发达的市场经济中，大多数经济活动都是由私人公司经营的。20世纪以来，美国的法律几乎给了任何人为任何目的组建公司的权利。今天，公司（corporation）是一种企业组织形式，由众多的单个股东共同拥有。公司是一个法人，具有独立的合法身份。公司享有有限责任的权利，每个所有者的投资风险都被严格限定在特定的数量上。其核心特征主要是：第一，公司的所有权属于掌握了公司普通股的所有人。第二，从原则上说，公司由股东控制。股东按股份比例分红、选举董事会和对许多重要问题进行投票表决。而在实际上由于股东太分散，真正拥有实权的是公司经理层。第三，公司的经理和董事会拥有决策权。股东拥有公司，却由经理经营。

公司是一种最能够有效地从事经济活动的组织方式。无论股份经多少次易手，公司都可以长久存在。在公司中不是很讲民主，因此经理们能够快速和无情地作出决定。这与立法机构作出经济决策的方式差别很大。股东所承担的债务或亏损不会超过他们最初的出资。公司的主要缺点是公司利润需要纳税。非公司形式的企业对超出成本的任何收入都像一般的个人收入那样纳税，而公司则要交两次所得税，先交公司的利润税，再交个人的所得税。大公司几乎都是公共所有的，它们的股票可以出售给任何人，很多分散的投资者分享所有权。由于大公司的股票很分散，因此通常公司的所有权与控制权是分离的，所有者个人很难影响公司的行为。股东们往往要选举出由圈内人和了解行情的局外人组成的董事会，而大公司的策略和日常经营的主要责任通常是由领取薪金的管理者担负。这些经理人员经过特殊的训练。他们掌握管理技巧和很了解公司运作中的细节问题。在绝大多数情况下,经理人员与股东的目标是一致的,都希望获得最大利润。但是也潜存着冲突:第一,圈内人士可能为自己谋取高薪、花销、奖金和高额退休金,而这些费用最终都是股东的开支。美国企业的经理领取的报酬是其他国家的许多倍。第二,在股息和分红方面的冲突。经理人员通常希望将利润保留下来用于扩大公司的规模,而不是以股息的方式分掉,但是有时他们又把利润转移到公司之外的其他领域。第三,在某些情况下,公司间合并、解散或退还资本对股东有利,但几乎没有一个经理会乐意接受自己失去职位而将公司让给他人经营的状况。

(7) 成本和利润

每多花一美元不必要的成本,企业的利润就会减少相同的金额。企业的总成本可分总的固定成本和总的可变成本。固定成本(fixed cost)也成为固定开销或沉淀成本。如果企业的生产量为零,它也得支付这些开支;如果企业的产量发生了变化,这些开支也不会发生变化。可变成本(variable cost)指的是随着产出水平的变化而变化的成本。为了使成本降到最低,企业管理者必须确保:原料最便宜、所采用的技术成本最低、每位职工都很忠诚敬业和以最经济的方式作出其他决策。边际成本(MC:marginal cost)表示的是由于多生产一单位的产出而增加的成本。多生产一单位的产出的边际成本可能非常低,也可能非常高。平均成本(average cost)等于总成本除以产品的单位总数。平均固定成本(AFC:average fixed cost)等于固定成本除以产品的单位数。随着固定成本被更多单位的产品所分担,它逐渐降低。平均可变成本(AVC:average variable cost)等于可变成本除以产量。它通常是开始时下降,然后上升。平均成本可以比边际成本高得多或低得多。一个追求最低平均成本的企业应该使其平均成本与边际成本相等。劳动、土地等投入的价格和受技术进步影响的生产函数都是影响成本的重要因素。从短期的角度上看，资本是固定的，而劳动是可变的。劳动这种可变要素的边际收益是递减的，因为每新增加一单位的劳动所对应的资本是下降的，这样产出的边际成本就会上升。也就是说，在短期内，当像资本这样的要素固定不变时，劳动这样的可变要素通常表现为开始阶段的边际产量递增而随后出现的边际产量递减。

企业选择的是以最小成本的投入组合来进行生产，即企业追求生产成本的最小化，从而使利润最大化。最小成本法则（least-cost rule）指的是为了以最小的成本生产出一定数量的产出，企业应该购买各种投入，直到花费在每一种投入上的每一美元的边际产量都相等为止。与这种法则相关的是替代法则（substitution rule）。替代法则指的是当一种要素的价格下降，而所有其他要素的价格保持不变时，企业应该用现在更便宜的要素替代所有其他要素，直到所有投入的单位美元的边际产量都相等。企业通常都用比较精细的方法来记录它们的成本。为了判定企业是否盈利，必须借助于收益表（income statement）或损益表（statement of profit and loss），其中记录的是：总收入、总支出和净收益或利润。净收益或利润等于总收入减去总支出。

企业会计活动不仅提供盈利和亏损的情况，而且还提供资产负债表（balance sheet）。这是企业在某一日期的财务状况表，它记录的是企业在某个时点上的价值。资产负债表的一方是资产（asset），而另一方是负债（liabilities）和净值（net worth）。损益表度量的是一个企业的流入和流出，也就是流量（flow），它代表的是每一单位时间的变化，而资产负债表度量的则是在会计年度末的资产和负债的存量（stock），它代表的是变量的水平。资产负债表的两边总是平衡的，因为净值等于资产减去负债。折旧（depreciation）被用来衡量企业实际拥有的资本投入分摊在每年的成本。会计人员通常采用的是一套公认的原则或会计原则来解答大多数问题。在资产负债表中，几乎所有的项目都反映着其历史成本（historical cost）。决策是具有机会成本的，因为在一个稀缺的社会中生存，选择一个东西就意味着需要放弃其他一些东西。机会成本（opportunity cost）被用来指错过了的物品或劳务的价值。这种机会成本不一定被表现在损益表上。

在运转良好的市场经济中，当所有的成本都计算在内时，价格等于机会成本。随着市场越来越接近于完全竞争，各种出价也会越来越接近，直到等于机会成本。在完全竞争的条件下，存在着许多规模较少的企业，每个企业都生产相同的产品，而且每个企业的规模都太小，无法影响市场的价格，因此只能将市场价格作为既定价格加以接受，所以被称为价格接受者（price-taker）。当最后一单位的价格高于边际成本，竞争企业通常就能获得利润。而当出售额外的产品再也不能获得任何利润时，总利润就实现了最大化。在最大利润点，生产最后一单位的产品所获得的收入正好等于该单位的成本。当企业将其产量确定在边际成本等于价格的水平上时，利润就实现了最大化。零利润（zero-profit）指的是价格刚好等于平均成本。

在短期内，当企业再也不能弥补它的可变成本时，通常就会考虑停业。这个时候，企业使其亏损最小化也就是在使其利润最大化。企业在收入刚好抵补其可变成本或者损失正好等于其固定成本时，停业点（shutdown point）就会出现。这里要注意的是，即使追求利润最大化的企业已经亏损，但它在短期内可能仍然在经营，因为只要亏损小于固定成本，它们为了支付固定成本而继续营业，这也就是在实现利润最大化和损失最小化。经济学的一个重要原理就是在决策时应该注意边际成本和边际效益,并忽略过去的或沉淀的成本。让过去的成为过去,不要为已溅出的牛奶哭泣,这就是边际原则(marginal principle)。它是指只考虑和计算某一决策的边际成本和边际收益来实现收益、利润或满足程度的最大化。企业追求利润最大化的条件是符合边际成本等于边际收益的边际原则。

经济学家通常认为最优的行为是消费者追求效用最大化而企业追求利润最大化,但是在现实中,人们只能在信息不完全的基础上作出决策。消费者不可能花一天时间去找一棵最便宜的白菜,而企业也不可能用几百万美元去雇佣数量经济学家来研究成千种产品的价格弹性。诺贝尔经济学奖的获得者赫伯特·西蒙(Herbert Simon)曾提出有限理性(bounded rationality)的问题。也就是说,企业和消费者通常不会为了追求最好的决策而浪费资源。在某些情况下,运用拍脑袋(rules of thumb)原则或简单决策原则是最为经济的决策方法。企业通常是根据一种产品的平均成本加一个固定的比例来定价。这样成本加成定价成了普遍存在的一种很适用的经济原则。

要素需求与消费品需求的主要差别是:第一,要素需求是派生需求;第二,要素需求是互相依赖的需求。普通消费者的需求与企业作为投入品的需求之间有着本质差别:消费者需要最终产品或消费品以直接满足其对快乐或效用的需求,企业则是要获得最终产品和相应的收入。在不同的消费阶段,为获得满足所需要的投入组合会不同。企业的投入需求是由消费者对其最终产品的需求间接地派生而来的,因此生产要素需求被称为派生需求(derived demand)。生产需要集体努力,因此与要素需求互相依赖。劳动生产率取决于能够与之相匹配的要素的数量。

(8) 不完全竞争

经济学家通常把不完全竞争市场划分为三种类型：垄断、寡头和垄断竞争。完全控制某一行业的单一卖者就是垄断者（monopoly）。亚当·斯密在他的《国富论》中说：垄断者通过保持市场存货的不足以远远高于正常的价格出售他们的产品，从而增大企业的回报。当一个垄断企业的边际收益等于它的边际成本时，便达到了最大化的价格和产量。边际效益（MR：marginal revenue）指的是当销售增加一单位时，收益发生的变化。边际收益可以为正，也可以为负。它是由两个相邻产量的总收益相减而得出的。在目前，完全垄断是比较罕见的。许多典型的垄断案例仅存在于受政府保护的产业，比如说获得专利就能够在一定时间内拥有垄断权，获得公共事业的特许经营权也属此类。即使是一个垄断者，他也不得不关注那些潜在的竞争者。在长时期内，没有一位垄断者能够使自己免受竞争的冲击。寡头（oligopoly）市场的重要特征是每个寡头都能影响市场价格，容易导致价格大战。寡头产业在美国是普遍存在的。寡头市场的不完全竞争，往往是最为激烈的竞争。寡头间的对抗（rivalry）包含了许多提高利润和占有市场的行为。它通过广告刺激需求，降低价格吸引业务，并通过研制新产品以提高产品质量。如果市场上只存在两家竞争着的企业，一个企业为了占领市场而把价格降到成本以下，而一家企业则保持正常的价格，只要后者能够坚持住，前者就是在进行慢性自杀。垄断竞争（monopolistic competition）指的是在一个产业中有许多卖者生产具有差别的产品（differentiated products），其中任何一个卖者都没有太大的市场份额。地理位置是产品差别的重要来源之一，它能够导致购买时间和经济成本的差异。质量也是产品差别的重要来源，产品广告主要就是用来说明产品差异的。

垄断、寡头和垄断竞争是不完全竞争的主要类型。一个能够明显地影响其产品的市场价格的企业就是一个不完全竞争者。在不完全竞争（imperfect competition）的情况下，并不是说不完全竞争者对产品的价格具有绝对的控制力。如果价格低到成本水平之下，企业就无法生存，而且在有的行业，垄断力量的强度很小。在既定的技术条件下，与完全竞争相比，不完全竞争的价格较高而产量较低。虽然不完全竞争存在着缺点，但大企业能够利用规模优势，负责大部分的技术创新，并长期推动经济的发展。市场不完全竞争的根源在于：第一，规模效益降低了成本，较大的企业在成本上比小企业具有一定的优势，使得一个产业中的竞争者越来越少，因为小企业只能以低于成本的价格销售而无法生存；第二，当出现了进入壁垒（barriers to entry），新企业很难加入某一行业，其中主要包括法律限制、进入的高成本、广告和产品差异等。

市场力量（market power）指的是单个企业或少数企业控制某个产品的价格和生产决策的过程，其中最常用的衡量指标是一个产业的集中率。四企业集中率（four-firm concentration ratio）指的是四家最大的厂商在某个产业的总产量中所占的百分比，主要表现为市场份额。要注意的是，传统的市场份额统计的只是国内生产而忽略了来自其他产业的竞争等因素。当某一市场上仅有少数几个企业时，它们必然会意识到它们之间的相互依赖性，从而进行策略互动（strategic interaction）。经济学家很关注不完全竞争产业的情况，主要是这些产业的行为往往对公众利益是有害的。不完全竞争的价格通常是高于边际成本的。没有竞争的刺激，服务质量就会下降。大众是不欢迎高价格和低质量的。人们通常认为高价格常常能够给寡头产业带来异乎寻常的利润。但进一步的研究表明，集中行业的利润率比非集中行业高不了多少，主要原因之一是大企业负担了绝大部分的研发和创新费用。

在不完全竞争中，存在着三种重要的情况：寡头勾结、垄断竞争和少数寡头。亚当·斯密说，做同样生意的人是很少相聚的，在一些人想提价时，谈话就终止了，这就是一种竞争。一个市场的不完全竞争的程度不仅取决于企业的数量和规模，还取决于企业的行为。当市场上企业数量不多时，它们对竞争对手的行为和反应会比较关注。当一家企业提价时，其他企业需要决定是与对方一起提价还是保持低价位以排挤对方。它们可以在合作（cooperative）和不合作（noncooperative）之间作出选择。当企业没有公开或暗中勾结其他企业时，它们就是在以非合作的方式相处，可能造成价格大战。当两个或更多的企业共同确定它们的价格或产量以瓜分市场，或共同制订其他生产决策时，它们就是在相互勾结（collusion）。在美国还没有反托拉斯法的时候，寡头们往往合并或形成一个托拉斯或卡特尔。卡特尔（cartel）指的是生产类似产品的独立企业联合起来以提高价格和限制产量的一种组织，目前这种做法在大多数国家是非法的。当企业不想公开用协议来避免竞争时，就会在暗中进行勾结。他们往往会把价格定在相近的水平上，抬高利润和降低营业风险，当勾结成功时会赢得很高的报酬。尽管通过勾结可以获得高利润，但是在现实中存在着影响有效勾结的因素：第一，勾结是非法的；第二，存在着秘密降价的可能；第三，不仅面临国内企业的竞争，而且还要迎接外国企业的激烈挑战。很难找到一个一直持续到今天的成功的卡特尔的例子，不管是公开的还是秘密的。

与寡头勾结相反的另一个极端是垄断竞争（monopolistic competition）。垄断竞争与完全竞争的相似之处在于：市场上有许多买者和卖者；进入和退出某一产业是自由的；各企业都把其他企业的价格视为既定。二者之间的差别主要在于：在完全竞争的条件下，产品是完全相同的；而在垄断竞争的条件下，产品是有差别的，而且尽管产品和服务有差别，但它们的相似性仍足以在它们之间形成竞争。垄断竞争是非常普遍的。产品差异性的存在还意味着每个销售者相对于完全竞争市场来说，在某种程度上有提高或降低价格的自由。另外价格歧视也是一种竞争方式。价格歧视（price discrimination）指的是把同样的产品以不同的价格卖给不同的顾客。比如说，给新顾客的价格要比给老顾客的优惠。价格歧视在今天已经被广泛地使用，尤其是针对那些不容易从低价市场转移到高价市场的产品。

3. 独白：精神价值

在以上两节里，笔者研究了西方微观经济学的发展状况和萨缪尔森《经济学》教科书的核心原理。在市场研究方面，西方微观经济学无疑是处于优势地位的，有不少可以借鉴和学习的地方。但是笔者认为这种微观经济学对中国不完全适用，因为其中包含着对中国传统伦理道德观念的冲击。中国是个很注重传统伦理道德的民族，这种传统在未来不仅不可能被消灭，而且还会被加强。从国际政治的角度来看，中国正在讨论中国的崛起。而一个完全西化了的中国，就是一个没有民族性的中国。一个没有民族性的中国，一个已经被西方从文化上消灭了的民族，又如何谈论这个民族的崛起呢？为此笔者认为应该从公共利益和公益潜能的最大发挥的角度来分析和吸收西方微观经济学，提出一种适合中国的传统伦理道德价值观念生存的分析和吸收西方微观经济学的思路，从而把一种精神价值注入市场体系。在下文中，笔者将对本章第二节谈到的萨缪尔森的《经济学》的核心原理进行系统分析和吸收。

（1）基本概念分析

萨缪尔森使用的基本概念主要包括稀缺和效率、投入和产出、生产可能性边界。他说的稀缺是对于需求而言的，也就是说，当没有需求的时候，稀缺程度为零。而当需求无限的时候，稀缺程度也是无限的。如果每个人的私有欲望都被刺激得无限大，如果每个人都希望拥有一个自己的宇宙，那产品的稀缺就将是无限的。稀缺感是一种欲望没有得到满足的感觉，如果一种欲望注定就无法得到满足，它的存在创造的就是人的痛苦。当一个社会倡导的是无边无际的利益最大化，人的欲望就会失去控制，人会变成欲壑难填的动物，这个时候稀缺程度就会变得无限大，人也会因此变得无限痛苦。所以这种经济学在创造物质财富的同时，会创造出人的无限痛苦。难怪萨缪尔森说，目前利润最大的行业是制造治疗狂躁和抑郁患者的药物的行业，而这些精神病人在很大程度上就是他所倡导的经济学理论产生的副产品。

笔者认为不应该从个人需求，而应该从社会需求的角度来看资源稀缺。人类目前拥有的只是那么一个地球，地球上的自然资源是有限的，不少自然资源都是要在很长时间后才能再生。人消耗了多少，就意味着这些资源少了多少。人类不仅应该考虑到当代人的需求，还应该考虑到子孙后代的需求。人类不应该以断子绝孙的方式去追求当前的发展，一个国家不应该追求以自然资源的消耗为代价的利益最大化的发展。如果一个国家在最大限度地把祖先留下的自然资源廉价变卖为货币，再用这些货币来提高当代人的物质生活水平，那么这个国家表面上是富裕了，实际上比以前更穷，因为家底儿没有了，这是一种卖血式的发展。自然资源出卖得越多，表面上看上去越富裕，实际上越衰竭。当一个国家确实需要资金来发展的时候，适当卖些自然资源是无可非议的，而如果这些资源被卖了后，资金不是用来发展高科技和教育，而是用来高消费，那就不应该了。

萨缪尔森认为，效率是指最有效地使用社会资源来满足人的愿望和需要。笔者认为当人的愿望和需要是无限的时候，无论如何分配社会资源，都无法满足人的愿望和需要，为了节省短缺的资源，应该让人们节制欲望。稀缺程度等于资源除以欲望。降低欲望就可以缓解稀缺程度，从而更容易创造出人的满足感。一个很有满足感的人，通常是不会得精神病的，因为人越有满足感，就越体会不到痛苦。有的现代人活得可能比原始人还痛苦，是因为尽管他们的物质财富比原始人多，可他们的欲望比原始人要大得多，而追求利益最大化就是把人的欲望变成无限大的根源。如果用人的公益潜能发挥的最大化来替代对利益最大化的追求，使人的物质欲望得到节制，把人的大部分的能量集中起来创造一个社会的精神财富上，人就会感觉幸福和充实得多。个人应该发挥自己的潜能去最大限度地节省自然资源，最大限度地为社会创造精神财富。如果人把目光从自己的获得转向对社会贡献，个人更容易被社会承认，从而更容易得到社会的赞扬，也使自己能够肯定自己的价值，从而获得一种精神幸福。从最根本的意义上说，人获得幸福和开心就是赚了，获得痛苦和难受就是赔了。

萨缪尔森在讨论生产可能性边界时认为，当存在着未利用的资源时，社会就处于无效率状态，有很多自然资源都没有被利用。如果那是说明社会无效率，这种无效率对于后代来说却是件好事。而且当某种产品的生产能力超过了人们的需求时，不应该从生产可能性来看效率，而是应该看人们的合理需求是否得到满足。当社会的合理需求得到满足时，即便有更大的生产能力，也应该缩减生产规模。一种资源节约型的社会，不是要最大限度地刺激人的需求，而是要使人的欲望有所节制。目前的服装生产，因为引入了时尚而存在着很大的浪费。不少服装都不是因为没有使用价值，而是因为不符合时尚而被淘汰。从社会的角度上看，这就是在浪费资源。在这种社会中，有的人活着就是在比谁更富裕，比谁更时尚，比谁更能享受到感官快乐，比谁更有面子。在这种比较中，产生了不少浪费现象和不少精神病人，每个精神病人都在消耗着劳力，他们给自己带来痛苦，也使周围的人不得安宁。萨缪尔森说到的投入和产出的问题，将在下文中谈到。

（2）市场机制分析

萨缪尔森在分析市场机制时，主要讨论了买方、卖方和价格。在这点上，无论一个社会是鼓励追求利益最大化还是追求公益潜能的发挥，只要是采用了市场机制，其基本原理都是一样的。买方和卖方通过一定的价格来交换劳动，这就是市场。市场的优点在于大量的商品能够在市场上进行交换，买方的需求比较容易得到满足。买方通常不会出现拿着钱买不到自己需要的商品的状况。在某一价格水平上，当买者所愿意购买的数量正好与卖者愿意出售的数量相等，就实现了市场均衡。在这种情况下，市场就最有效地配置了资源。而现实的市场通常是无法实现均衡的，其主要原因在于：第一，卖方很难确切地知道有多少买主。卖方总是根据自己估计的数量来进行生产，他可能生产出过多的商品，也可能生产出不足的商品，很难恰好生产出所需要的数量。第二，有的产品生产周期比较长。卖方通常是根据目前的市场状况来预测未来的买主的数量，而在生产周期完成的时候，很多因素都可能导致买主改变主意。第三，有的商品需要远距离运送。在运送的时候，也许那种商品是紧缺的，而当运送到的时候，也许那种商品的市场已经饱和。第四，信息技术的发展，使人们更容易订货,但是人们更愿意买自己看到的合意的商品,而且还有现买现得的习惯,不愿意等待一段时间再取货。这种习惯使得厂家要生产出产品后,摆到架上供买主挑选。这样就存在着买主需要某种商品,但是看不上卖主所卖的这种商品的情况。当代社会主要是供过于求的市场,通常存在着生产过剩的情况,这就是投资风险。而观察价格变动,最能预知市场状况。当某种商品供不应求时,厂家就可能会涨价或总是缺货,这里就可能存在生产机遇。当厂家卖不出商品了,他为了回收资金,不得不降价,这就是生产过剩的信号。当很多重要商品同时生产过剩时,经济危机就不可避免。因此一个企业家必须具有承担投资风险的勇气和耐力。

(3) 供求规律分析

萨缪尔森认为,尽管市场背后也隐藏着规律——供给与需求规律,但市场仍类似于天气,总是变化莫测。笔者赞同他对于市场的供求规律的分析,但是笔者认为应该从公益潜能的最大发挥的角度来构造出一种比较稳定的精神价值评价体系,以便对市场的变化莫测导致的价值评价体系的紊乱进行修正。市场分配有合理的一面,也有不合理的一面。从合理的方面来说,它能够使人们的需求快速地得到满足。人们的长期需求能够以一种比较稳定的方式得到满足,人们的瞬间需求也能够以一种时尚和热销的方式得到满足。但是市场分配也有不合理的一面:

a. 稀缺问题

在市场上,只有稀缺的东西才有价值。不稀缺的东西即便很重要,也没有价值。空气对于人是至关重要的,而空气因为不稀缺而没有市场价值。人才对社会是重要的,而在某个特定的地方可能出现过剩的情况,使人才在某个地方没有价值。某个电影演员，在某个时期是市场需要的，于是火爆登场，过一段时间，市场不再需要他，他便像一件过时了的衣服，被扔到了一边。市场就是这么捉弄人。它使人一会儿因为市场的需要而感到自己很了不起，而一会儿又因为被市场抛弃而感到自己一钱不值。如果一个社会没有一种稳定的精神价值体系来对人进行一种比较稳定的评价，人就会生活在精神世界的混乱之中，根据市场对自己的热冷态度来体会世态的炎凉。

b. 机遇问题

市场的机遇有的时候可能会因为某种原因而突然产生对一种产品的巨大需求，而这种需求就会创造出暴发户；而市场也可能因为某种原因而突然不需要某种商品，从而使这个产品的经营者负债累累。这个时候的经营者，就像是正好站在了某个地方。如果这个地方的天上在掉馅饼，他就正好接到了馅饼；如果这个地方的天上正在掉炸弹，他就正好成了牺牲品。因此对于在市场中成功的人要进行分析，不能一味模仿。在有的市场上，经营者可能是同样努力、同样优秀，有的人在恰好的时候和恰好的地方提供了恰好的产品，这个人就是成功者。而失败者可能比成功者还要优秀，但是没有得到机遇，因此失败了。有的人因为看不到自己成为机遇的幸运儿，把自己看成了不得的企业家，结果以同样的方式投资，可能不仅没有再挣到钱，而且把原来的钱也赔进去了。另外，机遇对于娱乐界的人来说具有非常重要的作用。有的人在技艺上很优秀，但是一辈子没有机遇，也成功不了，这是个风险很大的市场。有那么多人在这里追求成名，而只有少数人具有暴发的可能性。大多数人不仅没有暴发，可能就连最基本的生存条件也保持不了，因为他们在追求成名的同时，失去了发展自己的其他技能的机会。这种冒险的结果是有的人大富大贵，其收益是许多其他行业无法比拟的，而有的人则一无所有，其悲惨境地也是从事许多其他行业的人体会不到的。

c. **人品问题**

应该注意成功的企业家的人格特征。企业家的成功主要来自经营者在管理上的成功和抓住了机遇，可能与他小时候总旷课没有什么必然联系。不能在一个人成功后就把他身上具有的一切特征都进行正面评价。如果是因为他身上的负面特征而成功的，那这种成功不是社会应该鼓励的。中国在从计划经济到市场经济的转轨时期，由于那个时候是卖方市场，因此卖什么都赚钱，并不需要特别的管理，他们是有好运的人。那个时候有的奸商通过与腐败的政府官员勾结，只要弄到物资就能赚钱，由此产生了一批受社会鄙视的大款。这些人不仅没有优秀企业家的品质，而且具有一般人不具有的卑鄙的人格。这些人不是社会的楷模，而是社会转型时期出现的投机者。中国古代有君子儒与小人儒之分。这两种儒可能都是成功的，但是君子儒的风格是社会赞扬的对象，而小人儒则是社会鄙视的对象。在企业家中也有君子企业家与小人企业家之分，他们可能都以成功的方式在市场中生存着。而君子企业家应该是社会赞扬的对象，而小人企业家无论多么成功都应该是社会鄙视的对象。

由于如上情况的存在，一个社会不应该以市场分配体系来评价人的价值，也不能以一个人是否能够在市场上挣大钱来评价个人的价值。社会应该以个人对社会的贡献来评价人的价值。有的工作挣不了大钱，但是他们却给社会带来了很舒适的生活环境，比如说清洁工人。他们的劳动是值得全社会尊重的。有的劳动难度很大，但工资比较低，比如说处于前沿阵地的科研人员。他们的劳动难以得到市场的认可，但是他们对社会的贡献是很大的。而且中国有不少的科研人员的研究对象具有纯学术的性质，这是与中国的科研发展状况有关系的。比如说中国哲学界对于西方形而上理论的研究，这种研究在西方学界是很重要的，因为这与证明上帝存在与否是有关系的，而上帝问题在西方社会是非常重要的，因此这种研究在西方不仅是种学术研究，也是为现实服务的研究。而中国的主流社会并没有证明上帝存在与否的需求，因此这些人的研究对于中国的主流社会不可能具有现实意义，因此这些研究就只有纯学术的意义，但对于学科的完善来说是很重要的。社会的价值评价体系应该建立在比优的基础上。比优主要比的是个人对社会的贡献和个人工作的难度，而不是比个人被市场以金钱的方式接受的程度。这是笔者在宏观经济理论分析部分将要谈到的对个人的市场收入进行再分配的主要依据。

（4）其他分析

萨缪尔森还谈到了边际效用、利润最大化、成本和利润、企业的组织结构和不完全竞争问题。笔者认为应该对边际效用问题加以注意，因为这是个很容易被人忽略的问题。形象地说，一个人有四个同样的包子。他吃第一个包子的时候是他最饿的时候，他能够得到最大的满足感。吃第二个包子的时候，他已经不是那么饿了，所以得到的满足感没有第一个包子那么大。吃第三个包子的时候，他已经基本上饱了，因此得到的满足感没有第二个包子大。等他吃完第三个包子的时候，他正好饱了，不想再吃了。这个时候包子给他带来的满足感为零。如果再逼迫他吃第四个包子，他将不再有满足感，而是有痛苦感了。因此包子是一样的，但是根据每个包子被吃的顺序来看，每个包子对人的效用是不一样的。这个时候，最好采用他所不欲，勿施于他的原则，这样不会惹他烦。边际效用研究的就是包子因为吃的顺序不同而具有的不同效用。同样的商品就和围棋的棋子一样。不在棋盘上的棋子都是一样的，而在放在棋盘里的棋子中，有的棋子就比别的棋子要重要得多。当一个企业的产品卖得一直很顺利,而卖到某件商品时却再卖不动了。如果其他条件没有改变,这件商品标志的就是市场的饱和点。

在企业追求利润最大化和成本与利润的核算方面,笔者不赞同萨缪尔森的观点。笔者认为企业追求的应该是生存和发展,而不是利润最大化。一个企业能否生存和发展,并不完全取决于资金的数量。企业没有资金是不行的,而有资金的企业不一定能够生存和发展。如果一个企业的商品或服务是顾客需要的,企业多挣点与少挣点,并不影响其生存和发展。如果一个企业没有提供顾客需要的商品或服务,这个企业就谈不上追求利润最大化的问题。而且有的企业可能就因为精打细算而不够大度,该退给顾客的钱不退,该发给员工的钱不发,因此而失去了顾客和员工,结果使企业不仅无法发展,而且连生存也成了问题。而且一个追求利润最大化的企业,可能具有一个追求利润最大化的管理人员。这个追求利润最大化的人,可能是个非常自私的人。这个自私的人可能会在一切方面追求自我的利润最大化。

目前由于在生产和商业方面具有复杂性,使外部监管和外人的监管都有很大的难度。真正能够监管自己的是自己的灵魂。在同样的公司监管制度下,有的公司管理者能够清清白白地生存着,而有的公司管理者则很龌龊。这种区别不是外部监管的区别,而是管理者在人格上的区别。一个淡泊名利而追求人的公益潜能最大发挥的企业家,他很注重自己的道德品行,因为不道德的行为会给他自己带来痛苦。在金钱和口碑之间,他更看重好的口碑。这样的人在为人处世时,不怕自己吃亏,而怕别人吃亏。一个人不能指望吃了自己的亏的人会说自己的好话。会说自己的好话的人,通常是自己不仅没有让他吃亏,而且可能还吃了他的亏的人。爱吃亏的人容易得到别人的信任,因此更能够建立起稳固的合作关系。耍小聪明的人爱算小账，但可能算来算去算计了自己，因为他可能把机会给算没了。而一个有大智慧的人，很可能就是在吃亏的过程中发展壮大的。不过同样是吃亏的人，心态不一样，可能会产生不同的后果。有的人吃了亏耿耿于怀，心情不舒畅，到老死那一刻还记得谁没有还他的钱。这种人并不是真正能吃亏的人。在利益冲突面前，别人明知道自己不是因为傻，而是因为善意而自讨亏吃。自己吃了这样的亏还感觉开心的人，那才是真正能吃亏的人。而占了便宜的人，因为知道对方吃了亏，而可能会感觉内疚，从而可能再回来补偿。这样一来一往，信任关系就建立起来了。被别人算计的人，可能是首先算计了别人的人。

如果一个企业有质量好和顾客接受的商品和服务，企业管理者能为每位员工提供其公益潜能得到最大的发挥的职位，能够尊重每位员工的劳动，能够根据每位员工的贡献来付给报酬，让员工感觉到多得报酬的人是应该得的，如果自己做得同样好自己也能够得同样的报酬，那么虽然这样的公司是按等级组织起来的，但是互相之间是服气的。员工们在企业中能够感到舒心，他们就会发挥自己的积极性来最大限度地为公司服务。而且如果一个公司在社会上的名声好，员工除了能够享受企业带来的效益以外，还能够享受到来自社会的尊重。社会不是因为他们有更多的钱而尊重他们，而是因为他们的企业对社会有很大的贡献，因此来尊重他们的员工。萨缪尔森也看到了企业在大多数情况下并不是按照利润最大化的原则来定价的，因此他承认企业通常是根据一种产品的平均成本加一个固定的比例来定价，这样的成本加定价成了一种普遍存在的很适用的经济原则。

从企业的组织结构来看，大公司通常是股份制公司。这种公司的所有权和经营权是分离的。这种公司存在的问题与国有企业存在的问题是一样的,就是如何防止企业的管理者谋求私利。外部监管能起作用,但是真正最起作用的还是管理者的人品。如果一个管理者的人品差,他总是会找到机会钻空子的。他就是得不到大便宜,小便宜也是要占的。如果社会假设每个社会成员都是追求利益最大化的,他们就更能够感到心安理得,因为他们会感到别人不贪是因为没有贪的机会,而所有人在他们的位置上都会同样地贪。一个国家只有在道德教育和外部监管都能够很好地发挥作用的时候,才能够有效地防范这种不良现象。不完全竞争现象,主要是集中在价格垄断问题上。这个问题主要是要通过国家的宏观调控来解决。

第5章 宏观经济理论分析

本书研究的是国际经济中的伦理风险,而国际经济学常常被人们视为微观和宏观经济学在国际经济范围内的应用和发挥①。在上一章中,笔者对西方的微观经济学进行了分析,并提出了中国应该建立一种以追求公益潜能的最大发挥为基础的微观经济伦理的研究思路,而这种经济伦理必须有宏观经济方面的保证才能够有效地实施。本章说明了西方宏观经济学的发展状况,并把萨缪尔森的宏观经济理论作为分析对象,在此基础上提出了中国应该采用的宏观经济伦理的研究思路。

1. 发展状况

(1) 发展脉络

西方宏观经济学研究的是经济的总体运行。西方宏观经济学与西方微观经济学共同构成了西方经济学的核心②。西方经济学的发展经历了新古典微观经济学、凯恩斯宏观经济学、新古典综

---

① 陈宪、石士钧、陈信华、董有德编著:《国际经济学教程》,立信会计出版社2003年版,前言,第1页。

② [美]保罗·萨缪尔森、威廉·诺德豪斯:《经济学》,萧琛主译,人民邮电出版社2004年版,第2页。

合、新古典宏观经济学尤其是新凯恩斯主义经济学等发展阶段。在西方经济学的早期发展阶段，微观分析与宏观分析经常混在一起，没有明确的划分。19世纪70年代，在边际革命中，微观经济学取得了独立的地位，并经马歇尔的大综合而形成了一个完整的体系。而此时的宏观经济学还只存在着一些碎片，只有货币数量论比较系统。1936年，凯恩斯的《就业利息和货币通论》出版，宣告了西方现代宏观经济学的诞生。他的书从理论、方法和政策三个方面对新古典经济学进行了革命，建立了宏观经济学的基本体系。随着凯恩斯的理论被命名为宏观经济学，新古典经济学开始以微观经济学的新名称出现，经济学裂变为微观经济学和宏观经济学两个相对独立的学科。微观经济学的研究对象是单个经济主体（居民户和厂商）的最优行为和单个市场的价格决定，使用的是个量分析方法；宏观经济学的研究对象是国民收入和国民经济的运行，使用的是总量分析方法。凯恩斯没有自己的微观经济学理论，他认为人类行为不能依赖于严格的数学预期，因为这种计算的基础并不存在[1]。这样就出现了如何把微观经济学与宏观经济学结合起来，建立起统一的微观宏观经济学体系的问题[2]。

　　萨缪尔森将凯恩斯的宏观经济学[3]与马歇尔[4]为代表的传统微观经济学结合起来，形成了新古典综合理论体系。但是他只是

---

[1] 汪浩瀚：《不确定性理论与现代宏观经济学的演进》，《经济评论》2003年第1期，第82页。

[2] 宋春艳、周晓梅：《"两个剑桥之争"与宏观微观经济学结合问题》，《税务与经济》1997年第4期，第45页。

[3] 龚刚：《宏观经济学：中国经济的视角》，清华大学出版社2005年版，第91页。

[4] 谭崇台主编：《西方经济发展思想史》，武汉大学出版社1995年版，第289页。

将宏观经济理论和微观经济理论进行了简单的堆砌，二者之间缺乏内在的一致性和相容性。他认为当经济社会的资源未能得到充分利用时，宏观理论发生作用；而当社会资源得到充分利用时，微观理论发生作用，因此宏观分析和微观分析仍然处于隔离状态。当代西方主流宏观经济学力图为宏观经济理论构建微观基础，从微观个体行为来解释宏观经济现象。这一工作从新古典综合派开始，此后新凯恩斯主义也加入其中，目前成了宏观经济学的主要思路，其中以新古典主义和新凯恩斯主义的成就最为显著。这两个学派都强调以个人行为为基础来解释宏观经济结果，因为是个人的选择导致了宏观经济结果，而且它们还一致同意，个人的行为是理性的，即人们在从事经济活动时会进行准确的成本收益计算，力争以一定的成本获得最佳回报。当前西方主流宏观经济学以新古典宏观经济理论和新凯恩斯主义为主，而这两大理论体系在研究方法和理论上都有融合的趋势，它们都在为宏观经济学构建微观基础[1]。

在凯恩斯的宏观经济学[2]中，宏观行为或总量规律不是由微观行为推导出来的。其中微观经济主体的行为是理性的，而主体行为的结果汇总构成的宏观总体的行为却是非理性的，经济人在宏观经济层面上不追求利益最大化。新古典宏观经济学明确地将微观经济理论作为宏观经济理论分析的基础。新古典宏观经济学对凯恩斯经济学缺乏微观基础的攻击以及现实经济中的"滞胀"问题，在20世纪80年代促生了以曼昆、布兰查特、斯蒂格利茨等人为代表的新凯恩斯主义学派，他们构造了宏观经济学的微观

---

[1] 黄树人：《当前主流宏观经济学的基本特征：新古典主义与新凯恩斯主义比较的启示》，《经济评论》2002年第6期，第72页。

[2] 梁东黎编著：《宏观经济学》，南京大学出版社2004年版，第52—54页。

基础，也导致了宏观经济学与微观经济学的一体化趋势。由于工资和价格刚性往往被视为凯恩斯主义经济学的主题，因此新凯恩斯主义把对工资和价格刚性的微观经济分析作为其宏观经济学的微观基础的主要内容[①]。

后凯恩斯学派是凯恩斯、哈罗德和卡莱茨基的理论的联姻。琼·罗宾逊在其《资本积累论》一书中把这三种理论综合为一个整体，开创了后凯恩斯学派，其主要代表人物还有卡尔多、斯拉法、帕西尼蒂、艾克纳、克雷格尔和哈科特等人。后凯恩斯学派认为，新古典综合并没有真正实现微观经济学与宏观经济学的结合，而且凯恩斯的宏观经济学的基本逻辑被抛弃了[②]，新古典微观经济学也不能作为凯恩斯宏观经济学的微观基础。20世纪70年代中期以来，后凯恩斯学派的发展经历了从破到立的转变，出现了系统阐述该学派的理论体系的著作，如琼·罗宾逊等人的《现代经济学导论》和A.艾克纳的《发达市场经济的宏观动态学》，其理论体系是以投资率为中心的价值理论和分配理论。在微观的一端，投资率决定了价格水平；而在宏观一端，投资率则规定了增长速度和收入分配的相对份额[③]。

新古典主义又称为新古典宏观经济学（New Classical Macro-economics），是20世纪70年代初发展起来的一个重要学派，有时被称为理性预期宏观经济学或宏观经济学的均衡方法，主要代表人物有卢卡斯、萨金特、巴罗和华莱士。与新凯恩斯主义一

[①] 赵红：《对宏观经济学与微观经济学一体化趋势的思考》，《山东财经学院学报》2001年第2期，第17页。
[②] 保罗·戴维森：《后凯恩斯经济学》，载丹尼尔·贝尔等编《经济理论的危机》，上海译文出版社1985年版，第202页。
[③] 宋春艳、周晓梅：《"两个剑桥之争"与宏观微观经济学结合问题》，《税务与经济》1997年第4期，第47、49页。

样，都是研究宏观经济学的，是宏观经济学中的两个主要学派。他们都认为应该从微观角度来探讨失业问题和是否需要政府干预；它们都涉及个人的理性行为，而且都强调其中预期起着非常重要的作用[1]。新古典宏观经济学因提出理性预期（Rational Expectation）而曾被称为理性预期学派，而 20 世纪 80 年代该学派有了重大的发展，原来的名称不能体现该学派的全部特色，西方学者将其称为新古典宏观经济学。新古典宏观经济学充实和发展了现代宏观经济学，产生了不可低估的影响[2]。新兴古典经济学则运用超边际分析（inframarginal analysis）的方法，将现代经济理论进行重新组织，去掉了新古典微观经济学中的消费者与生产者相分离的假定，用专业化经济的概念替代了规模经济的概念，并使宏观经济学与微观经济学不再相互割裂[3]。

（2）两大学派[4]

新凯恩斯主义[5]与新古典宏观经济学在预期上都接受了理性预期理论[6]，分别摈弃了传统凯恩斯主义的非理性预期理论和新古典主义的完全预见理论，同时它们又各自继承了传统的凯恩斯主义的价格刚性和新古典主义的价格灵活性假设。理性预期是现

---

[1] 黄树人：《当前主流宏观经济学的基本特征：新古典主义与新凯恩斯主义比较的启示》，《经济评论》2002 年第 6 期，第 72 页。

[2] 王廷惠：《新古典宏观经济学述评》，《南京社会科学》2001 年第 9 期，第 11、12 页。

[3] 杨小凯、张永生：《新兴古典经济学与超边际分析》，社会科学文献出版社 2003 年版，第 14 页。

[4] 黄树人：《当前主流宏观经济学的基本特征：新古典主义与新凯恩斯主义比较的启示》，《经济评论》2002 年第 6 期，第 72—77 页。

[5] 卜海、姚海明、华桂宏主编：《宏观经济学》，东南大学出版社 2005 年版，第 4—5 页。

[6] 段进朋主编：《宏观经济学》，中国政法大学出版社 2005 年版，第 390 页。

代宏观经济理论体系最重要的基石之一，其中集中体现了现代宏观经济学的特点：个人行为的理性、预期的内生性、个体行为在宏观经济活动中的重要性、公众与政府的博弈。当约翰·穆思提出这种思想时，他的理论是纯粹技术性的。这种理论认为决策者在决策时必须考虑一些关键的经济变量。如果说决策者在预测时满足了下面一些特点，他的预期就是理性的：第一，尽量收集相关信息，并对这些信息进行最有效的处理；第二，像经济学家一样知道各种变量之间的内在联系；第三，他的决策是根据自己的预期进行的。如果他采用了这种方法，他的预期就会是一种无偏估计。也就是说，从长远看来，他的预期是正确的。预期也可能出现失误，但这种失误与不确定性有关，是由于缺乏信息导致的，是随机的。换言之，理性预期不一定总是正确的，但平均来看是正确的。在预期失误时，人们会调整自己的预期方式。这就是强式理性预期，其特点是假设个人与政府拥有同样的信息与知识。在弱式理性预期中，其假设前提是信息是不完整的，这样的预期会出现失误。

虽然两大学派都认可理性预期思想，也使用同样的分析方法，但是新古典经济学和新凯恩斯主义的结论则迥然不同，其分歧的关键是价格是刚性的还是能够灵活调整的。新古典宏观经济学的出发点是：市场是完善的和完全竞争的，各种价格都可以迅速充分地调整，因此总需求的波动就不再会导致经济衰退和失业。在理性预期的作用下，人们会以价格的调整而不是产量或就业的调整来应付总需求的冲击。不过，如果总需求下降的冲击是意外的，人们没有预期到，经济就会陷于衰退。新凯恩斯主义认为，如果价格和工资具有刚性，不可能在短期内迅速调整，结论就会反过来。微观市场是一个不完全市场，完全竞争和充分的灵活性只是理论上的假设，因为存在着协调不灵的问题。价格刚性可能是因为价格的调整存在成本导致的。因此，人们不是以价格的调整，而是以产量或就业的调整来应付总需求的冲击。在工资与价格不能调整的情况下，经济就只能以产量下降和失业增加来应付外在冲击。这就是传统的凯恩斯主义论证持久失业的主要依据。新凯恩斯主义继承了传统凯恩斯主义的理论，并赋予了其微观基础，使价格刚性的命题更有说服力。他们指出，价格刚性并不是被迫的，而是人们主动选择的，是一种理性行为。价格的调整需要成本，而当价格调整的好处低于成本时，人们宁愿保持价格的刚性，这是追求利益最大化的行为。

无论是新凯恩斯主义还是新古典主义宏观经济学，都广泛应用了信息经济学和博弈论的分析方法。新古典主义宏观经济学较多地关注稳定性经济政策的效果，并从微观的角度分析个人与政府的博弈。政策制定者对预先宣布的政策的偏离会招致私人部门后来的报复，因此政府的最佳策略是从头就信守承诺。而在政府有任期的情况下，政府会选择在短期内偏离长期最优政策的做法。两个学派都利用了信息经济学的理论，都承认信息的不完全性，但是新古典主义宏观经济学认为信息是均匀分布的，即个人掌握的信息几乎没有什么区别；而新凯恩斯主义认为信息并非是均匀分布的，而是不对称的。交易双方拥有的信息量是不一样的，政府与个人占有的信息也不一样。由于信息不对称导致的逆向选择和道德风险也是导致市场失灵的重要原因。

两大学派在微观和宏观经济学的观点上的差异，导致了他们在政策主张上的差异：第一，稳定性政策是否必要。新古典宏观经济学认为市场是完全竞争的，个人行为是理性的，价格调整是充分的，预期是理性预期，因此经济总是处于充分就业的均衡状态，从而政府的稳定性政策是没有必要的。而新凯恩斯主义认为，虽然预期是理性的，但价格与工资的调整是不完全的，因此当失业发生和产量降低时，政府就有必要对经济进行干预。第二，稳定性政策是否可行。新古典主义宏观经济学认为，即便需要稳定性的政策，也不意味着它就是可行的。由于信息不完全，政府的预期也会出现失误。政府不可能事先预见到宏观经济的随机波动，而事后也没有必要采取行为，因为当个人也意识到的时候，就可以靠私人去调节。而新凯恩斯主义反驳说，信息不仅是不完全的，而且是不对称的。政府有能力拥有比私人更多的信息与知识。由政府扩散信息给个人会招致很高的成本，因此不如政府采取行动更为有效①。第三，稳定性政策是否有效。新古典主义认为稳定性政策只会影响价格水平，而影响不了产量与就业。新凯恩斯主义则认为政府对市场能够产生有效的作用。第四，应该采取什么样的政策。新古典主义认为政府在经济中的作用最好是遵循既定的规则而不是相机抉择，应该为私人经济提供一个稳定的可以预期的政策环境。而新凯恩斯主义则认为，虽然个人是理性的，但私人经济仍然具有内在的不稳定性，政府应该采取相机决策的能动政策。两大学派的思想应该综合起来。新古典主义考虑的是一个短期问题，而新凯恩斯研究的是长期问题，将两者结合起来，就是西方主流宏观经济学的核心理论的一个完整框架。

（3）发展特点

a. 一体化趋势

20世纪70年代以来，西方微观经济学与宏观经济学呈现出明显的一体化的发展趋势。从宏观经济学的发展来看，它呈现出

---

① See Peter Howitt, "Activist monetary policy under rational expectations", *Journal of Political Economy*, vol. 89, 1981, pp. 249—269.

向古典传统复归的趋势,但也提出了不少新的东西,而且修改了古典经济学的一些假设和结论。各国还将市场原则应用于新兴领域,如污染许可证交易等。另外还出现了融合化的趋势。西方宏观经济学各流派之间的分歧正在缩小,流派之间的界限变得模糊起来。目前货币主义与现代新凯恩斯主义的区别主要在于侧重点不同,而非基本信念存在差别。这种融合的另一种表现是宏观经济学与微观经济学的融合。新古典主义宏观经济学家通常从微观基础上来说明宏观经济问题。20世纪中期以来,在西方经济学中,宏观经济学与微观经济学之间的界限越来越不明显。在20世纪30年代以前,新古典经济学在西方经济学中一直居于正统地位,起着支配性作用。它以微观理论为主导,宏观经济学不是一门独立的学科[1],而现在经济学界已逐步认识到,宏观经济行为必须与微观经济学原理结合在一起,只有一套经济学原理,而不是两套[2][3]。

b. 思想与问题

宏观经济思想与经济问题相互影响和相互促进。当经济活动中出现某种新的经济问题时,西方经济学家们通常直接用现有的经济理论来解释;当这种解释不能令人满意或现实向经济学家们提出挑战时,就会出现新旧之争,并由此激发出新的理论或旧的理论被修改。现代宏观经济学之所以产生于20世纪二三十年代,是因为当时的古典经济学在解释当时的英国的长期慢性萧条和影响范围很广的经济大萧条时处处碰壁,这就为凯恩斯的《就业、

---

[1] 赵红:《对宏观经济学与微观经济学一体化趋势的思考》,《山东财经学院学报》2001年第2期,第16页。

[2] 斯蒂格里茨:《经济学》,中国人民大学出版社2000年版,第7页。

[3] 方福前:《20世纪西方宏观经济学发展的特点与趋势》,《教学与研究》2004年第2期,第66—69页。

利息和货币通论》一书的思想体系的产生提供了土壤。20世纪70年代的两次石油危机在发达国家诱发了高通货膨胀，此后又使得美国等发达国家陷入"滞胀"，这就为弗里德曼和卢卡斯等人的反凯恩斯主义思想的形成提供了契机。而各种各样的垄断和市场不完全支配着经济生活，公共部门在经济结构中所占的比例越来越大，政府对经济活动的适度干预与调节是必不可少的，这又为新凯恩斯主义的出现准备了条件。新凯恩斯主义的理论在经济学界得到了支持，其代表人物又成为美国总统的经济顾问委员会主席，如斯蒂格里茨（Joseph E. Stiglitz）和耶伦（Janet L. Yellen）。20世纪下半期以来，经济增长的问题比较突出，于是，导致了经济周期理论的产生和经济增长理论的复兴。

c. **中心转移**

宏观经济学的研究中心由英国转移到了美国。20世纪的宏观经济学产生于英国的剑桥大学，凯恩斯是现代的"宏观经济学之父"。20世纪前半期，英国是宏观经济学的"思想库"和研究中心，出现了一大批著名的经济学家，如希克斯·罗宾逊夫人（Joan Robinson）、庇古·米德（James E. Meade）、哈罗德（Roy F. Harrod）、卡恩（Richard Kahn）、罗宾斯（Lionel Robbins）、斯拉法（Piero Sraffa）、斯通（John Richard Nicholas Stone）等。那时美国的经济学家大多只是凯恩斯的追随者，哈佛大学是凯恩斯的思想传播到美国的主要通道。当时在哈佛大学和麻省理工学院，白天仍然在教古典经济学，而到了晚上，尤其是从1936年开始，大家都在讨论凯恩斯的学说[1]。当时有不少美国经济学家是因解释和运用凯恩斯的理论成名的，如萨缪尔森、汉森、哈里

---

[1] See Samuelson, Paul A. ed., *Readings in economics*, McGraw-Hill, Inc., 1973, p. 93.

斯等。在第二次世界大战前，英国为"世界工厂"，世界经济发展的中心在英国，经济学的研究中心也在英国。威廉·配第、亚当·斯密、大卫·李嘉图、约翰·穆勒、威廉·杰文斯、阿弗里德·马歇尔、约翰·梅纳德·凯恩斯等经济学家的影响和地位是20世纪50年代以前的美国经济学家无法望其项背的。从20世纪50年代开始，美国成为宏观经济学乃至整个西方经济学的研究中心，其主要原因是经济发展和繁荣的中心转移到了美国。

（4）新动向

从新的发展动向来看，首先，人们开始从方法论的角度对宏观经济学的微观基础的研究进行反思。托宾认为，为宏观经济学建立微观基础存在着方法论上的错误。如果假定有许多不同类型的行为者，他们都追求最大化，宏观模型所需的就是把这些情况加总，而这种总和未必就是单个行为主体的解，宏观参数不应该是微观参数在更大尺度上的复制，于是产生了超越宏观经济学微观的基础研究的新思路。此后瓦尔拉斯宏观经济学悄然兴起，其代表人物科兰德认为，现在是放弃凯恩斯主义—古典主义这种划分方法的时候了，他还认为要研究微观经济学的宏观基础。在进行有意义的微观分析之前，必须首先确定微观决策制定的宏观背景[1]。

其次，行为宏观经济学浪潮兴起。行为宏观经济学的出现与凯恩斯之后的宏观经济学的变迁密不可分。在宏观经济学的发展过程中，对于宏观经济学的微观基础的讨论从来就未停止过。20

---

[1] 汤为本、杨艳红：《西方宏观经济学微观基础研究综述》，《中南财经政法大学学报》2003年第5期，第8—9页。

世纪 80 年代后期,伴随着整个西方经济学的行为转向[1],经济学家试图把宏观经济学的微观基础建立在更深层次的个体行为之上。行为分析在逐渐成为宏观经济学的方法论基础。行为宏观经济学并没有为自己贴上凯恩斯主义或反凯恩斯主义的标签,其理论研究是问题导向型的。严格地说,行为宏观经济学称不上是宏观经济学的一个流派。行为宏观经济学的方法论来源于经济学中的行为主义。20 世纪 70 年代以来,在经济学研究中,行为主义的研究浪潮逐渐兴起。西蒙提出的"有限理性"假设下的决策科学直接推动了行为经济学的发展。西蒙认为,包括马歇尔在内,康芒斯、凡勃伦、熊彼特、卡托斯、莱本斯坦、温特等人都可以称为行为主义者,而制度经济学也被认为是早期的正统的行为主义的研究方法。

行为经济学认为,在前提、理论形成及结果检验三个方面都应该进行革新。它认为在理论前提上应该充分借鉴心理学、社会学、人类学、组织理论、决策科学的成果,以增强经济学理论假设的真实性;在理论形成上更强调解释真实观察到的行为;在理论结论的检验上,吸收了更多样化的实证研究方法。早期行为经济学的最大问题在于放弃了经济学最基本的研究方法——均衡和最优化。阿克洛夫在克服这个问题上作出了努力,他的论文集《一个经济理论家的故事集》(1984)的前言是一篇行为经济学的宣言。他强调人类行为中"非理性"的一面,而且认为这种行为并不是对经济理性的随机偏误,而是一种可以预测的和不容忽视的非经济理性行为,他们研究当人类行为存在有限性和复杂性时的市场结果,把有限性区分为有限的理性、有限的意志力和有限的利己心三种形式。行为经济学采用了偏好与理性的二分

---

[1] 汪丁丁:《当代经济学行为转向》,《财经时报》2002 年 10 月 18 日。

法，认为偏好是先于理性或是在理性之外存在的①。

再次，开放宏观经济学②的研究受到重视。第二次世界大战以来，随着国际经济的发展，国与国之间的相互依存性日益增加，因此出现了国际之间的宏观经济政策③需要相互协调的状况，因此宏观经济学不仅要研究内部均衡，还要研究外部均衡，由此逐步建立起了开放经济的宏观经济学理论体系。从开放经济的宏观经济学的理论演化来看，其发展明显可以划分为两个重要阶段：一是以凯恩斯主义为范式的时期；二是重构微观基础与新开放经济的宏观经济学兴起的时期④。随着开放经济下的凯恩斯宏观经济学的发展，相应地产生了实现经济内外均衡的政策搭配理论。随着世界经济相互依存性的特征日益突出，加强国与国之间的宏观经济政策的协调已显得非常重要。国际协调作为一种政策理论，涉及冲突的策略选择与合作的帕累托改善。宏观经济政策协调必要性来自各国经济相互依存的事实⑤。

最早提出开放经济政策搭配思想的经济学家是米德。他在《国际收支》一书中研究了内外均衡冲突的问题，认为必须运用政策搭配的方法来解决这个问题。此后计量经济学家丁伯根（Jan Tinbergen）证明了实现宏观经济政策目标和政策手段之间的关系，这就是著名的丁伯根法则，他指出要实现多个宏观经济

---

① 刘凤良、江艇：《行为宏观经济学的方法论意义》，《中国人民大学学报》2004年第2期，第40、41页。

② 汪祥春：《宏观经济学》，东北财经大学出版社2004年版，第218页。

③ 刘金山：《宏观经济数量分析：方法及应用》，经济科学出版社2005年版，第78页。

④ 郭其友：《开放经济的宏观经济学演化与新进展》，《东岳论丛》2004年第1期，第61页。

⑤ 陈宪、石士钧、陈信华、董有德编著：《国际经济学教程》，立信会计出版社2003年版，第564—565页。

目标，政府必须拥有等于或多于目标数的政策工具。罗伯特·蒙代尔进一步分析了政策目标和政策手段之间的关系[①]，对开放宏观经济学的微观基础的重构，试图从经济主体最大化和理性运用信息的前提出发，在明确认识了各种相关约束条件的情况下来研究开放经济的宏观经济理论，这标志着"新开放经济宏观经济学"（New-open Economy Macroeconomics）的兴起。开放经济与封闭经济的最大区别是，开放经济涉及主权国家之间的经济利益，因为主权国家是构成国际经济活动的主体。在越来越一体化的世界经济体系中，各国在选择自己的经济政策时，总会影响到其他国家的政策，因为国际间政策目标的不同而引发利益冲突是常有的现象[②]。

最后，对于经济政策的一致性和经济周期驱动力的研究加以了重视。2004年10月11日，瑞典皇家科学院把诺贝尔奖颁给了挪威经济学家芬恩·基德兰德（Finn Kydland）和美国经济学家爱德华·普雷斯科特（Edward Prescott），以表彰他们在经济政策的时间一致性和经济周期驱动力研究方面作出的卓越贡献。第二次世界大战后不久，凯恩斯的观点占据着宏观经济分析的统治地位。他认为产出和就业的短期波动主要是由于总需求的变动引起的。宏观经济稳定政策应该而且能够系统地控制总需求从而避免产出的连续波动。这种思想在很大程度上来自对大萧条的思考，为政府干预经济的行为提供了理论依据。直到20世纪70年代中期，这种理论在解释宏观经济波动还是相当成功的，而它却难以解释70年代后期出现的通货膨胀和失业同时并存的现象。

---

① 陆前进：《开放经济宏观经济学的理论发展脉络及其评述》，《国际金融研究》2005年第10期，第44页。

② 郭其友：《开放经济的宏观经济学演化与新进展》，《东岳论丛》2004年第1期，第63—65页。

罗伯特·卢卡斯在70年代早中期的研究指出了这种方法的缺陷，并特别指出宏观经济变量之间的关系有可能受到经济政策本身的影响，他认为没有微观基础就无法对宏观经济政策进行正确的分析。

基德兰德和普雷斯科特发表于1977年的论文《规则制定而不是相机抉择：最佳计划政策制定的不一致性》的核心观点是许多政策的决定受固有的时间一致性问题的约束。它考察的是一个理性的且有远见的政府，为了使公平的福利最大化而对政策的时间计划作出选择。他们认为如果在晚些时候，政府有机会改变政策并使目标重新最优化，政府通常会这么做。而如果政府无法对未来政策作出有约束力的承诺，那么它就会面临可信度的问题。一个事先不作出承诺的政府——相机抉择的政策制定者——创造的经济福利少于一个事先能作出承诺的政府所创造的经济福利。他们认为持续的高通货膨胀或许不是非理性政策决策的结果，而可能只是由于政府未能对货币政策作出有约束力的承诺而造成的。基德兰德和普雷斯科特政策必须是可信的，政府应该有对未来政策的承诺机制，这样可以提高经济福利。《置备资本时间和总量波动》这篇1982年发表的论文则突破了凯恩斯主义的传统，提出了经济周期波动的新理论。在文中，基德兰德和普雷斯科特提出了长期生活水平的关键性影响因素（如技术变革）也会引起短期的周期波动的观点，把长期经济增长和短期宏观经济波动分析整合在了一起。他们认为产出增长的暂时下降并非由于市场失灵，而仅仅是因生产技术革新导致的暂时性放慢[①]。

---

① 参见《经济政策的时间一致性与经济周期的驱动力——2004年度诺贝尔经济学奖获得者对动态宏观经济学的贡献》，江晓东译，《外国经济与管理》2004年第11期，第9—11页。

2. 政府干预[①]

(1) 干预的目标

宏观经济学要解决的主要问题是国家应该在什么时候、在什么领域和如何对市场进行干预的问题，其目标是要解决市场失灵或市场无法解决的公平问题。宏观经济学（macroeconomics）所考察的是同时影响众多企业、消费者和工人的因素，它把整个经济运行作为一个整体加以研究；而微观经济学（microeconomics）所研究的则是单个产品的价格、数量和市场。宏观经济学的两大核心命题是：第一，产出、就业和价格的短期波动，即商业周期；第二，产出和生活水平的长期变动趋势，即经济增长。政府的货币供应是干预市场的一种手段。货币（money）是一种交换媒介，也就是购物时所支付的现金和支票。当人们信任并接受货币作为物品和债务的支付手段时，交换才能顺利地进行。由于货币成为交换媒介，供求之间的协调工作才得以简化。政府通过中央银行供应货币。当货币供应过多时，就会导致通货膨胀，使价格猛涨。这个时候人们便急于在贬值之前把钱花掉。各国宏观经济政策的任务之一是确定适当的货币供应。西方资本主义自诞生以来，就一直受着商业周期的困扰，主要表现为以价格上涨为特征的通货膨胀和以高失业率为特征的萧条。凯恩斯的理论就是用来解决这个问题的。政府可以通过财政和货币政策来控制商业周期的激烈波动。政

[①] [美] 保罗·萨缪尔森、威廉·诺德豪斯：《经济学》，萧琛主译，人民邮电出版社 2004 年版，第 20—331 页。

府的财政权力就是税收权力和预算支出权力。货币权力包括决定货币供应量和调整利率水平的权力。通过这种权力，政府能够平衡总支出、增长率与产出水平；就业率与失业率；物价水平和通货膨胀。这种宏观调控的存在，使西方经济成为一种混合经济。一个既有效率并且讲人道的社会要求混合经济的两个方面——市场和政府同时存在，否则现代经济就会孤掌难鸣。

对于欧洲和北美的大多数国家来说，19世纪是个自由放任的时代。19世纪末，政府被赋予了越来越多的经济职能。它开始具有了反垄断、征所得税和向老人提供社会保障等职能。1980年后，各国政府又开始减税和放松经济管制。经济学的理论已经证明，在一定的条件下，完全竞争经济是有效率的。但是后来发现了市场本身存在着局限性。因为存在着市场失灵的情况，所以市场也并不总是产生最有效率的结果。市场不可能在没有法律和管制的框架下运行，许多公共品也不可能由私人市场提供。垄断和其他形式的不完全竞争也会导致市场失灵。市场的外溢效果或外部性也会导致市场失灵，而且在政治上和道义上也无法完全接受通过市场实现的收入分配。这样政府就会试图通过干预来弥补"看不见的手"的不足。

（2）干预的工具

政府用来影响私人经济活动的工具主要有三种：第一，对收入、商品和服务的税收，通过有差别的税收来扶植和补贴一些活动和抑制某些活动；第二，在某些商品或服务领域中的支出以及为个人提供资源的转移支付；第三，管制或控制措施，用以指导人们从事或减少某些经济活动。组织税收制度的两个主要原则是：第一，受益原则（benefit principle），即对不同个人征收的税收应该与他们从政府计划中得到的利益成正比；第二，支付能力原则（ability to pay principle），即认为人们纳税的数额应该与其收入或财富相对应。政府的职能主要用于：第一，提高经济效率；第二，减少经济不公平；第三，通过宏观经济政策稳定经济；第四，执行国际经济政策。在经济学方面，规范性的政府理论研究的是为提高人民的福利而应该采取哪些适当的政策，但是政府对市场的认识能力有限，可能会作出错误的决定或将一个很好的计划执行得很糟，也存在着因政府干预而导致浪费或不恰当的收入再分配这样的政府不灵现象。公共选择理论（public-choice theory）研究的就是政府决策方式的经济学和政治学，主要解决政府不灵的问题。它考察了不同的选举机制运作的方式，指出没有一种理想的机制能够将所有人的个人偏好综合为一种社会选择。

西方的政府的收入来源主要是税收，即对个人和公司的收入、工资、消费品销售额和其他项目所征收的税款。这些税收主要用来提供公共品和实施收入再分配。各级政府都通过收税来维持自身的开支，税收是具有强制性的，但是这种义务是通过民主而得到认可的，只是不具有一对一的交换关系。有的时候政府不是通过对某种商品进行征税或补贴，而是通过立法规定该商品的最高或最低价格来干预市场的，比如说最低工资制和汽油价格管制就属此类，但是过重的税赋会削弱储蓄的积极性，还可能降低一个国家的资本形成水平。在一个开放的世界里，税率高会使财富流入避税天堂或瑞士银行。一个自由和有效的市场并不必然使收入分配得到全社会的认可。为了使经济健康运行，政府必须让人们保持工作和储存的动力。社会应当为失业者提供一定的保护，但是如果社会保险的额度过多，人们就可能依赖政府。社会必须寻找到无情的市场规则与慷慨的国家福利之间的平衡点。在市场不灵很严重，而私人保险又不能提供足够的保险项目时，就需要社会保险（social insurance），也就是政府提供的强制性保险来发挥作用，比如说失业保险。私人保险公司不能提供失业保险，其主要原因是：第一，道德风险很大，有的人宁愿选择失业；第二，存在着严重的逆向选择，那些经常失业的人更愿意参加；第三，每个人的失业风险的增减不独立，通常随经济衰退而同步出现；第四，政府需要普遍地为失业的人提供一种安全网。虽然政府不能防止道德风险问题，但能借助全面覆盖保险范围来防止逆向选择。

（3）干预的理由

a. 低效率

在自由的市场经济中，政府假设人知道什么对他们最有益，因此尊重他们的选择，而在有些情况下，政府也干预了成年人的决策，其中包括具有内在价值的益品（merit goods）和与之对立的害品（demerit goods）的消费。人们认为消费某些物品会产生严重后果，因此就在这方面否定个人决策。社会提供的公共教育和急救医疗属于益品，而香烟、酒类和海洛因则属于害品。上瘾品属于最具争议的害品之一，对这种物品的消费欲望严重地依赖于曾经的消费经验，吸烟和吸毒都属于此类。一个经常吸烟或吸毒的人对这类物品的欲望比其他人要强烈得多，这些物品不仅对使用者有害，而且会增加社会成本和造成社会危害。在提高价格的情况下，偶尔使用这些物品的消费者能够找到廉价的替代品，而瘾君子们对这些物品的需求则缺乏弹性，在买不起的时候，他们可能通过犯罪的方式去获取。

即使在市场体系完美运行的条件下，市场仍然可能导致一些问题。配置效率（allocative efficiency）简称为效率，有的时候也被称为帕累托效率（Pareto efficiency）或帕累托最优（Pareto optimality)。在经济资源和技术既定的条件下，如果一个经济组织能够为消费者提供最大可能的各种物品和劳务组合，那么这个经济组织就是有效率的。在这个时候，任何可能的生产资源重组，都不能在不使其他人的情况变坏的情况下，使得任何一个人的福利变好。资源在完全竞争市场中的配置是有效率的。而经济是有效率的，并不是说相应的收入分配就是公平的。完全竞争的市场具有显著的效率特征，但不能说这种市场产生了最大多数人的最大程度的满足。它并不一定使各种资源得到最公平合理的使用，因为人们没有被赋予同等的购买力。

亚当·斯密意识到，只有在完全竞争（perfect competition）时市场机制的优点才能充分表现出来。完全竞争是指所有的物品和劳务都只有一个价格并都在市场上交易，而且没有一家企业或一位消费者足以影响整个市场的价格，但是在很多情况下市场竞争却都不完全，其中最重要的三种情况是：不完全竞争（如存在垄断）、外部性（如污染）和公共品（如国防及灯塔）。在任何一种情况存在时，都会出现生产或消费的低效率。这些地方都是政府能够扮演一个很有用的角色的地方。偏离有效市场的重要原因是存在不完全竞争（imperfect competition）或垄断。但买者或卖者能够左右一种商品的价格时，就出现了不完全竞争。不完全竞争导致价格高于成本，而消费者的购买量低于效率水平。在现实中，几乎所有的行业都存在一定程度的不完全竞争，垄断是不完全竞争的极端情况。溢出效应或外部性（externalities）指的是强加于他人的成本或效益。一个行动可能在市场交易之外有助于或有损于其他人的利益，也就是说存在着不发生经济支付的经济交易。当今政府对负的外部性比对正的外部性更为关注。在企业不受污染管制的环境里，每个追求利润最大化的企业都宁愿污染环境而不愿安装昂贵的污染处理设备。如果一个企业采取利他主义态度，它就会因成本高而破产，这时候就需要政府的介入。

私人生产公共品必然导致供应不足，因为其收益很分散，单个企业或消费者不会有经济动力去提供这些服务并试图从中获得利益。公共品（public goods）是正外部性的极端情况。这种产品的特点是：将这种商品的效用扩展于他人的成本为零；无法排除他人的共享。这种行为仍然是市场行为，只是政府充当购买者。理想的市场经济是指所有物品和劳务都按市场价格以货币的形式自愿地交换，但是在现实中还不存在这样的市场。相反，每个市场几乎都会遭受其制度不完备之苦，结果产生过度的污染、失业、贫富差别过大等问题，因此任何一个政府都要进行干预。政府要求公平纳税和按照规定消费一定数量的公共品和服务。因为具有强制权力，政府能够行使一些在自愿交换条件下无法实现的职能。政府干预的目的主要是提高效率、增进公平和促进宏观经济的稳定与增长。政府通过促进竞争、控制诸如污染这类外部性问题和提供公共品等活动来提高经济效率。它还通过财政税收和预算支出，进行带有倾斜性的收入再分配，从而增进公平。它同时也通过财政政策和货币政策在鼓励经济增长的同时减少失业和降低通货膨胀。

b. **不公平**

即使具有了最有效率的市场体系，也可能产生极大的不公平。市场并不必然带来收入分配的公平，它可能会产生难以接受的收入水平和消费水平的差异，因为收入取决于一系列因素，其中包括努力程度、教育水平、继承权、要素价格和运气等。在胜者全得或赢者通吃的博弈（winner-take-all game）中，获利不是依据绝对价值而是相对价格。在跑步比赛中冠军只有一名，诉讼中也只有一方能赢，图书排行榜的冠军也只有一个。这种比赛的主要特征是报酬严重集中在顶端，而且物品满足的是货币选票的要求，它只是把物品交给了有货币选票的人。市场体系中的收入分配，往往是由家庭出身的偶然性所造成的。在经济学中，收入分配问题是最富有争议的领域之一。收入和财富通常被用来衡量一个人或一个国家的经济状况。收入（income）指的是一定时期内的工资、利息、股息和其他有价物品的流入。国民收入是所有收入的总和，其中以工资、薪金和附加福利形式表现的劳动收入占最大份额。在市场经济中，收入以工资、利润、租金和利息等形式分配给生产要素的所有者。

财富（wealth）是人们在某一个时点所拥有的资产的货币净值。财富指的是存量，如同湖里的水量，而收入则是单位时间中的流量，如同河中的水流。所有有价值的东西都被称为资产，而欠的东西都被称为负债。总资产和总负债的差额被称为财富或净财富。在美国，大部分家庭的最重要的一项资产是住宅，而大约三分之一的总财富是由1%的最富有的美国家庭所拥有。大部分人的市场收入来自工资和薪金，少数富人的市场收入来自财产权益。美国政府的收入主要来自税收和其他收费，其中包括个人所得税、利润税和社会保险税。这种收入又以转移支付（transfer payments）的形式向社会提供收入，这种提供不需要以商品或服务的方式加以回报，主要包括养老保险、失业保险、农业补贴和福利开支。这样个人的收入就等于市场收入加转移支付。

在美国历史上的大部分时期，经济增长都和涨潮一般浮载起所有的船只，穷人和富人的收入都有所提高。而最近20年来，低技能和低教育水平的劳工工资下降，产生了更多的无家可归者，更多的贫困儿童以及造成了许多城市的中心地带的贫穷化。一个国家没有必要把竞争市场的结果作为不可改变的事实接受下来，政府可以通过征收累进税和遗产税来实现政治上和道德上的公平，而且由于低税率并不能帮助那些根本没有收入的人，因此政府可以进行转移支付，也就是向私人支付货币等。其支付对象主要包括老人、残疾人和拖儿带女的人、失业者等，使不幸者免受困苦和不至于铤而走险。也可以对低收入阶层的消费给予补贴，不过在美国最近20年里这种计划越来越不受欢迎。由于中产阶级的实际工资停滞不前，他们会问为什么要支持那些无家可归者或身体健全却不工作的人。经济学并不能回答好这类伦理和规范性的问题，经济学不能回答多少贫困是可接受的或公平的，但是它能有助于设计增加穷人收入的更有效率的方案。

财富所有权的不公平是收入不公平的根源之一。在市场经济中，财富分布的不公平远大于收入分布的不公平。在美国，1%的家庭占有大约全部财富的40%。美国的最富有的400人，可能是位60岁的白人男子，有一流大学的学位，净资产达25亿美元。过去主要是靠制造业或房地产发家的，而现在则主要来自IT产业。过去能够跻身于顶层，主要与出身和头脑有关，而现在则更多的是靠自己白手起家。在市场中，个人在生理上的、精神上的和性格上的能力的区别都只是提供了成功的可能性。市场对人的能力的评价通常具有多样性，而且难以衡量。市场通常奖励那些有冒险精神的、有雄心壮志的、有工程学天才、有良好的判断力、工作勤奋和运气好的人，而且其中没有一项能够在标准化测试中加以衡量。职业是收入不公平的一个重要来源。在美国，家庭佣人、快餐店服务员以及非技术性的服务人员在低工资的一端；而医生则在高收入的一端。财产收入的差别是在收入方面最大的不公平的来源。在收入的金字塔顶端的人的大部分金钱来源于财产收入。在美国，尽管不少人很节省，而节俭并不是财富的主要来源。企业家精神是更重要的财富来源。在现代社会里，美国的巨富们致富的途径主要是创办高利润的新产业。另外在美国最富有的1%的人口中，有三分之二的人的财富来源于继承。

美国的另一端则是无家可归的失业者，贫困是一种没有足够收入的状况。在20世纪60年代，美国将贫困正式定义为一种收入水平，它低于所估算的维持生存的基本生活水平所需要的费用，即低于最低生活线。当然贫困是个相对概念，其中包括了嗜好和社会习俗等主观因素。工资差别产生的原因主要是：第一，补偿性差异（compensating differentials）是由补偿相对吸引力或非货币因素的差别而导致的各工种之间的工资差别。高强度的体力劳动、社会地位低的工作、临时性工作、有季节性停工、有生命危险的工作和沉闷的工作，吸引力都会比较小。这些工作就需要加以补偿。而那些令人愉快和心理收益比较大的工作，则不需要这种补偿。第二，劳动质量的差异可以追溯到人的先天智力和体力、教养、所受的教育和培训以及经验方面等差异。这种差异使人在对企业的产出的贡献能力方面存在着很大的差别。这些差异很多是非经济因素决定的，但是人力资本（human capital）还是可以用经济标准来加以衡量的。人力资本指的是人在接受教育和培训过程中积累起来的有用的技术和知识。专业人员的高工资中的一部分是对人力资本投资的一种回报。拥有多种能力或计算机技能的个人在今天的劳动市场上占有经济优势。第三，独特的个人"租金"。对于少数幸运者而言，他们的名气可以使其收入达到天文数字，这些人都拥有一种在当今的经济中很有价值的技能。在他们所拥有的特殊才能之外，他们可能只挣到其高收入的一小部分。而且就在工资以20%或50%上升或下降的时候，他们的劳动供给也不可能作出太大的反应。纯经济租金指的是这些人的工资中的高于他们在次优职业中取得的收入的部分。第四，劳工市场被分割，形成了一些非竞争性群体。比如说医生和经济学家是两个非竞争性群体，从一个职业进入另外一个职业很困难，而且成本很高。对于专业性和技术性很强的职业来说，需要花费大量的金钱和时间才能成为熟练劳动者。还有劳工被按性别、种族和其他个人因素分割成各种非竞争性群体，这种分割的原因主要来自习俗、偏见或法律。

当收入差距仅仅是因为一些不相关的个人特征产生的时候，这就是歧视（discrimination）性差异。这些个人特征包括种族、性别或宗教等。歧视的含义主要有两点：第一，根据个人特征而给予不同的人不同的待遇；第二，针对某特定的群体设置不利的规则。在美国，最普遍的歧视方式是在就业和居住方面排斥某些群体。无论是厂商还是他们的顾客，都有一种歧视的偏好。有一种歧视属于统计性歧视（statistical discrimination），也就是说独特个体的情况都被按其所属的群体的平均情况来加以处理。比如说雇主更多的是根据雇员所毕业的学校而不是成绩来雇佣雇员。统计性其实能够强化人们的偏见。当统计性歧视涉及种族、性别等因素时，其危害更大。统计性歧视在社会中的许多领域也都可以看到。传统上妇女被排除在工程师等数量能力要求较高的职业之外，结果妇女在选择学校和职业时倾向于人文社会科学，而这个结果又会反过来强化妇女对工程不感兴趣的成见。在美国，某些群体出现贫困的机会比另外一些人群要高。黑人和西班牙裔家庭的贫苦率比白人家庭高，以妇女为户主的单身家庭在贫困家庭中的比率上升。在美国，受经济歧视最严重的群体是妇女。一般说来，在同一份工作中，妇女的报酬与男子差不多。妇女收入比较低的原因主要是她们被排除在工程、建筑和采煤等高收入职业之外，而且她们为了生儿育女而不得不中断职业生涯。直到近期还没有多少妇女被选进大公司的董事会，或在大的律师事务所里获得高级合伙人的资格，或在顶尖的大学里获得教职。黑人或西班牙的后裔的收入和财富增长水平长期以来低于其他群体。

3. 独白:政府主导

从上面的研究可以看出，西方的宏观经济学是西方经济历史的产物，它始终都与西方经济发展的现实联系在一起，它关注的问题一直是西方经济中存在的问题。而萨缪尔森在他的《经济学》中解释政府干预的宏观经济学则是以美国的经济发展中出现的问题为研究对象的。中国经济面临的问题与西方国家面临的问题不同，中国的宏观经济学要管理的人与西方国家要管理的人有着不同的文化传统和追求，因此西方的宏观经济学理论只能作为分析和吸收的对象，而不能全盘照搬。中国的宏观经济伦理的研究角度也应该有别于西方，中国的宏观经济伦理追求的目标应该是以人的公益潜能的最大发挥为依据的公平分配，为此应该建立一种以政府为主导和以市场为手段的经济体系。下文将说明中国的宏观经济伦理的研究思路。

(1) 价值追求
a. 不公之患

在分析西方微观经济理论的时候，我们可以看到在纯粹的市场分配中有不公平的因素。西方经济学是把市场作为主要的分配手段，政府主要在市场失灵的时候加以干预，因此微观经济学是宏观经济学的基础。西方国家并没有一套用于公平分配的价值体系，谁应该得到多少收入主要是由市场需求来决定的，金钱是评价人的市场价值的标志，能多挣钱的人比钱挣得少的人更具有市场价值。如果把这种思想体系引入中国，会导致中国的传统价值体系的崩溃。人们会感觉到该挣到比较多的钱的人没有得到应有的报酬，而应该挣比较少的钱的人却获得了比较多的报酬。人们并不是认为应该进行平均分配，因为平均分配对于干得多的人和贡献大的人是不公平的，人们只是认为贡献大的人应该获得其应得的报酬。如果政府没有一套公众认可的价值体系作为分配的依据，没有用一种公众认可的价值体系作为评价人的贡献的基础，社会就会产生一种感觉社会不公的情绪。这种情绪会使生活水平提高了的人也感觉对社会不满，这就是不患不均而患不公的情绪。中国建立的价值体系应该是以人的公益潜能的发挥为依据的。在相当长的历史发展阶段里，中国应该用个人的以公益潜能的发挥为目标的个人理想来辅助以实现共产主义社会为目标的社会理想。

b. 个人理想

中国的儒家思想把实现大同社会作为社会理想由来已久，而由于儒家思想对中国人的巨大影响，这种社会理想也成了中华民族的社会理想。中国没有直接从德国引入马克思主义，而是从前苏联引入了马克思主义，这与中国人盼望着实现大同社会的理想是有关的。当俄国革命一声炮响送来了马克思主义的时候，它送来的其实是一种能够马上通过革命而实现大同社会的希望。马克思构想的共产主义社会与中国儒家的大同社会是类似的。德国的马克思主义说的是要在资本主义发展到一定时期才能实现共产主义，所以对中国的影响力不大，因为它对中国没有现实意义。而俄国革命则告诉中国人，共产主义是可以马上实现的，因此它对中国人具有很大的号召力。如果当时毛泽东主席说，他将带领人民去实现共产主义，而共产主义是要经过几代人、十几代人、甚至几十代人的努力奋斗后才能实现的，就不会有那么大的号召力。这并不是说共产主义的理想不好，而是说每个人都是比较现实的，他的努力是与他有生之年能够实现的理想有关的。当共产主义的理想已经被推后到几代人或几十代人的努力奋斗之后才能实现时，社会需要给个人提供一种能够努力实现的个人理想，而这种理想的实现又是能够向着共产主义的社会理想的方向发展的。这种个人理想应该是鼓励人追求个人的公益潜能的发挥。这种个人理想目前是人人都能够追求的，而且是对社会发展有利的理想。

以公益潜能的最大发挥为目标，能够把社会利益与个人利益以一种崇高的方式结合起来。它能够引导人去追求精神性的崇高理想。如果国家能够在此基础上，建立起一套价值体系，并以此为收入分配的依据，就能够使个人在追求崇高的同时获得他应该得的收入，这就容易解决精神价值与物质价值相背离的矛盾，从而能够在很大程度上解决社会上存在的精神危机问题。如果社会提倡的个人理想是以这些人对物质利益的牺牲为代价的，这样的理想是不公平也不可能持久的。中国的宏观经济伦理体系要解决的最核心的问题就是要为个人的崇高的理想追求提供应有的物质保障。在封建时代，中国的君子儒能够专心求义而不求利，主要是因为求义就自然能获得正当的利益。他们不用去算计，就能够获得自己满意和认同的俸禄。君子儒能够做到大公无私，不是说他们能够不要正当的利益，而是他们在正当利益之外，不利用公职谋取不该得的利益。

c. **实物待遇**

目前中国在价值认同方面存在着问题。在新中国成立初期，所有行业的所有人，不论做什么，工资待遇都差不多。目前市场化的单位都能靠市场去解决收入问题，而公务员系统和事业单位的收入分配则与其工作的难度不符。而这些单位尤其是公务员系统又受新中国成立初期所说的共产党员吃苦在前、享受在后的观念的影响，大众尚未转变观念，从而认为公务员的收入应该与他们提供的复杂劳动相符。再有大众就像意识不到企业的管理是种复杂劳动一样,也意识不到公共管理是一种复杂的劳动,还是认为机关工作就是看报喝茶。这样公务员和事业单位一涨工资,大众就反感。因此这些单位的工资无法涨到与他们的工作难度相匹配的程度,从而使得有的收入不得不以实物待遇方式存在,无法被货币化。而实物待遇的方式则会加剧人们对于职位的争夺和占有,因为要保住职位才能保住实物待遇。而当拥有这些职位时,如果不享受这些实物待遇,等不在位时就不能再享受,这样就会造成浪费。并且由于工资比较低,而社会发展又比较快,于是会产生对于不在位和退休后的生存状况的担忧。这样在有机会获得能够给自己带来一生的物质保障的机会时,就可能出现贪污腐败现象。如果不矫正大众的价值观,不解决这些人的劳动难度与劳动收入不相符的问题,浪费和腐败现象就容易存在。为此国家在实施分配之前,需要为公众提供一种新的价值观教育。这种价值观是人人应该追求个人的公益潜能的发展。每个人的收入应该与他对公共利益的贡献为标准。贡献的大小应该以他的工作难度和工作的先进程度来衡量。公务员、医生和教师等行业的收入应该与他们的劳动难度相符。

(2) 分配矫正

为了使人人都有最大限度地发挥公益潜能的可能,政府应该在以下方面对分配进行矫正。

a. 基本保障

政府应该把基本的生存和医疗保障作为国民待遇普遍化。中国保护人权首先要保证的是人的生存权,人不能被随意枪毙,也不能让他们饿死或因为没有医疗条件而病死。生存权是一个社会应该提供给国民的基本权利。人如不能活着,就无法发挥公益潜能。人有着无法生存下去的恐惧,就会影响人的幸福感,也更容易导致人的犯罪行为,从而使社会不稳定。而且目前落魄到难以生存的边缘的人,不仅有传统意义上的弱势群体,也有因为市场具有的周期性不景气而导致的失业人群。尽管最后失业的是少数,但是因为每个人都会有失业的恐惧,而且每个人都要面临退休问题,因此没有一种基本的生存和医疗保障,会造成全社会的担忧,还有一些生活无着落的人是因为选择追求一种高风险和高回报的职业导致的结果,这些职业通常是成功者拥有很高的报酬,而失败者则一无所有。能够生存下来,是人进行心理调节的底线。突破了这个底线,人的心理承受力就容易崩溃。

  b. 教育权利

  人的公益潜能是需要开发的,而开发人的公益潜能的最基本的方法就是教育。没有平等的受教育权利,就不可能使人的公益潜能都得到最大的发挥。如果中国的农村人口不能普遍地接受义务教育,他们到城市里就只能提供廉价劳动,他们的生活水平就不可能从总体上得到很大的提高,而且因为没有受到良好的教育,很多农村人口无法离开耕地。而耕地上的人口太密集,就无法实现农业机械化。不实现农业机械化,农民的贫困问题就无法根本解决。在澳大利亚的经济中,农业占有很重要的地位,但澳大利亚并不是落后的农业国家,因为其农业的机械化程度比较高。如果中国不发展高科技,就无法更好地面对未来的竞争。人们常常会感到奇怪,怎么中国那么多的人口,就挑不出一支很好的足球队员来。其实中国的人口虽然多,但是能够从小就受到良好的足球教育的人并不多,很多人能够踢好足球的潜能被埋没了。中国目前的精英并不一定是中国最优秀的人才,因为可能很多人没有能够参加竞争,因为他们从开始就没有享受到平等的教育权利。他们在竞赛还没有开始就因为没有受到教育而被淘汰出局了。如果在国际市场上,中国不是用高科技产品来竞争,而是一直出售自然资源，中国就无法实施可持续发展的战略。而要培育最具有竞争力的高科技人才，也需要实施普遍的义务教育，这样才能够保证走到高端的人才是建立在人的科技潜能都被普遍地开发出来的基础上。

c. 发展权利

每位公民都应该有平等的发展权利。从公民的角度来说，每位公民都应该顾全大局。在国家需要保证优先发展项目和优先发展地区的时候，每位公民都应该自觉作出牺牲，而从国家的角度来说，不应该把公民作出的自我牺牲看成是理所当然的事。当国家发展到一定的程度，国家应该是宁肯发展慢一些，也要解决公民的平等发展权问题。中国目前的贫富差距过大，而且对于富人的生活方式，国家应该有引导性措施。这些人的生活方式成了人们向往的方式。如果不对这些人的生活方式进行引导，他们就会给社会成员带来一种不适合社会发展的生活方式样板。国家不仅应该对生产投资的方向进行引导，而且应该引导人的消费方式，这样才有利于建设一个健康的社会。贫富差距使得人出生在不同的家庭就具有不同的差别很大的生活和学习条件。人无法选择家庭，因此无法选择自己的生存状态，使人感觉生来就不平等。国家应该采取措施，使富有的人不是那么富，穷的人也不是那么穷。

中国的沿海与内地之间的发展差距也很大，使得人同样是中国的公民，出生在穷的地方和出生在富有的地方，在生活和学习条件上都差别很大。还有，城乡差别仍然是个很大的问题。在富豪排行榜上，中国最富有的人与国外最富有的人有什么差距，这倒不是什么大不了的事。那么大一个国家，要制造几个富豪还是很容易的。中国最穷的人和穷人的数量在世界上的排名更让人担忧。城乡差距和地区差距过大，都会使人才流动出现问题。人才都集中在城市和比较富裕的地区，使城市和富裕地区的人才过剩，而乡村和比较贫困的地区则人才不足。为了发挥人的公益潜能，应该把最适合的人安排到最合适的岗位上去。岗位应该是开放的，要让希望上岗的人都能够参与岗位竞争。这样才能挑选出真正适合那个岗位的工作人员，也能够给竞争者以平等的机会。岗位流动的作用主要是把原来适合那个岗位，而过几年以后已经不适合那个岗位的人替换下来。在机会平等方面，最关键的问题是要消除特权。

（3）政府的角色

中国不应该完全采取西方市场经济的管理模式，因为那种模式解决不了以上问题。市场不可能解决人的基本社会和医疗保障问题，不可能解决义务教育问题，不可能解决贫富差距、地区差距和城乡差距问题。再有，如果中国要在国际政治中崛起，没有与其大国地位相匹配的军事实力是很难做到的。中国的军事力量一是用来保卫自己的国家，一是用来维护世界的公平合理的秩序。如果一个大国，在维护国际公平合理的秩序时，只能依靠宣传，而没有相应的军事力量做后盾，那种宣传是软弱无力的。而这些问题的解决，都需要资金。政府拥有的资金越多，越容易解决以上问题。这就需要建立一个经济上强大的政府。政府应该建立起一整套价值体系，并以这种价值体系作为目标，把市场作为一种实现这种目标的手段，而不是反过来，把市场奉为上帝，政府只是市场的侍者，按市场的引导来建立价值体系。这就是一种以政府为主导和以市场为实现手段的经济模式。下面笔者将主要分析的是政府的三大经济来源，目的是要说明中国的国有企业不仅因为人们通常所说的制度问题而具有存在的必要性，而且从解决现实问题的需要上看，也具有存在的必要性。

a. 税收来源

在采用市场经济的国家中，税收通常是政府的主要经济来源。西方发达国家的收入结构，通常是两头少，中间多，也就是说特别富有的和特别贫穷的公民都比较少，大多数公民属于中等收入阶层，而中等收入阶层和特别富有的阶层，在收入分配上都不需要政府补贴，政府主要通过收税来补贴特别贫穷的阶层。这样税收基本上是够用的，因此政府可以不经营利润丰厚的国有企业，主要投资修建一些不是很盈利或甚至是亏本的公共设施。盈利丰厚的企业主要是私有企业。而中国的情况则不太一样，中国的收入结构是少数人特别富有，中等阶层的人也不太多，大多数人的收入偏低。如果政府只是靠征收富有和中等阶层的人的税收来补贴收入低的人，资金会严重不足，而且中国还要解决农村城市化的问题，那么多人口的义务教育问题，那么多人口的基本保障问题，城乡差别问题，地区差别问题，这些都需要政府具有大量的资金来解决。为了解决两极分化的问题，政府会提高所得税的起征点，对高收入采用累计税收制。而累计税收制是本来就应该采纳的，提高所得税的起征点则使政府失去了很大一笔税收。当然这笔税收是应该失去的，而且还需要不断失去，因为这是一项普遍提高大众的生活水平的措施。国家还可以通过对一些高风险和高回报的行业征收高税收来获得收入，并且控制两极分化。在有的行业中，收益严重地集中在高端。进入这个行业承担风险的人很多，而最后只是有少数人得到收益，大多数人则可能成为国家需要负担的失业人口。对这种企业征高税，可以防止过多的人涌入这个行业，而且能够把一部分利润转移来补贴失业人口，其中也就补贴了因选择这些行业而失业的人口。

b. 引进外资

国家还可以通过引进外资来获得资金，其主要方式有：第一，利用优惠政策吸引外国投资。优惠主要表现在税收优惠上。这种外国投资的利润属于外国投资者。如果外国投资者利用的是中国的廉价劳动力，可以帮助中国解决一些就业问题；而如果外国投资者利用的主要是中国的廉价自然资源，那就会使中国的自然资源储备减少，而且会导致对自然环境的破坏；如果外国投资者主要是利用中国的标准比较低的环保规定，把一些污染比较严重的企业转移到中国，这些投资会加剧中国的环境污染；如果外国投资是把高科技产业基地搬到中国，中国可以学习到外国的管理经验和技术，但是如果没有掌握核心技术，中国在利润分配中的受益是很有限的。第二，利用外国援助。任何外国援助都是有条件的，即使没有条件，在国家交往之中也是有来有往的。一个国家接受了他国的援助，必然在其他方面需要给予补偿。接受援助的组织可能没有付出什么代价，从而表现为一种纯粹的获益，但是国家付出了代价。就像中国人到国外申请奖学金，这种奖学金对于申请者来说表现为纯粹的获得，而国家在培养他们时付出的经费和机会成本则损失了。第三，利用外国的贷款。这些贷款通常也是有条件的。这些外国资本通常都不可能用来解决上面所提出的问题。

c. 利润来源

由于中国政府只靠税收，很难解决上面提到的问题，因此中国还得依靠国有企业的盈利。中国的国有企业主要有这么几类：第一，关系到国家的经济命脉的企业。这些企业不管是盈亏都得控制在国家手里。利用外资或私有资本，可能会因为资本的流动而使国家的经济发展不稳定，而且还可能使国家的行为受到这些资本的制约。第二，因为产品落后而不再能够盈利的国有企业。这些企业是需要关闭的企业。这种企业的亏损与管理的好坏关系不是很大，即便是由管理好的私有企业来经营同样的产品，同样会亏损。经营一种没有需求的产品，无论管理怎么好，结局都是一样的。第三，只是因为人员过多而不盈利的国有企业。有的国有企业在产品和管理上问题都不大，但是因为雇员过多，而又无法解雇多余的雇员，因此出现了不盈利甚至亏损的情况。这些雇员无法被解雇，主要是因为社会保障不健全，下岗人员过多会导致社会的不稳定，所以企业在承担着社会义务。这种企业严格上说不算不盈利或亏损的企业，因为它的盈利实际上是在帮助国家养着一些该由社会来负担的下岗人员。第四，管理得比较好而且其产品具有竞争力的盈利企业。这些企业的利润可以作为国家的经济收入的一大来源。国家还应该继续按现代管理制度创办这类企业。这类企业能够加速中国解决上面提出的问题，从而使中国能够更加平衡地稳步发展。

第 6 章 国际经济整体研究

国际经济学涉及的是国际金融、国际贸易和国际投资领域的经济分析[①]。本书的第二部分将对国际金融、国际贸易和国际投资这些分领域进行探讨。本章主要研究的是国际经济的整体状况。西方学者主要是从用微观经济学和宏观经济学的理论来解释国际经济现象。为了使经济保持正常运转,一个国家通常追求国际经济整体的收支平衡。为了预测国际经济波动的状况,目前不少国家都有采用了商情研究方法。由于各国宏观政策之间可能会发生冲突,因此出现了国际间的宏观经济协调,在协调无力的情况下,会出现强制性的制裁现象。笔者在对国际经济整体进行研究的基础上,提出了中国的全球性和全方位的经济崛起战略的思路。

1. 研究方式

20 世纪 90 年代,西方发达国家初步实现了信息化。知识和技术在各国经济发展中日益起主导作用,因此这个时代被称为新

[①] 陈宪、石士钧、陈信华、董有德编著:《国际经济学教程》,立信会计出版社 2003 年版。本文资料,除特别注释外均来自该书第 1、13、427—450 页。

经济时代。随着知识经济的兴起，国际经济竞争的重点也集中在了以科学技术为先导的高新技术产业。一个国家要在国际经济竞争中取得优势地位，主要依靠的是先进的技术和管理人才[①]。美国的国际经济研究所设在华盛顿。它是个私人的、非盈利性的和无党派的思想库。作为国际经济政策领域的一个领导者，该所主要致力于预测将出现的问题，对这些问题进行经济分析，并提出政策建议[②]。

国际经济学的研究对象是国际经济活动[③]。国际经济活动指的是国家间的经济活动。只要国家存在，国际经济学就会存在[④]。国际经济学常常被人们视为微观、宏观经济学在国际经济范围内的应用和发挥。按照传统的理解，国际经济学主要阐述的是国际贸易、国际金融[⑤]的理论知识和政策，有的还包括了国际投资和国际经济合作方面的内容。在这样的分析结构中，国际贸易学主要涵盖的是国际贸易理论与政策分析[⑥]，被视为国际经济学的微观分析。传统的国际经济学完全采用微观和宏观经济学的基本原理和分析工具阐述国际贸易问题，而微观和宏观经济学具有数理化倾向，不太关注社会性因素对国际经济活动的影响和制

[①] 葛伟慧：《21世纪国际经济竞争与我国人力资源支撑力》，《经济论坛》2004年第10期，第13页。

[②] ［美］爱德华·M. 格莱汉姆：《全球性公司与各国政府》，胡江云、赵书博译，北京出版社2000年版，第1页。

[③] 熊性美、戴金平等：《当代国际经济与国际经济学主流》，东北财经大学出版社2004年版，第4页。

[④] See Thomas A. Pugel, *International economics*, Boston, Mass.: McGraw-Hill, 2004, p. 1.

[⑤] See Giancarlo Gandolfo, *Elements of international economics*, Berlin: Springer, c2004, p. 155.

[⑥] See Barbara Ingham, *International economics: a European focus*, Essex: Financial Times Prentice Hall, 2004, p. 72.

约。它把发达国家的制度和文化作为既定的约束条件来进行经济分析。

西方经济学者一般都是从微观经济学的角度来阐述国际贸易问题，他们认为国际贸易问题涉及的是如何对经济资源进行优化配置，而这正是微观经济学研究的对象。而在现实中，国际贸易是在国家的宏观经济结构中运行的，而且要面对很多复杂的国际环境，只用微观经济学的原理无法解决很多问题。一个国家的经济越是开放，其国际收支调节的重要性就越突出，对其宏观调控的政策体系和运作效率的要求也越高。开放经济的国家收支可以由市场的自动机制来调节，也可以通过宏观经济政策来加以调控。

2. 收支平衡

一国的经济实体与非居民之间进行的所有国际经济交易都被系统地记录在该国的国际收支平衡表中。国际间的一切交往都会形成某种债权与债务关系。国际借贷或国际投资状况是用来表示一个国家在一定日期或在某一个时点上对外债权债务的综合情况。而任何债权债务关系最终都是要进行结算或清偿的，有的甚至当场就通过支付货币来结清。国际收支（balance of payments）指的是一个国家在一定时期内或者在某一个时段内为结算其国际债权或清偿其国际债务而发生的对外货币收支的综合情况。国际借贷是产生国际收支的原因。

一个国家或地区的国际收支[①]状况是通过该国编制的国际收支平衡表或差额表来反映的。这张报表可分为三个部分：第

---

① 李坤望主编：《国际经济学》，高等教育出版社 2005 年版，第 283 页。

一，经常账户（current account）或经常项目。这是表中最基本的部分，它具体有三个内容：其一，贸易收支或有形贸易差额，反映的是一国进出口贸易及其顺差或逆差情况；其二，劳务收支或无形贸易差额；其三，转移收支。这是单方面进行的、非资本性质的、无对等交换的交易，比如说无偿捐赠等。第二，资本和金融账户（capital and financial account）。资本账户主要包括移民转移、债务减免等资本性质的无偿转移。金融账户反映的则是一国因国际资本流动所形成的对外债权、债务的变动情况，可再分为长期资本和短期资本两大类。第三，国际收支平衡表通过平衡账户调整后，就会达到会计意义上的平衡。平衡账户主要包括三个小项：其一，分配的特别提款权（SDR）。这种提款权是国际货币基金组织创设的一种账面国际储蓄资产，它按会员国在基金组织的份额无偿进行分配；其二，官方储备是一国货币金融当局所持有的、能够用来弥补国际收支逆差的资产；其三，错误与遗漏或统计误差。这是个人为设置用于最终平衡国际收支平衡表的科目。从国际收支平衡表的编制结构上来看，它采用的是有借必有贷和借贷总相等的复式簿记原理。

国际收支平衡表[1]的借方总额和贷方总额，通常要么是贷差，要么是借差，要么是盈余，要么是赤字，它反映了经济意义上的顺差或逆差。净差额为零的情况极为罕见。各行专家在研究和分析国际收支平衡表时最关注的就是这些差额。编制国际收支平衡表的主要目的是为了向宏观经济的决策者提供有关该国外部经济方面的信息，对从事国际经济活动的银行、企业和个人也很

---

[1] 冯宪中编著：《新编国际经济学》，复旦大学出版社 2005 年版，第 165 页。

有用。对大多数发展中国家来说，在国际收支①中最重要的项目是有形贸易，而无形贸易的重要性在日益加强。为了区分国际交易的不同性质，经济学家把国际收支平衡表中的交易分成两大类：一是自主性交易（autonomous transaction）或事前交易，这类交易主要考虑的是商业上的利益而没有考虑国际收支；二是调节性交易或补偿性交易或事后交易，主要是为了弥补自主性交易的差额或平衡整个国际收支而进行的交易。所谓的国际收支平衡是指自主性交易的平衡状况。因为不管自主性交易的状况如何，通过调节性贸易后，一国的国际收支在事后总是平衡的。

国际借贷平衡表（international indebtedness）或国际投资状况报告（international investment position）也很重要。国际借贷②或国际投资状况实际上是一个国家外部经济或涉外部门的资产负债表，它衡量的是一国在某个时点上（通常是在年底）在国外的资产及外国在本国的资产的总量及其分布情况。国际投资状况报告的最大价值就是可以用它来分析本国的对外债权债务的余额情况。比如说，资产都是长期性的，而负债却是短期的或见票即付的，那就会产生流动性问题，即不能尽快地或低成本地变现足够的资产以清偿到期的债务。一个经济主体可能具有清偿能力，但其资产缺乏流动性；而如果经济主体已丧失了清偿能力，那肯定就不存在资产的问题了。国际收支所代表的流量与国际借贷所代表的存量之间存在着很密切的关系，因为存量是发生流量的基础，而流量却导致了存量的增减。只注重流量而不注重存量的分析是很危险的。

---

① 陶涛编著：《国际经济学》，北京大学出版社 2005 年版，第 260 页。
② See J. S. L. McCombie and A. P. Thirlwall, *Essays on balance of payments constrained growth: theory and evidence*, London; New York: Routledge, 2004, p. 126.

任何一个无论实行什么样的社会制度的开放型的国家，其政府都会以同时实现内外均衡为政策目标。就内部均衡（internal equilibrium）而言，主要需要实现：第一，提高就业率或降低失业率。从经济学的角度看，失业会造成劳动资源的浪费；从社会学的角度上看，普遍性长期失业一直是最严重的社会问题之一。第二，保持国内物价水平的稳定，其中包括抑制通货膨胀和防止通货紧缩两个方面。第二次世界大战后，通货膨胀成为世界经济的一个普遍现象，因此各国政府把保持物价水平稳定的重点始终放在控制通货膨胀上。通货膨胀会扭曲价格信号，无法为社会提供一种被人们普遍接受的价值标准从而影响信用制度的发展，并且会导致国民收入在社会不同阶层的重新分配，而通货紧缩的危害性也不亚于通货膨胀，因为它会导致经济运转陷入衰退的漩涡。通货紧缩导致的是市场物价全面和持续性下降。第三，实现国民经济稳步增长，不能片面地追求高速度。对于发展中国家来说，经济增长方式必须从外延扩张型向内涵增长型转变，从粗放型向集约型转变，而且要通过税收来防止贫富差距过于悬殊的情况，也要通过建立社会保障制度和救济制度来保持社会稳定。第四，国际收支[1]平衡与宏观经济的外部均衡。国际收支应该在尽可能高的水平上实现平衡。而且国际收支平衡不能以国内经济运行的失衡为代价。当一国的国际收支逆差的消除是以紧缩国际经济和失业率急剧上升为代价的，或者当一国的国际收支顺差是靠国内通货膨胀来消除的，即便国际收支恢复了平衡，也谈不上该国的外部经济已真正实现了平衡。国际收支调节的最终目标是要同时实现内部经济的均衡和外部经济的均衡。

---

[1] 王培志主编：《国际经济学》，经济科学出版社2004年版，第272页。

3. 商情研究

1961年10月,美国商务部将美国经济研究局(NBER:The National Bureau of Economic Research)的经济周期波动监测系统的输出信息在其刊物《商情摘要》(BCD:Business Conditions Digest)上发表,从此宏观经济监测系统从民间走向了政府机构。1995年,美国会议委员会(The Conference Board)承担了从前由美国商务部完成的合成指数(CI)的计算责任。会议委员会计算并发布美国、澳大利亚、法国、德国、韩国、日本、墨西哥、西班牙和英国等国家的合成指数和消费者信心指数。目前国际经济周期波动研究的中心仍然是美国经济研究局,其中设有经济循环基准日期定期委员会(The Business Cycle Dating Committee),其职责是确定美国经济周期的基准日期。经济周期波动的基准日期(The Reference Date of Business Cycle)指的是宏观经济波动达到经济周期的高峰和低谷的时点。一旦经济波动到达高峰,开始走出谷底,经济扩张期就开始了。日本的景气指数为内阁府经济社会综合所发布;加拿大和英国是由统计局发布;澳大利亚由国立景气研究所发布;德国和法国都没有正式的发布机构。国际机构主要由经济合作和发展组织(OECD:Organization for Economic Co-operation and Development)每月发布其23个成员国的景气指标。行业的景气指数也很重要[1]。

景气[2]指数是一种实证的景气观测方法。它的基本出发点

---

[1] 高铁梅、孔宪丽、王金明:《国际经济景气分析研究进展综述》,《数量经济技术经济研究》2003年第11期,第158、159页。

[2] 顾海兵:《新范式宏观经济学》,中国财政经济出版社2005年版,第324页。

是：经济周期波动是通过一系列的经济活动来传递和扩散的，任何一个经济变量本身的波动过程都不足以代表宏观经济整体的波动过程。景气分析的方法主要有以下几种：第一，景气指数主要有扩散指数（DI：Diffusion Index）和合成指数（CI：Composite Index）。第二，商情调查方法（Business Survey）。这是一种能够较快地了解经济情况的便捷途径，也称为晴雨表系统。商情调查主要包括三种类型：其一，景气动向调查，其目的主要是了解宏观总体运行状况和趋势，主要调查对象是数量不多但在整个国民经济中所占比重相当大的大中型企业；其二，设备投资意向调查，其主要目的是把握企业未来投资的基本动向，因为投资活动是引起宏观经济波动的重要因素；其三，消费调查主要是了解消费者的消费态度、购买意向等消费动向，特别是消费品需求的循环变动对经济波动起着很大的影响。第三，季节调整方法，也就是从经济变量中剔除季节因素的影响。第四，趋势分解和增长循环。第二次世界大战后，经济波动变得比较平缓了，周期波动中的收缩期变短了，扩张期延长了，同时波动幅度也变小了。于是一些西方经济学家提出了增长循环的概念。第五，主成分分析方法。第六，状态空间模型方法[①]。

4. 协调与制裁

（1）协调

随着世界经济相互依存性的特征日益突出，加强国与国之间

[①] 高铁梅、孔宪丽、王金明：《国际经济景气分析研究进展综述》，《数量经济技术经济研究》2003 年第 11 期，第 158—160 页。

的宏观经济政策的协调[1]已变得非常重要。国际经济协调[2]作为一种政策理论,涉及冲突的策略选择与合作的帕累托改善。宏观经济政策协调的必要性来自各国经济相互依存的事实[3]。国际经济协调[4]指的是每个国家对自己的政策工具进行调整,以实现自己国家的目标同时也实现其他国家的目标,至少不对他国产生不利影响。国际经济政策协调理论的基点是:各国独立制定的经济政策会对他国产生显著的"溢出效应",从而使国家间的宏观经济政策相互冲突,导致单个国家的经济运行受到不利的影响。国际经济协调[5]就是互有利害关系的国家从整体的角度来制定和安排其经济政策,以互惠互利的方式来不断调整与修正各自的经济政策[6]。国际经济协调就是参与国与国之间通过协商来产生国际间制度安排的过程。国际经济协调的三大组织为世界银行、国际货币基金组织和世界贸易组织[7]。在国际经济协调中,发达国家与发展中国家的矛盾日趋激化,国际性的协调机构常常成为发达国家牺牲发展中国家利益的工具,从而弱化了发展中国家对国际

---

[1] 陈长民、李丽霞主编:《国际经济学》,中国人民大学出版社 2004 年版,第 234 页。

[2] See Hendrik Van den Berg, *International economics*, Boston: McGraw-Hill/Irwin, 2004, p. 447.

[3] 陈宪、石士钧、陈信华、董有德编著:《国际经济学教程》,立信会计出版社 2003 年版,第 564—565 页。

[4] 原毅军主编:《国际经济学》,机械工业出版社 2005 年版,第 363 页。

[5] See Michael Carlberg, *International economic pollicy coodination*, Berlin: Springer, 2005.

[6] 刘旭友:《当代国际经济政策协调的新特点与中国的战略思考》,《中国经贸导刊》2004 年第 12 期,第 47 页。

[7] 雷达:《国际经济协调和世界三大经济组织》,《求是》2003 年第 24 期,第 53 页。

性协调机构的信任[1]。国际经济中心城市指的是在世界范围内对全球经济起控制、决策、协调和服务作用的大城市。目前城市群和国际经济中心城市正在兴起。17世纪以来，世界经济增长的中心经历了几次重大的变迁。它首先在英国形成，然后转移到欧洲大陆，再转到北美大西洋沿岸及五大湖地区，目前正在向亚太地区转移[2]。

（2）制裁[3]

近年来，中国的国际竞争力明显增强，中国与其他国家的经济摩擦进入了高发期[4]。广义的国际经济制裁包括所有用于国外行为的强制性经济手段，包括在贸易纠纷中所实施或威胁实施的经济报复措施。作为一种对外政策工具，经济制裁有着悠久的历史。雅典在公元前427年就运用贸易禁运打击麦加拉。20世纪以来，随着经济全球化的发展，其使用频率越来越高[5]。传统意义上的经济制裁指的主要是出于政治目的的经济强制。而从20世纪80年代开始，巴德文（D. A., Baldwin）就认为，经济制裁不仅应该包括出于政治目的的经济强制，还应该包括出于经济目的的贸易战，也包括其他为了获得国内政治支持而向第三方显

---

[1] 刘旭友：《当代国际经济政策协调的新特点与中国的战略思考》，《中国经贸导刊》2004年第12期，第47页。

[2] 刘志广：《制度变迁下世界经济增长极的形成与国际经济中心城市的崛起》，《世界经济与政治》2004年第11期，第62—63页。

[3] 阮建平：《关于国际经济制裁的理论述评》，本题目下资料和转引除特别注释外均来自《世界经济与政治》2004年第9期，第32—35页。

[4] 刘力：《当前中国面临的国际经济摩擦与对策》，《管理世界》2004年第9期，第73页。

[5] 阮建平：《国际经济制裁的效率与外部性分析——兼析冷战后美国对外经济制裁的发展》，《武汉大学学报·哲学社会科学版》2005年第5期，第362页。

示决心，或仅仅是为了进行惩罚等目的而采取的经济强制[1]。但更多的学者，如卡特（B. E. Carter）、帕普（R. A. Pape）和舒维巴赫（V. L. Schwebach）则仍然认为国际经济制裁的目的是超经济的，有别于纯粹出于经济利益考虑的报复措施。哈夫波尔（G. C. Hufbauer）等人强调国际经济制裁背后的政治动机，比如说，在为财产国有化而采取的经济强制背后就有着更重要的政治动机。对此采取的经济强制措施就不同于一般的经济报复。伊利沃特（K. A. Elliott）等人认为，经济制裁还应该包括军事辅助手段，经济制裁往往针对某些已经存在的政策或行为[2]。关于国际经济制裁的争论的焦点是对于经济性质的目标与政治性质的目标的区别的认识。而随着全球化的发展，国际经济政治化和国际政治经济化交织在一起，使严格区分二者的难度加大。

帕普重新分析了他们的关于国际经济制裁研究的案例，结果发现大多数制裁没有成功，在少部分成功的案例中有一半以上包含军事手段的使用[3]。目前主要有三种关于经济制裁的理论解释：冲突预期分析、公共选择分析和信号分析。冲突预期理论认为，在一场危机中，任何一方的退让都会被视为威信的丧失，同时会增加胜利一方的威信[4]。冲突各方通常不愿作出可能影响其经济利益和政治声望的妥协。公共选择分析认为政策是选民、利

---

[1] See David A. Baldwin, *Economic statecraft*, N. J.: Princeton University Press, 1985, p. 9.

[2] See Paul M. Evans, "Caging the dragon: post-war economic sanctions against the People's Republic of China", in David Leyton-Brown, ed., *The utility of international economic sanction*, London: Croom Helm, Ltd., 1987, p. 62.

[3] See R. A. Pape, "Why economic sanctions do not work?", *International Security*, Vol. 22, No. 2, 1997, p. 93.

[4] See Daniel W. Drezner, "Conflict expectations and paradox of economic coercion", *International Studies Quarterly*, Vol. 42, 1998, p. 713.

益集团、政治家和官僚机构这些集团之间博弈的结果[1]。坎波特（W. H. Kaemper）和洛温伯格（A. D. Lowenberg）认为，这种理论能够解释为什么在普遍认为无效的情况下经济制裁仍然被频繁采用的原因[2]。任何政策在一定意义上都是对不同集团利益的再分配，不同集团之间的博弈决定着政策的走向，经济制裁作为一种特殊的集体行动，使财富和权力不仅在发起国和目标国之间进行再分配，而且在各国国内不同群体之间进行再分配，因此必然引起矛盾各方对制裁的不同态度。信号分析理论认为，任何一项对外政策都具有一定的信号功能，通过威胁或制裁，发起国首先向目标国发出了不满的信号。与一般的外交交涉所传递的信息相比较，经济制裁具有更高的可信度，而比军事制裁的成本又少得多。洛萨（K. R. Nossal）认为，经济制裁的动机主要有惩罚、阻止和强制性改变，其中惩罚是首要的。惩罚在造成目标国的心理压力的同时，可以发泄发起国的不满，有利于内在的稳定[3]。

5. 独白：全球性全方位策划

笔者认为，中国在国际经济中的崛起是中国崛起的一个重要方面，而这个方面崛起的影响并不是单面性的，它与中国在政治上的崛起和文化上的崛起是相互关联和相互促进的。而不处理好

---

[1] See W. H. Kaempfer and A. D. Lowenberg, "Unilateral versus multilateral international sanctions: a public choice perspective", *International Studies Quarterly*, Vol. 43, 1999, p. 38.

[2] See W. H. Kaemper and A. D. Lowenberg, "A public choice analysis of the political economy of international sanctions", in Steve Chan, ed., *Sanctions as Economic Statecraft: Theory and Practice*, 1999, p. 158.

[3] See M. Miyagawa, *Do economic sanctions work?* New York: St. Martin's Press, 1992, p. 91.

互相间的关系，则可能产生互相抵触的状况。下文将从相互关联的方式来讨论中国在国际经济崛起方面的全球性和全方位策划。

(1) 整体经济
a. 国家利益最大化

西方的国际经济理论是建立在西方微观经济学的理论上的，而西方微观经济学的理论是建立在人性恶或人性自私的基础上的。从这个角度上看，西方的国际经济解释国家的行为也必然是利己主义的，因为国家是个人的放大。个人的行为是利己的，个人是追求自己的利益最大化的，因此国家的行为也是利己的，国家也是追求本国的利益最大化的。如果中国的国际经济理论倡导的是与西方的国际经济理论所倡导的国家利己主义一样，那么中国的国际经济行为就是毫无伦理价值可言的，也无法解释中国在国际经济中倡导的互惠互利原则。如果两个国家是竞争关系，一个国家可以通过增强自己也可以通过打压对方来获得优势。如此看来，一个国家在自己发展的同时应该尽量压制对方的发展。在有可能使本国获利而使对方受损的情况下，本国没有理由放弃自己的行为，因为放弃了就不符合本国的利益最大化原则。

在国际经济中，国家可以被看做是一个大企业。如果这个大企业把追求利益最大化作为目标，主要存在如下问题：第一，国家的当权者是不是应该把他当权时期的利益最大化作为追求目标。如果是的话，他可以在他的任期内最大限度地耗费自然资源，最大限度地消费，最大限度地出卖国宝。他也不一定要为后代保护中国的文化遗产，因为他们的后代不一定在中国生活。如果不是这样的话，国家就不是追求利益最大化的。第二，国家的当权者是不是应该只考虑在他任内活着的人的利益的最大化。中国是个无神论国家，多数人相信人的生命只有一次。他们不相信来世。如果他们是绝对自私的人，他们就完全没有必要考虑他们死后的地球将会是什么样子的，他们可以为了自己的利益最大限度地破坏自然环境。如果不是的话，国家也没有在追求利益最大化。第三，即便追求国家的利益最大化是可能的，而一个完全自私的国家是没有道德的。一个没有道德的国家和一个没有道德的人一样，其行为是没有道德意义的。如果是这样的话，国家之间也没有必要互相指责，国家也不必指责国际经济秩序是不公正的，因为如果本国强大了也会做同样的事情。第四，如果中国与别的国家一样，追求在国际社会中的崛起，只是为了追求本国的利益最大化，那即便是中国崛起了，国际秩序的性质并不会改变，只是坐庄的国家变了而已。

笔者认为，中国在国际经济中追求的目标不应该是国家利益的最大化，而是国家的公益潜能的最大发挥，这里的公益指的是全球社会的利益。公益潜能的发挥指的是对全球社会有贡献的潜能的发挥。这种追求作为一种经济行为而不是慈善行为，指的是这种行为要有合理收费，但是它不追求危害全球社会的利益。从这个角度上看，第一，中国即便是发达了，也不能只顾本国的环境，不顾他国的环境。不应该把污染严重的企业转移到别的国家。对于污染严重的企业，有的应该取缔，有的应该治理。如果要把这种企业转移到别的国家，也应该帮助他国治理污染。第二，中国不应该追求不公平的利益。即便中国成了在国际社会中起主导作用的国家，中国也不应该制定和维护不公正的国际经济秩序。对于现存的不公正的国际经济秩序，即便能够给中国带来利益，中国也应该对其进行修正。第三，中国的国际经济学倡导的伦理理念应该是节约型而不是消费型的。不仅在生产成本上应该节约，而且应该倡导一种节制物质欲望的经济理论。人类的资源有限，为了子孙后代的幸福，生活在先前时代的人们，应该适度消费，为后来者留下用金钱购买不到的珍贵的自然资源。其实用国家追求利益最大化这种理论，也无法解释西方社会中存在的一些现象。如果人都是自私的，都是追求自己的利益最大化的，那就不应该存在慈善现象。如果国家是自私的，那么就不应该存在国家间的慈善援助。那么国际救助就会被当成是一种间接的自私行为，这种行为不具有道德的意义，从而也就会失去慈善的本意。

b. 顺差问题

一个发展中国家在国际经济中出现顺差不一定是好事，其主要原因是发展中国家的外汇收入主要是靠消耗自然资源或消耗劳力获得的。同样的自然资源，在发展中国家的价格比较低，而在发达国家的价格则比较高。低价变卖自然资源会导致自然资源过度开采，从而导致环境污染。这种买卖只能是在迫不得已或需要投资资金时才出卖。同样的劳动力，在发展中国家比较廉价。一个人靠出卖廉价劳动力，得到的工资是低于他的贡献的。而且因为是低价出售自己的劳动力，因此工作时间就会比较长，劳动收入比较低，劳动保护条件不完善，从而会影响劳动者本人的身体健康，影响他的生活质量，影响他为后代提供良好的教育条件，而这些影响会使贫穷成为一种代际遗传现象，出生在贫穷家庭里的孩子难以翻身。如果一个国家长期依靠廉价劳动力获得外汇，这些人的生活状况一直得不到改善，这个社会并没有得到真正的发展。而靠变卖这些自然资源和廉价出售劳动力获得的钱，应该是用来发展本国的经济的，结果变成了顺差的外汇。当一个国家有顺差的外汇时，那就说明这个国家并没有准备好如何进行资本投资。顺差的外汇贷给了发达国家做投资的资本。发达国家的总体发展速度不快，但是他们投资的高科技企业则是能够赚取高额利润的。这样发展中国家的外汇便成了发达国家用来赚钱的资本。在一个国家的经济高速发展的时候，投资能够赚到更多的利润，这个时候应该贷入资本而不是贷出资本。在没有准备好投资的时候，应该节约自然资源。一个国家也不应该长期依靠廉价劳动力来发展经济，因为这种发展方式对出卖廉价劳动力的人来说有失公平。

c. 经济波动

市场经济通常会有经济波动。在市场经济条件下，要保持经济的平稳发展，必须保证供给与需求的平衡。也就是说，生产出的东西恰好等于需求的东西。而这种理想状况是不存在的，因此必然产生经济波动。从波动的范围上来看，这种波动可能是一国国内的经济波动、几个经济相互关联紧密的国家之间的经济波动或全球性的经济波动。而一国国内的经济波动又可能是地区性的或者是全国性的；可能是某个或某几个行业的，也可能是所有行业的；可能是各个行业同时发生波动，也可能是所有行业相继波动。几个经济相互关联紧密的国家之间的经济波动属于连锁反应。这种连锁反应可能导致全球性的经济波动。这也就是国家之间和全球社会中的相互依存现象，因此国家和全球社会都需要各国通过宏观经济政策的协调来应对共同存在的问题。

当一个国家的经济发生波动时，政府比较强大的国家的干涉力度会比较大。在经济波动的时候，也是国家实施再分配的一个好的时机。这个时候，国家应该遵循救济低层，调整投机分配和根据各个行业和各个人所从事的工作的难度和对社会的贡献状况来调整分配。由于国家之间相互依存，当一国调整本国的经济时可能会损害他国的经济利益。这种损害可能是对原来的不公平状况的调整，也可能是不合理的损害。无论如何，当一个国家拒绝进行协调时，就可能出现经济强制或经济制裁现象。当经济制裁不奏效时，政治力量就会介入经济活动。这样经济与政治就会交错在一起发挥作用。一个政治力量不强大的国家，就可能无法保护本国的合理利益。

（2）权力介入

在国际社会中，一个国家可能会利用权力去掠夺财富或维护不合理的经济秩序，以谋求不合理的利益。在这种情况下，一个需要保护本国的合理利益的国家，一个需要修正不合理的国际经济秩序的国家，一个需要维护修正后的合理的国际经济秩序的国家，也需要用权力来加以制衡。权力指的是人对人的控制。我们可以用一个例子来说明权力。有两个平等的人甲和乙各自在种地。甲只想吃饭，不想种地。甲可以通过杀死乙来获得乙的食物，这种行为是掠杀行为而不是权力行为。利用这种方式，甲不可能继续让乙为自己劳动，因此甲就会产生控制乙来为自己服务的动机。当甲无论使用什么手段乙都不服从，甲对乙就没有能够实现控制，甲对乙就没有权力。有的时候即便甲要乙的命，乙也不服从。在这种情况下，甲就是杀了乙，从权力的角度上看，甲也没有得逞，甲与乙之间没有建立起权力关系。如果在甲和乙的意志发生冲突时，甲通过某种手段控制了乙，使乙服从了自己的意志，这就是权力行为，甲和乙之间就有了权力关系。拥有权力的一方能够实现自己的意志，而被权力控制的一方只能服从这种意志。这种关系能够建立的基础是甲所使用的手段。当这种手段无效时，权力关系就会解除。

根据甲所使用的手段的不同，主要可以把权力分为三大类：经济权力、政治权力、道德权力。当甲想让乙为自己按摩，乙起初是不肯的。当甲支付了一定的费用，乙愿意为甲按摩了，这个时候甲就有了对乙的权力，维系这种权力的是金钱。本来乙是不同意嫁给甲的，但是甲有金钱做手段，乙就可能嫁给甲。这时甲与乙之间是权力关系。当甲没有钱的时候，这种关系就可能会解除。这类以金钱为手段来控制他人的权力，就是经济权力。当甲要让乙为自己按摩，乙起初是不肯的，而甲拿着枪，但乙没有枪，乙因为害怕甲的枪而帮甲按摩，这就是以暴力为手段来实现控制的权力，这就是政治权力。这种政治权力有时比经济权力要有效。只要甲控制着枪，他就能终生享用乙的按摩服务。在使用经济权力时，甲必须失去金钱；而使用政治权力时，甲什么也不用失去。有的人可能用金钱收买不起作用，但是用枪则能起作用，但是用枪容易造成对抗，甲必须时刻提防乙的反抗行为。

当甲需要按摩，甲是个具有美德的人，乙平时因为甲所具有的美德而很崇拜甲，乙可能主动为甲按摩，这就是通过道德来实现控制的道德权力。这种权力来自乙的心甘情愿的服从，因此是最可靠的权力。这种权力从两个方面超越了经济权力和政治权力：一是因为乙是自愿这样做的，因此乙不会感觉痛苦，反而可能从这种行为中感觉到愉快；一是在这种关系中，甲与乙之间的意志冲突不再存在。为别人去按摩，乙是不愿意的，而为了甲却是愿意的。在愿意的行为中就不存在意志冲突了。甲也能够利用美色使乙为自己按摩，但是当甲已经不再有美色时，或者乙对甲的美色已经变得麻木和没有感觉了的时候，建立在美色基础上的关系也就可能解除。因此在所有的权力关系中，道德权力是最稳固的关系。

在国际经济竞争中，经济权力、政治权力和道德权力都会介入。道德权力主要以文化介入的方式进入经济竞争，这个问题将在下文中说明。这里先说明经济权力和政治权力的介入。有的时候，一个国家或组织为了打开他国的国门，或在他国获得政策上的优惠，会通过各种类型的经济援助来实现这个目的。而在实现这个目的后，能够更好地为其在他国的经济活动提供便利。在这种情况下，经济援助可能会以一种慈善的形式出现，但最后服务于获得更多的经济利益这个目的。政治权力也可以用来为谋取经济利益服务。当甲国拥有乙国需要的经济资源，而甲国又不开放，乙国就可能采用军事力量来威胁甲国打开国门。在这种情况下，乙国利用军事力量打击甲国的目的不是要占领，而是要为乙国的经济活动开辟道路，因此打击的力度为正好满足要求为止。

中国在国际经济活动中，也应该使用经济权力和政治权力，但是不应该利用这些权力来谋求不公正的利益。在使用经济权力时，应该把慈善与经济活动分开来。慈善活动应该以建立友好关系为直接目的。在进行经济援助时，应该有良好的项目管理策划，使项目能够产生良好的效果，从而能够更好地实现预定的目标。中国的政治权力只应该用来修正不公正的国际秩序和维护本国的合理利益。这里笔者使用了合理利益而不是合法利益这个词。在国际经济秩序中存在着不公正的现象，而有的国际经济法规是建立在这种不公正现象之上的，因此合法的利益不一定是合理的利益，不合法的利益也不一定是不合理的利益。合理的利益是合乎伦理道德的利益，这种利益是建立在大多数国家公认的基础上的。一个国家在使用经济权力和政治权力的时候，都在塑造着本国在国际社会中的形象。从长远的角度看，如果一个国家要给本国的国民带来荣誉，使本国的国民到什么国家都能够被认同和受欢迎，就必须塑造一种公正和仁义的形象。这也是一个国家能够真正崛起并能维持本国的地位的一种稳固的保障。

（3）文化介入

每个国家都有自己独特的文化。本国的文化越是被他国认同，本国人的活动包括经济活动越能够在他国顺利开展。一个国家的文化指的是本国人创造的物质财富和精神财富，这种财富是根据本国人公认的价值观念创造出来。在文化中，价值指的是有用性。价值物指的是对个人或对社会有用的东西。对个人有用的东西是个人认为有价值的东西。这种东西或者能够给个人带来愉快或是个人获得愉快的工具。愉快来自于对于需求满足，而个人需求的不同导致了个人的价值观的不同。一个人是按照他的价值观的指导去行为的。他追求对个人有正价值的东西，避开对自己有负价值的东西，漠视对自己既没有正价值也没有负价值的东西。人因为具有独特的价值观而具有独立的个性。

同样，一个国家也具有本国的价值观体系。这种价值观体系包括主流性的价值观体系和边缘性的价值观体系。主流的价值观体系通常是本国大多数人认可的体系，本国的政府倡导的通常是这种主流的价值观体系。在这种价值观体系中，本国人的长处通常会得到肯定，而本国的短处通常会被回避，因此本国人在这种价值体系中能够找到好的感觉。一个黑眼睛黑头发的人，在本国的价值体系中能够被当成美女看，而当她到了一个黄头发和蓝眼睛的国度里，在那个国家的价值体系中，可能就只有黄头发和蓝眼睛才被认为是美女。黑头发的人在这里就会找不到在她的本国的价值体系中能够找到的好的感觉。根据这种主流价值观创造出来的财富，就是本国的主流文化。在每个多元化的社会中，都会存在着一些非主流的群体，这些群体有他们自己认同的价值观体系。根据这种价值观体系创造出来的文化，就是边缘性文化。

每个国家传播本国文化的方式不同。西方国家的主流价值观念通常是在其宗教里得到表达的。随着宗教的传播，就能够传播其价值观念。通过这种价值观念的传播，使其国家的人在他国的行为更容易被理解和被认同。跨国公司和电影电视也是传播其价值观念的有效渠道。中国的主流价值观念主要体现在中国的主流哲学之中。随着中国的主流哲学的传播，能够传播本国的主流价值观念。而由于哲学在其他国家的普及程度不如中国，因此其传播的范围没有西方的宗教传播的范围大。而在中国的跨国公司中，还没有形成一种统一有效的能够承载本国的主流价值观体系的企业文化。介绍到国外的电影或电视主要是传统的或边缘化的文化及其价值观念，中国的主流价值观尚未能有效地在世界传播。这对于一个即将崛起的大国来说是个很大的缺憾。没有中国主流文化的崛起，中国就谈不上真正的崛起。如果中国的主流文化没有得到广泛的认同，对中国的精神产品的认同就会出现问题。而在这个知识经济时代，精神产品又变得越来越重要。

第二部分 分领域研究

分领域1：国际金融中的伦理风险

第1章 理论脉络

本章对国际金融中的关键理论问题进行了研究,其中主要陈述了利率和投机、外汇和汇率、理性与非理性问题。在此的基础上,笔者在独白部分从中国的角度提出了投机行业的从业者如何追求精神价值和逃离伦理风险的问题。笔者认为,投机行业的从业者可以通过两种不同的追求而成为两种不同的人。一种人是能够降低本领域的伦理风险的人,而另一种人则是会增加本领域的伦理风险的人。人要逃离伦理风险,首先不能做不道德的事,使自己不成为别人的伦理风险,其次是要使自己具有防范能力,使自己不成为其他人造成的伦理风险的受害者。

1. 利率和投机

资本(capital)是一种被生产出来的耐用品。资本在使用前必须得先生产出来。它需要消耗时间,它是一种间接的生产手段。使用资本品可以提高效率。如果人们愿意储蓄,社会就能够将这些资源用于新的资本的形成,较多的资本存量会将生产可能性边界向外推移,有助于经济的快速增长。高储蓄率和高投资率对经济增长有利。太多的间接投资必然导致现实消费的锐减,但是可以增加未来的消费。在西方的市场经济中,资本主要归私人拥有。个人占有资本，并从中盈利。产权归私人，但产权是有限的。劳动不能被出卖。自己不能把自己卖成奴隶，而只能在某个工资水平上把自己租借出去。货币与资本是有密切联系的，因为购买资本品的资金是通过金融市场筹集的。在金融市场中，一些人的储蓄可以转化为另外一些人的资本品[1]。金融（finance）是指资金的融通，包括资金的流通、借贷和筹措等[2]。

金融资源理论认为，金融是一种资源。它是人类社会财富的索取权，是社会化的资财，具有配置其他资源的功能。国际金融资源是对他国社会资财的索取权，可以用它来摄取其他国家的财富。金融也是有限的战略性资源，具有稀缺性。金融机构是金融资本的载体，金融业务是金融资本的表现形式，而对外投资则是金融资本实现全球配置的手段[3]。资本的本质是追求利润，但是因为不同国家的不同的金融资产存在不同的风险，短期资本寻求的不是收益的最大化，而是收益与风险的最优组合。由于不同的投资者对待风险的态度存在差异，因此收益与风险的最优组合取决于投资者承担风险的意愿[4]。

有形资产（tangible assets）指的是土地和资本品，而金融资产（financial assets）则是一方对另一方的货币要求权。在抵押贷款的情况下，有形资产通常被作为一项金融资产的根据或抵押品。金融资产的重要性产生于储蓄者与投资者之间的不匹配。通

---

[1] [美]保罗·萨缪尔森、威廉·诺德豪斯：《经济学》，萧琛主译，人民邮电出版社2004年版，第26—28页。

[2] 李翀：《国际金融发展的趋势与特点》，《福建论坛·经济社会版》2003年第2期，第5页。

[3] 郭翠荣、张宏：《国际货币制度的自然演进——国际金融资源的合理开发与配置》，《山东财政学院学报》2003年第5期，第36—38页。

[4] 李翀：《国际金融资产组合的选择——论短期国际资本流动的成因》，《广东社会科学》2005年第4期，第51页。

过金融体系机构,可以把储蓄者的资金引向投资者。人们在储蓄时想得到的是报酬,也就是利率(interest rate)。利率机制是市场经济中配置资源的主导机制①。利率是以每年 x% 来表示。资金的实际增值为实际利率(real interest rate),它与以美元计价的投资所能得到的美元收益或名义利率(nominal interest rate)相对应。实际利率是以商品和服务为单位计量的资金的收益,通常等于名义利率减去通货膨胀率。投机(speculation)是通过对有价值的物品或商品进行买卖,从市场价格的波动中谋取利益的一种活动。投机者现在买入商品的目的是在未来价格上涨时卖出以期获得利润。投机者卖出某种商品是因为他觉得该商品的价格不可能再涨了,他们对商品本身并不感兴趣,而只是想以低价买进和高价卖出。投机是一种风险行为,即便是很有经验的投机者也会因估计错误而遭受损失。投机商在社会生活中的作用是把各种商品从数量多的时期转移到商品稀缺的时期。这种转移可能会跨空间、跨时间或具有不确定的自然因素的干扰,即便他们没有看到商品,但是他们在商品数量充足和价格低的时间或地点买进,而在商品数量稀缺或价格高的时间和地点卖出②。

商人在某一市场买入某种商品的目的,是为了运送到另一市场以较高的价格卖出,这种活动被称为套利(arbitrage)活动。由于套利的结果,市场之间的价格差通常不会超过商品在各市场间的转移成本。套利者的活动就是同时与几个城市的经济人沟通,以找出微小的差价。投机者还会在丰收的时候买入和稀缺的时候抛出。他们并不实际地运送这些商品,只是在买卖票据。通

---

① 刘朝等主编:《金融风险与防范》,辽宁人民出版社 2002 年版,第 52 页。
② [美]保罗·萨缪尔森、威廉·诺德豪斯:《经济学》,萧琛主译,人民邮电出版社 2004 年版,第 220、221、167 页。

过套期保值（hedging）可以分摊风险，也就是在买进的同时通过协议的未来交易价格卖出，这是通过作对冲交易来回避价格波动的风险。投机市场不仅在时间和空间上促进了价格及配置形式的改善，而且有益于转移风险，可以提高总效用和分配效率[①]。

2. 外汇和汇率[②]

在国际实物经济的运行中，大都是用一种商品来表示另一种商品的相对价格，这就是所谓的贸易条件或实际汇率。而国际经济的运行除了实物面之外，还有货币面。现代金融必须是国际性的[③]国际金融学，或国际货币经济学是货币资本在国际间周转与流通的规律、渠道和方式，其中以外汇[④]和汇率为核心。在这里产品和生产要素的价格更多的是直接以本国的货币单位或外国的货币单位来表示。国际货币经济运行的主题是围绕外汇展开的。外汇的价格——汇率一直是国际货币经济运行中的一个焦点问题，因为它直接关系到比较利益在有关国家之间的合理分配。而汇率的易变性很突出，其急剧波动经常成为金融危机（甚至经济危机）的导火线。国际社会通过多边协议来对汇率作出合理的制度性安排，并为一定的货币活动确定一些基本的行为准则。

任何的对外经济交往都离不开外汇（foreign exchange）。外

---

① ［美］保罗·萨缪尔森、威廉·诺德豪斯：《经济学》，萧琛主译，人民邮电出版社 2004 年版，第 167—169 页。

② 本题目下资料除特别注释外均参见陈宪、石士钧、陈信华、董有德编著的《国际经济学教程》，立信会计出版社 2003 年版，第 261—307 页。

③ See Prakash G. Apte, *International financial management*, Tata McGraw-Hill Publishing Companry, Ltd., 2002, p. 1.

④ See Joseph P. Daniels, David D. VanHoose, *International monetary and financial economics*, South-Western, 2005, p. 35.

汇指的是以外币表示的用以进行国际结算的支付手段[①]。外汇的概念有广义和狭义之分：广义的外汇包括一切以可兑换货币定值或计价的金融资产或权益凭证，如信用票据、支付凭证、有价证券及外币现金等。有许多国家把黄金、白银和钻石等贵金属也列为外汇管制的对象。狭义的外汇仅指以外币表示的、能够直接用于国际结算或对外清偿的支付手段。因为外汇现钞不能直接在有关银行的外币存款账户之间作划拨转移，因此它不能被列入狭义的外汇范畴。外汇现钞流入他国时，只有在银行柜台上兑换成当地的货币才能购买商品和支付费用。收兑的银行必须将这些外币现钞运送到发行国或到国际金融中心出售或转变成发行国银行里的存款后，才能够用于国际结算。外币股票和外币公司债券只有在国际资本市场上出售变现，并存入外国银行的存款账户中，才能转化为狭义的外汇用于国际结算。

从本质上讲，外汇是用本国具有丰富自然禀赋或相对优势的商品、技术和劳务换来的对别国或别的地区的商品、技术和劳务的要求权。外汇必须具有三个特征：第一，它是有形的外币金融资产。第二，它必须具有可靠的物资偿付保证，并且能够为各国所普遍接受。一国的货币要被外国认可为外汇，其基本条件是该国的经济必须具有相当的规模、其出口商品具有较强的竞争力或者该国拥有丰富的自然资源。第三，它必须具有充分的可兑换性，也就是说该国货币能够自由地兑换成任何其他国家的货币。外汇市场是指货币买卖或兑换的场所。外汇市场有有形和无形之分。更典型的外汇市场是无形的，是通过通讯网络连接起来的交易网络。交易规模在世界上排列前三位的是伦敦、纽约和东京外汇市场。外汇市场比其他任何市场都更

[①] 郭晓晶主编：《国际金融》，清华大学出版社2005年版，第46页。

具有国际性。

如果政府干预外汇市场的目的是为了阻止本币汇率急剧下滑，那么中央银行就会在外汇市场上抛出外币和购进本币，从而增加外汇的供给。但是由于中央银行所掌握的自有国际储备资产在数量上是有限的，因此它产生的影响只是暂时的。进出口贸易同外汇供求的关系最为直接，因为进口外国的商品、引进外国的技术、接受外国所提供的劳务是外汇需求的最终目的，而出口商则是外汇的最终提供者。一般说来，一国货币的贬值会抑制本国的进口，从而减少对外汇的需求。主权国家通常都有本国的货币制度，都在各自的权力管辖范围内发行和流通本国货币。汇率（exchange rate）又称汇价，指的是用一种货币兑换成另一种货币的比率，它是通过政府法令来规定或通过市场供求机制来形成的。它是以本国货币表示的外国货币的价格[1]。外汇作为一种特殊商品，其价格变动也受供求关系的影响。汇率[2]有直接标价法（direct quotation）或应付标价法和间接标价法（indirect quotation）或应收标价法。直接标价法是以一定单位的外国货币为标准，折算成一定数额的本国货币。世界上大多数国家采用这种标价法。间接标价法则以一定单位的本国货币为标准，折算成一定数量的外国货币。

从汇率制度的角度看，可把汇率分为固定汇率（fixed rate）和浮动汇率（floating rate）。固定汇率是通过政府当局颁布法令来决定的汇率。浮动汇率是由市场供求关系决定的汇率。在固定汇率制下，由一国政府或货币当局以法令的形

---

[1] 刘舒年编著：《国际金融》，中国金融出版社2001年版，第22页。
[2] See Roy L. Crum, Eugene F. Brigham, Joel F. Houston, *Fundamentals of international finance*, South-Western, 2005, p. 66.

式正式宣布的其货币对外价值的变化被称为法定贬值或法定货币升值。在浮动汇率制下，由市场供求引导的货币相对价值的变化被称为汇率下浮（depreciation）或汇率上浮（appreciation）。影响汇率变动的因素主要有：第一，进出口商品市场的实际因素；第二，本国和外国的货币供应量、货币的需求、利率和通货膨胀等货币性因素的影响；第三，国际资本流动中的资本项目变动的影响；第四，它能对一国的通货膨胀的变化作出迅速的调整。外汇价格较多地受预期心理因素的影响，这使得汇率运动类似于股票价格运动。因为预期心理具有很大的脆弱性，会因各种突发事件而随时发生变化，所以汇率运动的轨迹同股票指数一样，在相当程度上是无规则的，具有随机性。政治的、经济的甚至谣言都可能改变人们的预期心理，从而导致汇率频繁波动。汇率还会受央行进行的外汇干预以及市场上的投机活动的影响。尽管存在着多种影响汇率的因素，但是一般都是通过国际收支发挥作用的。当一国的国际收支为顺差时，本币汇率就会上升，反之则会下降。

3. 理性与非理性

经济学的理论核心是货币理论，尤其是最近 50 年快速发展的现代金融理论。金融理论的发展是贯穿经济学发展的全过程的非常重要的主线。无论是在凯恩斯之后的现代经济学，还是之前的古典经济学中，金融理论都是其中最核心的部分。20 世纪 50 年代初期，马科威茨创建的组合选择理论将金融理论从宏观的抽象理论转向了面向市场的应用研究，使金融理论逐渐技术化、实证化和微观化，其成果逐渐成为现代经济学中最核心和最主要的内容，其中包括资产组合理论、衍生产品的定价理论及金融工程等①。国际金融市场研究的主流理论是居于理性之上等有效市场假说理论（EMH：efficient market hypothesis）。这种表述最早可以追溯到研究游走模型的法国数学家巴契涅。他认为价格行为的基本原则应该是公平游戏，投资者的期望利润为零。许多现代金融投资理论，如资本资产定价模型（CAPM）、套利定价理论（APT）都是建立在有效市场假说理论之上的②。

有效市场的最基本的表述是：在一个资本市场上，若一个市场的证券价格总是能够充分反映所有可以得到的信息，则该市场就是有效的。这时，实际价格等于基本价值，没有投资者可以得到超额回报。其基本假设是：第一，理性人和理性预期的假设。完全理性意味着人是追求利润最大化的主体，会合理地应用他所掌握的所有信息来作出合理决策，而且还会对未来有一个主观估计，将各种可能性都考虑到。第二，无交易成本、对任何市场参与者信息的获得无成本、所有人对现有价格所隐含的信息的看法无分歧。第三，有效市场的多数实证研究都是建立在线性模型的基础上的。这种理论是亚当·斯密的"看不见的手"在金融市场上的延伸。而行为金融学研究表明，金融市场参与者的行为模式并不总是理性的、可预期的和无偏差的。有的个人投资者的投资行为是非理性的③。投资者并非理性的经济人，而常常有三大心理特征：自信情结、避害优先和从众心理。从众行为是股市泡

---

① 万正晓：《国际金融理论发展趋势与中国金融体制创新》，《社会科学辑刊》2003年第6期，第157页。

② 陈欣、胡智、梁曦婷：《国际金融市场研究方法的逻辑演变——有效市场假说面临的挑战》，《陕西行政学院·陕西省经济管理干部学院学报》2005年第2期，第73页。

③ 李国平：《行为金融学》，北京大学出版社2006年版，第302页。

沫经济形成、膨胀和崩溃的主要原因。概率论建议人们按"大数定律"行事，而在现实中人们更多用的是"小数定律"，即通常会根据自己已知的少数例子来作推测[①]。

4. 独白：逃离伦理风险

在国际金融领域里工作的人，有相当多的人是从事投机行业的人。在这个领域中也有投资人，笔者将在直接投资部分对他们的行为进行研究。下文主要说明的是投机行业的从业者应该如何逃离伦理风险的问题。投机行业的从业人员主要是进行货币和票证买卖的人，因此先需要说明货币及票证的特征，因为货币及票证的特征影响着这个领域的伦理风险的特征。

（1）货币与投机

经济活动需要生产，生产需要购买资本，购买资本的货币多数是在金融市场上获得的。在金融市场上，一些人的货币会变成另外一些人的资本品，这个变的过程就是投资的过程。生产效率的提高依赖于先进的工具。这些工具的购买和研发通常需要比较多的货币。而且能够产生效率的规模经济也需要货币。那么货币是什么？货币从何而来？如果有甲和乙两个人，甲一小时能生产两双袜子或一双鞋子，乙一小时能生产一双袜子或两双鞋子。这两个人就可能产生交换关系。甲能够用两双袜子换两双鞋子，乙能够用两双鞋子换两双袜子。这样甲和乙同样是工作一个小时，

[①] 陈欣、胡智、梁曦婷：《国际金融市场研究方法的逻辑演变——有效市场假说面临的挑战》，《陕西行政学院·陕西省经济管理干部学院学报》2005年第2期，第74—75页。

如果甲需要的是鞋子，而乙需要的是袜子，他们就能够多得一双鞋子或多得一双袜子。在生产袜子和鞋子之前，甲和乙可以发票给对方。每人承诺一个小时后，甲可以拿着两张票来取两双鞋子，乙可以拿两张票来取两双袜子。

这四张票本来是代表不同的物的，但是当这四张票被制造成同样的票时，就看不到背后代表的物。这种同样的票，如果有权威机构认定，就成了货币。当一个小时后，两个人都各自用这种票取了自己的袜子或鞋子，这种交换就完成了。以后甲乙双方还能拿票去取对方的鞋子或袜子。在两个人的生产能力是同样的情况下，在需求是同样的情况下，甲乙之间的交换关系是稳定的。而随着生产能力的变化，甲一个小时能生产四双袜子了，而乙一个小时还是只能生产两双鞋子。这个时候就需要发六张票了。甲拥有四张票，而乙拥有两张票。甲就比乙更有钱了。如果这个时候，票发多了，发了十二张票。那么每张票就贬值了。原来一张票可以领一双袜子或一双鞋子，这个时候要两张票才能领一双袜子或一双鞋子。这就是通货膨胀。如果票发少了，只发了三张票，这样一张票就能领两双袜子或两双鞋子。这就是通货紧缩，所以在通货膨胀时存物比较合适，在通货紧缩时存货币比较合适。

货币都是与物品或服务对应的。从本来的意义上说，人因为需要物品或服务而需要货币。但是由于货币可以成为富裕的标志，有的时候也是能力的标志，而富裕和能力都是人追求的，因此人便有了对于货币本身的需求。在对货币的拥有量上，人有了无限的欲望。人拥有的货币越多，感觉越好，而且因为货币具有流通性强的特征，人在货币不贬值和人的物质需求被满足的情况下，更愿意拥有货币而不是与货币相对应的实物或服务。货币储蓄在家里不安全，人就需要一个储蓄货币的地方。

当一个人自己具有投资能力，自己能够通过投资获得更多的货币，个人就会进行直接投资。但是在很多时候，个人没有这种直接投资能力，而且货币要集中起来才能形成规模生产效应，从而获取更多的利润，这样人就具有了储蓄货币的动机。银行能够把货币集中起来，贷款给有投资能力的人去经营，因此能够付给储存者利息，这样银行和各种金融机构就成了经营货币的中间机构。由于投资者在不同的时期对货币的需求量不一样，受供求规律的影响，利息也就不一样了，金融领域里也就出现了赚取利息差的行为。

在国际金融领域，因为国家之间要进行商品和服务的交换，因此具有了货币比价的问题。如果甲国和乙国都具有某类商品或服务，但是甲国的某类商品或服务比乙国便宜，乙国就会到甲国去购买这种商品或服务。如果甲国和乙国各自都拥有对方需要而本国没有的商品或服务，他们之间也会有交换活动。而由于两个国家使用不同的货币，因此这两种货币之间要有个比价，这就是汇率。由于对于货币的需求的变动，汇率也会变动，在金融领域中也就出现了赚取汇率差的行为。股票是一种投资分利的凭证。因为从投资生产到赚取利润之间有个时间差，在这个时间段里，对于投资收益的估计会发生变化，这样通过买卖股票也能获得收益。货币在本质上与实物和服务是对应的，而经营货币的人并不直接经营实物或服务，他们通过赚取汇率差、利息差或股票买卖差来赚取利润。这种买卖主要建立在预测的基础上，而这种预测又具有很大的不确定性，因此与直接投资比较起来，具有更大的风险，所以属于投机行为。不过尽管这种行为的风险大，其收益也可能比较大，而且能够快速赚钱，因此对人具有很大的吸引力。这种买卖的特征也决定了其伦理风险的特征。

（2）投机与伦理
a. 负面伦理

从事投机行业的人可能成为具有负面伦理价值的人。

第一，有的人完全是自私自利的人，只追求自己的利益和自己利益的最大化。这种人即使对社会有贡献，他们的行为也没有崇高的道德价值。一个完全自私自利的人能够得到的只是金钱。只有人的动机是为社会服务的，这种行为才具有崇高的道德价值。这种行为也才能够为大众赞扬，从而获得被社会认可而带来的幸福感。当金钱能够再回到社会中，去为社会创造更大的利益时，他的行为会得到社会认可，从而获得来自社会的尊敬。有的人在挣到大钱后，会从事慈善事业。有的人挣到大钱后，会过奢华的生活。前者能够得到社会的崇敬，后者可能会被一些具有同样愿望的人羡慕，但是不会得到大众的敬重。

其实生活在社会中的人，活的就是个感觉。人在满足了人的基本生存需要外，人的生活在本质上是精神性的。人为了保持体温穿能够保暖的衣服就行了，但是有人有穿名牌衣服的欲望，因为人想获得他人的羡慕。人为了交通方便，开个普通的车就可以了，但是有人希望开名牌车，主要还是希望获得他人的羡慕。社会认可对人的精神幸福起着至关重要的作用。给人带来精神食粮的艺术在本质上就是高尚的东西。如果一首歌里唱的是：我是自私的，我和你在一起是想利用你，我在幸福的时候会抛弃你，我在困难的时候会缠着你。在这样的歌里，人是不会得到什么精神享受的。而如果歌词改为：我深爱着你，因为幸福和你在一起，在你幸福的时候祝福你，在你困难的时候陪伴你。在这种歌词里，人就能够感受到精神上的价值。

一个永远得不到社会认可的人，不管他拥有什么，都得不到精神幸福。人完全是可以活得高尚一点的。从人性的根本上说，人并不是生来就必然要追求利益最大化。如果追求利益最大化，并不能给他带来快乐和幸福的感觉，他是可以放弃追求利益最大化的。人如果追求公益潜能的发挥，并不会影响他的竞争力，反而更能使他静下心来，专注于自己做的事情，使自己成为对社会有用的人。社会的最高认可来自人对社会有贡献的卓越才能的认可。黛安娜拥有美貌、地位和财富，但是她并不幸福，因为她自己没有一种能够为社会贡献的卓越才能，因此她很自卑，而自卑会带来痛苦。居里夫人很穷，但是她是幸福的，因为她的生活充实，她具有一种能够被社会承认的卓越才能。如果曹雪芹放弃写《红楼梦》，他能够活得长一些，能够过得更好一些，但是他选择了写《红楼梦》。在这本书完成的时候，他会感觉幸福，因为这本书能使他永远活在了人们的心中，他能够得到来自社会的最高的认可。人可能会习惯地认为人是自私的，习惯地认为人不可能高尚，习惯地认为讲道德是在空谈，其实还是因为这些人不知道道德的作用机理，不知道自己幸福的来源。如果说西方的第一次启蒙运动揭示了人是自私的，那么我们需要另一次启蒙运动来说明人为什么是可以高尚的，而且高尚才能真正给人带来幸福的感觉。否则拥有的再多也找不到感觉，人的生活还是会空虚、孤独和寂寞的。

第二，如果一个人完全是自私的，没有精神价值追求，那个人在投机行业中就只认钱。这样钱对他就是至关重要的，这是他工作的全部意义。因为钱那么重要，钱的出与入对他的刺激就很大。当有了巨大的收益时，他就可能会狂喜；而当有了巨大的损失时，他就可能狂怒。这样的人容易变成让人看上去喜怒无常的人，而他的收益更可能是用来满足其奢侈需要。在他遭到失败时，更可能一无所有，因为太自私的人很难有真正的朋友。这样同样的行业，既可以铸造出追求对社会有贡献的优秀才能的发挥的君子，也可以造就出贪图私利的小人。在小人成堆的地方，伦理风险就很大。这些人最容易进行违规操作。他们会利用一切空隙来谋求自身利益。他们可能会隐瞒真实信息，会误导他人，会挪用他人或公共基金来冒险。在一个国家的法律不健全的情况下，这些人更容易通过侵蚀他人和社会利益来满足个人需求，从而成为在人格上让大众厌恶的暴发户。这些人不会真正获得幸福，因为无论他拥有什么，社会都不会认可他的价值。人的精神幸福来自社会的认可。没有社会的认可，就没有个人的成功，只有个人的得逞。

b. **正面伦理**

从事投机行业的人也可能具有正面的伦理价值。

第一，这些投机行为能够对市场的需求起到平衡作用。虽然这些投机行为并不直接牵涉实物和服务的转移，但是因为货币是与商品或服务对应的，因此在转移货币的同时，就有人在转移着商品或服务。它能够使商品或服务的需求与供给更快地实现平衡，因此这种行业是市场所需要的行业。如果说市场能够通过配置资源来促进公益的话，投机行业因为能够使市场更好地运转，因此具有促进公益的作用，因此正规地从事这种行业的人是可以通过这个行业来发挥自己的潜能为社会公益服务的。只要他们的动机是纯正的，他们在按规矩办事，他们的收入不管是不是属于暴发性质的，只要我们承认市场的功能，就应该承认他们的合理收入，并把这种才能视为一种优秀的才能。

第二，投资行业的从业人员也能够具有其特别的美德。本书吸收了亚里士多德的美德观，认为美德就是人所具有的优秀品质，其中包括道德品质和智能品质两个方面。笔者认为道德品质包括责任和诚信这样的底线道德。这种道德对于投资行业的健康发展是至关重要的。从业人员通过自身的道德修养是能够具有这种道德品质的，而且这种道德品质能够使他们的人生具有精神价值。他们不仅是在挣钱，也在这个过程中表现着他们的道德情操。另外，这是个高风险的行业。他们需要具有更强的心理承受能力。他们需要更强的意志力来控制住因瞬间的巨大收益带来的快感，从而能够更快地进入静心的理智状态，以免因为情绪冲动而犯错误；他们也需要更强的意志力来控制住瞬间的巨大利益损失带来的冲击，把情绪调整到平静状态，来迎接下一次理智的决策。在这个过程中，能够铸造出一种很迷人的人格魅力。这种人能够在大喜与大悲之间迅速地恢复理智的平静状态，能够很洒脱。而且他们更能够体会到物质的东西来来往往如过眼云烟，而其中锤炼出来的精神气质则是人在这个过程中真正获得的东西。在他们失败了，可能一分钱也没有了，甚至是负债累累的时候，只要他们还能够保持他们的道德操守，能够很坚强地面对现实，他们体现出来的品格就是具有魅力的。

第三，这种行业是种强脑力和强体力劳动。因为他们从事的工作时刻都具有不确定因素存在，他们时刻都要面对不确定性，因此他们随时都得处在高度的紧张状态。这种紧张状态不仅消耗脑力，而且消耗体力。从人体健康的角度上看，人通常都应该处在精神松弛的状态，这样机体不会过度地消耗，人体不会过度地疲劳。人通常只是在应急的情况下处于紧张状态。在人体处于紧张状态的时候，人体会分泌应急激素来应对紧急情况，而从事这个行业的人随时都处在应急状态，因此容易耗尽体力和脑力，从而可能会缩短寿命。从这个角度上看，承受高风险行业的人，应该在风险承担方面获得利益补偿，这种补偿是合理的，不能纯粹从碰运气的角度来看这些人的工作。我们可以这样来形容这里的工作：就是在一个圈里，肯定会有馅饼落下，人必须进入到这个圈里，才可能获得落下的馅饼。而在这个圈里的人的精神状态与在圈外人的精神状态是不一样的。他们随时都在寻找馅饼可能落下的地方，因此他们随时都在紧张着，而圈外的人则不会有这种紧张状态。

c. 投机队伍

在经济全球化的情况下，中国应该培养一支优秀的投机行业的队伍。他们应该是这样一些人：第一，他们把投机行业作为他们的事业，也就是作为他们成为对社会有用的人的一种手段，他们通过这种职业来实现他们的人生价值。第二，他们有很敏锐的判断力和承受风险的能力，能够心平气和地面对收益的涨落。第三，他们有识别违规操作的能力。他们自己不违规，但是具有识别违规操作的能力，因此不会成为不道德行为的受害者。他们能够通过自己的智能来防范违规者的不道德行为。他们需要掌握各种违规行为的操作方式，但自己不成为违规操作者。第四，他们是中国的道德文化的传播者，他们能够在国际社会中展示中华民族文明精神价值。即便是在利益争夺如此激烈的领域里，中国人也应该遵循君子爱财，取之有道的原则。第五，他们应该鄙视那些因为违规操作而得逞的人。做个堂堂正正的人，心里舒服，这就是得。卑鄙者得利同时得郁闷，高尚者得失但同时得舒心。这就是君子坦荡荡，小人长戚戚的道理。行行可出君子，行行可出小人。一个人在君子堆里为君子，为众君子一员，享受一般君子的快乐。而如果一个人能在小人堆里成君子，他的成功就具有英雄价值。在一个社会动荡的时代里，那些仍然坚持自己的人生信念，仍然为成为一个君子而付出自己的代价的人，即便失败了，这种人生也是具有悲剧性的崇高价值的。悲剧与喜剧都只有追求精神价值的人才有。君子成功了就是喜剧，失败了就是悲剧。而小人成功了不是什么喜剧，人称之为卑鄙；小人失败了，人不称之为悲剧，而称之为罪有应得。

在投机领域，人自己具有道德情操，就降低了对他人的伦理风险。而自己具有识别他人的不道德行为的能力，从而去防范这种行为，这就降低了他人造成的伦理风险。通常说来，在同样的情况下，一个倡导自私自利的国家的投机伦理风险比较大；一个在转型时期法律不健全的国家的投机伦理风险比较大；一个小人成堆的地方伦理风险比较大。判断一个人是否是个自私自利的人的方法，可以看他的计划和他对人对事的态度。学习哲学能够帮助人找到大数定律，哲学在研究静态的事物时，通常把事物分为大多数情况和少数情况。大多数情况也称为一般情况，少数情况也称为特殊情况。哲学承认特殊情况的存在，但是把研究重点放在一般情况上，因为人在面临不确定的情况下决策时，按照一般情况决策成功的概率比较大，因为一般情况建立在大数原则上。哲学在研究动态事物时，通常把事物分为按规律发展和不按规律发展的事物两种情况。不按规律发展的事物，人是无法预测的，而且属于少数情况；而按规律发展的事物是能够预测的，而且属于大多数情况。人在面临不确定的情况下决策时，按通常的发展规律来决策成功的概率比较大，因为它同样是建立在大数定律上的。有的人在做过一件事情后，很会总结经验，就是因为他能从中总结出大数定律。人是知道大数定律更可靠的，但是有的时候还是不得不遵循小数定律，因为他没有能力把握大数定律。投机行业的很多决策都是在不确定性中决策，因此把握大数定律很重要。而哲学就是在把握大数定律上能够帮助投资行业的从业者。当人把握了一种系统的哲学思维后，便能表现出更好的判断力。

第 2 章 发展状况

本章研究了国际货币制度发展的四个阶段,并从金融全球化、金融创新和金融整合以及国际金融中心的发展几个方面,研究了当代国际金融的发展状况。在此基础上,笔者从中国的角度提出了在这些领域逃离伦理风险应该注意的问题。笔者认为中国在金融方面的崛起应该是中国的整体崛起的一个部分,其中应该具有一种具有伦理特征的文化的出现,为此提出了中国在建设一个低伦理风险的金融中心时应该注意的问题,其中指出应该培育金融机构的从业人员遵循两个基本的原则:一个是追求公益潜能的最大发挥的进取原则;一个是防备他人追求利益最大化的提防原则。

1. 四个阶段[①]

国际货币制度是用以确定成员国在国际金融资源开发与配置中的权利与义务和具有法律约束力的规章和制度。国际货币制度

[①] 郭翠荣、张宏:《国际货币制度的自然演进——国际金融资源的合理开发与配置》,本节资料除特别加注外均来自《山东财政学院学报》2003 年第 5 期,第 37—39 页。

的核心问题是设定货币资源的主控权和金融资源的合理开发的约束机制。从19世纪70年代以来，国际货币制度经历了金本位体系（1870—1914）、前布雷顿森林体系（1915—1944）、布雷顿森林体系（1945—1975）和牙买加体系（1976年至今）四个阶段[1]：

（1）金本位制下的国际金融资源的开发与配置。国际金本位制是以黄金为一般等价物的国际货币制度。这种制度从1816年开始首先在英国实行，到1929年的世界经济大危机爆发时结束，黄金成了国际贸易中普遍接受的计价货币和支付手段。各国都具有开发黄金的权利，只是在自然存量和技术水平上存在差异。也就是说，各国在金融资源的开发与配置中的权利与地位基本上是平等的，都能享有金融资源开发带来的收益，即所谓的"铸币税"，其全球配置是通过黄金的输入和输出方式来进行的，纸币的发行要受到黄金存量的制约。在这个时期，各国货币比价受黄金平价的制约，国际汇率安排有典型的固定汇率制的特征，国际金融体系是相对稳定和有效的。

（2）1914年前后，由于经济发展不平衡和黄金产量的严重制约，加之黄金储备在各国间的分布不均，而且随着国际经济交易急剧扩大，需要的货币数量增多，各国相继放弃了金本位制。在随后的30年间，各国货币比价失去了稳定的基础，汇率急剧波动，国际货币秩序极度混乱。

（3）布雷顿森林体系下的国际金融资源的开发与配置。金本位崩溃后，需要建立一个相对统一和稳定的国际货币体制。在第二次世界大战结束前，美国和英国分别从自身的利益出发提出

---

[1] 张礼卿：《国际金融体系：历史、现状与趋势》，《求是》2003年第22期，第58页。

了方案,即"怀特计划"和"凯恩斯计划"。1944年,44个国家在美国的新罕布什尔州召开会议,成立了布雷顿森林体系。由于美国在两次世界大战中发了战争财,拥有世界上的80%的黄金,因此美元取得了等同于黄金的特殊地位,美元与黄金共同成为国际储备货币。其缺陷在于:美元等同于黄金,成为独一无二的国际货币,而美国又拥有美元的货币发行权,可以通过发行美元纸币来实现对他国资源的索取;黄金无法自由流动,因此具有高度的垄断性;而美元的纸币发行不受限制,美国的各类金融资源的开发主体完全享有用美元兑换黄金的权利,而其他成员国只有其中央银行才享有这个兑换权。后因美元危机频繁爆发导致了布雷顿体系的崩溃。

(4)牙买加体系下的国际金融资源开发与配置。布雷顿森林体系解体后,在国际货币基金组织的建议下,在1976年1月,20个国家的代表在牙买加首都金斯敦达成了牙买加协议,其主要内容是汇率安排多样化,黄金非货币化,增加对发展中国家的资金融通等。它彻底废除了黄金对货币发行的限制,浮动汇率合法化,储备货币多元化。其缺陷在于:它使货币由传统的实体财富变成了一种抽象的价值符号,使货币发行量失去了约束机制,为虚拟经济的发展提供了空间;美元仍然居于主导地位和具有特权;浮动汇率加剧了国际金融的动荡性。

自牙买加协定签订以来,国际金融体系在总体上没有发生根本性变化。因为在许多基本问题上至今并没有形成全球性的制度安排,因此近30年来的国际金融体系事实上是处于一种"无体系"状态,其基本特征是:第一,国际汇率制度呈现出以浮动汇率安排为主、多种汇率安排并存的基本格局。目前,全球存在着三种基本的汇率安排:一是独立的浮动汇率安排,实行国家和地区主要包括美国、欧盟、日本和部分新兴市场经济体;二是固定汇率安排；三是中间汇率安排，即各种介于浮动汇率和固定汇率之间的安排。由于美、欧、日在全球经济中占有重要地位，因此它们之间的浮动安排对国际汇率制度具有决定性的影响。第二，国际金融市场在国际收支调节中具有显著的作用。第三，国际资本流动缺乏有效监管已经成为国际金融不稳定的重要源泉。第四，多边国际金融机构的功能存在着严重缺陷，而且具有明显的不公正性。第五，全球性货币金融合作成效甚微，而区域性货币一体化进展显著。第六，美元的金融霸权地位基本依旧，但正在面临挑战。近期内国际金融体系的现状不可能发生重大变化[1]。

2. 金融全球化[2]

全球化是一种过程[3]。大多数学者把金融全球化的表现归纳为对外投资自由化、金融机构的跨国化、全球金融市场一体化、各国金融政策趋于协调化[4]。金融全球化是金融自由化和放松管制的结果，金融机构跨国发展成为潮流[5]。20世纪70年代工业化国家普遍出现了"滞胀"局面。为了摆脱这种困境，从1979年开始，英美等西方发达国家分别采取了以自由化和放松管制为特征的新自由主义政策措施。真正意义上的金融全球化是20世

---

[1] 张礼卿：《国际金融体系：历史、现状与趋势》，《求是》2003年第22期，第58—60页。

[2] 赖志花、张耀伟：《国际积累制度与国际金融体系不稳定性的根源》，本题目下资料除特别注释外均见《地质技术经济管理》2003年第6期，第9—13页。

[3] 丁一凡：《大潮流：经济全球化与中国面临的挑战》，中国发展出版社1998年版，第1页。

[4] 郭翠荣、张宏：《国际货币制度的自然演进——国际金融资源的合理开发与配置》，《山东财政学院学报》2003年第5期，第38页。

[5] 崔满红：《金融资源理论研究》，中国财政经济出版社2002年版，第9页。

纪90年代以来出现的①。到20世纪90年代,几乎所有国家的金融资产数量都超过了这些国家的国内生产总值。20世纪60年代欧洲美元市场的出现,表明金融全球化已经开始。但在20世纪六七十年代,国际金融市场的品种和规模都没有太大的发展。金融全球化的进程在20世纪80年代得到了巨大的发展。尽管当今世界的许多国家都融入了金融全球化的进程,但这个进程是极其不平等和充满等级色彩的,发展中国家和发达国家所面对的收益和风险也是极其不对称的。在金融全球化的过程中,发达国家及其金融机构控制着世界上大多数的金融资产,制定着金融市场的交易规则。当前的国际救援机制也是有利于发达国家及其金融机构而不是保护发展中国家的利益。在东南亚的金融危机中,发达国家的金融机构在危机中的损失基本上被国际货币基金组织的援助所弥补,因为这种机制把债权人的地位放在第一位。而危机国家事实上并没有获得真正的救助,而是被迫接受了一些更加苛刻的条件。

金融全球化②使得自由化改革导致的高利率政策在国际范围内得以维持,各国为吸引资本而纷纷提高利率,导致金融资本大大优于生产资本,企业不再被激励去进行生产性投资,而愿意以各种形式购买有价证券而进行金融投资,从而形成了当前的金融占统治地位的新的积累制度。从20世纪80年代初开始,在发达工业化国家中,利益水平的提高与同期储蓄和投资率的下降并存着,因此形成了一种有利于贷方的力量对比。金融资本的全球化发展呈现出如下特征:第一,规模化。20世纪90年代以来,金

---

① 王子先:《论金融全球化》,经济科学出版社2000年版,第25页。
② See Peter Isard, *Globalization and the international financial system*, Cambridge University Press, 2005, p.245.

融资本的规模扩张呈现出日益加大的趋势。第二，证券化。20世纪80年代以前，国际银团贷款居于主导地位，而国际证券融资的规模很小。80年代以后，各国放松了国际证券投资的限制，国际证券融资成为国际筹资的主要方式。第三，机构化。20世纪80年代以前，国际商业银行是国际金融资本的主要开发主体，而90年代以来，互助基金、共同基金、养老基金和保险公司等成了国际金融资本的主要开发主体和国际金融市场上的主要机构投资者。金融全球化给现行的国际货币制度带来了如下挑战：面对强大的机构投资者，国际货币基金的干预功能名存实亡；发达国家的金融资本实现了全面控制与垄断[1]。

在金融货币全球化的条件下，出现了货币区域化的倾向。目前的货币区有两种类型：一种是由若干个国家组成的经济联盟统一使用货币的类型，如欧元区；另一种是某些国家为了加强与世界各国的经济联系和抑制通货膨胀而放弃本国货币和采用某个发达国家的货币的类型，如美元区[2]。区域货币是货币联盟在交易支付时共同使用的单一货币。而货币联盟指的是在一定的地理区域内的若干主权国家之上建立起的超国家的共同机构，其主要目的是推行货币一体化，从而在联盟内部成立共同的中央银行，发行单一的货币。在对外关系上，区域货币联盟的各成员国作为一个整体，其汇率保持浮动。1999年欧元诞生以来，欧元已经成为能够挑战美元的国际货币。随着金融全球化的发展，实际经济资本的形成缓慢并有增长减慢的趋势，而金融资产总量则有加速膨胀的趋势。金融资产的膨胀速度与实际资本的形成速度之间的

---

[1] 郭翠荣、张宏：《国际货币制度的自然演进——国际金融资源的合理开发与配置》，《山东财政学院学报》2003年第5期，第39页。

[2] 李翀：《国际金融发展的趋势与特点》，《福建论坛·经济社会版》2003年第2期，第7页。

差距越来越大，而要实现金融的收益又离不开实际经济，这种矛盾是国际金融体系不稳定的根源之一。20世纪80年代初，西方主要国家为取得国际货币的主控权而开始推行货币国际化，从而形成了国际货币的美元、日元、马克三足鼎立局面。70年代初，美国流到海外的3000亿美元成了不受任何约束的国际金融资本的种子，反复贷出，再加上美国的赤字美元的输出和日元、马克、英镑等多种货币的输出，国际游资规模急剧膨胀，成为导致20世纪90年代金融危机的主要根源[1]。

2000年以来，国际资本向新兴市场的流动可分为两个阶段：在2000—2001年间，国际资本减少向新兴市场流动；2002年至今，国际资本大量向新兴市场流动。跨境银行贷款在1993—1996年间增长较快，流向东亚市场多于流向拉美市场；而1997—2002年间持续下降，而且流向拉美市场多于流向东亚市场。东亚债券的发行量远大于拉美和东欧，而1997年以来，东欧债券发行增速快于东亚和拉美。2002—2003年间，外国资本净流向美国债市和股市的数量仍在增加，而净流向日本债市和股市的数量由正转负。2001年以来，流向新兴市场的直接投资基本稳定，流向拉美新兴市场的规模有所下降，但流向东欧和中亚的规模有所上升。从资本流入所占GDP的比重上看，中国台湾地区和新加坡的比重最高，流向中国的股权资本和直接投资占较大比重[2]。

目前维系着美国与东亚之间的经济稳定增长与持续繁荣的金融体系正面临崩溃的危险。劳伦斯·萨默斯（Laurence Sum-

---

[1] 郭翠荣、张宏:《国际货币制度的自然演进——国际金融资源的合理开发与配置》，《山东财政学院学报》2003年第5期，第39—40页。

[2] Hung Q. Tran:《国际资本流向何处》，《中国外汇管理》2005年第1—2期，第56页。

mers）把这种摇摇欲坠的金融体系称为金融恐怖平衡（Balance of Financial Terror），其主要含义是：第一，金融恐怖平衡特指太平洋地区的金融平衡。东亚货币与美元挂钩，美元的主导地位为东亚提供了相对稳定的金融环境。美国旺盛的国内需求为东亚提供了巨大的市场。东亚通过对美贸易积累起巨额外汇储备。东亚不断购买美元资产，压低美国利率，支持了美国的国内消费和进口，为美国持续而庞大的财政与贸易赤字融资，使美国免受经济紧缩之苦。这样跨太平洋之间的金融平衡维系着东亚与美国之间的经济平衡。第二，长期以来美国一直是世界经济的引擎，而近年以来东亚尤其是中国正在迅速成为世界经济的增长中心，因此跨太平洋的金融平衡不仅维系着除日本以外的东亚美元区的金融平衡，而且关系到整个国际金融体系的平衡。第三，这一金融平衡正日渐"恐怖"，因为亚洲经济体不得不购买更多的美元资产，同时美国的财政和经常账户赤字将会不断增加从而加剧金融失衡，使美元资产面临缩水的巨大风险[1]。

因此这种金融平衡中潜伏着危机：第一，在平衡的表象下有着严重的失衡，其主要表现是美国的"双赤字"处于历史高位并继续扩大。第二，这种平衡随时可能被打破，因此具有脆弱性。美国联邦财政赤字的80%以上依赖于国际上对美国债券的购买。美国吸收了世界其他地区储蓄总额的六分之一，其中最大的资金提供者依次为日本、老欧洲、中东和除日本以外的亚洲地区[2]。在这四大支柱中，只要有一根出问题，整个金融平衡将被

---

[1] 江涌：《"国际金融恐怖平衡"与美国的金融陷阱》，《现代国际关系》2005年第7期，第52—53页。

[2] See Martin Wolf, "A dangerous hunger for American assets", *Financial Times*, December 8, 2004.

迅速打破。第三，这种平衡具有奇特性，也就是穷国给富国融资。印度和中国这样的国家已经成为美国的资金提供者，推动着世界历史上一场最奢侈的消费运动①。这些国家迫于政治和经济上的原因不得不保持这种平衡。第四，平衡打破的后果很严重。经济全球化是北美、欧盟和东亚这三大经济区为主要推动力的。欧元的启动使欧洲经济越来越独立于美元的影响，形成了广义的欧元区。东亚地区的日元国际化程度严重滞后，使东亚新兴经济体多与美元挂钩，日本经济又深受美国经济的影响，因此东亚实际上依旧是美元区。美元区的经济规模超过世界经济总规模的一半，因此是维系国际金融稳定的基础②。目前国际金融体系需要一种新的平衡③。

3. 创新和整合

国际金融的最新发展动向是出现了金融创新和金融整合。

(1) 金融创新

国际金融创新指的是国际金融业务的创造性的变革，其中包括新技术的运用；新工具的应用；服务方式、业务范围和市场的拓展；组织制度和管理制度的变革等。金融创新能够为技术创新

---

① See Eduardo Porter, "Another drink? sure. China is paying", *New York Times*, June 5, 2005.
② 江涌：《"国际金融恐怖平衡"与美国的金融陷阱》，《现代国际关系》2005年第7期，第53页。
③ See Marc Uzan, ed., *The Future of the international monetary system*, Edward Elgar Publishing, Ltd, 2005, p. 1.

提供巨额资金①。金融制度创新是金融制度变迁的主要方式之一②，20世纪七八十年代以来，西方国家相继推出了上百种金融创新工具③。金融创新工具是把金融工具原有的特性进行分解后再重新组合起来，使之更能适应新形势下的汇率、利率波动风险以及套期保值的需要。目前的金融创新工具主要有四种类型：第一，风险转移型的工具。这指的是各种能够在经济机构之间相互转移内在风险的新工具和新技术，如期权、期货交易、货币与利率互换交易等。第二，增加流动型工具，其中包括所有能使原有的金融工具提高表现力或可转让性的金融工具和交易技术，如长期贷款的证券化等。第三，信用创造型工具。这指的是所有的能使借款人的信贷资金来源更为广泛或使借款人从传统的信用资金来源转向新的来源的工具，如票据发行。第四，股权创造型工具，如可转化债券等④。

a. 冲击的体现⑤

国家货币主权是国家主权的重要组成部分，国家货币主权原则是国际金融法的一项基本原则。金融创新的发展对国家货币主权的冲击主要体现在：

第一，对国家货币发行权的冲击。传统的货币政策是建立在资金流量可测性基础上的，这就要求货币的流动性与投资性划分明确。而金融创新使交易账户与投资账户之间的界限逐渐消失，

---

① 汪澄清：《金融创新论》，经济科学出版社2003年版，第73页。

② 国世平主编：《金融创新：香港经验》，社会科学文献出版社2005年版，第2页。

③ 徐琼、孙梦云：《发展国际金融创新工具的战略选择和立法保障》，《江西社会科学》2003年第4期，第161页。

④ 同上书，第161—162页。

⑤ 刘丰：《金融创新对国际金融法的挑战》，本题目下资料除特别注释外均来自《兰州学刊》2005年第3期，第166—167页。

导致中央银行难于观测本国金融流量的结构。金融创新还削弱了中央银行控制货币供给的能力。国内资金在国内货币政策趋向紧缩时将转向欧洲货币市场，从而绕过本国中央银行对国内货币的控制。金融服务的同质化使经营活期存款的金融机构越来越多，它们都具有货币派生能力，使货币创造主体不再限于中央银行和商业银行，而是趋于多元化，这也使脱离货币政策和监管范围的业务和机构越来越多，从而会降低中央银行控制货币的能力。融资证券化使存款越来越多地用于证券投资，存款准备金机制覆盖面变小，削弱了货币控制的基础。

第二，对国家实施外汇管制权的冲击。在金融创新过程中，产生了大量的具有强烈的货币性质的金融创新工具与电子货币等，很难阻挡这些货币替代品的自由兑换。加之离岸金融市场和货币衍生工具的大力发展，私人资本能够绕开本国金融当局的管辖，规避本国法律的管制。

第三，对国家货币主权独立性的冲击。在网络化的情况下，金融创新工具、电子货币等货币替代品的无国界使用，使国家独立管理本国货币的权力受到了挑战。网络银行的发展，打破了传统银行在地域上的限制，使东道国许可外国银行进入的权力受到了冲击，而且也能逃避本国的金融监管。传统的监管标准主要是针对信贷风险的，而金融创新使金融机构面临其他风险，如利率风险、操作风险、法律风险等。传统的金融监管方式主要是审核分析金融机构的财务报表，而表外业务并不反映在财务报表中。金融机构还可通过衍生工具在财务上弄虚作假。金融创新还打破了银行、证券、保险和信托完全分离的状况，使得不同金融机构的业务越来越难区分，职能分工越来越不明显。

金融创新还对金融机构、金融市场和金融体系的稳定性形成了挑战。20世纪90年代以来，几乎每一场全球性的金融风暴都与金融创新有关①。金融机构通过创新工具和业务把风险转移给愿意承担的一方,但从总体上看,仅仅是转移和分散了风险,并不意味着减少风险。金融机构在利益的驱动下,可能会在更广和更大的数量上承担风险,金融本身的交易风险也非常大。由于衍生交易成本低,用同样的资本能做数倍于现货市场的交易,因此这种交易具有很高的杠杆,可能的盈利与亏损程度都相当大。金融创新导致的系统危机的风险主要有电子风险、伙伴风险和信用风险。计算机联网导致的风险可能是系统性的,伙伴关系使其中的一方出现问题时就可能产生连锁反应。由于信息不对称问题的存在,某个金融机构出现的信用危机会引起大众对其他金融机构信用的怀疑。

b. **虚拟和衍生**②

在金融创新中出现了虚拟金融和金融衍生产品。虚拟金融(virtual finance)一方面指的是资金融通的无形化、数字化和电子化。这种意义上的虚拟金融主要体现为资金融通方式的虚拟化,也称为电子金融(e-finance)或数字金融(digital finance)。另一方面,虚拟金融指的是资金融通的虚构化,也就是说出于风险转移和信用创造等动机,对从传统的金融品种中衍生出的虚构的金融品种进行交易,主要体现为资金融通工具的虚拟化,也称为虚构金融。信用卡是首创的电子化意义的虚拟金融工具,它是发行机构向消费者提供消费信贷的凭证。在20世纪70年代以前,信用卡本身只是一种信用凭证,没有记忆系统。接受信用卡的消费行业需要把支出的收据集中起来到银行进行结算,因此信

---

① 周道许编著:《金融全球化下的金融安全》,中国金融出版社2001年版,第226页。

② 李翀:《国际金融发展的趋势与特点》,本题目下资料除特别注释外均来自《福建论坛·经济社会版》2003年第2期,第5—6页。

用卡并没有成为虚拟金融工具。而到了 70 年代初期，银行研制出了磁卡信用卡，有记忆和识别系统，从而使信用卡成为了虚拟金融工具。

资金的流通从 20 世纪 70 年代开始也趋于虚拟化。70 年代中期，银行之间已经开始用电子资金传送系统（EFT：electronic fund transfer）进行资金的转账。在银行用磁卡制作信用卡后，零售商开始采用电子销售点系统（EPOS：electronic point of sale）。这实际上是银行向顾客发放电子贷款，资金的流动表现为电子数字的流动。在 20 世纪 90 年代后，利用互联网传送和融通资金的做法有了很大的发展，真正的电子金融时代从此宣告开始。电子金融的两种基本方式是：B2C 电子金融即企业对消费者的电子金融和 B2B 电子金融即企业对企业的电子金融。目前在互联网的支付系统中使用的支付工具主要是网络货币（internet money）和信用卡。网络货币指的是存在于互联网中的货币，分为数字现金和数字支票两种形式。数字现金需要用传统货币购买，数字支票则是由银行提供，但以顾客的活期存款为保证。金融虚拟化提高了资金融通的效率，增强了金融资产的流动性，使企业有了更多的规避风险的方法。但是虚拟金融工具的产生增加了金融管理当局监管的难度，加剧了金融市场内在的不稳定性。

随着金融市场的发展，金融市场本身产生了风险转移和信用创造的需求，于是从传统的金融工具中不断衍生出虚构的金融工具。这些金融衍生工具是一种协议或一种权利，它们都是虚构的金融资产。它们不仅不受商品生产和交易以及信用货币数量的制约，而且也不受债务工具或权益工具数量的制约。衍生产品以高风险著称[1]。20 世纪 90 年代至今的十余年是发达国家资本市场

---

[1] 郑振龙主编：《衍生产品》，武汉大学出版社 2005 年版，第 12 页。

上金融衍生品花样翻新、衍生品市场趋于成熟的重要时期,从传统金融工具衍生出来的金融工具以远快于传统金融工具的速度发展着,金融衍生品是金融革命的核心。近年来,出现了庞大的衍生品市场,一种 OTC 的衍生品——信用衍生品——也在迅速发展。这是个更年轻和更富有开创性的市场。从市场的组织方式上看,金融衍生品市场包括交易所和柜台交易(OTC)市场。金融衍生品交易所主要从事标准化合约交易,是连接现货交易、对冲者和投资者的基础平台。OTC 市场可以提供量身定做的衍生品,具有灵活性,其交易量在世界衍生品总交易量中占有很大的比重,但成效效率和价格发现功能要低于衍生品交易所。在竞争中,一种新的 OTC 市场——另类交易系统(ATSs: Alternative Trading Systems)应运而生,使金融交易有脱离经纪商的中介作用之势[①]。

金融衍生品市场的监管包括事前监督和事后监管;官方监管和行业自律;国内监管和国际监管。交易所市场更多地接受官方监管,场外市场(OTC)主要依赖行业自律。行业自律包括事前和事后两个方面。事先的行业自律的规则来自国际互换和衍生产品协会(ISDA)为 OTC 产品制定的相关规则。事后监管主要是指各自律机构对金融衍生产品交易中出现的问题和发生的争议进行处理的过程。OTC 市场主要是由民间规则制约的,这些规则来源于 ISDA。ISDA 是成立于 1985 年的全球性行业协会,目前有来自 41 个国家的 550 个机构会员,它包括三级会员:主要会员、辅助会员和一般用户。主要会员只限于交易商,而且只有主要会员拥有投票权,可以成为 ISDA 的官员,在其中起主导作用

---

① 安毅、梁建国:《国际金融衍生品市场的最新发展及国内相关研究评述》,《经济界》2003 年第 6 期,第 72—73 页。

的是大型交易商。美国的芝加哥商品交易所（CME）、芝加哥期权交易所（CBOE）、芝加哥期货交易所（CBOT）、伦敦国际金融期货期权交易所（LIFFE）、欧洲期货交易所（Eurex）等著名的金融衍生产品交易所都在金融衍生品的行业自律中发挥着重要作用。官方监管主要依据的是公共法律和法规。在美国，官方的监管机构主要是证券交易委员会（SEC）和商品期货交易委员会（CFTC）[①]。

金融衍生产品市场是一个国际化的市场，这就决定了其监管必然是国际性的。许多学者研究了监管与金融创新之间的关系[②]。除了 ISDA 在 OTC 市场的自律监管中发挥重要作用外，有的国际组织还提供监管倡议，发布各种指导性文件。这些国际组织主要有巴塞尔委员会、国际证券委员会（IOSCO）和 30 国集团。在今后的一段时期里，对金融衍生产品的监管将出现的趋势是：国际监管和国际合作将加强；非官方的行业自律的重要性将继续增强；企业内部的风险控制将上升；企业经营的金融衍生产品业务和风险管理的透明度要求将提高。由于金融衍生产品发展迅速，交易品种很多，外部监管难以囊括所有产品。另外还存在着"监管套利"的现象，也就是金融机构利用兼管中存在的漏洞进行牟利[③]。

（2）金融整合

近半个世纪以来，全球经济界的并购和整合已经成为不可遏

[①] 刘妍芳：《多向监管、协调发展——国际金融衍生产品市场的监管和发展趋势》，《时代经贸》2003 年第 6 期，第 60—61 页。

[②] 戴建兵等：《金融创新与新金融产品开发》，中国农业出版社 2004 年版，第 8 页。

[③] 刘妍芳：《多向监管、协调发展——国际金融衍生产品市场的监管和发展趋势》，《时代经贸》2003 年第 6 期，第 61—62 页。

制的浪潮。企业通过收购、兼并、接管和重组等运作来实现规模经济效应①，加速扩张和实现全球发展目标。由于并购有能够实现高效率的特征，因此并购是资本市场的永动机的说法越来越被业内人士广泛接受。人们通常认为通过整合可以使资源趋向于最佳使用，从而增加公司的价值②。与产业界类似，近几十年来，全球金融业的整合也是风起云涌③。随着全球金融一体化的发展，混业经营已经成了国际金融业发展的主导趋向，金融业内的各部门间的界限日益模糊，大型金融集团和跨国金融企业不断涌现④。全球金融业近年来并购之风盛行，增长速度很快，并购的行业主要是以银行为主，行业并购和国内并购占绝对主导地位，而且并购的地区分布集中，北美和欧洲在其中居于主导地位。金融机构进行并购的主要原因之一是通过规模和范围经济（scale economy and scope economy）来提高效率和市场定价力量。并购产生的大公司更容易获得能够节约成本的技术，能在更大的基础上分散已有的固定成本来降低平均成本，能够通过扩大地理和产品的分散化程度来降低风险，能降低税收负担，能以更低的价格获得投入的资源以降低成本，能够用更有效率的管理层来替换原有的效率低下的管理层，能更好地服务于大客户，能创造出多样化的产品和服务来满足客户的多样化需求⑤。

---

① 魏成龙：《中国金融创新路径》，中国经济出版社2005年版，第139页。
② See Jensen Michael C., "Takeovers: folklore and science", *Harvard Business Review*, vol. 62, Nov.-Dec., 1984, pp. 109—120.
③ 陈婕、胡鹏：《从国际金融整合看金融业的新发展》，《国际关系学院学报》2003年第2期，第22页。
④ 杨明辉：《国际金融监管体制的比较和我们的选择》，《经济导刊》2005年第6期，第36页。
⑤ 李雪莲、张运鹏、安辉：《国际金融并购十年回顾分析》，《南开经济研究》2003年第5期，第54—56页。

金融整合指的是金融机构之间的兼并、收购、接管、重组、所有权结构变更和公司控制等。从理论上讲,任何金融机构都存在着整合的可能性。在当前经济全球化和金融自由化的大背景下,一家金融机构在国际市场上是否具有竞争力,往往要看这家金融机构能否通过整合的方法及时获得有效的领先优势[1]。1990—1999年间,在全球发生的7000多起金融机构整合事件中,一批超大型的"金融航母"诞生了。金融机构的并购主要在国内发生,美国的金融机构的并购举动在全世界是最快最多的,花旗银行与旅行者公司的合并就是一个典型的例证。在合并后,它能够为客户提供高质量、全方位的金融"超市服务",成为名副其实的"全能银行"[2]。强强联合后,金融企业的国际竞争力大增。并购后的金融企业日渐向全能化、网络化方向发展[3]。2005年亚洲的并购活动增加了69%,创历史之最,以金融业的并购活动尤为突出[4]。

国际金融业整合的原因主要是:第一,IT产业的发展。IT技术的进步使现代银行业的操作成本比过去降低了一百倍不止,而且金融机构越大就越能享受IT产业带来的便利;第二,全球化的趋势使金融机构的跨国合并更容易发生;第三,管制的放松给金融机构的并购提供了合法性;第四,金融危机后发展中国家的政府意识到本国金融机构的问题而限令整合;第五,能节约成本;第六,能够增加收益和降低风险;第七,能够有效发挥对金

---

[1] See J. Fred Weston, Brain A. Johnson, Juan A. Siu, *Takeovers, restructuring, and gorporate governance*, Prentice Hall, Inc., 2001, p. 46.

[2] 陈婕、胡鹏:《从国际金融整合看金融业的新发展》,《国际关系学院学报》2003年第2期,第22页。

[3] 颜剑英、朱衍强:《国际金融并购与中国金融安全》,《兰州学院学报》2005年第2期,第84页。

[4] 参见《国际金融大事记》,《国际金融研究》2005年第7期,第78页。

融市场的影响力，比如说做利率的引导者等[1]。在国际金融企业的并购过程中，收购企业与目标企业在企业文化方面存在着显著的不同，需要加以整合。金融文化整合的类型主要有两种：第一，松散型企业文化整合，可分为平行式和模糊式两种模式。平行式指的是在同一企业的旗帜下，保持两种文化的独立性。这种模式有助于保持品牌名称，便于对金融服务进行管理，但加大了协调和控制的难度。模糊式指的是被并购的企业员工放弃了原企业的价值观，却又不认同并购企业的文化，员工的价值观和行为处于无序状态。第二，渗透型企业文化整合，可分为吸收式和混合式两种模式。吸收式指的是并购方的企业文化取代了被并购方的企业文化，其最极端的情况是强势企业派出自己的经理取代原企业最高管理层。混合式则是经过双方的渗透和妥协，形成了包容双方文化要素的混合文化，其目的在于取双方文化之长。文化整合的过程是一个动态的博弈过程。双方的文化都会在吸收对方营养的过程中，逐渐从博弈状态转为共生状态[2]。

4. 金融中心

当前跨国公司和金融财团已成为国际金融市场的运作者，其分支机构遍布全球。国际金融中心通常是跨国公司和金融财团的

---

[1] 陈婕、胡鹏：《从国际金融整合看金融业的新发展》，《国际关系学院学报》2003年第2期，第22页。

[2] 朱宝明：《国际金融企业并购中的企业文化整合模式及启示》，《中国金融半月刊》2003年第10期，第57页。

总部和区域总部的所在地①。国际金融中心指的是金融机构和金融市场聚集、有实质性金融活动发生的城市②。从19世纪伦敦国际金融中心成立至今，国际金融市场经历了从集中到分散，又从分散到集中的过程。金融体系的产生通常有两种途径：需求反应和供给引导。与之相对应，国际金融中心的产生有：自然形成模式和国家（地区）建设模式。自然形成模式的主要环节是经济增长、金融市场发展、金融制度变化、金融供给变化、金融中心形成，典型的模式主要是伦敦和香港。典型的国家建设模式有东京和新加坡③。

最早形成的最主要的国际金融中心是伦敦国际金融中心。20世纪70年代之前，只有少数国家如美国、瑞士对外开放其金融市场。20世纪70年代以后，除了原有的自然发展起来的国际金融中心，如伦敦、纽约、巴黎、苏黎世、法兰克福等开始迅速扩张外，在政府的推动下又建了一批国际金融中心，如新加坡、巴林、巴哈马等。同时，在较为自发的状态下，东京、香港等国际金融中心也开始崛起。到20世纪80年代，在国际上已经形成了多元化、多层次的国际金融中心。20世纪90年代，一些亚洲国家的城市如曼谷、马尼拉、吉隆坡也开始努力成为地区性国际金融中心。90年代以后，金融自由化使衍生金融业务迅速增长。金融自由化的发展，尤其是衍生金融业务的快速膨胀，要求国际金融中心要有先进完备的基础设施、高素质的金融人才和科学规

---

① 王浩：《跨国公司地区总部与国际金融中心互动研究——兼论跨国公司在上海设立地区总部的吸引力营造》，《上海金融》2005年第7期，第33页。

② 段军山：《国际金融中心成长因素的理论分析及在上海的实证检验》，《上海金融》2005年第7期，第16页。

③ 胡方荣、张恒安：《国际金融中心的发展历程及特征》，《合作经济与科技》2005年第3期，第42—43页。

范的管理制度，而这些条件都只有那些金融业务历史悠久和实力强大的金融中心才具备。因此衍生金融业务的开展使金融业务重新回到了几个大型国际金融中心。目前金融业务主要还是集中在伦敦、纽约和东京这三个国际金融中心[①]。

伦敦金融业不仅历史悠久，而且采取了许多措施，从而确立了它在国际市场上的绝对主导地位，继续保持其"金融首都"的地位。伦敦至今仍然是世界著名的银行业中心，而银行业主导着金融业。伦敦还是全球最大的国际保险中心。伦敦有全球最国际化的证券交易所，也是全球最大的场外金融衍生交易市场，并能提供全球种类最齐全的专业化航运服务。伦敦国际金融中心能够确立的主要原因有：强大的国力支撑；其经济国际化程度或开放程度是最高的；有高素质的金融专业人才，许多金融业的精英都曾在伦敦接受过高等教育；有完善的基础设施；有各种形式的金融创新；有政府政策的扶持[②]。

国际金融中心的主要特点是：有便利的交通和发达的基础设施，优越的地理与时区位置；以国内或区域内发达的经济发展水平为依托，经济发展的市场化、国际化和金融市场的自由化水平都达到了相当的水平；有完善的金融市场结构，规模空前的成交量；有大量的国内外金融机构的聚集，金融中介服务体系发达；有宽松的环境和严格的法律体系；所在国或地区的政局十分稳定[③]。国际金融中心衰落的原因主要有：第一，未能及时抓住国

---

① 胡方荣、张恒安：《国际金融中心的发展历程及特征》，《合作经济与科技》2005年第3期，第42—43页。

② 秦淑娟：《伦敦国际金融中心的发展对上海建设国际金融中心的启示》，《集团经济研究》2005年第4期，第187—188页。

③ 胡方荣、张恒安：《国际金融中心的发展历程及特征》，《合作经济与科技》2005年第3期，第43页。

际金融市场发展的机遇;第二,监管不力而导致银行业危机,过度自由化会导致混乱;第三,在国际金融风波决策中失误;第四,对问题银行前景判断失误;第五,被主权国家的不守信行为的风险所摧毁,这种风险不但会摧毁一个金融机构、一个金融中心,甚至会摧毁一个国家;第六,缺乏国力和经济支撑从而无法维持已形成的金融中心;第七,过于严格的金融限制会导致国际金融中心地位的动摇;第八,国家整体金融开放程度对该国的国际金融中心有重要的影响;第九,国际金融中心所依存的经济体规模具有重要的影响;第十,具体政策的约束对国际金融中心的功能有制约作用;第十一,地理位置有很重要的影响[①]。

  国际金融中心成功的重要原因主要有:第一,国家强大为坚实的基础。荷兰的阿姆斯特丹比英国伦敦先成为国际金融中心,但英国的强大使伦敦后来居上。第二,完善的金融机构系统和金融工具是金融中心的核心。伦敦成为金融中心后在银行业务和金融工具上的领先地位,使欧洲其他金融中心无法对其形成挑战。第三,国家的货币地位是一国金融中心的重要支柱。美元的地位成为纽约国际金融中心发展的支柱。货币的不完全可兑换是建立国际金融中心的障碍。第四,需要有必要的与时代相适应的技术条件。国内电报和跨越海底的电缆的发明对伦敦和纽约金融中心的发展起到了很重要的作用。第五,外资金融机构有获得进入本地区的渠道。香港在1966—1978年间成了国际金融中心,当时外资银行可以通过以100%的股权收购香港注册银行或开设接受存款公司的这两种途径进入香港银行业。这两条途径对香港成为国际金融中心的起步具有关键意义。当然对外资金融机构也需要

---

  ① 张幼文:《国际金融中心发展的经验教训——世界若干案例的启示》,《社会科学》2003年第1期,第28—30页。

在获得国民待遇的情况下具有可控性。第六，金融的开放程度对吸引外资机构进入具有至关重要的作用。它不只是反映在外资机构的市场准入方面，而且反映在外资金融机构的可盈利性方面。在一定的发展阶段，国民待遇或超国民待遇都是必要的。税收优惠是超国民待遇的一种方式，但不是唯一的方式。第七，专业的人力资源是国际金融中心发展的必要条件。这里说的专业人才不只是金融人才，还包括律师、会计师、经济师、精算师、系统分析师、管理顾问、工程技术人才和软硬件人才等[①]。

5. 独白:逃离伦理风险

本书对国际金融的发展及现状进行了研究。在此基础上，笔者将对上面研究过的各方面中的伦理问题进行探讨。笔者认为，为了降低相关的伦理风险，中国一方面应该建构一种新的国际金融伦理秩序，一方面应该防范本国无法改变的现存的伦理风险。

(1) 建构新秩序

从货币制度的发展上来看，由于黄金的非货币化，黄金将越来越变成一种稀有商品，而不再具有货币的性质。在经济全球化的条件下，全球经济的协调发展需要一种全球性的货币。这种货币应该是由全球性机构通过全球各国协商后统一发行。全球社会需要有一个能够组织这种协商，并能够保证这种协商的结果能够实施的权威机构。这个时期的到来，还需要相当长的一段时间的演化。这样就出现了一个全球经济的协调运行需要统一货币，而

---

① 张幼文：《国际金融中心发展的经验教训——世界若干案例的启示》，《社会科学》2003年第1期，第27—28页。

现实无法满足这个需求的矛盾。这种矛盾的暂时解决方案就是用一种全球通用的国家货币来充当全球通用的统一货币。目前几种硬通货币正在竞争，最终将会有一种货币发挥全球通用货币的功能，目前美元暂时领先。从未来的发展状况看，什么国家的经济发展最强劲，什么国家的货币就有可能成为这种通用货币。一个国家的货币能够担此重任，是一个国家的金融在国际上是否真正崛起的标志。

而当用一个国家的货币作为一种全球通用的货币时，蕴含着一种伦理风险，因为货币的发行权在国家手里。在这个国家的经济发展平稳和本国经济没有强有力的挑战者时，为了保持其货币的通用性和稳定性，这个国家会保持这种货币的稳定。而在这个国家的经济发展出现问题，尤其是在这个国家的经济地位即将失落的时候，这个国家就可能滥发货币，从而导致严重的通货膨胀，使全球经济体系发生地震，使大量持有这种货币的国家严重受损。为了防范这种行为带来的后果，在掌握通用货币国家的经济发生巨大困难和当另一种货币将上升为通用货币，而原来的通用货币的地位将被替代时，要特别防范这种不道德的行为的发生。另外，从总体上说，这种通用货币总是在膨胀，只是膨胀程度不同而已。在本国经济发展不需要这种货币的时候，没有必要大量存储这种货币，而在本国的经济发展快的时候，也不应该存储而是要尽量多地使用这种货币，在可能的情况下可以利用贷款。

在目前国际金融的正规领域，发达国家主要是伦理风险的制造者，而发展中国家主要是他们制造的伦理风险的受害者。当一种制度不公正时，这个制度就在创造着伦理风险，主导这种制度的机构就是伦理风险的创造者。目前的国际金融机构主要保护的是发达国家的利益，在面临金融危机的时候，受损失的主要是发展中国家。发展中国家用高利率贷款发展的主要是输出原材料的产业。原材料价格本来应该是低的，但是因为不公正的经济秩序的存在，使原材料的价格低到了不合理的程度。高科技产品本来应该是价格高的，但是因为垄断的原因，使高科技产品的价格高到了不合理的程度。再加上金融货币的高利率，使得发展中国家在经济全球化的过程中，获取了不公正的利益。这种不公正的制度，使得发达国家的利益被最大化了，而发展中国家的利益被最小化了。在强弱相争的时候，强者利益的最大化，意味着弱者利益的最小化。发展中国家甚至为了获得货币而变卖自然资源，其中不仅没有赚取到利润，还做了赔本买卖。这些国家还因为出卖自然资源而破坏了环境，从而造成了更高的成本。

中国在金融方面崛起的过程中，应该塑造一个公正的大国形象。即便在本国处于优势地位，能够获取更多的利益时，在利益分配中，也不仅要考虑本国的利益，而且要考虑给予合作方合理的利益，不趋强凌弱。中国应该使本国的美德形象不仅体现在文化领域，也要体现在国际金融领域，使中国成为一个君子之国，仁道之国。西方国家不相信一个国家会真正具有仁道，他们只相信国家是追求利益最大化的，这与他们的道德文化有关系。而中国具有相信国家可以有仁道和必须有仁道的道德传统。每个国家要组成一个系统而不是一个堆，必须有等级秩序，因为一个分工系统一定是个等级系统。而这个等级系统需要一套社会倡导的价值观念来让人各就各位。这套价值观念不是人生来就具有的，而是需要从外面输入的。要能使这种价值观念输入，并成为人的信念，才能指导人的行为。而这种价值观念不是可以用鞭子抽入的，而是需要得到人的认可。这样一个社会需要根据其倡导的价值观念提出一套能为社会认可的规则，这些规则就是伦理规则。而把这些伦理规则细化为规范人的行为的规则，这就是道德规范。

当道德规范成为人的信念和行为的一贯指南时，人就具有了社会需要的道德品质。当人们具有了社会需要的道德品质，一个社会就能够和谐稳定地发展，这个时候就形成了和谐的伦理秩序。因此每个国家都离不开一整套建立在一定的价值观念基础上的伦理和道德体系。要把这套伦理道德体系安装到人的头脑中，需要向人们说明道理。中国和西方采用了不同的道理来说明伦理道德体系的必要性，而且在其中道德对于人来说的重要性是有差别的。

西方国家的道德信仰的源头在古希腊。古希腊的神虽然有特别的能力，但是他们在道德上与凡人一样有问题，因此无法产生道德权威，而社会是需要道德来维持稳定的。古希腊的道德哲学家把目光转向了自然，企图用自然的秩序来说明社会的秩序，从而说明人为什么需要道德。当时的人靠农业吃饭，因此对自然有一种敬畏。而希腊是个开放的岛国，与中东和埃及有贸易关系，也就有文化交流关系。这种关系使希腊哲学家发现不同的国家面对同一片天却具有不同的善恶观念，于是难以用自然秩序来说明社会秩序，这样出现了苏格拉底把目光转向研究人类社会的本身的善的问题。当时出现的智者派，因为看到了道德的相对性的一面，从而把道德推向了相对主义，这样使善恶变得不分明。他们可以把善的辩成恶的，把恶的辩成善的。

在古罗马时代，这个帝国征服了道德文化差别很大的国家，而帝国的统治需要把一套统一的价值观念安到人的头脑中去，帝国采用了希伯来人的上帝来作为传道的工具。希伯来的上帝与古希腊的神不同，它是全知、全能、全善的。上帝不是人变来的，人永远不能和上帝一样伟大。上帝与古希腊的神也不一样，上帝是能够作为人的道德榜样的。上帝能够实现德福一致。在古希腊时代，亚里士多德很系统地说明了美德能够给人带来幸福的理论。在他的理论中，他所说的道德能够给人带来的主要是精神上的幸福。但是这种理论给人提供了一种善有善报,恶有恶报的思路。当人们把这种报理解为物质上的报时,问题就出现了,因为在现实社会中,善可能会有恶报,恶则可能会有善报。能够保证善有善报和恶有恶报的只能是上帝。而因为上帝是虚拟的,上帝也就不可能给予现实社会中的人德福一致的保证,这样就需要有灵魂不死和天堂与地狱来保证每个人的德福一致。在这里,道德被看成了人上天堂的工具。这样道德就成了与人性本身无关的东西,人想上天堂才有必要遵从道德。人被看成是有罪的、渺小的和自私的。这就培育了一种人性自私的文化,使人不再相信或不太容易相信人会没有什么目的而遵循道德。因此在资本主义时期,当西方国家用社会契约论来替代上帝传道时,霍布斯提出的人性恶的思路比卢梭提出的人性善的思路具有更大的影响力。人性是自私的,这成了西方自由主义、西方国际经济学和西方国际政治学的一个基本出发点。

而中国则有着不同的道德文化。中国古代的神话时代的尧、舜、禹都被看做是道德榜样。儒家把道德看成是来自天道的,而天道来自民意。儒家的主流思想家认为,人性是善的,人可以通过道德修养而成为圣人,人能够与天地一样伟大。道德是人的立身之本。人无德则不是真正的人。对一个人的德的否定,就是对这个人的否定。儒家的荀子提出过类似西方的以人性自私为基础的社会契约论的思想,但是这种思想没有在中华文明中起主导作用。杨朱提出过拔一毛可利天下也不为的思想,这种思想在中华文明中也没有起到过主导作用。中国的传统文明一直就是把道德当成人是否能够成为人的标准,因此这种文化不可能把人性自私接纳为主导观念。国家是个人的放大。中国人因此也不会允许本国在国际社会中为了利益而做不道德和不名誉的事情。

道德性是中华民族的民族性。如果在国际社会中国家与国家之间都是狼对狼的关系,那么哪只狼处于主导地位又有什么关系呢?如果中国失去了其道德性,中华民族的崛起也就毫无意义了。德国人比日本人容易承认其在历史上犯下的错误,这主要是因为德国人没有把道德看得那么严重。日本人受中国的儒家文化的影响比较大,把道德也看成一种立身之本。如果日本人在道德上被否定,其民族士气会受到致命的打击。一个民族如果把道德看得那么重,最好的方式就是不要犯道德错误,而不是在犯了错误后拒不承认。中国在崛起的过程中,不能犯道德上的错误,否则会给未来的中华民族带来永远洗刷不清的污点。物质性的东西忍忍没有什么关系,失去了还可以再获得。在国际金融领域中,当中国能够起主导作用时,应该保持公正,成为国际社会中的一个公正样板。

(2) 防范之方

由于国际金融比较复杂,因此相关方面的知识贮备不足或对伦理风险的防范意识不足,都可能成为伦理风险的受害者。中国人走向国际金融领域,面对的强手主要是来自西方社会的追求利益最大化的人,其中有一部分人没有来自道德良心方面的约束,他们只是不会做害了别人无法逃脱法律制裁的行为。如果他们感觉到利益足够大,而且做完以后能够以某种方式逃之夭夭,犯罪的动机就会产生。目前中国也存在着这么一批人。这些人通常鄙视道德,认为道德都是空话,对人不会产生什么实质性的影响。这些人通常会通过欺骗、隐瞒信息、违规操作或设下陷阱来使他人成为受害者。他们通常都是技能高手,而且在得逞后能够干净利落地逃走。这种人会认为人都是一样的,别人不那么做只是因为他们没有能力或机会那么做,以此来安慰他们的良心。

其实不少犯了罪的人都是在犯罪后才感觉到良心的存在的。

不管一个国家是用什么方式来教育其国民，无论如何它都是要求人们用一定的道德规范来规范自己的行为，因为没有这种规范，整个社会会不稳定。如果所有人都没有道德，社会生活会充满冲突。而这种道德规范通常是在无意识中就被安装到人的头脑中的，这些规范就成了他们判断善恶的标准。当一个人隐姓埋名地逃到了一个没有熟人的地方，他的不道德行为不会得到来自社会舆论的谴责和法律的制裁，但是他只要是没有失去意识，他的头脑里存在着的那种善恶标准就会一再谴责他自己。人可以欺骗所有人，可以找借口为自己开脱，但是永远欺骗不了自己。所以在人干了违背道德规范的事的时候，他的内心就开始变得阴暗了，他就不再有普通人具有的那种灵魂的安稳。有的人就是因为经受不住良心的折磨而成了精神病人，有的人则悔恨，有的人则用各种兴奋剂来麻醉自己，有的人则去做善事力图安慰自己的良心。而这都是事后的反省，这些人对他人的伤害是存在的，因此要随时防备这些人的侵害。

国际金融领域与其他领域不一样，与这里的业务人员打交道的很多人是看不见的，无法判断对方是什么样的人。在这种情况下，应该假设对方是追求利益最大化的人，也就是说自己在技术操作上的任何漏洞都可能成为对方攻击的对象。对方也同样会把自己看成是个追求利益最大化的人，因此也会在技术上严密防守，以防止自己被攻击。但是这里倡导的道德标准应该是中国的古训，害人之心不可有，防人之心不可无。即使别人把自己当贼一样防着，自己也不应该当贼，但是自己要防备贼来偷。这种思路与西方经济学的人都是追求利益最大化的假设不同。这个假设不仅假设了人是追求利益最大化的，而且认为人也都是应该追求利益最大化的，在西方经济学的模型中，每一方都被当成了追求利益最大化的人。

在这里所说的防备别人是追求利益最大化的人,是说别人可能是追求利益最大化的,而自己是不应该追求利益最大化的。而且也不是所有人都是追求利益最大化的,而是在不确定的情况下,把别人当成追求利益最大化的人来防备比较安全。锁是防备小偷的,但是人不能认为所有人都是小偷。一个人去别人的家,看到别人家的门是锁着的,他本人也不会认为他人把自己看成小偷。也不能因为世上有小偷,自己就应该当小偷。而且当自己认定别人不是小偷时,自己可能让那个人来帮自己看家。这样一个进入国际金融领域的人,为了防范伦理风险,首先要弄清自己需要掌握什么样的技术手段,其次在任何情况下都应该先假设对方是追求利益最大化的人,自己不能在任何一个地方出现疏忽。不能因为是熟人而忽视一些应该办的手续和应该签的字。做每件事前都应该从技术和伦理两个方面思考一下,事后也应该在技术和伦理方面回顾一下,把自己的经验及时记录。

在中国的私人金融资本具有一定实力的时候,中国应该加强对这些金融资本的管理,防止这些金融资本家为了牟取私利而破坏弱小国家的金融秩序,从而导致这些国家发生金融危机。在国际金融领域,应该把私人行为与国家行为区分开来。国家行为一直要保持纯正。国家对于私人的行为应该有褒有贬。对于优秀的行为给予赞赏,对于不良行为给予贬斥。不能因为这些金融资本家是中国人或因为他们能够给国家带来利益就姑息迁就。从中国目前的发展状况来看,人民币区会不断扩展。中国应该让人民币在成长的过程中稳健发展,而且不要让它犯道德错误,从而使它成为一种具有文化价值的品牌。当中国是以高科技产品和服务业的产品为主导产品的时候,中国是应该向全世界融资的,可以采取赤字战略。看一种金融体系稳不稳,不只是要看一个国家是否采用了赤字政策,而是要看这个国家的经济发展是否能够支持这种赤字政策，要看造成赤字的原因是什么。国家就像一个大企业。有的大企业发展状况和前景很好，这个时候它大量贷款投资，它是能够付清这些贷款的，它的发展是稳定的。而有的企业发展状况和前景都不好，这些企业即便没有贷款也是不稳定的。

中国的国际金融中心不仅应该具有先进的硬件措施，也应该有一种带有伦理性的人文措施，使生活和工作在其中的人员能够感受到温暖，并创造一个低伦理风险的金融中心。为了建立这样的金融中心，在伦理体系方面应该：第一，在金融机构外部提供自由和平等的环境，简化操作手续，使之方便快捷。对大小企业给予同等的待遇，不厚此薄彼。应该为金融创新提供方便条件。第二，为金融机构的慈善活动提供良好的环境。以适当免税的方式鼓励企业进行慈善活动。慈善活动不是针对某个人或某个机构的。应该由操作规范的基金来统一为了某种目的管理慈善基金。慈善活动能够更好地拉近金融机构与大众之间的关系。第三，在金融机构内部应该提倡两种原则：其一是鼓励员工追求公益潜能的发挥，并为他们发挥这种潜能提供培训条件和给予他们施展才华的机会。不提倡员工追求利益最大化。其二是培养员工的警惕性，让员工以他人追求利益最大化的假设为原则行事，这样可以起到防护作用。人能够管住自己，但管不住别人。因此在对别人时，应该有所提防。在不清楚对方的人品的情况下，不能轻易地把买卖建立在信任基础上。第四，应该把责任和诚信作为员工具有的基本道德品质加以考评。不具备这种素质的员工，无论业务多好都应该考虑解聘，因为这种人的存在对于金融机构来说是很大的隐患。第五，应该有一整套服务规范。特别应该注意的是应具有真诚的热心和微笑的服务，而不是看上去很正式，但却严肃、拘谨的服务。

第3章 几个焦点

本章研究了国际金融中的金融风险、风险防范方式、融资方式和中国在国际金融方面的发展状况。在此基础上，笔者说明了国际政治中的不道德现象可能导致对金融风险的影响；还说明了中国目前存在的问题综合征对股市的影响。中国的股市迟早是要国际化的，目前中国的股市低迷是中国的问题综合征的一种反应。股市是否能够兴旺与企业的经营状况和企业的道德状况是相关的。而企业的发展状况和道德状况又与人们对国家的发展前景的看法是相关的。大众对国家的变动把握不准，缺乏安全感，就会把钱当成唯一的依靠，这样就会出现为了钱而犯罪和突破道德底线的做法，这种做法的存在导致了中国的总体伦理风险比较大，金融领域也难免受到这种伦理风险的影响。为了逃离伦理风险，国家应该综合问题综合解决，从总体上降低伦理风险。个人则应该随时防备他人的不道德行为带来的损害。

1. 金融风险

（1）风险分类[①]

金融风险指的是产生金融损失的不确定性。国际金融风险的

[①] 吉学军：《国际金融风险及其表现》，《探求》1998年第2期，第34—36页。

基本特征是连锁反应，其风险类型主要有汇率风险、国家风险和结构风险。汇率风险指的是因两国货币汇率变动给交易双方带来经济损失的可能性，又可分为交易风险、结算风险和评价风险。外汇交易风险指的是由于进行一种货币与另外一种货币之间的买卖而产生的风险。外汇银行每天都在经营着各种外汇买卖，而每种外币的买进和卖出的数额除了偶然巧合外又不可能完全相等，这样便存在着超卖或超买现象。超买或超卖的部分即风险头寸是随时可能因汇率变化而遭受风险损失的货币额。企业在进行对外投资或借用外汇资金时，也要承担外汇汇率发生变化的外汇风险。结算风险指的是以外汇计价进行贸易和非贸易交易时，因为将来结算所适用的外汇汇率没有确定而产生的外汇风险。这种风险从签订合同时就开始了，一直持续到实际结算时。评价风险也称为折算风险或会计风险，指的是企业在进行会计处理和进行外汇债权、债务结算时，对于必须换算成本币的各种外汇计价项目进行评价时所产生的风险。

狭义的国家风险指的是对外从事信贷、投资和金融交易时，因借款国的环境或政府政策等因素的变化，使借款者无法偿还债务或延期偿债而造成的损失。只有个人或私营企业无法控制，而政府能够控制的事件所导致的损失才是国家风险，可分为政治风险、社会风险和经济风险。政治风险指的是因为一国的国内外关系发生重大变化而产生的风险，主权风险是政治风险的一种形态，社会风险指的是一个社会因为发生内战、种族冲突、宗教纠纷、分配不均或社会阶层之间的对立等因素而造成的风险。社会秩序的混乱或不稳定会影响经济的发展和政府的经济政策，并进一步影响一国政府和居民的偿债能力。经济风险指的是一国国民收入长期低速增长等因素造成的风险。国际社会的实践表明，一个国家长期不能履行偿债义务或陷入危机，大多是因为经济因素导致的。

外资结构风险指的是在吸引外资的过程中，由于外资投向不合理而产生的风险，主要可分为长期资本流动和短期资本流动的不合理两种类型。长期资本流动指的是一年以上的资本流动，包括直接投资、证券投资和国际贷款三种方式。国际直接投资指的是投资者把资金投入到另一个国家的企业，并因此获得对这些企业的管理参与权或控制权的投资。国际直接投资会带来一揽子的资源转移，包括实际资源、生产技术、销售关系和管理知识等的转移。国际证券投资也称为间接投资，指的是投资者在国际证券市场上购买中长期债券或在股票市场上买卖外国企业的股票的一种投资活动，证券发行者可从中获得大量国际资金。国际贷款主要指的是一年以上的政府贷款、国际金融机构的贷款和国际银行的贷款。短期资本流动指的是一年或一年以下的货币资金、财务资金和信贷资金的流动。短期资本流动的影响通常比较大，可能加剧外汇投机，加剧国际信贷市场的波动等。

(2) 风险传递与起因

国际金融风险[1]的传递途径主要有四个：第一，价格传递。这里的价格指的是资本的价格即利率和资本的相对价格即汇率。当一个国家提高利率并在本国与他国之间形成较大的利差时，资本便会蜂拥而来，资本外逃的国家在外汇市场上就要承受巨大的压力。而当一国的汇率下降时，该国的出口竞争力加强，使得与该国出口结构相似的国家为维持本国产品的出口竞争力，而有意使本国的货币贬值。第二，机构传递，其中主要包括两种情况：

---

[1] 张培刚：《农业与工业化：农业国工业化问题再论》中、下合卷，华中科技大学出版社2002年版，第303页。

其一，所在国的机构支付困难甚至倒闭，从而影响所在国与母国的同一系统的分支机构或总部。其二，一国的债务机构支付困难甚至倒闭，而他国的债权机构对此债务机构的借贷比重过大，因此在经营上会陷入困境。其三，人为传递，主要表现为投资家兴风作浪。其四，人心传递，也就是说如果一国的机构的信誉下降，会降低他国同一个系统的机构的信誉。另外一国货币的贬值也会降低他国人们对这种货币的信赖度。上述几种国际风险的传递途径并非是单一和截然分开的，而是常常结合在一起的[①]。

产生国际金融风险的原因主要有[②]：

第一，先进的科技手段在国际金融业务中的广泛使用。由于应用了数据处理和通讯技术等现代科学技术，全球各大金融市场已经被联结成一个24小时连续营业的统一大市场，从而对国际金融的发展起到了巨大的推动作用，但也进一步加大了金融风险，其中包括：其一，机器故障风险。风暴、地震等自然灾害会导致计算机网络不能运转，从而导致交易失败和数据丢失。其二，计算机犯罪问题。利用计算机病毒等方式人为地破坏网络运行和以计算机为工具非法获利等行为，在西方已屡见不鲜。2005年6月22日，美国发生了历史上最大的泄密事件，约四千多万张信用卡用户资料被"黑"[③]。其三，透支风险。电子交易发达，使透支也变得越来越容易。其四，增加了投资风险。由于全球计算机交易网络联通，使大规模的金融交易可以在极短的时间内完成，为投机的发展打开方便之门，加剧了国

[①] 宋之晖、邓波：《国际金融风险的传递途径》，《经济论坛》1999年第17期，第15页。

[②] 许虹：《国际金融风险的成因及其防范》，《理论界》2003年第4期，第44—45页。

[③] 参见《国际金融大事记》，《国际金融研究》2005年第7期，第78页。

际金融的动荡。

第二，金融创新的迅速发展[①]。金融创新的初衷是为了转移和分散风险，却带来了新的风险，比如说：其一，"套利基金"与"衍生金融工具"带来的风险。"套利基金"又叫"借贷投资"，指的是用借来的贷款进行投资活动的一种新的金融交易行为。投机者可以用极少的自由资本进行大规模的投机活动。一旦投机失败，会造成破产并引起连锁反应。"衍生金融工具"是一种复杂的投机方式，它不是以有价值的股票、债券等为投机对象，而是以利率、外汇、证券等基本资产的价值变动中派生出的价值为投机对象。其二，"表外风险"带来的风险。表外风险指的是没有在银行的资产负债表上反映出来，但是又可能转化为真实负债的项目所带来的风险，例如借贷承诺、借贷担保和期货等。其三，竞争与业务同质化带来的风险。由于金融创新的发展，各种金融机构之间的业务范围越来越接近，从而出现了金融业务同质化的趋势，使金融市场的竞争越来越激烈，从而促使各个金融机构进行进一步的金融创新，从而形成了恶性循环，使国际金融风险越来越大。

第三，巨额国际游资的存在。这些主要以欧洲货币为表现形式的巨额流动资本，纯粹以追求高额投机利润为目标，流动性极强，并且基本上不受任何国家货币政策的管束与制约，游荡于各个国际金融市场之间，一旦发现机会则会蜂拥而至，从而给金融市场造成严重的冲击。

第四，发展中国家经济的脆弱性。发展中国家往往成为世界经济链条中最薄弱的一环，当国际金融发生动荡时会首当其冲地

[①] 向新民：《金融系统中的脆弱性与稳定性研究》，中国经济出版社 2005 年版，第 161 页。

发生问题。

布雷顿森林体系瓦解后，世界上发生了六次国际金融危机，其特点主要是：第一，涉及面广，几个国家和地区同时爆发或受到影响。20世纪80年代由债务危机引起的金融危机，首先影响的是墨西哥，以后扩大到拉丁美洲和撒哈拉以南的非洲等五十多个国家。东南亚金融危机从泰国席卷到马来西亚、印度尼西亚、菲律宾、韩国、日本及中国的香港和台湾地区。巴西的金融危机的"桑巴效应"波及整个拉丁美洲。第二，覆盖面大，从发展中国家扩展到工业新兴国家和地区及发达国家。在国际金融危机到来时，受害最深的往往是发展中国家。而近三十多年来，亚洲工业新兴国家和地区及发达国家也相继发生了国际金融危机。1998年9月的美国金融风波，其影响范围远远超过东南亚危机。第三，对经济的破坏性增强，受灾国经济下降幅度增大。第四，发生危机的间隔时间缩短[①]。

1997年发生了东南亚经济危机。这次危机产生的很重要的原因之一是未受到有效监管的国际资本的流动。直接引发这场危机的导火索是大量资本抽逃，而在此前必然有外资大量流入。1993年以来，美国有大量的外资流入，成为资金净流入国；日本的资本外流有减少的倾向，注入东南亚国家的国际资本的主力只能来自欧洲。欧盟为启动欧元而执行的五项趋同标准使得各国采取了紧缩政策。居高不下的失业率和不确定的经济前景使欧洲资本大量流出。而此时，由于东南亚国际货币主要与美元挂钩，对欧洲各主要货币升值，造成了这些国家的经常项目逆差突然增大。恰好这时，来自欧洲的资本正好涌入，使这些国家的国际收

---

① 周炼石：《当前国际金融风险的特征》，《世界经济研究》1999年第3期，第12—14页。

支保持了基本的平衡和一定的顺差。大量涌入的外资掩盖了过分高估的本币,使得实质经济与虚拟经济之间的差距越来越大,最终酿成了金融危机①。

所有发生金融危机的亚洲国家都存在着金融业的道德风险问题。许多亚洲国家的金融机构的债务是由政府担保的,使金融部门的道德风险问题变得十分严重。金融机构过度发放风险贷款,会创造出资产价格泡沫。长期以来,一些亚洲国家政府严重地干预银行业务,把银行当做政策工具之一,命令银行贷款给效益低下的企业。在贷款过程中,"走后门"的现象屡见不鲜,资金流向不明,银行体制不透明,不良债权问题严重。银行债务由政府担保会产生严重的道德风险问题。美国储贷会崩溃是一个经典的道德风险案例:储贷协会的存款人得到美国联邦储贷保险公司的担保,即使储贷协会破产,存款人也能取回他们的存款,因此存款人就没有监督储贷协会如何使用资金的积极性。在经济景气时,储贷协会会把存款人的钱投入高风险行业,而经济不景气时,储贷协会则纷纷破产,只能由政府用纳税人的钱去偿还贷款②。

2. 风险防范

与其他的产业相比较,金融产业的基本特征是:第一,存在更严重的信息不对称。在取得信息的能力上,金融机构往往比其客户更具有优势,大的金融机构往往比小的金融机构更具有优

---

① 张江帆:《看防范国际金融风险》,《经济论坛》1999年第5期,第7、8页。
② 倪克勤:《论国际金融风险与国际金融危机——从道德风险和资产泡沫视角的考察》,《财贸经济》2000年第4期,第25—26页。

势，因此客户容易产生不信任心理，使得整个金融产业敏感度极高。第二，更需要高度的规模经济。金融产业，尤其是银行业的平均利润率较低，就更要求整个产业高度的规模经济才能生存发展。第三，金融产业的社会普及面广，影响力大。第四，各国政府对金融产业的监管影响其规模经济和范围经济。由于金融业，尤其是银行业的特殊性使各政府对其进行了严格的兼管和全面的保护[①]。

(1) 国际性防范

国际组织、国际法、监管机构都在国际金融风险防范中起着一定的作用，托宾税也是为了分散国际金融风险而提出的。国际货币基金组织是协调会员国的汇率政策的货币合作机构，其工作重心是促进国家间的货币合作和会员国的短期收支平衡，缓解国际收支危机。属于世界银行集团的国际复兴开发银行是开发性机构，其基本职责是向会员国融通资金，引导投资方向，促进发展中国家经济长期稳定增长，侧重于对发展中国家资本不足的扶持。WTO是一个全面规范、调整各国贸易政策与贸易关系的全球性贸易组织，目的在于促进国际贸易自由发展。也就是说，世界银行调动资金来帮助和支持低收入国家的脱贫和持续发展；WTO则提供引导各国采取非歧视的贸易政策和减少贸易壁垒的机制，从而促进效率和经济的增长；国际货币基金组织提供短期融资用于帮助那些宏观经济失衡的国家[②]。

国际货币基金组织（IMF：International Monetary Funds）于

[①] 陈婕、胡鹏：《从国际金融整合看金融业的新发展》，《国际关系学院学报》2003年第2期，第24页。

[②] 白艳：《WTO与国际金融组织关系的协调与发展》，《福建政法管理干部学院学报》2003年第4期，第18页。

1997年12月公布了面向发展中国家的金融统计准则,其全称为"数据公布通用系统"(GDDS:General Data Dissemination System)。2002年1月1日,中国人民银行代表中国正式加入了GDDS。这是广大发展中国家进行金融统计合作的平台,而且有助于预测金融危机的来临。GDDS主要涉及财政、金融、对外和社会人口等统计部门[1]。另外国际金融风险投资专家协会(GARP:the Global Association of Risk Professionals)能对通过金融风险管理师国际执业考试的人授予金融风险管理师称号。国际金融风险投资专家协会成立于1996年,目前拥有来自135个国家的三万多名会员,是世界上规模最大和最具权威的风险管理国际组织[2]。

国际金融法是国际金融发展到一定阶段的产物。不同时期国际金融关系的发展水平不同,使得国际金融法的发展具有阶段性的特点。20世纪80年代末以来,国际金融法进入了自形成以来最为活跃的发展期,其主要特点是:第一,内容和范围有较大的拓展,跨国金融服务的法律规则应运而生,国际金融法的各项具体制度也日益健全。除了实体法外,国际金融程序法的发展尤其令人瞩目。第二,效力显著提升。借助于国际组织的广泛的影响力和有效的组织管理等,达到了强化法律效力和实施效果的目的。在竞争的压力下,各国也开始普遍自律。第三,在价值取向上以金融效率为主要目标和兼顾金融安全。从各国的涉外法的历史来看,安全曾是其基本的价值取向,维护金融体系的安全长期以来是各国金融法的主要目标甚至是唯一目标。但是近年来,从

---

[1] 宋旭光、王良穆、高慧颖:《GDDS及其对我国国际金融发展的影响》,《国际金融研究》2003年第11期,第39—40页。

[2] 张荣忠:《美国骗保案件泛滥成灾》,《上海保险》2004年第3期,第41页。

发达国家到发展中国家无不将促进金融效率作为金融立法和金融改革的主要目标。国际金融组织也同样以提高效率为核心取向。第四，区域金融法空前活跃。从欧洲货币联盟到北美自由贸易区，从南方共同市场到亚太经合组织，众多的区域经济合作体都开展了程度不一的金融合作。这种合作推进了区域金融法的蓬勃发展。第五，科技含量和市场导向性增强[1]。

巴塞尔协议是迄今为止对国际银行业的发展产生最大影响的国际协议，所有 WTO 的成员国都必须遵守这个金融监管领域的国际通则。20 世纪七八十年代，随着世界经济国际化的发展，银行经营风险加大，银行之间的不平等竞争愈演愈烈。1975 年 2 月，美、英、法、德、意、日、荷、瑞等 12 国组成银行国际监督机构，也就是国际清算银行的管理和监督机构，简称"巴塞尔委员会"。这个委员会陆续发表了一系列规范银行监管问题的文件，统称为"巴塞尔协议"。近年来，巴塞尔委员会提出了新资本协议，其核心内容是三大支柱：第一大支柱是最低资本要求。银行资本是银行开业、经营和发展的前提条件。根据巴塞尔协议界定，银行资本由两部分构成：核心资本或称一级资本和附属资本或称二级资本。核心资本包括股本和从税后保留利润中提取的公开储备，协议要求这部分资本要占银行总资本的 50% 以上。附属资本则包括未公开的储备、普通呆账准备金等。协议允许一些大银行使用内部信用评级方法计算风险资产。第二大支柱是监管约束，其基本原则是要求银行保持高于最低水平的资本充足率；建立起关于资本充足整体状况的内部评价机制，并制定维持资本充足水平的战略；监管当局应对银行的内部评价程序和资

---

[1] 何焰：《国际金融法晚近发展的若干特点》，《法学杂志》2005 年第 4 期，第 59—61 页。

本战略及资本充足状况进行检查和评价;监管当局应对银行资本下滑的情况及早进行干预。第三大支柱是市场约束。市场约束是一股强大的监管力量,作为视信用为生命的商业银行,必然十分重视其市场形象及评价。新资本协议代表着国际银行业风险管理的未来方向[1]。

詹姆斯·托宾(James Tobin)在20世纪70年代提出了对外汇交易少量征税的建议,这就是所谓的"托宾税"[2]。当时,他的提议没有得到任何响应。现在国际金融市场的高风险性使人们开始考虑使用托宾税来作为减少国际金融风险的一种手段[3]。托宾税(Tobin Tax)是J.托宾于1972年在普林斯顿大学詹尼威学术讲座中首次提出的。他倡议对所有的与货币兑换有关的国内证券和外汇即期交易征收统一的小额税收,并将税款交给国际货币基金会。他认为资本的过度泛滥会使国家金融体系成为一列过度润滑的高速列车,在轨道陈旧的发展中国家飞驰而过时更容易酿成巨大事故,而征收资本交易税就是在国际金融飞速旋转的车轮下撒沙子,以降低短期资本的流动性来稳定全球金融体系。通过征收托宾税来控制由资本流动特别是异常资本流动带来的国际金融风险,这个议题正在逐渐得到国际社会的广泛关注和支持,但是因为它将触动和改变现有的国际经济利益的分配格局,必然会遭到通过控制国际金融机构和主导国际金融秩序以获取经济利益的西方大国的反对,从而在短期内不可能被实施。托宾税将由国

---

[1] 钱振宇、杨健:《论国际金融体系的规范和准则——巴塞尔协议》,《济南大学学报》2003年第5期,第64—66页。

[2] See Tobin, "A proposal for international monetary reform", *Eastern Economic Journal*, July-Oct., 1978.

[3] 冯栋、邹琪:《国际金融风险与"托宾税"》,《文史哲》2000年第1期,第120—121页。

际货币基金和世界银行分配，而分配方案的投票权取决于各国在国际货币基金会和世界银行中所占的份额。这必将引起经济利益格局的重新分配。而且拥有众多金融中心的国家必然不会愿意把大量的税款交给国际货币基金进行重新分配，因为这相当于是在全球范围内转移支付[1]。

（2）国家监管模式[2]

有金融风险存在，就必须有一定的金融监管[3]。银行监管指的是政府机构对金融机构的监管行为[4]。20世纪30年代的大危机后，美国率先实行金融分业管理，其他国家纷纷效仿[5]。目前由于各国金融系统的多样化，金融监管的模式有很大的差异。金融监管主要考虑的是效率和安全性。按照监管主体的设置标准划分，通常有两种模式：一是以金融业务的种类来划分监管领域，称为功能监管；二是按不同金融机构进行监管，称为机构监管。现在世界各国都比较倾向于功能监管。从世界各国的金融经营体制和金融监管体制的组合上看，大致可把监管分为四类：分业经营和分业监管，如中国；分业经营而统一监管，如韩国；混业经营而分业监管，如美国和香港地区；混业经营和统一监管，如英国和日本。分业监管模式以美国、德国、中国和波兰为代表，也就是将金融机构按金融市场划分为银行、证券、保险三个领域，在每个领域分别设立一个专业的监管机构。统一监管模式以英

---

[1] 孙立、崔蕊：《论托宾税与国际金融风险控制》，《当代经济研究》2003年第11期，第53—55页。

[2] 杨明辉：《国际金融监管体制的比较和我们的选择》，《经济导刊》2005年第6期，第36—39页。

[3] 卫新江等：《金融监管学》，中国金融出版社2005年版，第7页。

[4] 史纪良主编：《银行监管比较研究》，中国金融出版社2005年版，第12页。

[5] 李诗白：《金融风险管理》，天津科学技术出版社2004年版，第339页。

国、日本、新加坡及北欧的挪威、丹麦和瑞典等为代表,不同的金融行业、金融机构和金融业务由一个统一的监管机构来负责监管。这个统一的机构或者是中央银行,或者是由单独成立的金融管理局来担当。界于分业监管模式和混业监管模式之间的是不完全监管模式,具体形式有牵头监管模式,即在多重监管主体之间建立及时磋商和协调机制,特别指定一个牵头机构负责协调工作;双峰式监管模式是指根据监管目标设立两类监管机构:一类负责对所有金融机构进行审慎监管,控制金融体系的系统风险;另一类机构对不同的金融业务的经营进行监管。巴西采用的是较典型的牵头监管模式,而澳大利亚是实施双峰式监管模式的典型。

近几年来,对过于分散的监管权力进行适当集中和加强各监管机构之间的协调已经成为世界各国金融监管的显著趋势。美国的金融监管体制属于"伞型"或"双线多头式"监管体制,是一种拥有多重监管主体的监管体制,即联邦监管当局和州监管当局并行地发挥着对金融机构的监管功能。除了美国财政部下设的货币监管总署外,各州政府均设立了银行监管机构,同时各级又有若干个监管机构共同来完成监管任务。面对复杂的混业金融体系,美国的多头分业监管已面临许多问题。监管机构之间互相沟通的协调合作非常困难。从1980年起,简化及集中监管机构的呼声一直很高,希望建立统一的联邦级监管机构。1999年11月4日,美国国会通过了以金融混业经营为核心的《金融服务现代化法案》,确立了银行业、保险业、证券业参股和业务渗透的合法性。花旗银行和旅行社集团合并,已成为美国银行与非银行合并的重要模式。

欧洲监管框架最大的变化是向统一性迈进。现在欧洲越来越多的国家在考虑实行金融混业经营和统一监管。英国和一些北欧国家已经开始采取统一监管的模式。1960年以前，英国的各金融机构在业务上形成了比较明确的分工，基本上按传统划分的范围开展金融业务，形成了专业化的业务制度，使得专业化银行制度成为英国金融制度的一大特色。1970年以来，英国政府放松对银行业竞争的限制，各专业银行之间分工的界限越来越模糊，尤其是在1986年英国"金融大爆炸"（Big Bang）改革后，混业经营体制逐渐形成。英国是实施金融业统一监管的典型代表，多年来一直由英格兰银行承担着对整个金融业实施监管的职责。1997年5月，英国宣布对金融业实施重大改革，其中最重要的一项是由调整后的金融服务局接管英格兰银行对商业银行的监管，成为对银行业、证券业和保险业实施全面监管的独立集权机构，从而减少了管理上的成本，并适应了银行与非银行金融机构界限模糊的发展需要。

第二次世界大战后，日本政府对国内金融实行了严格的管制。20世纪90年代日本金融危机暴露出其金融体制的弊端，1996年日本提出金融大改革的框架措施，2001年完成全面计划。改革的主要内容是：废除分业管理体制，允许设立金融控股公司。此后组建了统一的监管机构。1998年6月，金融检察厅开始在总理府直接管辖下运作。2000年7月，金融监察厅改名为金融厅，接受原大藏省的检查。2001年1月，大藏省改名为财务省，真正实现了财务省与金融厅的两权分立。目前金融厅已经成为日本金融行政兼管的最高权力机构。

（3）不道德行为

尽管如此，金融领域中的风险还是存在着，金融领域中的伦理风险也存在着。2002年1月，本已申请破产的美国安然公司爆出做假账的丑闻，其审计公司安达信也牵涉其中。随着美国证券交易管理委员会的调查日益深入,首席执行官利用内幕消息抛售本公司股票获利、以不客观选股建议误导投资人、会计作弊、伪造交易等企业丑闻大量暴露,泰科、环球电讯、世界通讯、施乐等公司和世界五大会计公司、华尔街许多著名的投资银行都牵涉其中。美国的企业丑闻问题,是美国企业界长期内在矛盾的一次爆发。从内因上看,美国式的企业内部治理结构存在着明显的问题:第一,首席执行官(CEO)和董事长由同一人担任,支配了董事会,内部很难有真正的民主。第二,企业激励机制与企业的成长目标之间存在冲突。管理层为追求自身利益而不顾企业的长期成长目标,多采取短期行为,甚至不惜造假以实现股价上涨。从外因上看,有的投资银行为企业提供虚假的内部交易设计,不少投资银行本身也通过其研究人员的研究报告误导投资者而从中渔利[1]。

据美国新闻社2003年5月15日发自圣迭戈(San Diego)的报道,美国的骗保案件发生率急剧上升。涉案人员除了平民百姓外,还有医生、律师、按摩师、心理学家等一批社会名流和所谓德高望重的人。在形形色色和变幻莫测的骗保案件中,以所谓的经过精心策划的人为的"交通事故"为多。骗保集团以500美元以上的代价贿赂外科医生、心理医生等出具伤痛证明,然后在受贿律师的配合下,向保险公司提出索赔。骗取的保险赔付金额越高,骗保者获得的报酬就越高[2]。

利用金融系统和工具洗钱的活动日益成为国际社会面临的一大公害。洗钱通常是指隐瞒或掩饰犯罪收益,并将该收益伪装起

---

[1] 中国银行国际金融研究所和金融时报社:《2002年国际金融十大新闻》,《国际金融研究》2003年第1期,第6—7页。

[2] 张荣忠:《美国骗保案件泛滥成灾》,《上海保险》2004年第3期,第41页。

来，使之看上去是合法的一种活动和过程，其本质是把非法收入合法化的过程。洗钱的历史可以追溯到20世纪20年代。随着金融全球化的深入发展，跨国洗钱活动愈演愈烈。全球每年"洗钱"的总额相当于全世界GDP的2%—5%。目前国际洗钱犯罪呈现出大宗化、智能化、国际化、专业化和政治化的趋势，它在助长着走私、贩毒、贪污、腐败等严重危害正常社会秩序的刑事问题。国际社会从关注洗钱问题逐步走上了有组织、有措施的全球反洗钱、反恐怖主义融资活动[①]。

20世纪中期以来，洗钱活动[②]日益猖獗。最早的"洗钱"并无贬义，就是把已被弄脏的金属铸币清洗干净的意思。现代的"洗钱"概念则引申为对货币资金或财产的来源和性质进行清洗，从而使犯罪收入合法化的含义。实施洗钱的主体既有自然人又有法人。洗钱主要是属于下游犯罪，它是毒品犯罪、黑社会性质的组织犯罪和走私犯罪等"上游犯罪"的继续。国际社会和各国国内刑法设立洗钱罪的主要目的是为了打击上游犯罪。洗钱的过程十分复杂、手段众多，通常要经过处置、离析、归并三个阶段。处置阶段是把黑钱与其他合法收入混同起来。离析阶段主要是通过比较复杂的多层次的金融交易来掩盖犯罪收益的非法性质和来源。归并阶段是把黑钱重新集中起来，并转移到与犯罪组织或个人无明显联系的合法组织或个人的账户之中，再以合法资金的名义投放到正当的经济活动中去。

最常见的洗钱手段有：第一，利用发展中国家的金融监管不完善的金融市场进行清洗；第二，在国际金融市场上通过金融衍

[①] 中国银行国际金融研究所和金融时报社：《2002年国际金融十大新闻》，《国际金融研究》2003年第1期，第11页。

[②] 李德：《国际金融运行中的洗钱与反洗钱》，《广西金融研究》2003年第5期，第7—8页。

生产品交易进行清洗；第三，将非法收入以现金的方式存入银行或其他金融机构；第四，通过开设日常大量使用现金的娱乐场所，将非法收入混入合法收入中；第五，用非法获取的现金购买不动产、动产和贵重金属，再变卖出去获得合法收入；第六，利用离岸金融市场开设的皮包公司开设的账户进行清洗；第七，在银行保密制度较严的国家开立账户，存入现金，再提出后返回本国；第八，以高昂的价格购买异地或异国的废料或废品等将钱汇出。现代的洗钱手法主要有这么几种：第一，使用通信账户；第二，聘请私人部门的金融专家；第三，使用互联网信用卡；第四，运用国际互联网银行服务；第五，网上取款；第六，使用智能卡。洗钱者通常把传统手法与现代手法结合起来使用。国际反洗钱立法于1970年开始于美国，许多国家也先后制定了反洗钱的法律。世界各国和国际社会成立了反洗钱专门机构。从组织形式上看，可分为国际性的反洗钱机构、地区性的反洗钱机构和一国的反洗钱机构。

3. 国际融资[①]

1986年国际融资者的资金来源开始由银行信贷为主转向直接在资本市场上筹资为主[②]。而国际金融组织也是国际融资的一个重要渠道。1992年，俄罗斯加入了国际货币基金组织和国际复兴开发银行（世界银行）。此后十余年的合作是卓有成效的。国际货币基金组织为俄罗斯弥补预算赤字、争取贷款和广泛吸纳

---

① 林治华：《俄罗斯与国际金融机构合作研究举要》，本题目下资料除特别注释外均来自《俄罗斯中亚东欧市场》2005年第4期，第11—12页。

② 戴相龙等：《中国金融改革与发展》，中国金融出版社1997年版，第118页。

国外资金提供了机会,在提供贷款和对外支付担保方面都发挥了积极作用。1998年因为发生金融危机,俄罗斯未能如期完成国际复兴开发银行资助的项目,进而影响了双方的关系,因此国际复兴开发银行大幅度缩减对俄罗斯的贷款额。1999—2000年,实际贷款额比计划贷款额减少了30亿美元。2002年,国际复兴开发银行停止了贷款总存量为93亿美元的48个项目和贷款总存量为68亿美元的20个项目。国际复兴开发银行所资助的项目通常集中在不接受私人投资的经济领域,如电力、筑路、交通基础设施等社会福利生产部门。与此同时,国际复兴开发银行支持私有经济,鼓励发展俄罗斯的市场机制。

在俄罗斯与国际金融机构的合作中,还存在着不少问题:第一,俄罗斯与国际复兴开发银行每签订一项贷款后,无论项目是否完成都要支付贷款总额的 0.25%—0.75% 的储备金;第二,在合作中,如果完成项目的用时超过5年的优惠期,就会有大量的资金从俄罗斯流往国外;第三,其项目大都需要调整,其直接后果是项目不能按期完成;第四,贷款主要是给俄联邦的中央地区,只有少量资金拨往远东地区;第五,在多数情况下,俄罗斯并没有得到资金用于经济建设中的技术改造,而是用来偿还国家债务、弥补预算赤字;第六,国际复兴开发银行和欧洲复兴开发银行对投资俄罗斯的项目审批时间长。

中小企业发展的融资问题是各国普遍面临的难题。作为世界第一大国际金融中心,纽约对中小企业融资的金融体系是较为成熟和比较市场化的。政府通常不直接对中小企业注入资金,而是鼓励、扶持和督促金融机构向中小企业融资。纽约解决中小企业融资的途径主要有两条:一是小企业管理局(SBA:small business administration),二是纳斯达克股票市场。日本没有美国那么发达的金融市场。东京作为国际金融中心,其资金聚集和资金渠道机制的市场化程度还不是很高。在对中小企业融资的扶持方面，政府的支持力度比较大[1]。

4. 中国金融

中国正在对国际金融[2]市场产生越来越重要的影响，国际资本纷纷流入中国。由于中国的资本市场没有完全开放，国际资本主要以直接投资的方式流入中国。1978年以来，流入中国的外资主要有三个来源：对外借款、外商直接投资和外商的其他投资。对外借款包括援助性贷款和商业性贷款。援助性贷款又可分为外国政府贷款或双边贷款和国际金融组织贷款或多边贷款。向中国提供多边贷款的主要有世界银行、亚洲开发银行和联合国国际农业发展基金会。这些贷款项目分布在农林水利、交通、能源、文教卫生、工业、环保、城市建设、供水与卫生等基础部门和公共投资领域，分布在除西藏以外的所有省、自治区和直辖市。国际金融组织几乎参与了中国所有的重大建设项目[3]。

（1）影响力[4]

2002年，中国成为吸引外商直接投资最多的国家；2003年中国继续超过美国成为全球最大的引资国，中国金融机构资产总

---

[1] 慕刘伟：《典型国际金融中心的中小企业融资体系构架及其对我国的借鉴意义》，《理论与改革》2005年第4期，第96—97页。

[2] 徐联初主编：《中国金融前沿问题研究（2004）》，中国金融出版社2004年版，第189页。

[3] 胡鞍钢、王清容：《国际金融组织20余年对华贷款的流动性》，《统计研究》2005年第5期，第17页。

[4] 赵晓、王静：《中国对国际金融市场的影响》，《信用合作》2005年第6期，第21—23页。

额占 GDP 的比重达到了 237.39%[①]；2004 年中国成为仅次于美国的全球最大的引资国。2004 年一季度，外资银行对中国的贷款占到了所有亚洲国家贷款总额的 20%，仅次于韩国。中国能够吸引国际资本的主要原因是：第一，中国具有比较高的投资回报率；第二，中国人的购买能力日益增强，消费市场日益膨胀；第三，中国具有稳定的政治和经济发展环境；第四，中国利用外资的渠道日益多元化。中国近年来中石油、中海油、中国银行等大型国有企业及部分民营企业进入国际证券市场募集到巨额资金。中国经济的持续增长带动了周边国家的经济，促使国际资本向中国的周边国家和地区投入。

中国巨大的需求尤其是增量需求必然影响全球石油的供需平衡，从而会影响国际石油价格的变化。油价暴涨与全球经济强劲增长、发展中国家的石油储备增加、低产出、几个主要产油国政治动荡有关系，而其中发展中国家的石油需求长期增长是拉动世界市场油价走高的最重要的因素，而作为发展中国家的中国已经成为全球第二大能源消费国。中国的国内原油、成品油定价机制的改变放大了中国石油需求对全球油价的影响。1998 年中国出台的《原油与成品油价格改革方案》规定，原油基准价由国家计委根据国际市场上的原油上月平均价格确定，每月一调。在中国重启燃料油期货上市后，中国对国际石油市场的影响更加直接。中国对国际粮油和金属期货市场的影响也在加剧。2003 年 10 月下旬，中国的粮油价格全面上涨，国际粮油的价格也大幅上升。中国投资过热或过冷导致的金属建材市场需求的变动也已经剧烈地影响着国际金属期货品种的价格的

[①] 李健等：《中国金融发展中的结构问题》，中国人民大学出版社 2004 年版，第 119 页。

变动。中国经济的持续快速增长，一方面通过廉价的生产要素吸引亚洲其他国家和地区把产业转移到中国来；另一方面，过去投资中国以出口为主要目的的台商、日商、韩商，渐渐转为在中国内销。

作为美国债券的最大持有者之一，中国已对美元汇率产生了影响。在当今世界里，拥有庞大的外贸赤字而未引发危机的只有美国一家。20世纪80年代，美国吸收的国际资本以直接投资为主，日本是其主要的买单者。90年代后半期，美国吸收的国际资本以间接投资为主，欧洲是其主要买单者，而亚洲国家大多不具备向美国大规模输出资本的实力。2000年中国超过日本成为美国第一大外贸逆差国，也就是说，中国向美国输出产品和劳务，美国用美元而不是用等值的商品和劳务来交换。而中国外汇储备的相当一部分反投到美国国债市场，使中国成为日本之外的美国证券的最大的持有者，这在一定程度上相当于中国贷款给美国买中国商品。如果中国抛出美国债券，巨大的数额会导致美元债券市场供过于求而价格下跌，从而导致美元贬值。中国还间接地影响到国际黄金市场的价格。

（2）发展状况

在计划经济体制下，中国的经济是财政主导型的，不存在现代意义上的金融服务。1978年后，中国的金融制度开始逐渐演变[①]。1984年，中国人民银行分拆成中、工、农、建四大专业银行，初步形成了有限竞争的金融体系。20世纪90年代初，金融体制改革开始有序进行，新的银行开始出现，比如说招商、光大等全球性商业银行，中央银行成了监督者而不再是经营者。加入

---

① 杨胜刚编著：《比较金融制度》，北京大学出版社2005年版，第98页。

WTO以后,中国的农业和金融业面临的挑战最大①。目前中国的银行大致包括国有大型专业银行、新兴股份制银行、地区金融机构以及政策性银行。中国的股份制商业银行和一些政策性银行很可能成为中国乃至全球金融生态链中最活跃的组成部分②。自1998年中国第一笔网上支付在中国银行成交以来,网络银行在中国开始迅猛发展。尽管如此,中国的网络银行发展还处于起步阶段,与发达国家的网络银行相比明显滞后,其主要原因是:网络基础建设和基础水平落后;网络安全体系脆弱;网络银行管理体系不明确;发展模式和产品类型单一;社会信用体系不健全,失信现象十分普遍③。中国必须采取必要的风险防范措施④。

中国金融监管的发展历程大致可分为四个阶段:第一阶段:1985—1992年,中央银行行使金融监管职能的初始阶段;第二阶段:1993—1994年,偏重于整顿和合规性监管的阶段;第三阶段:1995—1997年,金融监管进入有法可依的阶段;第四阶段:1997年至今,金融监管体制改革深化的阶段,这一时期金融分业经营和分业监管体制进一步完善。中国目前的金融监管模式属分业经营模式下的分业机构监管。这种金融兼管方式与1993年开始推行的分业经营体制是相适应的,而近年来已经出现了混业经营的实践,主要表现在以下几个方面:第一,开发出了融合多行业特点的金融产品;第二,充分利用各金融机构的特

---

① 万正晓:《国际金融理论发展趋势与中国金融体制创新》,《社会科学辑刊》2003年第6期,第158页。

② 董其奇:《信息化助力中国银行布局国际金融生态链》,《金卡工程》2005年第3期,第52页。

③ 张志刚:《中国网络银行应对国际金融竞争的策略》,《南方金融》2005年第5期,第47页。

④ 向文华:《金融自由化与金融风险相关性研究》,中央编译出版社2005年版,第351页。

点开展各种业务合作；第三，金融结构在组织结构上有了创新，市场上出现了各种金融控股公司和产融结合的现象。这些新情况的出现，需要在金融监管上进行相应的变革。从未来的发展上看，应该以渐进的方式向混业经营过渡①。中国国家发展和改革委员会就国际金融组织和外国政府贷款投资项目的管理制订了暂行办法，自 2005 年 3 月 1 日起施行②。

在融资方面，由中国财政部承担着窗口职能的多边开发机构主要有：世界银行集团、亚洲开发银行、全球环境基金、欧洲投资银行和国际农发基金。中国主要通过国际金融组织的贷款来解决经济发展瓶颈、促进区域平衡发展、引进先进管理方法、实施制度创新等③。中国国际金融公司（CICC）是建行和摩根士丹利合作成立的公司，而国际金融公司（IFC）是世界银行集团的成员，专门负责向发展中国家的民营企业进行投资，其目的在于促进发展中国家民营经济的可持续性投资。国际金融公司与世界银行进行的很多政策性贷款不同，它是在商业原则基础上运作，即只投资于盈利性项目，并就按市场标准对所提供的产品和服务收取费用，它不需要政府为其融资提供担保④。

中国公司向国际金融公司申请融资没有统一的申请表，可直接与国际金融公司联系，可向国际金融公司在北京的中国代表处提交书面投资建议书，也可以要求面谈。国际金融公司尤其希望

---

① 杨明辉：《国际金融监管体制的比较和我们的选择》，《经济导刊》2005 年第 6 期，第 39—41 页。

② 参见《国际金融组织和外国政府贷款投资项目管理暂行办法》，《中国工程咨询》2005 年第 5 期，第 7—8 页。

③ 王浩军：《财政部门参与国际金融组织贷款全过程管理问题研究》，《兰州大学学报·社会科学版》2003 年第 3 期，第 118 页。

④ 布尔古德：《怎么拿到国际金融公司的钱》，《中国投资》2005 年第 2 期，第 43 页。

在项目初期即开始与其接触，此后会要求提交可行性报告或业务计划书，以便决定是否对项目进行评估。申请融资的先决条件通常是：第一，国有股权小于50%的非国有企业，主要包括乡镇企业、民营股份公司和三资企业；第二，企业总资产在1.5亿元人民币以上，项目的总投资规模在8000万人民币以上；第三，企业的主要业务集中，在行业中居领先地位；第四，企业有长期的发展战略，愿意采用明晰的财会制度。项目建议书主要包括：项目概况；发起人、管理层和技术支援；市场与销售；技术可行性、人力、原材料来源和环境；潜在的环境问题及解决方案、投资要求、项目融资与回报；政府支持与管理；预期筹备与完成时间表[①]。

在人民币的汇率方面，现行的人民币的缺乏弹性的汇率制会使中国经济面临不可忽视的风险。就长期而言，人民币的汇率机制应当作出调整。在布雷顿森林体系下，国际社会普遍实行的是可调整的钉住汇率制，其实就是一种固定汇率制。在1973年布雷顿体系解体后，世界的主要工业国普遍实行有管理的浮动汇率制，其他大多数国家和地区仍然实行钉住汇率制度。在20世纪80年代经济全球化加速以来，全世界发生大小金融危机共120多次，绝大多数是由实行固定汇率而引发的货币危机。在国际资本大规模、快速流动的条件下，维持固定汇率的代价越来越大，放弃固定汇率的国家越来越多，越来越多的发展中国家也开始放弃固定汇率制。中国现行的汇率制缺乏弹性，其风险主要体现在：第一，由于单一钉住美元，如果美元对欧元和日元升值，人民币也跟着升值，因此人民币对其他货币的汇率是不稳定的，不利于中国的对外贸易；第二，长期固定的汇率不能真实反映国内

---

① 《如何向国际金融公司申请融资》，《中国投资》2003年第9期，第74页。

经济结构调整对汇率的要求；第三，资金大量持续流入，会对货币供给造成压力，引起通货膨胀；第四，贸易顺差扩大容易引起逆差国的不满；第五，汇率低估可以带来顺差，但会给非贸易部门带来不利影响。由于中国经济持续平稳发展，人民币升值的预期越来越强烈[1]。从长期来看，人民币不仅会升值，而且必然走向可自由兑换，而且还会国际化[2]。随着中国的旅游和贸易的发展，人民币在周边国家或地区的使用范围在不断扩大，出现了向人民币区方向发展的迹象[3]。

(3) 金融中心

在国际金融中心的建设方面，自 2001 年中央和北京市政府启动北京中央商务区（CBD：Central Business District）建设以来，CBD 及其周边地区日渐成为各大国际金融机构聚集的区域。CBD 的定位是发展以国际金融业为龙头的现代服务业。北京是中国的政治、文化和国际交往中心，在信息获取、政策制定和人才等方面具有优势。驻京的全球跨国公司基本上都落户在 CBD 及其周边地区。国际银行、证券、保险机构也都在 CBD 区域内。2005 年 5 月，全球最大的会计师事务所普华永道在 CBD 区域内开张。金融街位于西城区的西二环复兴门立交桥的东北侧，CBD 在朝阳区。这两个区域都是北京市经济社会发展的重点区域。金融街聚集了国家金融决策和指挥部门，

---

[1] 赵晓、王静：《中国对国际金融市场的影响》，《信用合作》2005 年第 6 期，第 22 页。

[2] 江涌、倪建军：《国际金融局势与人民币汇率机制选择——研讨会综述》，《现代国际关系》2003 年第 11 期，第 54—55 页。

[3] 李翀：《国际金融发展的趋势与特点》，《福建论坛·经济社会版》2003 年第 2 期，第 7 页。

国内各大银行的总部都在那里办公，使得金融街的发展更多地是一个金融决策、结算和指挥中心。而 CBD 的金融业则更多的是面向市场和客户，因此跨国银行、证券和保险机构多选择在 CBD 办公。2004 年 12 月 1 日，北京正式向外资银行开放人民币业务。坐落在朝阳区的望京科技园区已并入中关村科技园区，享受高科技园区的各项优惠政策。由于望京科技园区交通便捷，跨国公司纷纷入驻此地，使之日益成为 IT 业的总部研发和制造聚集地[①]。

上海在过去 50 年中始终是中国最大的经济中心，但是在计划经济时代，上海的金融产业只具有次要地位[②]。在人民币完全可兑换前，上海国际金融建设的目标是国内金融中心。在金融业全面开放和人民币完全可兑换后，上海国际金融中心的建设目标是成为一体化的或在岸的综合型国际金融中心[③]。到 2020 年，上海要基本建成国际经济、金融、贸易、航运中心之一，其中的核心是金融中心。近代上海是中国最大的金融中心，也是远东国际的重要金融中心之一。上海的地理位置优越，有良好的市场经济环境。中外金融机构纷纷在上海设立总部或分支机构。上海云集了国内的金融精英，但金融人才仍然奇缺，特别是缺少国际金融高级经营管理人才以及能够通晓国际金融、法律、电子商务等复合型人才[④]。

[①] 胡同捷：《为国际金融机构提供优质服务，促进城市区域经济社会和谐发展——访北京市朝阳区区长陈刚》，《中国金融》2005 年第 18 期，第 27—28 页。

[②] 李建：《建立国际债券市场对建设上海国际金融中心的意义》，《上海经济研究》2005 年第 6 期，第 54 页。

[③] 潘英丽：《中国国际金融中心的崛起：沪港的目标定位与分工》，《世界经济》2003 年第 8 期，第 15—16 页。

[④] 秦淑娟：《伦敦国际金融中心的发展对上海建设国际金融中心的启示》，《集团经济研究》2005 年第 4 期，第 188—189 页。

香港是个国际性的金融中心,长期实行的低关税政策使其经济表现为典型的开发型都市经济。香港政府对中小企业的政策在 1997 年亚洲金融危机前后,经历了从不干预到大力支持和积极推动的转化过程[①]。香港特区在人民币完全可兑换之前的目标是成为与大陆隔离的或离岸型的金融中心,重点是提升其在亚洲地区的竞争力。离岸金融中心的基本特征是金融机构服务的对象是非居民,金融资产是非本币;拥有国外金融资产和负债的离岸金融部门与国内的金融中介部门形成一定的隔离;离岸金融部门享有优惠政策和更自由的监管环境。发展离岸金融中心的收益主要是能够增加熟练劳动力的就业,帮助培训国际金融业务人才;能通过乘数效应促进旅游、通信、交通等产业的发展;促进资本市场的发展。而发展离岸金融中心的成本在于国内金融体系和国民经济会遭受国际资本突发性流动及金融危机的冲击。20 世纪六七十年代,离岸金融中心兴起的一个重要推动力是发达国家实施准备金要求、信息披露要求等金融管制,而跨国公司在全球扩张有避税等需求,因而离岸金融中心迅速崛起。而进入 21 世纪后,各国政府竞相放松管制,力图通过金融自由化改革来提高金融中心的竞争力,使离岸金融中心原有的优势逐渐淡化或丧失。而且离岸金融中心在近年的拉美和亚洲金融危机中扮演了负面角色,离岸金融中心的有效监管的缺失和保密规则方便了洗钱和金融犯罪[②]。

[①] 慕刘伟:《典型国际金融中心的中小企业融资体系构架及其对我国的借鉴意义》,《理论与改革》2005 年第 4 期,第 96 页。
[②] 潘英丽:《中国国际金融中心的崛起:沪港的目标定位与分工》,《世界经济》2003 年第 8 期,第 16 页。

5. 独白:逃离伦理风险

在写作本部分时，中国的大众正在讨论国有银行的股改问题，笔者对此没有特别的研究，因此没有提及。但是笔者在下文中谈到的伦理风险是会影响国有银行的股改的。中国的问题在很大程度上是伦理方面的问题。有的监督者可能与被监督者合谋，这并不是因为二者在制度安排上有瓜葛而导致的。即便二者都是完全独立的，但是贿赂会使二者变为一体。再严格的管理制度都不是没有漏洞。法律是需要健全的，但是如果大多数人都违反法律，那法律就会失效。用道德管住大多数，用法律管住少数，二者很好地配合起来，才能降低一个国家的总体伦理风险，从而降低一个国家的金融伦理风险，这样才能够更好地参与国际金融领域的竞争。下面将对国际政治中的不道德行为对国际金融风险的影响和中国的股市状况进行探讨。

（1）国家权力行为

国际金融风险可能因为伦理问题而生，尤其是在国际政治卷入国际经济领域，国家的道德更可能成为造成金融风险的隐患。在国际金融领域中，国家的国际政治策略可能成为获得未来利益的保障。国际政治不直接追求以货币形式表现的经济利益，它争夺的是一种控制权。获得控制权的国家可以通过主导国际金融秩序和制定合乎本国利益的金融规则来获取利益。国际政治追求的是权力。权力是种控制力。在利益冲突的时候，有控制力的国家能够实现自己的意志，而没有控制力的国家则无法实现自己的意志。比如说有甲和乙两个国家，本来两个国家是平等的，而当甲国想要乙国的某种东西，而乙国不愿意给时，它可能采取如下方式来获得乙国的东西：

第一，通过经济手段来控制乙国。乙国本来是不愿意听从甲国的，但是乙国贪图甲国的资本，甲国就可以通过经济援助或经济借贷来控制乙国，从而使乙国按自己的行为行事。对于一个追求利益最大化的国家来说，它表面上是给予了乙国援助，而实际上它是在算大账而不是算小账。从一个地方失去的，从另外一个地方捞回来，而且一定是要能捞回的比失去的更多，它才会做这种事情。这种通过经济利益来控制他国而产生的控制权，就是经济权力，因为这种控制与服从的关系是由经济利益维系的。当经济利益的给予不能再满足乙国的要求或甲国已经得到了他想在乙国得到的东西，这种关系都会解除。在这种权力控制与解除的过程中，都会导致这两个国家之间的金融关系的变化，而且这种变化不完全是经济性的。当甲国明明知道乙国会因为它抽离资金而导致金融危机，甲国还是会撤离，而且可能会撕毁合约而撤离，这种金融危机就是因为甲国的不道德行为而导致的。虽然因为金融全球化使金融危机会产生连锁反应，但是在这种连锁反应中，各国遭受损失的程度是不一样的。一个国家在乎的可能不是绝对的经济总量，而是经济总量的排名，因为排名越是靠前，影响力越大，主导金融秩序的可能性越大。如果有这种追求的国家能够通过金融危机而导致他国尤其是与本国有竞争关系的国家的排名下移，它也可能刻意造成金融危机。

第二，通过暴力威胁来控制乙国。使用暴力的方式主要有两种：抢劫和威胁。八国联军攻进北京，并烧毁圆明园，这就是一个国家追求利益最大化给他国带来的灾难。这种行为是一个追求利益最大化的国家会做出来的事情。那个时代已经不是野蛮时代，西方文明已经发展到了相当完备的时代，而他们就是那么来对待人类文明遗产的。这是种抢劫行为，而不是权力行为。权力行为的目的在威胁而不在摧毁。一个国家使用暴力是有成本的，争夺权力的国家使用暴力的目的是控制他国。当通过军事演习就能实现对他国的控制时，它就不会动武；当刚打对方就服从了的时候，它就会刚打就撤兵；它打到对方服从的程度就不再多打了。有的时候一个国家需要另外一个国家持续地为本国创造东西，它就不会想摧毁而只是想控制他国。现代战争的目的主要是为了争夺权力，也就是为了控制他国来为本国服务。目前有的国家为了争夺因威慑力带来的权力，在不断增加军事方面的投资。战争会破坏金融秩序和导致金融危机，但是当一个国家为了争夺权力为本国的未来利益服务时，它是会不惜承担金融危机的后果的。而且战争经常能够刺激需求，从而增加对资金的需求，使本国的金融业能够得以发展。如果一个国家是为了自身利益的最大化和不顾他国的正当利益而发动战争的，这就是一个国家的不道德行为导致的国际金融风险状况的变化。

第三，通过价值观体系的改变来控制他国。人愿意在社会中生活，因为社会能够通过把人组合成一个系统而创造出总体大于个人之和的效果，而生活在其中的人都能或多或少地享受到这种效果。社会要组成一个系统而不是堆，就必须有秩序。这种秩序注定就是个等级秩序。在这个等级秩序中，有的人发挥的作用比较大，有的人发挥的作用比较小，因此每个人的重要性也不同。社会需要一个价值观念体系来说明什么人更重要，人应该按什么排成一个秩序。当社会有了这个价值观体系后，它需要把这个体系安装到人的头脑中去。这个价值观体系必须得到社会的大多数成员的认同，才能在实际中形成这样的秩序。每个国家的大多数人的状况不同，每个国家在不同的发展阶段大多数人的状况也不同，因此每个国家会有不同于别的国家的价值观体系，这些价值观体系通常通过各国的文化进行传播。在国家相互隔离的情况下，各国的人没有相互比较的机会。在全球化的情况下，各国的人有了相互比较的机会。在比较的时候，发达国家通常具有优势，它们持有的价值观念也就更具有影响力。发展中国家的成员会更多地认同发达国家的价值观念，他们也会希望本国按照发达国家的模式去发展，而不管本国的实际情况如何，在金融体制方面也是如此，他们会希望按照发达国家的方式去安排本国的金融体制。国家也就可能采用发达国家的金融体制，而在采用这种金融体制的时候，就可能出现两种风险：

其一，这种金融体系在发达国家是自然演化的结果，因此在演化的过程中，有什么漏洞就会不断被补好，而且完全是根据实际需要不断形成的，因此能够产生一个比较完备的金融体系。而借来的金融体系则不一样。借来的体系只是个大概的框架，有许多漏洞待补。而且人们抽象地想象，认为那种金融体系比较先进，应该采纳，而实际上可能本国还没有发展到那么先进，还用不了那么先进的系统。另外，每个国家的人都受到传统文化的影响，这种文化是以潜在的方式存在着的。每个人就像无法选择自己的出生一样，也无法选择自己的文化，因为人在成长的过程中，在不知不觉中已经被各种渠道灌输了本国的文化观念。在中国，儒家的文化观念更是无孔不入。从汉朝以来，由于很多朝代都实行面对全国的所有男子的科举制度，因此每个家庭，无论是穷人还是富人的家庭，都希望自己的孩子学习儒家经典，从而能够参加科举考试，实现学而优则仕的理想。尽管最后能够通过考试为官的人是少数，但是因为机会是每个男子都有的，因此就使儒家文化能够遍及各地，儒家文化因此而家喻户晓，从而成为每个家庭教育的样本。虽然中国经历了近代的反儒家思想的运动，经历了"文化大革命"，经历了改革开放后的一些崇洋媚外的思潮的影响，但是儒家文化作为一种家庭教育的传统，还是存在着。即便是那些对西洋文化崇拜得五体投地的中国人，在说话行为中也还是表现着儒家文化的影响。一个中国人就是出生在国外，只要他接受了中国父亲或母亲的家庭教育，他的观念中就有儒家文化的影子。即便他自己以为他与中国文化毫无关系，他在潜意识里还是受到了中国儒家文化的影响。在一种金融体系中，是包含着原创国的价值观念的。当这种价值观念与借入国的文化观念发生冲突时，这种体系就会出现问题。而且一种金融体系也是一种利益体系，当这种利益体系不能被借入国的人认同时，这种体系也会出现问题。从这个角度上看，借用一种金融体系是会产生风险的。也许一种金融体系在其产生国是很有效的，而一模一样地移植到另外一个国家就会变得不是那么有效。

其二，当一个国家借来一种金融体系，在这种金融体系还在水土不服的阶段，就开始用这种体系来参与国际竞争，那这种体系就可能成为熟悉这种体系的国家的人乘机获利的手段。由于他们熟知这种体系，因此知道这种体系的漏洞在什么地方，因此他们就能够在这些有漏洞的地方去寻求利益最大化。如果一个国家不知道这些漏洞在什么地方，就不可能补这些漏洞，也不可能就这些漏洞立法，因此尽管熟悉者利用了这些漏洞，却并不违反那个国家的法律。在这些人的利益最大化的时候，就是那个借用国的利益最小化的时候。这种行为虽然不违法，但是属于不合理竞争行为，这也应该属于不道德的行为。所以一个国家在采用一种本国不熟悉的金融体系的时候，就可能成为他国的不道德行为的牺牲者。这也就是人们通常说的在交学费，这里显示的是一种后发劣势。

（2）中国的股市

中国目前正处在一个问题综合征阶段，各种问题交错在一起，使得中国的股市具有一种特征。股市低迷表现出的只是冰山的一角。中国的改革是对的，中国在改革后经济发展了，国际地位提高了，而且使中国有希望了，这都是有目共睹的。但是在改革中也出现了交错在一起的问题。从经济方面来说，失业者的生活状况令人担忧，这些人承受着巨大的生存压力，生活得很绝望。很多人即便绝望也没有起来闹事，这与中国传统文化还在起着作用有关。中国人是死要面子的，只是因为穷而闹事是很不光彩的事情。中国历史上农民起义的时候，也总是要有个很公正的目标，才能集中大家起来闹革命，而且当时农民在社会中是主要的劳动力，其力量比较大。

而目前处于绝望境地的人，在社会中处于边缘地位，他们在生产结构中处于被淘汰的地位。从社会公正的角度来说，他们应该得到社会保障。一个仁道的社会应该为全民提供基本的生活条件。工薪阶层因为收入比较低，而且社会发展那么快，他们的收入积蓄难以保障未来的生活。由于竞争压力的存在，他们也不知道自己的职位是否能够保持，他们也不知道社会到底以后会怎么变。社会变动使人迷茫了。富起来的人因为社会存在着仇富现象，他们也不知道自己能富多久，自己的财富能否保持得住，因此存在着短期行为和让资金向国外流动的现象。有的富起来的人并无先富带动后富和让社会共同富裕的想法。这样有的人认为钱是最保险的依靠，到了关键时刻，只有钱能够救自己。这些人遍及社会的各个角落，只要有机会，不管是否违法，是否违背良心，只要能够挣到钱，就会去冒险。有的人甚至还有牺牲自己一个人，给全家人带来金钱保障的"牺牲"精神。

从政治上看,由于人们简单的头脑中有着一种推理,以为西方社会的发达都是因为西方的政治制度优越而造成的。人们看不到西方发达国家在发展时期,对于全球资源的掠夺。美国和澳大利亚有着那么大的一片地产,那不是用钱买来的,而是征服来的。中国如果也有那么大片的土地,中国的经济也会大发展的。再有一种简单思维是,人们说南朝鲜和北朝鲜,东德和西德,完全是因为制度原因而导致的一个国家富裕,另一个国家贫穷。而事实上,这种分割本身就是一种因为怕政治分赃不均,造成国际政治的势力不均衡而导致的结果。再有从国际政治的角度上看,西德和南朝鲜,包括日本和中国台湾地区,在发展过程中都是因为在美国的全球霸权体系中处于至关重要的地位,因此得到了美国的经济援助。在美国的均势体系中,它采取弱者扶持,强者打压,以保持势力均衡,从而维持本国霸权的战略。俄罗斯是美国打压的对象,因此即便改成了美国的政治制度,也没有从美国那里得到太多的好处。

还有一种思维来自对马克思主义的简单理解。人们认为社会的更替从封建社会就必然要进入资本主义社会,因此中国目前正在打着社会主义的旗号搞资本主义。再加上目前有那么多共产主义国家都已经变成了资本主义制度,因此有的中国人也认为中国迟早是要变成资本主义的政治制度的,而且有的人认为中国的腐败问题必须通过资本主义制度来解决。而对中国来说,完全不是转换一下制度就能解决问题的。在国民党时代,中国采用了类似西方的政治制度,但是仍然存在着严重的腐败现象。在日本征服东北三省建立了伪满洲国的时候,日本已经变成了一个采用资本主义制度的社会,但是它还是无法在中国的东北三省推行那种制度,它需要中国的末代皇帝去作为统治工具。有的中国人,一方面向往着中国变得和美国一模一样,一方面又对贫富分化深恶痛绝,而美国就是个贫富分化比较严重的社会。至于美国的发展,在第一期它获得了那么大片的土地,在第二期,它通过在战争中获得的资金招纳全球最优秀的人才,这些都不是目前改变制度就能获得的。再有美国的历史虽然短,美国的文明并不短,美国文明是欧洲文明发展的继续。

无论如何,人们不知道中国在政治上到底会怎么发展,目前的制度是否能够持续下去。如果目前的制度不能持续下去,在意识形态领域也会出现问题。有的人认为中国要是变成资本主义社会了,马克思主义也必然要被抛弃了,因此搞马克思主义的人到时候就没有饭碗了,因此现在就得远离马克思主义,而西方的自由主义可能会占主导地位,因此学西方自由主义是比较安全的。有的人认为中国也不能抛弃中国传统文化,因此研究中国传统文化也是比较安全的。在大众层面则出现了一种很奇怪的现象。一方面似乎对西方自由主义的政治制度和价值观念比较认同,一方面对按西方自由主义经济学运作的经济又很反感,有的倾向于西方自由主义经济理论的学者被拒斥。而事实上,从学术的角度来看,对中国来说,一种真正能够中西融会和古今贯通的体系,还是马克思主义的哲学体系。西方自由主义体系能够很好地解释西方资本主义社会,而对前资本主义社会的解释力是有限的,而且也很难解释其他文明的文化的价值。

如果中国全盘接受西方自由主义,意味着中国的传统文明中的价值体系会被否定。而启用中国传统哲学又无法与世界交流,而且中国哲学虽然在悟道的时候用的是抽象思维,而在表达道的时候则缺乏一种系统的思维概念体系,这也是使得人们在学习中国哲学时只能通过"悟"去学习,也就是要举一反三,而无法通过推理的方式来学习。而马克思主义哲学实际上是以西方的思维体系复活了中国的传统哲学。马克思主义的共产主义思想与中国儒家的大同社会思想类似；马克思主义的辩证法与中国的道家思想类似；马克思主义的认识论与中国哲学的"格物致知"类似；马克思主义强调必然性的思想与佛学的"缘起"思想类似；马克思主义把自然辩证法贯彻到社会历史领域的方法与中国的"天人合一"思想类似。启用马克思主义能把中国哲学的思想转化为一种西方人能够理解的思想，而能够与西方的思想交流，这对中国的思想领域在世界上崛起是非常关键的。而且世界上不少国家都熟悉马克思主义，在中国的经济和政治崛起后，通过马克思主义传播中国哲学更容易被理解。马克思主义对于中国来说，虽然是一种外来哲学，但是可以通过本土化而变成本国的哲学。佛教传播到中国后就成功地转化成了禅宗。希伯来的基督教因为得到了古希腊文化的认同而成功地转化成了一种西方文明。从学术的角度，而不是从政治的角度来研究马克思主义哲学，对扭转人们对马克思主义哲学的看法来说是非常重要的。

　　上面这种种问题导致的是人们缺乏安全感的状况，因此社会上出现了视钱如命和为了钱能冒犯罪和突破道德底线的风险。由于人们缺乏对崇高的追求，使中国成为一个伦理风险很大的国家。这种伦理风险影响到全社会，股市也不例外。股市成为人们实现暴富的一个幻想。有的人借钱炒股，有的人倾全家积蓄炒股。中国第一代暴富的股民使人认为这是个可以暴富的地方。其实那个时候的人暴富是因为有机会在。那个时候，这个地方在普遍掉馅饼，人只要站在那个地方，不用努力就有馅饼掉到自己头上，而如今那种机会一去不复返了。那是社会发展在一定时期因为资金急剧短缺而产生的机会。那个时候社会是个普遍短缺的社会，企业家只要能够有资金，几乎是生产什么都有市场，都能赚钱的时代。没有那种紧缺到畸形的市场需求的存在，就没有第一批股民的暴富。中国股民真正想当股东的不多，主要是想投机暴富。而股市的投机是否能赚到钱，与企业的发展状况是相联系的。如果企业的发展状况很好，能盈利并且能够分红，这样股市就能发达。如果企业不盈利，或者盈了利也通过做假账而做得没有多少利润，股市就无法红火。所以股市表现出来的问题不是股市本身的问题，而是企业的问题。企业无信，企业的短期行为，企业捞过第一笔股民的钱就不再想更多的了，这就使企业没有动力来托市。政府托市也是不现实的，因为如果是经济行为，政府就不应该托市。政府在这里不是慈善家，慈善应该有单独的慈善系统。因此在很大程度上是企业里存在的伦理风险导致了股市的低迷，而企业之所以出现这样的伦理问题，又与全社会的问题综合症相关，因此要使中国的金融领域真正逃离伦理风险，需要政府进行综合治理。

分领域2：国际贸易中的伦理风险

第4章 理论主线[①]

本章研究了西方的国际贸易理论的发展主线，说明了国际贸易分工发生的原因和重商主义理论、绝对优势理论、比较优势理论、生产要素禀赋、里昂剔夫之谜、产业内贸易、贸易政策理论等。从中可以看出，西方国际贸易理论的发展是西方的国际贸易历史发展的写照，并不是纯学术的研究。其他国家为了借鉴其理论来研究时，会出现纯理论研究的情况，因为这些理论并不与其他国家的历史发展相对应，而且由于各个国家的国际贸易发展情况不同，有的情况是西方发达国家没有面对过的情况，因此在他们的理论中自然就找不到相应的理论。还有各国的出发点不一样，看问题的视角不同，理论的侧重点也就不同。再有西方国际贸易理论，不仅在说明理论，而且也在为西方的国际贸易行为合理化。而在这种理论的发展中建构起来的国际贸易体系对发展中国家是不公平的。从这个角度看，发达国家是伦理风险的制造者，发展中国家需要修正这种国际贸易秩序才能从根本上逃离这种伦理风险。

[①] 陈宪、石士钧、陈信华、董有德编著：《国际经济学教程》，立信会计出版社2003年版，本章资料除特别注释外均来自该书第7—55、109、127—129、192—193页。

1. 贸易分工

随着全球化和国际化[1]的发展，国际贸易越来越频繁。国际贸易指的是世界各国之间的货物或服务交换活动[2]。国际贸易分工理论起源于生产分工和商品交换的思想[3]，探讨的是国际贸易分工发生的原因、利益分配和贸易格局变动的理论[4]。关于国际贸易理论的研究首先是从静态方面加以分析的，它主要强调的是这样几个方面：平衡国内市场的供求关系而互通有无；发挥国际分工的经济效益而利用比较优势；扩大生产能力以提高本国的经济实力；满足国内需求以增进民众的经济福利。在此基础上，有的学者研究了国际贸易与经济增长之间的互动关系，从而从动态的角度论述了国际贸易活动产生的内在原因。国际分工是国际贸易产生的基础[5]。一般说来，国际贸易商品的价格差异越大，或两国的需求和供给的价格弹性越大，则国际贸易利益也越大。短期内国际贸易对收入分配的影响也是通过商品价格变化来传递的。国际贸易会提高贸易国出口部门特定要素的实际收入，降低与进口相竞争的部门的特定要素的实际收入，而对可自由流动要素的实际收入的影响则不确定。短期内国际贸易对收入分配的影响是按部门划分的，而长期内国际贸易对收入分配的影响则是按

---

[1] See John S. Hill, *World business*, South-Western, 2005, p. 302.
[2] 冷柏军：《国际贸易实务》，对外经济贸易大学出版社2005年版，第3页。
[3] 海闻、P. 林德特、王新奎：《国际贸易》，上海人民出版社2003年版，第44页。
[4] 张二震：《国际贸易分工理论演变与发展述评》，《南京大学学报（哲学·人文科学·社会科学）》2003年第1期，第65页。
[5] 卜伟等编著：《国际贸易》，清华大学出版社、北京交通大学出版社2006年版，第6页。

要素所有者区分的。

任何国家开展国际贸易活动都离不开外部环境的制约和影响。国际贸易的跨国和跨地区性决定了其经济环境具有跨体制特征①，因此贸易难度大②。对外贸易活动③是一国国内经济活动的跨国延伸，主要受经济增长、要素流动和汇率变动的影响。由于某些要素的固定性如土地或者有的要素如劳动和资本出于心理或制度的因素而达不到完全自由流动的程度，各国的要素禀赋的差异是很难消除的。一国本币汇率上升会导致出口量下降。国际贸易能够促进专业化，而专业化能够提高劳动生产率。国际贸易与国内贸易的差异主要在于：它扩展了贸易机会，拓宽了贸易的范围，使人们能够消费到世界各国的东西。由于存在着主权国家，跨国界贸易涉及不同的国家的公民和厂商。每个国家都是个主权实体，都会对人口、商品和资金的流动进行管制。大多数国家都有自己的货币，于是国际贸易必然涉及汇率，也就是不同货币之间的相对价格④。国际贸易产生的主要的经济原因是：第一，自然资源的多样性。各国的自然资源禀赋不同，使得各国的生产条件不同；第二，即使所有国家和地区的生产条件是相同的，它们对商品的偏好也不同，有的国家的人偏爱吃肉，而有的国家的人偏爱吃鱼；第三，各国的生产成本不同。当某个国家在某一产业上有先发优势时，它就能够成为该产品的高产量和低

---

① 冯正强、王国顺主编：《国际贸易——理论、政策与运作》，武汉大学出版社 2005 年版，第 5 页。
② 徐盛华、章征文编著：《新编国际贸易学》，清华大学出版社 2006 年版，第 8 页。
③ See Debora L. Spar, *Managing international trade and inverstment*, Imperial College Co. Pte. Ltd., 2005, pp. 3—62.
④ ［美］保罗·萨缪尔森、威廉·诺德豪斯：《经济学》，萧琛主译，人民邮电出版社 2004 年版，第 239—240 页。

成本的制造商。在需要投入大量的研发经费的产业中，规模大通常是一项重要的优势①。国际贸易理论的发展轨迹可以通过早期贸易思想、主流贸易理论、非主流贸易理论和贸易政策理论四个方面来揭示。

2. 早期思想

国际贸易理论的发展史可追溯到17世纪的重商主义学说流行的时期。重商主义认为金银货币才是真正的社会财富；除了开采金银矿产外，对外贸易是获取财富的唯一源泉；为了确保从国外获取金银，国家应该采取各种政策措施严格控制对外贸易。重商主义的发展可分为早期和晚期两个阶段。晚期重商主义的思想在托马斯·孟的《英国得自对外贸易的财富》（1664）一书中得到了系统的阐述，其核心内容是"贸易差额论"。它认为在国际贸易中，一国可以多买原材料，但关键在于多卖本国产品，从而导致金银货币流入本国，实现国家增进财富的目的。最早的国际贸易理论则首推亚当·斯密在他的《国富论》（1776）中提出的绝对成本说。他第一次阐述了自由贸易学说。他是从分工理论出发来论述国际贸易问题的，他认为国际分工的基础是各自占有优势的自然禀赋或后天获得的有利条件，他指的是绝对优势。

斯密的绝对优势理论是建立在他的分工和国际分工学说基础上的。他认为每一国家都有其适宜生产某种特定产品的绝对有利的生产条件，因而生产这些产品的成本会绝对低于他国。一国的

---

① ［美］保罗·萨缪尔森、威廉·诺德豪斯：《经济学》，萧琛主译，人民邮电出版社2004年版，第240页。

绝对成本优势主要来源于自然禀赋和国民的特殊的技巧和工艺优势[①]。一国只要专门生产本国成本绝对低于他国的产品，用于交换本国生产成本绝对高于他国的产品，就会使各国的资源得到最有效的利用[②]。这种学说在人类历史上第一次论证了贸易互利性的"双赢"的思想，克服了重商主义者认为国际贸易只是对单方面有利的看法[③]。斯密所讲的绝对优势或绝对利益，意在说明为了更多地增加国民财富，一国应该出口那些本国生产效率高的商品，进口那些国外生产效率高的商品。这种优势又总是体现为成本优势，即该国生产特定商品的实际成本绝对低于其他国家所花费的成本，因此又被称为"绝对成本说"（absolute cost doctrine）。他认为国际贸易带来的直接好处是：互通有无；增加社会价值；互惠互利。在对外贸易中具有共同利益，不是一方得利，一方受损。这些论述已经勾勒出国际贸易的基本原则。

3. 主流理论

国际贸易的古典理论主要立足于比较优势说。人们通常认为李嘉图的"比较成本说"的出现才是国际贸易理论正式诞生的奠基石。在其主要著作《政治经济学及赋税原理》（1817）中论证了以"比较成本说"为中心的国际贸易理论。在以后的一个半世纪里，学术界的有关研究都是对它的补充、发展和修正。从

[①] 亚当·斯密：《国民财富的性质和原因的研究》上卷，商务印书馆1983年版，第29页。

[②] 亚当·斯密：《国民财富的性质和原因的研究》下卷，商务印书馆1983年版，第28页。

[③] 张二震：《国际贸易分工理论演变与发展述评》，《南京大学学报（哲学·人文科学·社会科学）》2003年第1期，第66页。

那个时候开始，主流国际贸易理论的发展大致经历了四个基本阶段：

（1）比较成本

第一阶段，比较成本说的形成及发展。大卫·李嘉图以其比较优势理论树立起他作为奠基者的独尊地位。作为英国古典经济学的完成者，他反对把国际贸易产生的原因和基础建立在各国绝对优势的差别上，因为这种理论无法解释经济落后的国家也同样需要参与国际贸易的普遍现象。贸易活动中的相对优势既是指更大的绝对优势，也包括了较小的绝对劣势，这种优势反映的是生产成本上的相对差异，因此又被称为"比较成本说"。其关于开展国际贸易活动要扬长避短、将劣势转化为优势的合理内核。约翰·穆勒提出的相互需求理论讨论了国际商品交换比率的界限问题。国际交换比率的上下限是由两国的国内交换比率决定的。两国国内交换比率的差异越大，可能获得的贸易利益也越大。李嘉图的比较优势，既指国际贸易活动中更大的绝对优势，也指其中更小的绝对劣势，这就意味着任何国家必然会在某些产品上具有贸易优势。即便一国产品均处于绝对劣势，这种劣势也有一定程度的差别。这样，各国都生产和出口具有比较优势的产品，进口具有比较劣势的产品，即通过扬长避短就能实现互惠互利。他主要是从供给而非需求的角度论证问题。

李嘉图第一次论证了国际贸易分工的基础不限于绝对成本的差异的观点，认为只要各国之间产品的生产成本存在相对差异即比较成本，就可以参与国际贸易分工。这就是一种"两优择重，两劣择轻"的思想。他的比较成本理论的问世，标志着国际贸易学说总体系的建立，它比斯密的绝对成本理论更具有一般性。这种理论表明任何国家都可能在国际分工体系中找到自己的定位，从参与国际贸易分工中获得利益①。李嘉图的比较成本理论的问世，标志着国际贸易学说总体系的建立，萨缪尔森称之为国际贸易不可动摇的基础②。通常被看做是最后一个古典主义者的约翰·穆勒在《政治经济学原理》（1848）一书中提出了相互需求说，提出本国对外国商品的需求强度越是大于外国对本国商品的需求强度，交换比率就会越有利于外国的观点，但是他的简单的文字叙述缺乏严密的科学性。阿·马歇尔是19世纪末影响最大的经济学家，他不仅系统地阐述了融合着供求分析的均衡价格论，而且首先把几何图解法全面地引入了经济学，提出了有名的提供曲线图。

（2）生产要素禀赋

第二阶段，20世纪以来，传统国际贸易理论步入了新古典主义阶段，其主要理论是生产要素禀赋说。20世纪30年代，贝·戈·俄林在其《区间贸易与国际贸易》（1933）一书里，在继承了比较成本说的基础上，提出了生产要素禀赋理论。他用在相互依赖的生产结构中的多种生产要素理论代替了李嘉图的单一生产要素理论。他的生产要素禀赋理论被称为新古典贸易理论和现代国际贸易分工理论的基石。由于俄林在其著作中采用了他的老师赫克歇尔1919年发表的一篇重要论文的主要论点，因此生产要素禀赋理论也被称为赫克歇尔—俄林模型（H—O模型）。

这种模型认为在假定各国的劳动生产率是一样的情况下，产生比较成本差异的原因有两个：各国的生产要素禀赋的比率不同

---

① 张二震：《国际贸易分工理论演变与发展述评》，《南京大学学报（哲学·人文科学·社会科学）》2003年第1期，第66—67页。

② 周梅妮：《李嘉图国际贸易理论的新兴古典分析——交易效率、偏好对国际贸易的影响》，《国际贸易问题》2005年第8期，第123页。

和生产各种商品所使用的各种生产要素的组合不同。所谓生产要素禀赋，指的是各国生产要素的拥有情况。各国都利用本国禀赋较多、价格相对便宜的生产要素来生产商品以供出口，这样交易双方都可获得利益。生产各种商品所使用的各种生产要素的组合不同，指的是商品生产的要素密集程度不同。根据商品所含的密集程度的不同，可以把商品大致分为劳动密集型、资本密集型、土地密集型、资源密集型、技术密集型等。即使生产同一种商品，在不同国家的生产要素的组合也不完全相同。如果一国能对生产要素进行最佳组合，在某种商品的生产中多用价格低廉的生产要素，就能在这种商品上具有较低的比较成本[1]。

这种学说使用的几个基本概念为：第一，生产要素。它指的是生产活动必须具备的主要因素。传统主流经济学一般将它概括为资本、土地、劳动和企业家才能（组织）四大要素。现代经济学家赋予了它更多的内涵。第二，生产要素密集度。它主要用来表示一种产品生产中某种生产要素投入比例的大小。第三，生产要素禀赋（factor endowments）。它是指一国所能提供的生产要素的数量和品质的具体分布。第四，生产要素的丰裕程度。它是指一国能够提供某种生产要素数量的充足水平。H—O[2]学说认为价格与成本差异是产生国际贸易的基本条件；产生比较成本差异的主要原因是因为它们的国内生产诸要素的价格比例不同；生产要素禀赋在国际贸易中起决定作用。每个国家或区域利用它的相对丰裕的生产要素从事产品生产，就会处于比较有利的地位，而利用其相对稀少的生产要素从事生产，就会处于比较不利的

---

[1] 张二震：《国际贸易分工理论演变与发展述评》，《南京大学学报（哲学·人文科学·社会科学）》2003年第1期，第67—68页。

[2] See Won W. Koo, P. Lynn Kennedy, *International trade and agriculture*, Blackwell Publishing Ltd, 2005, p. 4.

地位。

俄林指出商品价格在不同国家之间的绝对差异是产生国际贸易的直接原因，而相对价格的差异又是重要的前提条件。商品的这种价格差异来自于各自生产成本的不同，其中主要在于生产要素价格的不同。在自由贸易的条件下，生产要素能够在各国自由流动，其组合就会更合理，使用也会更富有效率，但是这种流动实际上存在着众多障碍。人们为了寻找最廉价的市场，总是尽量把生产地点设在所需要素密集分布的地区，最终导致生产要素的价格趋于均衡。生产要素价格均等化理论，通常被视为广义的生产要素禀赋说的组成部分。国际贸易可能会导致生产要素价格均等化的论点首先是由赫克歇尔提出的，俄林进一步阐发了这个思想。他认为在发生国际贸易活动之前，各国生产要素供给不平衡造成了巨大的浪费。如果它们能够自由流动，则其组合就会更合理，使用效率也更高。商品的自由流动代替了生产要素的自由流动，可以消除工资、地租、利润等生产要素收入的国际差别，最终导致国际间产品价格和生产要素价格趋于均等化。当然由于各种障碍的存在，国际贸易活动只是促使生产要素价格具有走向均等化这一趋势。

萨缪尔森在《实际工资和保护主义》(1941) 和《国际贸易与要素价格均等化》(1948) 这两篇文章中，又进一步论证了自由贸易将导致生产要素价格均等化的观念，从而产生了 H—O—S 学说。他的论证表明，在国际分工非完全专业化的条件下，即两国都生产两种商品而不只生产优势产品时，生产要素价格均等化就不仅是一种趋势，而且有着必然性。H—O—S 学说已经直接涉及了国际贸易对收入分配的影响。有些学者在此基础上继续作了比较深化的研究：第一，斯托尔珀—萨缪尔森定理。他们试图证明国际贸易确实会给不同的人们带来福利或损害。在完全竞争市场和要素在国内自由流动的条件下，一个国家的充裕要素的所有者从贸易中获利，而稀缺要素的所有者则因贸易而受损失。第二，雷布钦斯基定理。它证明在商品价格不变的情况下，劳动密集型产品的产量增加而资本密集型产品的产量减少。第三，特定要素模型。这是由保罗·萨缪尔森和罗纳德·琼斯共同提出和完成的一个分析模型。它认为生产要素可分为两类：一类是可以在各部门之间自由流动的"流动要素"，比如说劳动；另一类则只能用于某一产品或部门生产的"特定要素"，比如说土地。国际贸易对劳动要素的实际收入的影响是不确定的，而特定要素的报酬变化则是确定的。

哈伯勒、维纳等学者对于传统国际贸易理论的阐释被称为新古典主义的标准解释，他们运用了一些现代分析工具，从技术性角度比较精确地说明了传统理论的内容：第一，机会成本（opportunity cost）是指用一定生产资源生产一个单位的某种商品，而必须放弃生产另一种商品的那些数量。第二，生产可能性曲线（production possibility curve）。它是指在生产资源既定的条件下，多生产某种产品就必须少生产另一种产品，而两种产品的各种组合就是它们数量上的相互转换或替代，所以该曲线又被称为转化曲线或生产替代曲线。第三，无差异曲线是一条消费者对于两种商品的各种组合有着同样偏好的曲线。也就是说，该曲线上任何一点所代表的两种商品的不同组合，给消费者带来的福利或满足程度是无差异的。第四，边际替代率递减规律指的是一种商品的数量越多，其每单位带给消费者的满足程度相对越小，因而只需要少量的另一种商品加以替代，就可使总满足程度保持不变。新古典主义的标准理论把自己的研究重点定位于机会成本递减条件下的国际贸易，而传统贸易学说则一直围绕着在机会成本不变的条件下的贸易现象来展开的。在传统的国际贸易理论中，李嘉图的比较优势和赫克歇尔—俄林的要素禀赋说占主流地位,而在第二次世界大战后,国际贸易出现了传统国际贸易无法预示和说明的情况。由于发达国家与发展中国家的要素禀赋存在着巨大反差,大量的国际贸易应该发生在这两类国家之间,但事实是战后发达国家间的贸易量大幅增长。于是相继出现了需求偏好相似理论和产品周期理论等,对传统的国际贸易理论进行了修正和补充[1]。

(3) 里昂剔夫之谜

第三阶段,里昂剔夫之谜的出现及相关解释。里昂剔夫之谜的出现引起了国际经济学界对赫克歇尔—俄林模型的激烈争论。20世纪50年代初,美国经济学家里昂剔夫发现美国出口的竟然是劳动密集型产品,而进口的却是资本密集型产品。这个结论因与赫克歇尔—俄林模型所推断的贸易格局相反而被称为里昂剔夫之谜[2]。里昂剔夫先后两次用他的投入—产出法对美国的进出口资料进行了验证,结果发现生产要素禀赋说不符合美国进出口的实际情况,即美国出口的是劳动密集型产品,进口的是资本密集型产品。于是为了维护生产要素禀赋说,出现了"新要素贸易理论"的研究热潮。在解释"里昂剔夫之谜"方面的突出的理论是新要素贸易理论和新技术贸易理论。新要素贸易理论特别强调了作为生产要素的人力资本和自然资源的重要性。国际投资包括了人力资本在各国之间的转移,而贸易可能是建立在技能密集型(人力资本)基础上的产品出口。强调自然资源的理论不仅可以解释国际贸易现象,而且能够解释传统的对外直接投资方

---

[1] 盛宝柱:《当代国际贸易理论主要思想与我国对外贸易对策》,《科技情报开发与经济》2004年第5期,第72页。

[2] 张二震:《国际贸易分工理论演变与发展述评》,《南京大学学报(哲学·人文科学·社会科学)》2003年第1期,第68页。

式。新技术贸易理论认为生产技术的差异是国际贸易发生的重要原因，技术垄断导致的国内市场的不完全竞争正是对传统贸易理论的基本前提的否定[①]。

（4）产业内贸易

第四阶段，20世纪60年代以来，出现了两个逐渐扩散和普及的重大贸易现象：一个是大多数国际贸易都发生在生产要素禀赋相似的国家之间，而且大部分贸易活动还具有在同一产业内进行的性质，甚至出现了相同的产品的互相买卖的现象；另一个是国际贸易的巨大发展并没有对经济资源的重新配置和收入分配的变动产生显著的影响。面对这种现象产生了"新国际贸易理论"。这种理论的一个重要突破表现为产业内贸易理论的形成。国际贸易可分为两种基本类型：一种是一国进口和出口属于不同产业部门生产的商品即产业间贸易（Inter-industry Trade）；另一种是产业内贸易（Intra-industry Trade）是一国既出口同时又进口某种同类型制成品，两国互相进口和出口属于同一部门内或同一类别的制成品。古典和新古典贸易理论分析的主要是产业间贸易，而新贸易理论分析的主要是产业内贸易[②]。

所谓产业内贸易，是指贸易两国彼此买卖着同一产业所生产的产品。这种贸易不是由贸易国之间的生产要素禀赋的差异造成的，而是由产品的异质性即其特色所决定的。这类贸易活动的利益来源也不再是比较优势，而是规模经济。新贸易理论认为，即使两国之间没有相对生产要素禀赋差异，因为规模经济和垄断的

[①] 陈洁蓓、张二震：《从分歧到融合——国际贸易与投资理论的发展趋势综述》，《经济学研究》2003年第3期，第7页。

[②] 张二震：《国际贸易分工理论演变与发展述评》，《南京大学学报（哲学·人文科学·社会科学）》2003年第1期，第70页。

原因也可以出现贸易。在规模经济和不完全竞争的市场结构下，经济不可能达到在完全市场竞争条件下的资源最佳配置状况。在这种情况下，对一国而言，贸易可能使一国的福利下降。当贸易使得本国以递减规模生产的行业和高度垄断行业的方式收缩，也就是说在与外国垄断者的竞争中败北，而贸易带来的其他利益又不足以补偿这种损失时，这种情况就会发生，因此自由贸易政策未必是最好的政策，而且相异产品的存在使得产业内的贸易存在。新贸易理论还十分重视公司的作用，因为在产业内贸易中各国的竞争优势主要表现为公司的特定竞争优势，而不像产业间贸易那样首先表现为国家的竞争优势。公司优势是一个公司相对于其他竞争对手所具有的垄断优势，主要是知识资产优势和规模节省优势。知识资产包括技术、管理、组织技能和销售技能等无形技能[1]。

这种理论还采纳了林德在《论贸易与转变》（1961）一书中提出的"需求偏好相似"的学说。他认为国内的需求结构决定或制约着一国的出口贸易结构，而贸易国之间的需求结构越相似，它们之间的贸易数量就越大。20世纪70年代末和80年代初以来，克鲁格曼、赫尔普曼、布兰德等提出了战略贸易政策理论模型来分析规模经济和不完全竞争市场条件下的贸易格局及其成因。战略性贸易政策指的是一国政府在不完全竞争和规模经济的条件下，可以凭借贸易壁垒来扶持本国的战略性工业的成长，从而谋求规模经济之类的额外收益[2]。

保罗·克鲁格曼是新贸易理论的主要领军人物。以他为代表

---

[1] 张二震：《国际贸易分工理论演变与发展述评》，《南京大学学报（哲学·人文科学·社会科学）》2003年第1期，第71—72页。

[2] 盛宝柱：《当代国际贸易理论主要思想与我国对外贸易对策》，《科技情报开发与经济》2004年第5期，第72页。

的一批经济学家吸取了以往国际贸易理论的合理因素，创立了一个新的分析框架，提出了新贸易理论。这些经济学家用产业组织理论和市场结构理论来解释国际贸易中出现的新现象，用不完全竞争、规模报酬递减、产品差异化等概念来构造新的贸易理论模型，得出了一系列全新的结论①②。他认为在不同国家的产品越来越相似和市场结构变为不完全竞争的条件下，当规模报酬进入递增阶段时，规模经济就取代了要素禀赋的差异而成为推动国际贸易的主要原因了。另外，产品生命周期理论（product cycle model）把营销学中的"产品生命周期"术语引入了国际贸易研究领域，着重分析了产品在其生命周期不同阶段的各自特点。几乎与克鲁格曼等提出战略性贸易理论的同时，美国经济学家迈克尔·波特提出了"竞争优势论"。波特认为一国在某一行业取得全球性成功的关键在于四个基本要素：生产要素、需求情况、相关和支撑产业、企业的战略结构。这四个基本因素连同两个辅助因素（机遇与政府作用）共同决定着一个国家是否创造了一个有利于产生竞争优势的环境③。

（5）贸易政策理论

另外，国际贸易政策是国际贸易环境的重要组成部分。各国制定对外贸易政策的目的主要是：保护本国的市场；扩大本国产品的出口市场；促进本国的产业结构的改善；积累资金；为本国

---

① 杨小凯、张永生：《新贸易理论、比较利益理论及其经验研究的新成果：文献综述》，《经济学》2001年第1期，第72页。
② 张二震：《国际贸易分工理论演变与发展述评》，《南京大学学报（哲学·人文科学·社会科学）》2003年第1期，第70页。
③ 盛宝柱：《当代国际贸易理论主要思想与我国对外贸易对策》，《科技情报开发与经济》2004年第5期，第72页。

的对外政策服务。国际贸易政策的基本理论依据主要来自自由贸易或保护贸易理论。推崇自由贸易政策的人通常认为这种政策能够带来较高的效率和更大的福利，它是提高本国企业素质和竞争能力的必经之路，是扩大国际市场和实现规模经济的有效手段，有助于促进产业结构向资本密集型和技术密集型转变，还能带来许多新观念等。主张推行贸易保护政策的人则认为这种政策能够保护幼稚工业，能够促进产业多元化等。发达国家普遍推行以自由贸易为基调的国际贸易战略。国际贸易的战略主要有这么几类：初级产品的出口战略；出口导向战略，通常先出口一般消费品，然后再转向出口资金密集型和科技密集型产品；进口替代战略；综合性战略。

根据传统的国际贸易理论，自由贸易将引导资源进行最有效的配置，使一个国家的经济福利达到最大化水平，而实行贸易保护，如实行配额、关税等措施则会造成无谓损失。但在现实中，各种关税壁垒、非关税壁垒等保护贸易措施仍盛行于世，自由贸易能够促进各国福利的主张似乎并没有被接受。面对这种理论困境，主张保护贸易的政治经济学应运而生。保护贸易为特殊的企业和相关利益集团所需要，由政治家和政府官僚提供，这种保护理论把分析视野扩大至政治领域，因此在国际贸易理论发展历史上，虽然推崇自由贸易政策的主张始终占据着强有力的主导地位，但也出现过很有影响的保护贸易学说，其中有四种具有代表性的学说。

李斯特最早对保护贸易理论展开了系统的阐发，他被看做是国际贸易保护理论的奠基人。19世纪二三十年代的德国的工业发展落后于英、法等国，避免外国竞争的威胁和保护本国新兴工业的顺利发展为德国的当务之急，李斯特的理论正是顺应这样的历史要求而产生的。他的学说是以生产力理论和经济发展阶段论为基础的,他认为生产力是创造一切财富的能力,是一国财富增长的根本源泉。他把经济发展分为不同的阶段,认为在经济发展强盛的时候应当采用自由贸易,但在经济发展较弱的时候就必须采取保护贸易制度。凯恩斯面对1929—1933年的经济危机,形成了一种新重商主义的保护贸易学说,他认为贸易顺差对扩大有效需求十分重要。普雷维什新保护贸易理论认为整个国际经济格局如同一个世界经济星座,是个存在着中心—外围的体系结构,发展中国家处于该体系的外围地带,依附于中心地带,处于被剥削的地位,因此这些国家应该采取保护贸易的政策。20世纪80年代,以克鲁格曼、赫尔普曼等为代表的经济学家创立了"新贸易理论"。在此基础上,有的学者又进一步提出了战略性贸易政策理论,提出了适当运用关税、补贴等战略性贸易政策措施,将有助于提高一国贸易福利的主张。

4. 非主流理论

最近这些年来,出现了一些值得关注的非主流国际贸易理论,这些理论主要在几个发展方向上努力:有的理论试图寻找立足于微观基础的贸易优势,其代表性理论为迈克·波特的竞争优势(competition advantage)理论。他在《竞争战略》(1980)、《竞争优势》(1985)和《国际竞争优势》(1990)这三本代表作里,围绕着企业、产业和国家的竞争力问题展开了论述,目的在于探究它们各自的贸易优势。他的分析主要立足于经济发展的微观基础,即更强调公司在其中的关键作用。他认为在全球化快速发展的背景下,一国的竞争力主要不再是来自比较优势而是竞争优势,也就是说在于创造良好的经营环境和支持制度,以确保投入的生产要素能够高效地使用和升级换代。为此他提出了

"钻石理论",他最终把国家的竞争优势的核心归结为投资和创新。

有的理论关注跨国公司的行为及其所产生的新贸易现象。1977年,约翰·邓宁首先提出了国际生产折中理论,并在《国际生产与跨国公司》(1981)等著作中加以完善,他因此成了各种国际投资理论的集大成者。他认为对外直接投资主要是由所有权优势、内部化优势和区位优势这三个基本因素决定的,而内部化理论(theory of internalization)主要是由彼得·伯克莱和马克·卡森的《跨国公司的未来》(1976)和《跨国公司的选择》(1979)两书加以阐发的。有的理论重视国际贸易的规范研究。传统的贸易理论历来不重视国际贸易的规范分析,有关的学术成果比较少。20世纪30年代以来,只有保罗·萨缪尔森和希克斯等少数学者发表过相关的论文,而最近二十余年来,开始有较多的学者明显重视这方面的研究,正努力对一国的外贸政策或对外经贸活动直接作出价值判断,他们首先采用的是帕累托最优等分析工具。有的理论强调社会性因素对国际贸易的作用,他们注重从制度、利益集团、非生产性努力等因素来考虑国际贸易问题。20世纪90年代中后期以来,有的学者陆续对战后的贸易理论发展作了梳理和总结,出现了国际贸易理论研究热,但这些研究都是按学说模块展开的,研究贸易理论的基本问题的文献较少[1]。

5. 独白:逃离伦理风险

在研究了西方国际贸易理论的基础上,下文试图说明发

---

[1] 朱廷:《当代国际贸易理论创新的若干特征》,《国际贸易问题》2004年第2期,第89页。

达国家的理论发展的现实根据及其造成的不公平的国际贸易秩序，从而造成了一种系统性的伦理风险。发展中国家要逃离这种伦理风险，不仅需要在经济方面努力，而且要在国际政治中获得主导权。就中国而言，只有中国在国际政治中崛起了，中国才可能真正成为国际贸易秩序的修正者，还国际贸易一个公平。

（1）发达国家分析

发达国家国际贸易理论的发展过程，反映的是发达国家成长为经济巨人的过程。在资本主义发展初期，需要积累资本，以便实现大工业的规模生产，赚取利润。在重商主义时期，以英国为首的发达国家主要是进口金银货币，这样使得其发达的工业技术能够扩大再生产。在这种生产满足了本国国民的需求时，就能够把这些产品出口到国外换取自然资源，工业产品能够成为摇钱树，可以用其在全世界换取自然资源，这就是亚当·斯密的绝对优势理论时期。此后，发达国家的工业产品已经具有了优势，即便其他国家能够生产同样的产品，但是由于资本和市场的限制而无法在规模上与英国的产品进行竞争，这时候便出现了比较优势理论，也就是说，即便本国能够生产同样的产品，但是由于本国的生产率比较低，因此在国际贸易中应该出口有比较优势的产品和进口有比较劣势的产品。英国在生产工业产品上有比较优势，因此它还是在用工业产品换取其他国家的初级产品或原材料。在资本主义的工业优势确立后，便出现了生产禀赋理论，也就是说，各国生来就有不同的特长，各国应该满足于出口各国的具有禀赋的产品。工业产品成了发达国家具有禀赋的产品，而初级产品和耗费自然资源的产品，成了发展中国家的具有禀赋的产品。此后随着他国的市场越来越开放，发达国家越来越多地到他国直接投资，其投资目的是在他国生产和他国销售，以赚取利润。这个时候便出现了里昂剔夫之谜，出现了美国出口的是劳动密集型产品而进口的是资本密集型产品的现象，其实是美国的很多产品已经不再以进出口贸易产品的形式存在了。

从这个发展过程看来，发达国家目前的经济发达状态，并不只是制度问题或管理问题导致的。如果当时的英国只是改变了制度，并没有在全世界进行工业品和初级产品及自然资源的交换，英国的经济绝不会发展到目前的状态。英国也有无数的私有企业倒闭了，美国也有无数的私有企业倒闭了，而并不能说这些企业倒闭了就是管理不好。管理再好的企业，如果其产品不被市场需要，也会倒闭。英国在用工业品交换初级产品及自然资源时处于优势。它发展工业，利用工业产品不断获得全球的廉价自然资源，从而成为一个经济巨人，而美国的发展是英国发展的继续。发达国家都是因为在工业产品的生产上一步先发展而步步先发展的结果。中国则因为工业落后而沦为了落后国家。

国际贸易还会受到战争和恐怖主义活动的影响。在战争和恐怖主义活动的时候，人更容易突破道德底线，从而使伦理风险加大。目前大国之间因为有核武器，所以直接发生战争冲突的可能性减小，而对于一些具有重要的地理位置和具有重要资源的地区，美国是不会放弃的，当它在这些地方的利益受到威胁时，就会不惜发动战争。其战争的目的不是为了占领那个国家，而是要使那个国家服从它的意志。美国会寻找各种理由发动战争，但战争的目的其实是维护其至关重要的利益。国际间关系也会影响国际贸易。当两个国家之间的关系比较好，互相之间的文化交流比较多，人们之间比较认同互相间的文化时，双方的产品在对方的市场上销售就会比较好。而当两国之间的关系紧张时，就可能会影响其产品在对方市场上的销售，并产生双方都恶意阻碍对方的产品进入本国市场的行为。国家之间的道德关系是脆弱的。在国与国之间友好时，二者是朋友，享受朋友之间的道德待遇。当国与国之间成为敌人时，国与国之间的道德关系会发生颠覆性的变化。友国之间的人互相残杀会被大众认为是不道德的，而敌国之间的残杀则不然。本国人会把杀死敌人的人当成英雄。同样一个人在本国是英雄而在他国就是罪人。这种关系也会影响国际贸易。当敌我关系确立时，损害对方的经济利益也会成为英雄。平时信守的契约在战时也可能被销毁。

发达国家在其发展过程中，有着不道德的一面，主要体现在：第一，在工业品与自然资源的交换中，工业品价格高于其价值，而自然资源的价格低于价值。发达国家以这种方式获取他国的自然资源，看上去很文明，不像古代社会的掠夺那么野蛮，而本质上还是有掠夺的一面。不等价交换的那个部分就是掠夺的东西，只是采用了文明的方式，这种方式有直接掠夺所起不到的效果。这里没有抵抗，而且还有那么多当地劳工自愿地为他们运送自然资源。这些人没有遭到掠夺时代屠杀，他们也因此可以成为一种可以不断地被使用的劳工。第二，有不少情况都是占领了他国的领土或通过暴力让他国成为本国的殖民地。这种方式与帝国时期还不一样。在帝国时期，帝国里的人都享有同样的国民待遇，而殖民地的人与发达国家的人并不享有同样的国民待遇。他们要的是在这些国家打开市场，然后让他们能够获取其廉价资源。英国人并不是不知道鸦片会毒害他国的公民，但他们还是向中国大量输送鸦片，而那个时候的英国已经是发达时期的英国。从这个角度上看，发达国家的文明史就是对许多国家不文明的历史。发展中国家因为落后而成了发达国家的不道德行为的牺牲品。第三，发达国家制定了有利于其发展的国际贸易体系。这种体系本身就是不公正的。发展中国家要从总体上逃离伦理风险，就应该改变这种不公正的秩序。

（2）中国的战略

a. 内部环境

中国在国际贸易中要崛起，并从总体上逃离发达国家造成的不公正秩序的牺牲者，关键是要形成本国的科技产品优势。而要形成这样的优势，不是在经济学领域努力就能实现的，而应该有其宏观战略。目前中国的新科技研发还存在很大的问题。中国只有形成一个在国际上有竞争力的新科技研发群体，才能真正确立中国的新科技产品优势，使中国的出口产品在总体上向新科技产品转化。要形成这样的优势，应该分几步走：

第一，利用发达国家的旧科技创造新产品，通过新产品的出口积累资金。在旧科技的基础上开发新产品，研发成本低，适合中国国情。新产品可以是原创性的，也可以是旧产品的新功能开发。中国在这种开发方面是有优势的。出售这种产品没有出售新科技产品创造的利润多，但是比出口自然资源和初级产品能够产生更多的利润。

第二，利用积累的资金解决普遍的社会保障、医疗保障和义务教育问题。解决这些问题，能够使中国成为一个低伦理风险的社会。中国人在物质上有着知足常乐的传统，但是他们的知足是以能够生存下来为底线的。中国历史上的农民起义主要是发生在生与死之间的选择上的。现代中国的弱势群体已经没有可能再起义成功了，但是这些无法生存下来的人可能成为盗窃者或恐怖主义者，从而导致伦理风险的增大。人们能够安居乐业，这也是爱国主义教育的物质基础。这种社会让人普遍感觉温暖、公平和具有安全感。保住了人们的心理承受底线，人们的心理才可以通过一种道德修养方面的调整，形成一种人们在心理上平衡的社会，这样才能真正消除社会上普遍存在的浮躁现象，使人们能够静下心来做事。这种努力看上去似乎与高科技研发没有关系，实际上这也影响着高科技人员的心理状态，因为高科技人员也生活在这样一个社会之中。即便他个人的生活能够有所保障，他还不得不考虑父母和孩子的保障问题。而且家庭成员之中，只要有一个人得了没有医疗保障的大病，全家人的生活都可能出现问题，这种惶恐不是只解决科技人员本身的保障就能消除的。如果没有这种安全感，他就会想是否可能移居国外，是否要趁年轻多赚些钱而不是多做科研。在社会基本保障没有解决之前，中国的伦理道德问题是无法得到根本解决的。衣食足不一定能够知礼节，而衣食不足则很难教化。即使教化好的人，在衣食不足的情况下也更容易变节。

第三，使全国的经济发展平衡化。只有这种平衡化形成了，中国的人才才能够真正地流动起来。现在大学生不是找不到工作，而是有工作的地方太穷，使得他们望而却步。

第四，通过进一步城市化，让农民能够成为城市居民，让他们离开土地，这样才能够实现农业机械化，也才能真正让农民过上好日子，中国的经济基础也才能真正地转化，使中国成为一个工业化国家。并不是说一个工业化国家必须不从事农业。如果一个国家的农业实现了机械化，这个国家即便也在从事农业生产，但是它也是一个工业国家。目前中国的农村无法实现机械化，主要是因为土地上农民太集中，而不是因为没有农业机械化技术。农民要能进城，一是要对年轻人进行教育，使他们能够具备在城市生存的能力；一是要有配套的政策，能够进一步城市化，并能够安置老人。

第五，在以上基础上，发展一种能够包容各种文明的和谐文化。这种文化应该建立在中国的传统文化基础上，并融合了西方文化，各种文化都能够在其中找到其应有的位置。在这种文化的建构中，要体现着一种海纳百川的胸怀。各个种族在其中都能找到位置，不以肤色来区分人的高下，不崇洋媚外，也不歧视来自穷国的国民。人之尊贵与否取决于道德情操的高下而非其他因素。中国人应该戒狂、知礼和修炼美德。中国的儒家传统是种教人追求伟大的文化。儒家思想中有着追求伟大而又谦虚的思想。在《周易》"天行健，君子以自强不息；地势坤，君子以厚德载物"这句名言中，就体现了儒家追求既有天一样伟大又有地一样仁厚的美德。地因为能处于万物之下，故能包容万物。在现代社会中，由于多种文化交融，而且人处于激烈的竞争之中，个人的地位也在起伏之中。自己的才能有的时候不被人认可，自己提出的理论可能被否定，自己做学问的方式可能被批评，此时人无修养，便可能发怒或变狂。人在发狂时维护的是自己追求的伟大的一面，但同时却失去了仁厚之德。

在中国的传统文化中，直接面对面的辩驳相对比较少。在先秦百家争鸣的时候，各家主要是阐述自己的思想体系，其中有针锋相对的地方，但句对句的辩驳并不多见。这主要是因为每句话在一个特定的思想体系中，有自己的特别含义。当这句话被从一个体系中拿出来后，它就不再是那句话了，而且对一种体系的最好辩驳是提出另外一个能够取而代之的思想体系。同时，目前中国人在礼节教育上也出现了问题。传统的礼节也许过于繁杂而不适用，而现代人应该用什么礼节还没有形成一个统一的体系，使得中国人看上去很没有礼貌和修养，知道应该有礼貌的人也不知道该怎么做好。而这些状况都可能变成一个国家的伦理风险。人们可能因为对一个国家的文化层面的东西感觉不好而离开这个国家。在以上条件都具备的情况下，再投资研发，把全世界的最优秀的人才都引进才可能在研发上处于领先和保持领先地位。在人才引进中，应该有种包容的文化，使他们能够在中国安家落户，世世代代成为中国人。这样中国在国际贸易中的产品结构才能够根本转化为高科技产品，而且能够一直处于领先地位。

b. 外部环境

从国际贸易的外部条件来说，中国应该通过国际政治的崛起来构造一个对世界各国都合理的国际贸易秩序。目前的国际贸易秩序对于发展中国家来说是不公平的，从而导致了发展中国家整体处在发达国家造成的伦理风险之中。而这种不公平的秩序，不是通过文化传播或经济力量就能改变的。经济力量只有转化为一种国际政治力量，使中国能够主导国际政治的时候，国际贸易秩序才能真正得到改变。中国是具有主导国际政治潜能的。首先中国的地理位置优越，英国主导国际政治的时候采用的是均势战略。那时西欧各国比较发达，英国知道要控制住西欧才能够在国际政治中处于主导地位。它控制欧洲的方法是使西欧各主要国家的势力处于均衡状态。英国把这几个主要国家看成是现在意义上的极。一个极比较弱的时候，它就扶植；一个极比较强的时候，它就压制。这样使每个极都不可能控制西欧，使英国在国际政治中的主导地位得以维持。

美国目前采用了与英国类似的均势方法。美国要维持其在国际政治中的主导地位，就需要控制欧亚大陆。而控制欧亚大陆的方法就是把欧亚大陆的几个主要国家当成极，使这几个极处于均衡状态。当一个国家比较弱的时候，它就扶植那个极。在第二次世界大战后，联邦德国和日本的经济复苏都是因为这两个极比较弱，可能造成欧亚大陆的势力不均衡，因此这两个国家很快从美国的敌人变成了美国的朋友。此时美国与日本和联邦德国之间的国际贸易就受到了国际政治因素的影响。俄国则被美国看成是可能控制欧亚大陆的极，因此俄国是美国压制的对象。从表面上看，美国与俄国之间似乎是意识形态不同而产生的冲突，事实上即使俄国采用的是资本主义制度，如果俄国会打破欧亚大陆的均势，从而使美国在国际政治中的主导权失落，美国同样会遏制俄国。当一个国家被另外一个国家遏制时，两国之间的经济贸易关系自然也会受到影响。

中国在欧亚大陆具有很重要的地理位置。一旦中国崛起，成为欧亚大陆的具有主导地位的大国，中国也就具有了主导全世界的能力，而美国失去了对欧亚大陆的控制，就会失去其在全世界的控制权。目前大国之间的国际政治斗争主要不是以战争的方式而是以军事力量的对比及其产生的影响力的对比来进行的。当中国成为在欧亚大陆具有控制力的国家，并能借此影响中东和拉美地区时，中国在国际政治中就崛起了。在这个崛起过程中，中国的国际贸易会受到不同性质和不同程度的影响。在起步时期，美国更看重在中国的经济利益，因此双方的经济贸易关系摩擦会比较少。而在中国可能替代美国的主导权的时期，美国的国际政治利益就会上升到主要地位。这个时候在国际贸易领域的摩擦就会增加，而且很多摩擦是因国际政治的原因导致的，在经济领域本身找不到真正的原因。这个时期中国的外贸企业的命运与中国的国际政治有关。中国在国际贸易中是采用自由贸易还是保护贸易政策，主要是要看本国的合理利益是否能够得到保证。当本国的合理利益被损害时，是应该采用各种措施保护本国利益的。

在中国崛起的时候，会产生国际贸易秩序的更替。在更替时代，会出现一个过渡时期。因为这个时期会产生一定程度的无序状态，因此会有更多的空子可钻，从而增加伦理风险。中国在具有国际政治的主导权后，应该致力于建立新的国际贸易秩序。中国只从国际贸易中获取合理的利益，而不欺负贫穷落后的国家。中国不应该在国际贸易中追求利益最大化。不合理的利益，就是给也不要，这就是高贵。国与国之间就像人与人之间一样，是有高下之别的。这种高下之别不是来自金钱，也不是来自权力，而是来自品格。一个国家的品格能够让它的国民感觉自豪，能够让它的国民与他国交往时感觉很有面子。他国也会因为一个国家的品格而尊重本国的国民。中国的崛起之路，是个君子之国而非小人之国的崛起之路。中国在有能力的时候，应该帮助贫穷落后的国家发展经济。不仅在中国要实现共同富裕的目标，也应该在全世界实现共同富裕的目标。不仅应该在中国建构一种和谐文化，而且也应该在全世界倡导一种具有博大胸怀的和谐文化，使各种文化都能够在这种和谐体系中找到自己的位置。中国应该有自己的国际贸易理论，这种理论应该是一种中西融会的理论，其中一定要贯彻中国特有的道德价值观念。在这种理论中，国际贸易的原理与伦理是交融在一起的。伦理不是一种被用来实现利益的手段，而是这种理论追求的目标，利益只是实现这种目标的手段。

第 5 章　发展状况

本章研究了以英美为主导的发达国家作为一个总体在国际贸易发展中具有的先发优势及它们采用贸易保护主义或自由贸易政策时的考虑因素；研究了发展中国家作为一个总体在国际贸易发展中的后发劣势及发达国家主导的国际贸易秩序的不公平性和对发展中国家的环境的污染；研究了影响当今国际贸易的几个主要因素，比如说地理环境、供应链、电子商务等。在以上研究的基础上，笔者阐述了中国在采用贸易政策时应该考虑的因素，也阐述了外贸公司应该如何发展以逃离伦理风险和建立有信誉的外贸公司。

1. 先发优势

发达国家作为一个总体，在国际贸易发展中具有先发优势，而具体说来，各个国家在国际贸易中的地位又有所不同。一国的对外贸易政策是会随着世界政治、经济与国际关系的变化，本国在国际分工体系中的地位的变化和本国产品在国际市场上的竞争能力的变化而不断变化的。在不同的时期或同一时期的不同国家，往往都会实行不同的对外贸易政策。在 15—17 世纪，为了完成资本的原始积累，英法等国信奉重商主义（mercantilism），采取了严厉的贸易保护措施。他们认为只有货币才是财富,追求的目标是对外贸易顺差,严禁奢侈品进口和金银出口。那个时期西欧各国普遍推行的是典型的保护贸易政策。18 世纪中至 19 世纪末,西方资本主义进入自由竞争时期,各国建立了适合工业资产阶级利益的对外贸易政策,但是由于各国工业发展水平不同,所采取的贸易政策也不完全相同。英国产业革命后,工业迅速发展。在 19 世纪前期,经过长期投资,自由贸易政策逐步获得了胜利。美国和西欧的一些国家则因为国家工业发展水平不高而实现保护贸易政策。19 世纪末到第二次世界大战之间,西方社会的资本主义垄断代替了自由竞争[1]。

  第一次世界大战后,英国成为一个资源贫乏、人口过剩、工业发展速度落后的岛国,其生存和繁荣依赖于它长期发展起来的全球贸易体系。美国巨大的工业生产能力使之迫切需要更多的国外市场。二者都在高筑关税壁垒以保护本国市场的同时,极力向全球其他地区扩张,从而加剧了英美之间的经济矛盾。美国成了世界上的头号经济大国,英国也不甘心失去其曾经拥有的经济霸主地位,二者在国际经济领域展开了激烈的竞争,其中在国际贸易市场的竞争是很重要的一个方面。当时的广大殖民地和半殖民地地区的民族工业得到了发展,渴望经济得到进一步的发展和实现民族独立。美国利用美元的绝对优势在这些地区投资设厂或给予政府贷款以扶持亲美政权来排挤英国商品。美国的出口不再以食品和原材料为主,而是用制成品直接与英国竞争。这些制成品包括传统工业品如钢和工业机器和更新的工业品如汽车和电力设备。拉丁美洲是英美市场战中的一个重要市场。英国王子和美国

---

[1] 陈宪、石士钧、陈信华、董有德编著:《国际经济学教程》,立信会计出版社 2003 年版,第 179—180 页。

总统胡佛都直接参与了这里的市场竞争①。

无论英国怎样努力，都抵挡不了美国新兴工业品特别是汽车、电力设备、轮胎等的有力竞争。随着市场的日趋激烈，关税壁垒被当做一种保护本国市场和抵制外国商品的有效武器引入了市场销售战。当时美国的贸易保护主义一直比较严重。为了报复美国的高关税和应付美国正在增产的工业能力的竞争，英国决定实行帝国特惠制，对帝国以外的国家商品征收保护性关税，这种做法使英国的消费者要花更多的钱在保护性商品上。而英国以补贴的方式延续了那些没有效益的企业的存在，却妨碍了它们走上现代化之路，而当时英国工业与美国工业竞争的唯一出路在于实现现代化和提高效率。英美关税战使双方的贸易都受到了损害。保护性关税政策的失败使英国产生了建立英联邦经济共同体的构想，即在共同体内实行自由贸易，而在共同体外实行高关税。英国仍然想让自治领地与殖民地国家永远成为落后的原料生产国，因此受到了这些地区和国家的强烈反对，美国逐渐处于优势地位②。

在第二次世界大战以前，西方各国普遍完成了产业革命，尤其是1929—1933年的世界性经济危机，使市场矛盾进一步尖锐化。各国垄断资产阶级为了垄断国内市场和争夺国外市场，要求实行超贸易保护政策（super protecting policy for trade）。这是一种侵略性的贸易保护政策，与自由竞争时期的保护贸易政策有着明显的区别：保护的是国内高度发达或出现衰落的垄断工业；保护对象不是一般的工业资产阶级而是垄断资产阶级；保护手法多

---

① 徐煜：《20世纪20年代英美关于国际贸易与投资市场的竞争》，《湖北社会科学》2005年第8期，第103页。

② 同上书，第104页。

样化，不仅有高关税，还有奖出限入的措施。不过美国的对外政策的自由贸易成分越来越强，这与其发展处于鼎盛状态有关。第二次世界大战后到 20 世纪 70 年代初，世界政治经济力量重新分化组合，美国既有需要也有能力冲破当时发达国家所流行的高关政策，日本和西欧为了战后的经济恢复和发展，也愿意彼此放松贸易壁垒以扩大出口。这时候国际分工也进一步深化，推动了资本国际化和生产国际化，跨国公司迅速兴起，因此这个时期的发达国家的对外贸易政策先后出现了自由化倾向。这种自由化政策在一定程度上与保护贸易政策是相结合的，是一种有选择的贸易自由化。在这种政策中，工业制成品的贸易自由化程度超过农产品；机械设备一类的资本品超过工业消费品；区域性经济集团内部的贸易超过其外部；发达国家之间的贸易超过发展中国家。这种贸易自由化倾向发展是不平衡和不稳定的，当本国经济利益受到威胁时，保护贸易倾向必然会重新抬头[1]。

在当代国际贸易过程中，发达国家仍然在实行贸易保护。当然在发达国家中也存在着竞争[2]，但是它们有着不少共同的经济利益。一方面发达国家仍然以高关税和配额对进口设限，目前高关税主要集中在发展中国家具有比较优势的出口产品上，比如说农产品和服装等，另一方面新贸易保护主义花样迭出，发达国家设置了许多技术出口限制[3]。新贸易保护主义（new protectionism of trade）是相对于自由竞争时期的贸易保护主义而言的，形成

---

[1] 陈宪、石士钧、陈信华、董有德编著：《国际经济学教程》，立信会计出版社 2003 年版，第 180—181 页。

[2] See Elton V. Smith, ed. , *Perspectives on international trade*, Nova Science Publishers, Inc. , 2002, pp. 57—64.

[3] 盛宝柱：《当代国际贸易理论主要思想与我国对外贸易对策》，《科技情报开发与经济》2004 年第 5 期，第 72 页。

于 20 世纪 70 年代中期,此时发达国家经历了两次经济危机。由于工业国家发展不平衡,美国的贸易逆差迅速上升,美国面临着来自日本、西欧和一些新兴工业化国家的竞争威胁,美国成了新贸易保护主义的重要策源地,并产生了连锁反应。这种贸易保护主义与 20 世纪 30 年代的旧贸易保护主义不同:第一,贸易保护措施由过去的以关税壁垒和直接贸易限制为主逐渐转向间接的贸易限制。他们重新对贸易立法进行解释,并且越来越倾向于滥用反补贴、反倾销这些所谓的维持"公平"贸易的武器;第二,不少发达国家越来越把贸易领域的问题与其他经济领域的问题甚至是非经济领域的问题联系起来;第三,其重点从限制进口转向鼓励出口,双边和多边谈判成为扩展贸易的重要手段;第四,从国家贸易壁垒转向区域性贸易壁垒[1]。

对外贸易应该是有进有出,进多少取决于出多少,至少要能保持外贸平衡,而目前世界上很多国家都是奖出限入,争取外贸顺差[2]。当代国际贸易所呈现的新趋势主要是:第一,国际贸易的结构发生了重大变化。20 世纪 90 年代以来,服务贸易正在以高于商品贸易的速度增长。在国际服务贸易的构成中,运输和旅游服务贸易所占的比重相对下降,通讯、保险、广告、技术、租赁、管理等服务贸易所占的比重在不断提高,高技术产品的附加值在不断增加,其商品也越来越趋向于服务密集型[3]。在发达国际的国际服务贸易中,高技术产品贸易约占四分之三的份额。第

---

[1] 陈宪、石士钧、陈信华、董有德编著:《国际经济学教程》,立信会计出版社 2003 年版,第 181—182 页。

[2] 安庆权:《标准化在国际贸易中的作用》,《统计与咨询》2004 年第 5 期,第 43 页。

[3] See E. Kwan Choi, James C. Hartigan, ed., *Handbook of international trade*, Blackwell Publishing Ltd., 2005, p. 472.

二，国际贸易的对象高级化，国际技术贸易在国际贸易中的构成发展十分迅速。第三，国际贸易的交易方式网络化，出现了网络贸易和无纸贸易（EDI：Electronic Data Interchange）。无纸贸易利用电子数据交换代替传统的纸面单据进行贸易活动。第四，国际贸易交易市场垄断化。由于跨国公司垄断了国际技术创新的70%—80%和国际技术贸易的90%，因此跨国公司在国际交易市场中的垄断地位日益加强。第五，国际贸易产品环保化。1992年联合国"环境与发展会议"的召开，大大增强了世界各国的环保意识，对绿色产品的需求明显上升，推动了电器、能源、建筑、石化等工业部门的变革，防治污染、节能、信息服务等将形成一个新兴的庞大产业。绿色商品在国际市场上已占主导地位，而且市场发展前景非常广阔[1]。

2. 后发劣势

发展中国家[2]作为一个总体，在国际贸易发展中具有后发劣势，当然，具体说来，各个国家在国际贸易中的地位也有所不同。从目前的国际经济秩序状况来看，世界分成初级产品出口国和制成品出口国，发展中国家的贸易条件处于不利地位[3]。在资本原始积累过程中，西方殖民主义者用暴力等非经济手段掠夺发展中国家的资源。第二次世界大战后，西方发达国家对本土的自

---

[1] 翁迪：《当代国际贸易发展的趋势及我国的对策》，《黑龙江对外经贸》2005年第3期，第4—5页。

[2] See Amrita Narlikar, *International trade and developing countries*, Routledge, 2003, p.177.

[3] ［美］阿瑟·刘易斯：《国际经济秩序的演变》，乔依德译，甘士杰校，商务印书馆1984年版，第2页。

然资源的开采和利用实施了严格的保护措施，其经济发展所需要的资源尤其是非再生的矿产资源和能源绝大部分从发展中国家进口。与发达国家进口的资源密集型商品相对应，发展中国家出口的大量的资源属于资源密集型初级产品。而且发达国家有时并不是直接进口原材料，而只是进口原材料中的精华部分，而把其余的部分废物残留在当地，污染当地环境[1]。一些发展中国家和最不发达的国家为了发展经济或偿还债务只能发展高能耗、高污染的出口产业，因此破坏了生态平衡和自然环境，给国民的健康造成了很大的危害。发达国家凭借其经济实力对国内农产品提供大量的补贴，部分抵消了发展中国家和最不发达国家的农产品出口的比较优势，并向世界市场大量地倾销剩余农产品，破坏了贫困国家的大量农民的生活。不公平的贸易地位和贸易利益分配，使贫穷国家的生活水平低下，从而威胁着其国民的健康[2]。

国际贸易定价权指的是由谁来确定商品国际贸易的交易价格，包括商品贸易中潜在的或普遍认可的定价规则和贸易双方所确定的基准价格。国际贸易大部分垄断在少数国际化大型公司手中。它们一方面利用其拥有的资源和贸易渠道优势，强行推行自己的定价规则；另一方面则以既有的几大定价中心作为商品定价基准[3]。因为国际贸易中的商品定价和交易的主动权掌握在发达国家手中，发达国家生产的制成品在交换中物超所值，而发展中国家的宝贵的自然资源特别是不可再生的矿产资源却作价极低。

---

[1] 俞海山：《国际贸易外部效应的表现、特点及消减对策》，《国际贸易问题》2004年第2期，第5页。

[2] 渠如晓、焦志文：《论国际贸易的健康视野》，《国际贸易问题》2005年第10期，第97—99页。

[3] 汝小洁：《国际贸易定价权的获取》，《中国金属通报》2005年第2期，第9页。

这种价格剪刀差一方面使贸易利益流入发达国家,而发达国家生产和消费所产生的负外部效应转移到了发展中国家;另一方面导致了自然资源的过度开发和过度消费,最后形成了发达国家在发展中国家大规模开采、发达国家低价进口和发达国家大规模消费国际自然资源生产、贸易和消费的格局[①]。

从 WTO 的规则[②]制定上来看,尽管目前 WTO 有 147 个成员,其中发展中国家成员占三分之二以上,在数量上占绝对优势,但以美国为首的发达国家成员对 WTO 的规则的制定仍起着主导作用。WTO 采取的是一成员一票的投票机制。由于发展中国家成员间的经济实力差异很大,因此在谈判中的优先利益和重点议题必然随各自的经济发展水平不同而各异。由于发展中国家很难统一立场,无法有效地同发达国家成员抗衡。WTO 的国际贸易规则实质上是偏袒发达国家成员的利益的,这主要体现在以下三个方面:

第一,WTO 按照"优胜劣汰"法则设计规则,在其中广大发展中国家成员处于明显的劣势,而且 WTO 的与贸易有关的知识产权协定是发达国家成员国内企业游说的结果,其中蕴含着丰厚的市场回报,公众尤其是落后国家的公众由于技术转移成本的提高而使利益受损。WTO 有关服务贸易的协定偏向跨国公司和工业国的服务行业,而不是发展中国家的优势产业,如劳动密集型产业等。技术性贸易壁垒也成为发达国家成员实行贸易保护的幌子。

第二,规则制定的依据主要来源于发达国家成员导致了规则

[①] 俞海山:《国际贸易外部效应的表现、特点及消减对策》,《国际贸易问题》2004 年第 2 期,第 6 页。

[②] 王世春:《从发展中成员角度看国际贸易规则的不公平性》,《国际经济合作》2004 年第 10 期。从此开始到下页正文"第三"的资料除特别注释外均来自该文的第 26 页。

内容的不公平。在某种程度上，国际贸易规则的各项条款只是富国国内贸易规则在 WTO 的延伸，有着强烈的"扶强抑弱"性。在美国的影响下，WTO 规则把倾销和补贴视为"不公平交易"，而把反倾销和反补贴视为"公平交易"，而有的国家尤其是发达国家把此当成一种贸易保护的措施加以使用。在制定规则时的程序性缺陷导致谈判的结果严重不平衡。在 GATT \ WTO 中，长期以来存在着由少数发达成员垄断决策程序和决策结果的"虚假民主"现象。尤其是 WTO 的"绿色会议室"制度使特定议题的讨论、磋商和谈判先在少数处于内圈的核心成员之间进行，然后再视需要逐渐向外圈成员延伸或直接向全体成员报告，最后全体成员被要求对来自内圈及紧密内圈成员的建议进行协商和达成一致。这种被称为"同心圆模式"的决策机制，导致多边贸易体制的协商一致的原则名存实亡。

第三，执行国际贸易规则的主要收益者是发达国家成员。发展中国家成员对国际贸易规则的认知程度远不如发达国家成员，因此很难灵活运用某些规则为自身利益服务；而发达国家成员无论从内容掌握还是运用技巧方面，都远胜于发展中国家成员。在 WTO 规则的制定和实施中存在着某些不公平性，使得有的国家以公平贸易之名行贸易保护之实。

从环境污染的角度上看，发达国家的工业界为了规避本国的环境与健康保护法律而出口危险的废物[1]。一些发达国家把对环境有影响而在国内禁止销售的产品和需处理的垃圾大量运往发展中国家[2]。污染的跨境转移可分为人为控制下的有意识的污染跨

---

[1] [荷兰]凯文·斯戴尔斯：《废船解体业与电子垃圾：危险废物国际贸易在继续》，《产业与环境》第 2—3 期，第 56 页。

[2] 渠如晓、焦志文：《论国际贸易的健康视野》，《国际贸易问题》2005 年第 10 期，第 99 页。

境转移和在自然力作用下发生的污染跨境转移，其中以商品贸易的方式进行的跨境转移属于第一类。发达国家随着经济的发展，收入水平提高，其环境法规的制定标准有越来越严格的趋势。由于一些发展中国家环境标准低，危险废物的处理费用也较低，使得一些垃圾商把大批的有害废物通过跨境转移的方式输送到发展中国家[1]。从20世纪70年代初开始，国际上出现了废物的越境转移现象。一些发达国家或合法或非法地将废物转移到其他国家特别是发展中国家。废物的堆放、拆解、处置等过程会严重污染当地的水质、大气、耕地，恶化发展中国家的生态环境，进而损害人身健康[2]。

20世纪80年代中期，媒体开始报道具有混合工业毒性的大桶被抛洒于热海海滨，还有装满有毒垃圾的船舶沿着发展中国家的海岸线搜寻可以停靠的港口。事实上，从20世纪70年代初开始，国际上已出现了废物的越境转移现象。一些发达国家或合法或非法地将废物转移到其他国家特别是发展中国家。80年代中期后，废物的越境转移现象急剧增加。根据绿色和平组织的报告，发达国家正在以每年5000万吨的规模向发展中国家运送废物，而废物越境转移的主要途径是发达国家通过国际贸易的形式向发展中国家出口[3]。有的发达国家的船主们把他们的报废船只原封不动地送到亚洲。从OECD国家向非OECD国家出口这些货物，已被禁止，允许这种行为继续是违背国际法律的准则的。在亚洲的拆解厂里，成千上万的工人暴露在报废船只的危险物质面

---

[1] 李慕菡、陈建国、张连众：《我国国际贸易中污染产品的跨境转移》，《国际贸易问题》2005年第10期，第102、106页。

[2] 俞海山：《国际贸易外部效应的表现、特点及消减对策》，《国际贸易问题》2004年第2期，第6页。

[3] 同上。

前,这对他们的健康和安全造成了巨大的威胁[1]。

在废物贸易中,发达国家只是付出了极少的处置费用,而没有包括这些废物对发展中国家的生态环境和人们的健康的负面影响导致的成本,更没有包括全部社会成本,其产生的负面的外部效应是显而易见的。发展中国家的生态环境本来就比较差,但在国际贸易中,发展中国家却承担了发达国家生产和消费所产生的外部效应,这种外部效应还会危害后人[2]。外部效应(externalities)指的是经济人个体经济行为的外在影响。自从马歇尔于1910年提出"外部不经济性"概念以来,庇古、科斯等人对外部效应理论进行了重要的研究和发展。外部效应起初发生在一个主权国家的内部,而国际贸易的产生和发展使外部效应问题越出了国界,产生了不同主权国家之间的外部效应[3]。

当代发展中国家的外贸政策主要有:第一,进口替代政策(policy of import substitution)就是一国采取关税、进口数量限制和外汇管制等严格的限制进口的措施,限制某些重要的工业品进口,扶植和保护本国相关工业部门发展的政策。第二次世界大战后,初级产品对制成品的比价下降,这就迫使发展中国家必须以更多的初级产品出口来换取制成品。从20世纪50年代起,许多发展中国家相继实行了进口替代政策,但是这种政策也制约着本国经济的发展。第二,出口替代政策(policy of export substitution)是指一国采取各种措施来促进出口工业的发展,用工业制

---

[1] [荷兰] 凯文·斯戴尔斯:《废船解体业与电子垃圾:危险废物国际贸易在继续》,《产业与环境》第2—3期,第56页。

[2] See Thomas A. Pugel, *International trade*, Renmin University Press, 2005, pp. 273—277.

[3] 俞海山:《国际贸易外部效应的表现、特点及消减对策》,《国际贸易问题》2004年第2期,第5—7页。

成品和半制成品的出口代替初级产品出口的政策。20 世纪 60 年代中期前后,东亚和东南亚的一些国家和地区首先采用了出口替代政策,其他国家和地区也相继仿效。第三,发展中国家还采取了经济集团化和加强横向联合的政策,但是由于发达国家占有明显的优势,这种联合的成果不尽如人意。而且 20 世纪 90 年代以来,发展中国家内部的两极分化越来越显著,这势必削弱发展中国家整体的凝聚力[①]。

3. 主要影响因素

(1) 地理环境

地理环境与国际贸易之间的关系十分密切。地理环境包括自然地理环境和人文地理环境两大类。一国的自然地理位置不仅影响到该国对外贸易的便利程度,而且也会影响到其贸易意识和贸易倾向。目前世界上共有 190 多个国家,其中 140 多个国家为沿海国家,其余为内陆国[②]。商品由出口国运往进口国需要一系列的流通费用,这些费用被通称为转移成本。这项成本可分为两类:一类是各国政府管理对外贸易引起的无形转移成本;另一类是包装、运输和装卸商品所需要的实物流通费用,又称为有形转移成本,其中主要是运输成本。在国际贸易中,运输成本常常占商品成本的较大的比重,不能忽略它的影响[③]。因为海运是世界

---

① 陈宪、石士钧、陈信华、董有德编著:《国际经济学教程》,立信会计出版社 2003 年版,第 182—184 页。
② 侯秀兰:《地理环境与国际贸易的相关分析》,《科技情报开发与经济》2004 年第 8 期,第 81 页。
③ 陈宪、石士钧、陈信华、董有德编著:《国际经济学教程》,立信会计出版社 2003 年版,第 44 页。

贸易的主要运输方式，因此沿海国在国际贸易方面占有明显的位置优势，对外贸易意识也较为强烈[①]。

人文地理环境主要指社会、政治、经济、人口、文化等方面的地理环境。各国不同的民族习惯、风俗习惯、宗教习惯、消费习惯等也程度不同地影响到国际贸易中的进出口商品的结构。如伊斯兰国家不崇拜偶像，因而禁止进口人物雕像、肖像和娃娃玩具等；印度人把牛视为神明，因此不能向其出口牛类制品及其商标；欧洲人忌讳"星期五"和"13"；英国人忌用人物肖像、大象、山羊等图案；法国人等级观念很强，有洁癖；德国人爱喝啤酒；意大利人时间观念不强；日本人不喜欢"9"和"4"，因为它们与"苦"和"死"同音，而且禁用荷花、菊花做图案[②]。由于不同民族在制造同种商品时所采用的材料、制造工艺，在其中传达的风俗习惯和观点等不同，商品中就会体现着某种民族文化。国际贸易中的不少商品都是制造国文化的载体，其中体现着本民族的文化特征、价值判断及审美观，比如说美国商品比较人性化、日本商品则比较精细和耐用[③]。

(2) 供应链

从供应链的角度看，在全球贸易中，跨国公司占有近80%的销售额，其中大部分产品为供应链企业提供。国际连锁经营也在高速发展，国际跨国零售集团在大力发展全球采购。近年来，跨国公司在加速构造其国际供应链体系。许多发展中国家的企业

[①] 侯秀兰：《地理环境与国际贸易的相关分析》，《科技情报开发与经济》2004年第8期，第81页。

[②] 同上书，第82页。

[③] 参见《当代国际贸易中的文化因素—从文化互补到文化全球化》，《西藏发展论坛》2003年第3期，第35页。

在挤进了跨国供应链后,实现了产品的直接出口和科技提升[①]。供应链指的是从客户需求开始,经过产品设计、原材料供应、生产、批发、零售等过程,把产品送到最终用户的各项业务活动。供应链的业务流程可从信息流程、资金流程、工作流程和实物流程四个方面进行分析。供应链管理是实现供应链最优化的过程,它要求四个流程均有效地运行,可分为上游、中游和下游。生产的总成本分为转型成本和交易成本。转型成本也就是制造成本,而交易成本包括的是获得市场信息、订立合同和执行合同等环节的成本。国际贸易公司可以参与整个供应链的管理以降低成本,并能够通过协调供应链的上下游来有效地降低不确定性,还可以提高整个供应链对市场的响应速度。在供应链的管理方面,需要注意以客户为中心,以市场需求为拉动力;专注于核心业务,将非核心业务外包;各企业共担风险,共享利益;不断改进流程;利用信息系统优化供应链的运作;缩短产品完成时间;减少采购、库存、运输等环节的成本[②]。

(3) 电子商务

全球大多数涉足于国际市场的生产和销售企业已开始利用电子商务方式开展业务,一般采用的有 EDI (Electronic Data Interchange)、电子邮件、电子公告牌、电子转账、安全认证等方式,正在实现国际贸易过程的电子化。电子商务 (Electronic Business or Electronic Commerce) 也称电子贸易或商务电子化,以电子数

[①] 峰岭:《WTO 下国际贸易新变局与市场拓展——中国企业应对"自由贸易"与"公平贸易"竞争环境新举措》,《世界机电经贸信息》2004 年第 10 期,第 21 页。

[②] 刘航平、孙先锦:《供应链创新——提升我国国际贸易公司竞争力的新途径》,《国际商务——对外经济贸易大学学报》2004 年第 5 期,第 19、20 页。

据交换和因特网上交易为主要方式,它在国际贸易中具有无可比拟的发展优势。e—国际贸易(e-international trading)指的是通过电子商务进行的国际贸易活动①。在现阶段,e—国际贸易的手段大致包括电子邮件、网站、企业内部网(Intranet)和企业外部网(Extranet)等。电子商务可以分为三个系统:交易前、交易中、交易后的电子商务系统。支持交易前的系统指的是通过网络和应用系统提供商务信息源的一个信息发布和查询系统;支持交易中的系统指的是完成国际贸易电子商务的单证和票据交换的过程;支持交易后的系统主要是用来完成资金的支付、清算、承运、发/到货管理等②。

电子商务经历了三个发展阶段:第一阶段(1994—1997年),电子商务的出现;第二阶段(1997—2000年),电子商务发展的重点是网上交易,也就是B2B和B2C阶段;第三个阶段(2000年至今),电子商务进入到P2P(path to profitability)阶段,也就是通过电子商务来实现企业的资源配置、降低成本、密切客户关系、发现新的盈利模式。目前电子商务在企业中的应用已从过去的e-Commerce向e-Business过渡。有的企业通过电子商务实现了企业的供应链系统(SCM:Supply Chain Management)、资源计划系统(ERP:Enterprise Resource Planning)和客户关系管理系统(CRM:Customer Relationship Management)的整合,最有效地利用资源、降低成本,并在满足客户需求的同时实现利润增长。e-Commerce只是在传统的交易方法上增加了一种新的模式,而e-Business则通过电子商务来整合了企业资

---

① 刘烨、秦丽娜、彭建新:《刍论电子商务与国际贸易业务流程转型》,《财经问题研究》2004年第3期,第69页。

② 姚钟华、张涛:《e—国际贸易与企业实施问题的分析》,《经济问题》2004年第8期,第71页。

源，降低了成本，提高了竞争力[①]。

电子商务的迅速发展使传统国际贸易的中间商的地位减弱，打破了中间商对生产者信息及最终消费者信息的控制，使买卖双方能够直接交流信息。在国际贸易中，中间商一直发挥着十分重要的作用。他们对客户的信用情况比较了解；他们离客户较近，与客户的关系更融洽，在催款和收款方面也有其特有的优势；利用中间商选择货源，能够得到质量更有保证的货物；有实力的中间商还可以为生产厂家和销售企业提供融资，并具有强大的营销网络；他们的专业化优势能够带来规模效益；他们可以向顾客提供良好的售后服务；在实物交割时需要中间商的服务；他们能使产品更快地到达消费者的手中；他们可以利用其商誉保证交易双方获得的信息的可靠性，能为交易双方的资金的传递提供安全保障[②]。但是由于经济和采购的全球化使国际贸易的次数越来越频繁，交易的品种越来越丰富，与此同时，通讯手段的便利为客户和生产厂家的直接接触创造了机会，因此国际贸易公司作为传统意义上的连接买卖的中间人的生存空间在日益缩小[③]。

4. 独白：逃离伦理风险

在以上研究的基础上，笔者认为发达国家是遵循贸易保护政

[①] 刘烨、秦丽娜、彭建新：《刍论电子商务与国际贸易业务流程转型》，《财经问题研究》2004 年第 3 期，第 69 页。

[②] 李聪明：《电子商务时代的国际贸易中间商》，《江苏商论》2005 年第 5 期，第 39—40 页。

[③] 刘航平、孙先锦：《供应链创新——提升我国国际贸易公司竞争力的新途径》，《国际商务——对外经济贸易大学学报》2004 年第 5 期，第 18 页。

策还是自由贸易政策，主要是根据本国的利益来决定的，跨国公司既是投资公司也是国际贸易的主体。笔者认为，中国应该在国际贸易中追求合理的利益而不是追求利益最大化。下文还阐述了外贸公司立足的根据和中国的外贸公司应该如何防范伦理风险和建立信誉的问题。

（1）国家政策

从历史发展上看，发达国家是遵循贸易保护政策还是自由贸易政策完全是根据本国的利益来决定的。在实行贸易政策方面，在发达国家主要存在以下几种情况：第一，对所有国家实行贸易保护主义，并尽最大努力打开他国市场，这个时候本国实施的是贸易保护主义，却要求他国实施自由贸易政策；第二，对有的国家实施贸易保护主义，对有的国家实施贸易自由政策。这主要取决于在贸易中本国是否能够得到绝对利益或比较利益；第三，表面上对所有国家都实施贸易自由政策，但是实际上还是给不同的国家以不同的待遇。它们之所以这么做是希望通过平等地开放市场来打开他国的市场，而事实上它们并没有真正地对他国实施自由贸易政策。在这种情况下，它们的贸易保护政策主要是通过非关税壁垒来实施的。在国际经济和国际政治中，发达国家遵循的原则是：只有永恒的利益，没有永恒的友谊。这就意味着任何国际规范和国际条约，只有在符合它们的利益的时候才能被遵循，而违背了它们的利益时，它们会利用它们的优势修改规范或条约。而在无法修改规范或条约的时候，就会采取隐蔽的手段来实现本国的利益最大化。

目前发达国家主导国际贸易的公司主要是跨国公司，其国际贸易具有如下特点：第一，直接在他国建厂从而形成的一种具有国际贸易性质的当地贸易。发达国家在具有廉价劳动力和廉价自然资源的国家建厂，在其中应用本国的技术和管理。生产出的产品有的部分在当地销售，获得的利润返回本国。在这个过程中，跨国公司相当于出口了本国的技术和管理，这也是一种国际贸易。第二，跨国公司在不同国家的子公司之间的内部贸易也是一种国际贸易。只是在这种国际贸易中，不仅可以省去不少交易费用，而且能够通过在发票上低价高开或高价低开来回避关税。这种交易本质上是种不合理的交易，因为难以采取相应的监管措施而且会侵蚀他国的合理利益。第三，跨国公司的贸易主要是一种垄断性国际贸易。这种贸易通过垄断而能使其采购成本降低，而又通过垄断使其产品的价格偏高。

针对这种情况，中国实际采用什么政策，不能只是看国际条约和国际规范是如何规定的。看两国的国际贸易关系是否稳定，主要是看两国之间的利益关系是否稳定。在利益冲突时，一个弱国是很难用国际规范或国际条约来保护本国的合理利益的，因此在每一项大宗的贸易合同达成时，一定要考虑由条约带来利益是否会危及其他国家的国家利益。当一个强国的国家利益受到影响时，这项合同的履行就会出现麻烦。有的贸易纠纷发生的原因不是在签订合同的双方，而是有更深层次的国家利益方面的原因。这个时候要解决纠纷就不再是要公司与公司之间的纠纷，而是国与国之间的纠纷。在贸易政策上，中国应该追求的是本国的合理利益而不是本国的利益最大化，并且应该防备发达国家因追求利益最大化而损害到本国的利益。当本国的利益受到非关税壁垒影响的时候，本国也应该采取相应的非关税壁垒措施。中国有着先礼后兵的传统，因而不应该主动违背国际贸易规范，但是当他国违反了国际贸易规范时，而本国又无法用国际贸易规范来保护本国的合理利益时，本国也应该以其人之道还治其人之身。中国要在这种贸易竞争中取胜，中国政府应该帮助企业做大做强。通过鼓励兼并和贷款而使公司做大，通过开发适销对路的产品、严格的内部和外部管理制度、具有品牌效应的企业文化而把公司做强。

（2）外贸公司
a. 公司目标

一个中国的外贸公司，要做成一个不给国际经济增加伦理风险，也能够防御国际经济中的伦理风险并能够享誉全球的品牌企业，应该注意这么几个问题：第一，公司的目标要设立为追求公益潜能的发挥。从公益的角度看，公司经营的产品要符合公共利益，比如说毒品贸易就不符合公共利益。从潜能发挥的角度看，就是这个公司要有自己的具有竞争力的潜力，这是参与竞争的基础。目前的国际经济竞争是种专业化竞争，没有专业化特长或没有发展潜力的公司注定是会失败的。一个公司能否长期存在，不在于它是否是追求利益最大化，而在于它是否具有有竞争力的产品。有的公司就因为追求一时的利益最大化而毁了企业的名誉。当企业的名誉被毁坏时，顾客就会逃离。没有顾客时，公司的产品再好也卖不出去。从公司内部的管理上看，如果一个公司完全是根据追求利益最大化来设立，生活在其中的员工就会变成一种挣钱的工具。公司员工也会受公司整体追求的影响，也追求个人利益的最大化，员工的这种行为会使公司的管理体系防不胜防。这样公司与公司之间，公司成员与成员之间就只有钱多钱少的区别，员工在社会上和在公司内部都找不到让自己感觉光荣和自豪的精神价值。这种企业是没有企业文化可言的。在这种追求的驱使下，公司一旦有机会就会做破坏公益的事情，从而增加了社会的伦理风险；员工会在有机会的时候做破坏公司整体利益的事情，从而增加了公司内部的伦理风险。

b. 公司客户

公司要找到诚信的合作伙伴。公司在初步接触一个合作公司的时候，可以假设那个合作公司是追求利益最大化的，这样在合同的签订和做事时能够有一个严密的计划。但是在接触的时候，应该通过沟通，实际地看对方公司是否真是个只追求利益最大化而不顾他方利益的公司。通常说来，如果一个公司拥有很有竞争力的产品，而且经营管理良好，这种公司会考虑长期利益。如果一个公司的经营理念是让这个公司永久生存下去，它是无法对利益最大化进行计算的，它在经营时会考虑到产品的竞争力，会考虑通过让利来占领市场，会考虑到产品和公司的信誉。外贸公司要打交道的公司主要有两类：一类是工厂；一类是外贸公司。当一个外贸公司找到了一个很好的产品，它要向海外推广，它可能首先与海外的外贸公司联系，通过海外的外贸公司找到买主。这个时候中国的外贸公司与海外的贸易公司都会有同样的顾虑，就是担心出售产品的厂家与买主建立联系后，中国和海外的贸易公司被买卖双方抛弃，因为买卖双方直接交易可以省去外贸公司的佣金。公司主要可以通过两种思路来解决这个问题：相互信任的思路和相互不信任的思路。

从相互不信任的思路上讲，主要有这么几个方式：其一，对买卖双方的信息加以封锁，不让双方有交流信息的机会。因为这种做法本身是种互相不信任的做法，只要买卖双方以某种方式接触后，它们可能会抛开外贸公司。其二，有的外贸公司在工厂不知道有退税的时候，会把退税的利益全部据为己有。当工厂发现这种情况后，信任关系通常就不再存在。其三，利用合同条款加以限制。而如果买卖双方决定抛开外贸公司，它们会有很多灵活处理的手段。而且如果公司总是卷入官司之中，会影响公司的名誉，再有会影响公司的正常运作，还可能导致额外的经济成本。

其四，外贸公司买断产品或外贸公司自己投资生产，而这都会牵涉到资金周转问题。公司竞争在很大程度上都是资金的竞争，资金的多少决定着本公司竞争的等级。当资金不能很好地周转时，会影响到公司的竞争力。

从相互信任的思路上想，主要有这么几种方式：其一，佣金合理，这是长期合作的基础。佣金应该根据合同金额的数量有一个明确的规定。能谈下来的佣金并不一定是最好的佣金。在讨价还价时考虑的不光是如何使自己的利益最大化，而是要考虑这项合同的利益分配是否合理。如果双方都感觉合理，合作起来互相就会感觉很愉快。这就为密切合作关系奠定了基础。从横向比较来说，应该不高于也不低于同类外贸公司的佣金。如果低于同类公司的佣金，容易被客户认为服务质量可能有问题，因为不少人有着"便宜没好货"的惯性思维。从发展的角度看，应该根据环境的变化和业务的变化来调整佣金的幅度。其中最核心的观念是对同等的客户给予同等的佣金待遇。其二，在合同条款中不仅要保护本公司的利益，而且要充分考虑如何保护对方的利益。外贸公司通常有统一的合同样式。有的业务人员喜欢带着统一的合同格式，在谈判时给予对方。这种做法应该进行改进。合同样本应该有，但是针对不同的公司时，本公司应该制定个性化的合同。合同的个别性代表着一个公司从事业务的认真程度和对其他公司的尊重。如果本公司提供合同样本，在谈判时应该主动对于合同的条款逐项进行讨论，使每项条款都明确透明，这样做会让对方公司感觉在合同条款中没有埋下隐藏的利益。在合作公司提供合同样本时，本公司不应该当时签约，而应该在研究其中的所有条款并对不明确的条款进行商讨后再签约。不应该为了表示信任对方而草草看过合同后就签约，因为这样做对方会认为本公司做事草率，而且可能会认为本公司在履约时也可能出现草率现象。而在外贸流程里，每个环节出错都可能加大成本。其三，在谈大项目时，有的时候需要请通晓国际政治学和中国政治学方面的专家参与。不少公司对与中国开展长期的贸易合作很感兴趣，他们有意与中国公司签订长期的一般代理或独家代理合同，但是由于有的公司对中国的政治状况不清楚，不知道中国的政局是否会稳定，这样会影响他们对是否在中国开展长期业务的考虑。在这种参与中，专家的名气是次要的，因为他们会认为专家是受聘而进行游说的，关键是要找到能够通过讲道理说服对方的专家。这个过程也是建立国外公司对中国的信任度的过程。这种专家的谈话应该是建立在学术研究的基础上，对中国的现状进行的实事求是的判断。专家本人不应该为了维护中方的利益而说自己没有研究或自己不确信的东西。其四，在履约时不应该收取超出合同约定的费用。即便是在履约时发生了预想不到的费用，本公司也应该自己承担这种费用。在一项合同失败时，双方应该平心静气地讨论其中的原因，本公司应该主动承担因本公司的过失而导致的经济损失。在合作失败的时候最能看出一个公司的品格。有的公司在项目失败时，只想自己的利益，便会发生争吵，而且还可能在这个过程中恶语中伤对方公司，从而破坏本公司的形象。公司里的每个业务人员的道德形象都会被其他公司看成是本公司的道德形象。其五，在公司招待来自不同国家的客户时，要注意各国不同的习惯。如在招待客人用餐后，如果当着欧洲客人的面打包，会让欧洲客人感觉很不舒服，他们会认为很不尊重他们，而美国人通常认为不应该浪费。其六，在对客户有一定的了解后，可以让买卖双方互相联系，建立起良好的三方关系。当三方关系发展到一定程度时，道德就会起作用。违背良心的事最容易发生在关系陌生的人之间，当互相之间关系比较熟时，纯粹为了利益而抛弃外贸合作伙伴的做法在心理上会产生道德障碍。其七，为了防备本公司的顾客被挖走,要选择道德品质好的人来管理本公司的关键项目。有的大公司的外贸业务人员,可能因为自己掌握了一些客户而跳到小的外贸公司。他们到小外贸公司后,主要目的是通过这些客户积累资本。当资本积累到一定的时候,又会带着这些客户去开自己的公司。当他们在小外贸公司为自己积累资金的期间,他们可能工作很努力,会开展多项业务开拓活动,联系很多客户。而在初期工作做完后,他们就可能带走这些新联系的潜在客户,小外贸公司因此成了他们成长的替罪羊。

c. 立足依据

外贸公司之间的竞争主要还是信誉良好的服务的竞争。中国的外贸公司在未来立足的依据主要是:

第一,客户数据库的建立与相应的良好的客户关系的建立。外贸公司应该就自己的供应商、经销商和买主建立数据库,其中应该反映出客户的信用评级情况。这种评级不应只建立在对资金的评级上。一个资金充足的公司,它有支付能力,但是它不一定会支付。一个公司不支付,可能是因为没有足够的资金,也可能是因为有支付能力而不讲信用从而不支付。对客户的信用评价应该包括其是否守时,是否及时反馈信息,是否认真履行合同的每个条款,是否能够合理通融,在买卖之外的交往中是否慷慨大方,在经营理念上是追求合理利益还是追求利益最大化,公司是追求长期发展还是追求短期效益,具体业务人员的个人道德特性和行为特征。

第二,良好的运营能力。一个外贸公司不仅要处理好与客户的关系,而且要具有有效履行合同的能力。与这种能力相关的是一系列的能够进入到外贸运营能力评估中的服务机构。一个外贸公司需要很好地履约,需要与相关的政府管理部门、银行、保险公司、运输公司等都建立起良好的关系。有的时候一个公司办事效率不高，不是公司本身的服务没有效率，而是这个公司处理不好与这些服务机构的关系，其中最核心的关系是与相关的政府管理部门的关系，因为这种关系具有垄断性，通常是一个公司难以绕开的关系，因此这是公司的公关部门主要需要解决的关系。有的政府管理人员故意刁难公司人员，有时是因为这些公司人员不会说话或过于琐碎而产生了反感情绪；有时是这些政府管理人员在提供了第一次良好的服务后，期盼着能够获得一些额外的回报，而当这些回报没有及时送到时，以后办事就困难了。

从这个角度上看，外贸公司与政府管理部分之间的关系如何，一方面决定于公司是否能够派相应的比较会处事的人员与政府管理部门打交道，一方面取决于政府部门的管理人员的道德品质。外贸公司在这里就处于两难境地，不贿赂办不成事，而贿赂又与公司应该提倡的道德规范相违背。外贸公司在无法改变现状的情况下，通常就只能给予这些政府人员他们所需要的回报。要矫正这种关系，只有通过良好的对政府管理人员的公共管理才能实现。在银行、保险公司和运输公司没有被垄断的情况下，与这些公司之间的关系比较好处理，因为一家不行可以换另一家。有的外贸公司采取业务员全线负责制，也就是说从合同签订到合同履行都是业务员一个人负责完成。这种方式很难保证与外部服务机构之间的良好关系的保持，因为每个业务员都需要单独去处理这些关系。有的外贸公司则有专门的人员来处理与专门的外部服务机构之间的关系，这种方式比较容易保持良好的业务关系。因此评价一个外贸公司的运营能力，不仅要评估公司本身的服务和管理，还要评估他们与其他服务机构之间的关系和他们选择的服务公司的服务状况。

第三，公司的形象代言人不一定是本公司的董事长或总经理，而应是擅长演讲和具有人格魅力的人。一方面，这些人应该参加一些国际演讲协会（如：Toastermaster International）的技巧性培训；另一方面，应该采用中国的儒家文化来培育这些形象代言人的美德。《论语》说"里仁为美"，也就是说人要具有仁心才美。中国人的人格魅力是种内仁的外部体现，这种仁不仅是要爱人，而且要修得仁义礼智信这样的美德。不仅要修得这种美德，而且要按照礼节来行事才能妥当。在礼节方面中国人应该吸纳一些国际演讲协会中的国际规范。仁、德、礼三者完美地结合才能造就出优秀的形象代言人。礼到而仁德不到，会让人感觉很虚伪。礼可以通过把握技巧习得，而仁德要通过修炼才能获得。没有经过修炼的人，可能长了 20 根尾巴。技巧就是教人把尾巴藏着。而人的注意力具有只能注意到某个点的特征。人可能藏住了一根尾巴，而其他尾巴都还是翘着的。而且人只有在有意识的情况下才能够把尾巴藏着，稍微不注意就会露出尾巴来，而修炼则是要把尾巴修炼得消失掉，这样人就能够随心所欲而不逾规了。到了这个程度，人就可以轻松自如地说话和行为，于是便能够显现出一种内功深厚的美德了。这种形象代言人就会既具有中国的特点又很国际化。

第6章 几个焦点

本章主要研究了国际贸易流程、国际贸易融资、国际贸易结算等问题,这些问题都是国际贸易业务中的关键问题。在此基础上,笔者以信息流、资金流和物流为主线,探讨了其中存在的伦理风险问题。本章还研究了目前国际贸易中存在的非关税壁垒和中国的国际贸易的总体发展状况。在此基础上,笔者从伦理的角度分析了这些非关税壁垒在伦理上的表面合理性和保护发达国家利益的实质。要逃离这种由非关税壁垒带来的伦理风险,只能依靠中国的总体发展和总体的互利互惠的国际贸易政策在全球的真正推行。

1. 业务关键

(1) 国际贸易流程

国际贸易的基本流程[1]涉及买卖双方、银行、运输代理、海关等角色,其中包含了资金流、信息流和物流[2]。国际贸易的基

---

[1] See Chris Marshall, *Mastering international trade*, Palgrave MacMillan, 2003, pp. 106—123.

[2] See John D. Daniels, Lee H. Radebaugh, Daniel P. Sullivan, *Internaitonal business: environments and operations*, Person Education, Inc., 2004, p. 537—556.

本流程包括如下几个阶段：第一，买卖双方的谈判阶段。企业向能够提供某商品的公司发询价单，询问该商品的有关信息。卖方向买方发报价单，列出对方感兴趣的商品的规格、品种及价格等条款。买方如不满意，可重复进行询价、报价，直至达成协议或放弃。双方同意后，买方向卖方发订单。卖方接到订单后，向买方发内容与订单相符的销售合同，至此买卖双方达成贸易协定。第二，操作阶段，其中包括与运输代理的谈判阶段、报关阶段、运输阶段和付款阶段。贸易的付款方式通常采用国际上通行的信用证方式。一个完整的贸易过程就此完成[1]。

在发盘方面，在国际贸易中，沉默通常表示拒绝，但也不尽如此。以下是《联合国国际货物销售合同公约》的相关规定：一方发盘经另一方接受，交易即告达成，合同亦即成立，因此接受的内容必须与发盘的内容完全一致。对发盘表示接受，但附有添加、限制或其他修改的答复，即为拒绝该项发盘，并构成还盘。受盘人声明或作出其他行为表示同意一项发盘即是接受，而沉默或不行动本身不等于接受，接受发盘于表示同意的通知到达发盘人时生效[2]。

在货币选择方面，由于国际金融市场汇率变动无常，汇率的暴涨暴跌使进出口贸易不容易准确核算成本，因此进出口双方不仅要考虑商品的价格条件，而且要慎重选择计价货币。在出口业务中，应争取用硬币作为计价货币，即币值比较稳定且趋势上浮的货币；而进口业务则应争取使用汇价比较疲软且趋势下浮的货币即软币。在为了达成交易而不得不采用对己方不利的货币时，

---

[1] 刘烨、秦丽娜、彭建新：《刍论电子商务与国际贸易业务流程转型》，《财经问题研究》2004年第3期，第68页。

[2] 张根能、徐瑞平、王保利：《沉默在国际贸易中的含义辨析》，《对外经贸实务》2004年第10期，第19页。

应根据该种货币今后可能变动的幅度,适当提高出口价格或降低进口价格;争取订立外汇保值条款,如将合同金额折算成硬币金额表示,而支付时按当日汇率折算成原软币;用软币计价,硬币支付;采用一揽子汇率保值。在国际贸易中,进口贸易用软货币签约,而出口贸易用硬货币签约,这已经成为各国贸易商遵循的一般原则[①]。

(2) 国际贸易融资

国际贸易融资指的是银行对进口商或出口商提供的与进出口结算业务相关的资金融通或信用便利。该业务的主要特点是:以融资贸易所产生的现金流量为还款的来源,不必等待企业生产经营所产生的效益;银行在收取正常的存贷款利差的同时,可获得可观的手续费收入;国际结算中的金融单据、商业单据等权利凭证本身就是融资的一项履约保证。国际贸易融资的主要功能是:为进出口商提供资金或商品信贷;为客户提供融通或信用担保;为客户提供出口信用保险[②]。国际贸易融资具有风险小、收益小和周转快的总体特点[③]。

在世界经济全球化和贸易自由化的大趋势下,各国政府已经纷纷改变了过去对出口所采取的补贴性政策支持,取而代之的是国际社会所接受和广泛采取的间接支持,其中出口信用保险正在日益发挥着重要的作用。出口信用保险有利于企业防范和控制国

---

① 杨悦、张野:《国际贸易合同中计价货币的风险防范》,《黑龙江对外经贸》2004年第3期,第43页。

② 陈跃雪:《发展国际贸易融资的问题和对策》,《经济经纬》2003年第4期,第113页。

③ 周伍:《国际贸易结算融资主要产品及银行风险探讨》,《市场周刊》2004年第3期,第25页。

际贸易风险；有利于出口企业采取灵活的贸易结算方式，如采用D/P、D/A、O/A等方式而不是比较安全但手续繁杂和成本较高的信用证方式；有利于出口企业获得融资便利；能够通过账务追偿减少和挽回外贸企业出口贸易中的直接损失；有利于政府灵活实施外贸和产业政策；有利于企业"走出去"开展海外投资。出口信用保险是以鼓励本国出口企业扩大出口贸易为出发点，为出口商和银行承担进口国的政治风险（包括战争、外汇管制、进口管制和颁布延期付款等）和进口商商业风险（包括破产、拖欠和拒收）而在出口收汇和出口信贷等业务上遭受收汇损失的政策性险种。它是由国家财政支持的保险机构具体操作和提供，其核心内容是保证出口企业在出口贸易、对外投资和对外工程承包等经济活动中的合法权益[①]。

  政府支持的出口信用保险于1919年最早出现在英国。当时为鼓励本国商人向澳大利亚出口，英国成立了一个专门的政府机构"出口信用担保署"，为出口商提供商品债权保险和融资担保。1998年4月1日，以英、法、德等国为代表的OECD国家达成了出口信贷和信用保险的"君子协定"，要求各成员国的信贷条件不得高于"君子协定"，否则必须事先通报其他各国，以防止出现损害有关成员国利益的不平等竞争。因为具有这种公平与平等的特征，使出口信用保险得到了WTO规则的认可。根据WTO的有关补贴与反补贴的协议，出口信用保险属于补贴例外。现代意义上的出口信用保险包括保险与担保；它对出口的促进作用主要体现在：第一，对出口的全过程进行全方位的担保；第二，为出口商提供贸易融资或项目融资服务，这个功能可以通过

---

① 苗永清：《出口信用保险在国际贸易中的作用》，《经济经纬》2004年第3期，第55页。

买方信贷担保、项目融资担保、固定利率融资及保函保险等手段实现；第三，为出口商参与巨型出口或国际经济合作项目提供机会①。

(3) 国际贸易结算

国际贸易结算（International Settlement）指的是对国际间债权进行了结和清算的一种经济行为。在货物或者服务的交易中，进口商关注的是不迟于约定的时间，在特定的地点获得自己想要的商品；而出口商则关注及早获得款项。支付的交易成本为使用某种支付方式所花费的成本的总和，主要包括财务费用、款项转移费用、对方的违约风险和对方的退出风险。如果把付款日划分为成交日、装运日、卸货日、使用日的话，进口商的财务费用会依次降低，而出口商的财务费用会依次增加②。在国际贸易中，如果货物的风险已经由卖方转移给买方，则货物由于意外事件所遭受的损失应由买方承担，买方仍有义务按合同规定付款，除非货物的毁损是因卖方作为或不作为造成的。货物风险转移的关键问题是风险转移的时间，即从何时起风险即由卖方转移到买方③。

在现代经济社会中，大部分款项的转移是通过银行实施的，银行为此要收取一定的款项转移费用。银行收取的费用通常按照以下顺序而越来越高：预付货款和赊销方式下的汇款费、托收业

---

① 苗永清：《出口信用保险在国际贸易中的作用》，《经济经纬》2004 年第 3 期，第 55、56 页。

② 严晓捷：《国际贸易结算方式的比较》，《中国总会计师》2004 年第 1 期，第 53 页。

③ 彭宗群：《国际贸易货物风险转移》，《特区经济》2005 年第 7 期，第 291 页。

务中的托收费、信用证业务项下的所有费用、银行保函项下的所有费用、保付代理业务和福费廷（Forfaiting）业务。对方违约风险指的是一方履约后另一方违约的可能性。在托收方式下，进口商拒绝提货和拒绝付款的可能性要大大高于信用证支付方式，因为进口商不会因此而遭受损失或受到来自第三方的惩罚。对方退出风险指的是由于条件不利而导致交易中的一方退出交易的可能性，例如，全额预付货款对出口方有利，但由于进口方承担的风险太大，可能会导致进口方退出交易。国际贸易结算的主要方式有预付货款、赊销、托收、信用证、银行保函。从单方来看，对买方有利的支付方式依次是托收、赊销、信用证、进口保函、预付货款；对卖方有利的支付方式依次是预付货款、信用证、进口保函、托收、赊销[1]。

常见的信用证（Letter of Credit）有十几种，如即期和远期信用证、可转让和不可转让信用证等，它是以银行信用代替了商业信用的一种结算方式。信用证押汇的交易基础是在买卖双方互不信任的条件下或交易对象所在国存在国别风险的情况下才采用的信用证结算方式，信用证一开出，就脱开了基础的交易合同，只要出口商提交了符合信用证条件下的单据，开证行就要承担还款责任。托收（Collection）按是否有单据可分为光票托收和跟单托收；按托收付款期限和交单方式，可分为承兑交单（D/A）、付款交单（D/P）和远期托收（D/P）等。托收尽管委托银行交单和收款，但仍然属于商业信用，在进口商不付款的情况下，代收银行是没有任何责任的。托收的交易基础是买卖双方互相信任。汇款是一种完全的商业信用，银行只发挥清算的作用，

---

[1] 严晓捷：《国际贸易结算方式的比较》，《中国总会计师》2004年第1期，第53、55页。

只收取很少的手续费。采取这种结算方式的主要是寄售、代理销售或跨国公司的母子公司交易。与信用证和托收方式相比,这种方式的成本最低。保函（Letter of Guarantee）是银行作为担保人,以其自身的信誉为担保申请人的某种责任或义务的履行而作出的一种书面付款保证,这是一种以银行信用弥补商业信用不足的一种结算方式[①]。

在国际贸易中,应收账款或赊销是一种常用的结算方式,造成应收账款的原因之一是销售和收款的时间不同。另外,由于商业竞争的需要也会产生应收账款,这种应收账款属于一种商业信用。实行赊销会比实行现销给企业带来更大的销量,因为顾客相当于得到了一笔无偿的短期借款,但是实行应收账款会延长销售过程,必然要付出机会成本和管理成本,会导致坏账。由于坏账的存在,还会影响到会计报表的真实性。信用策略是企业对应收账款进行规划和控制的一些原则,其中包括信用标准、信用条件、收账策略及综合信用策略。信用标准是企业向客户提供商业信用的标准,常用呆账率表示,一般可分为紧缩、中性和宽松三个档次,可允许的呆账率越低,信用标准越严格。信用条件是企业就信用额度赊销期限和现金折扣等提出的条件。收账策略指的是信用条件被违反时,企业应该采取的收款措施。综合信用策略指的是把信用标准、信用条件和收款策略综合起来,以收益大于成本作为决策依据[②]。

---

① 周伍:《国际贸易结算融资主要产品及银行风险探讨》,《市场周刊》2004年第3期,第24页。

② 邱利:《国际贸易环境下如何管理企业应收账款》,《河南科技》2005年第10期,第34、35页。

国际贸易支付最常用的手段是信用证（L/C）和托收（D/P）[①]，而目前非信用证结算方式所占的比重越来越大。目前信用证结算比例呈逐年下降的趋势，大约占20%；T/T结算大约占68%；托收方式约占10%[②]。如果卖方坚持采用信用证结算，就会丧失一些潜在的销售机会和客户，而采用非信用证结算又会使卖方面临很大的风险。现代保理业务被认为是解决这类问题的最有效的办法之一。国际保理是国际保付代理的简称，指的是国际贸易在以赊销、托收为贸易条件的情况下，由保理商（通常是银行的附属机构）通过受让应收账款向卖方提供的对买方的信用风险担保等综合性的金融服务的行为[③]。保理就是保付代理的意思，保理商（银行或保理公司）借助自身优势，主动介入OA（放账或赊销）交易中，帮助收款人收款，并且能够向买卖双方融资。保理的信用基础是商业信用，在货物出现问题不能出售或存在欺诈行为时，保理商通常要向进出口商追索垫付的资金[④]。

2. 贸易壁垒

国际贸易政策工具是多样化的，主要可归纳为壁垒与管制、

---

① 高璐：《案释国际贸易支付中应注意的问题》，《国际市场》2004年第8期，第71页。
② 周伍：《国际贸易结算融资主要产品及银行风险探讨》，《市场周刊》2004年第3期，第25页。
③ 王立武：《国际保理：实现国际贸易中的双赢》，《中外企业文化》2004年第2期，第43、44页。
④ 周伍：《国际贸易结算融资主要产品及银行风险探讨》，《市场周刊》2004年第3期，第24—25页。

鼓励出口和区域经济一体化[1]。国际贸易壁垒可分为关税壁垒[2]和非关税壁垒。各国政府为了保护本国的经济不受外来产品的侵犯而设置壁垒[3]。在关税壁垒下降乃至消失之后，代之而起的是各种非关税壁垒，如补贴、配额、进口许可程序、行政禁令以及技术要求等[4]。行政许可是成员方政府为了限制他国商品、服务进入本国市场以保护本国产业的一种最典型的非关税壁垒措施，它几乎涵盖了 WTO 协定中的货物贸易和服务贸易的大部分领域，并辐射到知识产权领域。行政许可的原则是：第一，法定原则，即设定和实施的行政许可不能同法律相抵触；第二，公正原则，即应该坚持公平原则，平等对待当事人，禁止对申请人和利害关系人的歧视和偏见；第三，公开原则，即许可申请人有查阅许可档案等权利[5]。国际贸易中的其他的主要非关税壁垒可分为以下几类：

（1）贸易报复

贸易报复是当两国之间发生贸易争端时，一国为了迫使另一国改变其外贸政策时而采取的一种报复性经济手段。贸易报复实际上是一种贸易制裁，属于经济制裁的范畴，但经济制裁不完全等同于贸易报复。经济制裁包括出口禁运、进口抵制和金融制裁

---

[1] 陈宪、石士钧、陈信华、董有德编著：《国际经济学教程》，立信会计出版社 2003 年版，第 131 页。

[2] See Avinash Dixit, Victor Norman, *Theory of international trade*, Shanghai Finance and Economics University Press, 2005, p. 160.

[3] 彭林：《WTO 框架下的国际贸易壁垒及中国的应对措施》，《现代企业教育》2005 年第 3 期，第 16 页。

[4] 郭力生：《标准化与国际贸易》，《机电信息》2005 年第 7 期，第 52 页。

[5] 刘亚男、刘冰：《发挥行政许可在国际贸易中的作用》，《合作经济与科技》2004 年第 10 期，第 24 页。

三种基本类型,而贸易报复只是一种进口抵制;经济制裁的目标并不局限于经济目标,它还包括政治、军事、文化等多重目标,而贸易报复的主要目的是通过进口抵制而迫使被报复国取消贸易保护,因此更容易获得成功。国际间的贸易报复主要是通过关税和非关税壁垒进行的,如关税、进口配额和许可证等,其中加征高额关税是最主要和最直接的一种方式。报复实施国热衷于使用高关税进行报复的主要原因是这种方式能更直接和明确地表达报复国的政府对被报复国的对外贸易政策的不满;能为报复国政府带来额外的税收收益;更容易引起国际社会的关注[1]。

起初贸易报复主要发生在发达国家之间,大多数贸易报复实际上是一种威胁手段,其实施程度可能仅限于威胁阶段而未真正实施。近年来,国际之间发生贸易报复时,通常都有世界贸易组织的参与。即当一国准备向另一国实施报复时,往往会根据本国的受害程度提前计算出报复的金额,并提交世界贸易组织仲裁机构批准,然后才会决定进行贸易报复,主要原因是世界贸易组织对各国应该如何进行贸易交往和发展贸易关系具有一定的约束力,而且它规定贸易报复必须经批准后方可实行。20世纪70年代后,美国是世界上涉及贸易报复问题最多的国家,在《1974年贸易法》中,美国制订了著名的301条款,授予总统对影响美国商业的一切不合理、不正当的进口限制进行报复。在国际范围内,也有部分规定使贸易报复具有合法性,其中最主要的是世界贸易组织对贸易保护的规定[2]。

---

[1] 李盾:《刍议国际贸易中的贸易报复》,《国际贸易问题》2003年第7期,第19—20页。

[2] 同上书,第19、20页。

(2) 倾销和补贴

倾销和补贴被认为是不公平的贸易行为[①]。而在绝大多数情况下，反倾销事实上已经成为一种形式上合法的贸易保护手段。倾销指的是以过低的价格，即以低于"正常"价值或"公平市场价值"的价格出口商品的行为。根据倾销行为发生的动因的不同，大致可以将倾销行为分为三类：掠夺性倾销、偶发性倾销和持续性倾销。掠夺性倾销指的是外国厂商为了将国内竞争者逐出市场，暂时性地以低价格销售商品以获得市场的垄断地位，从而控制价格的行为。目前进行掠夺性倾销的可能性很小，因为必须实行全球性垄断才有可能达到目的。偶发性倾销指的是外国厂商在产品暂时过剩或经济衰退需求较弱的时期，以低于平均成本的价格出口商品的行为，它是一种短期的倾销行为。如果对这种行为加以干预，那将是对市场经济内在调节机制及国际贸易体系的一种破坏。持续性倾销是国际贸易中常见的倾销行为，它是一种长期的倾销行为。这是生产者实现利润最大化的一种战略。它试图通过对不同的消费者收取不同的价格以充分挖掘消费者和增加利润，这种价格歧视能够更好地发挥国际贸易中的各国的比较优势，提高消费者的福利水平[②]。

在 1947 年达成的《关税及贸易总协定》（GATT）中制定了关于反倾销行为的规定，其核心内容一直沿用到现行的 WTO 的《反倾销守则》。从 1947 年关贸总协定创立到 1979 年东京回合协

---

① 迪安娜·蒂娜·奥昆：《ITC：不对外国企业抱任何敌意——美国国际贸易委员会（ITC）副主席迪安娜·蒂娜·奥昆（Deanna Tanner Okun）访谈》，《中国对外贸易》2005 年第 6 期，第 35 页。

② 许为民、宋晓茜、刘畅：《对国际贸易中"倾销行为"的重新认识》，《商场现代化》2005 年第 1 期，第 15 页。

议达成的三十余年间,反倾销手段主要在美国、加拿大、欧盟、澳大利亚和南非等少数国家地区运用,而且反倾销案件的数量也十分有限。20世纪70年代东京回合多边贸易谈判协议开始推进贸易自由化,对各种非关税壁垒措施进行了有效的约束,反倾销也就开始成为一种被广泛使用的贸易保护措施[1]。在美国,国际贸易委员会（ITC）是一个由国会设立的准司法性联邦机构,拥有广泛的处理与贸易相关的问题的权力,类似的机构还有美国商务部。在经贸方面,美国商务部的职责是认定是否构成倾销和倾销的幅度,而ITC则主要调查倾销是否给美国的国内企业带来损害。另外,ITC是独立于政府的专门机构,为美国政府提供贸易咨询和统计,针对不公平贸易行为采取措施,以维持美国一般性的市场关系。在每一个调查中,ITC的调查人员团队包括一名监督调查员、一名调查员、一名会计师或审计师、一名经济师、一名商业分析家和一名律师[2]。

(3) 新非关税壁垒

技术壁垒

国际技术贸易是技术知识在国际间转移和扩散的最直接的方式,它产生的技术溢出效应对技术引进国的技术创新具有重要的意义。国际技术贸易是国际技术转让的主要形式之一,其主要方式包括许可证贸易、咨询服务、技术服务和合作生产等。近年来,技术转让趋于"软化",纯知识或信息形态下的软件技术转

---

[1] 许为民、宋晓茜、刘畅:《对国际贸易中"倾销行为"的重新认识》,《商场现代化》2005年第1期,第15页。

[2] 迪安娜·蒂娜·奥昆:《ITC:不对外国企业抱任何敌意——美国国际贸易委员会（ITC）副主席迪安娜·蒂娜·奥昆（Deanna Tanner Okun）访谈》,《中国对外贸易》2005年第6期,第34、35页。

让，如专利、专有技术、情报技术等占据越来越重要的地位[1]。技术壁垒指的是进口国通过颁布法律、法令、技术标准和推行技术条例、认证制度、检验规范等方式，对进口商品提出较为严格的技术条件或卫生安全、检验检疫、包装标签等方面的要求，以达到限制进口的目的[2]。

在国际贸易中，技术壁垒是必要的，而且当所有的关税壁垒和其他非关税壁垒都消除了的时候，技术壁垒还会存在。在其他非关税壁垒逐渐减少和消失后，技术壁垒将成为最重要的非关税壁垒[3]。广义的技术贸易壁垒包括技术法规、技术标准与合格评定程序；产品检疫、检查制度与措施；包装和标签规定；信息技术壁垒和绿色壁垒[4]。技术壁垒的主要表现形式是技术法规、标准和合格评定程序[5]。信息技术壁垒指的是进口国利用其信息技术上的优势，对国际贸易的信息传递手段提出要求，从而造成贸易上的障碍。近几年来，一些国家开始强行要求以无纸贸易（EDI）的方式开展业务[6]。有关电子商务的标准也日益成为贸易技术壁垒[7]。

而克服这种非关税技术壁垒的有效手段是国际范围内的协

---

[1] 李平、钱利：《国际贸易、技术扩散与发展中国际的技术创新》，《当代亚太》2005年第5期，第42页。

[2] 郑秉秀：《国际贸易中的知识产权壁垒》，《国际贸易问题》2002年第5期，第26—30页。

[3] 郭力生：《标准化与国际贸易》，《机电信息》2005年第7期，第52页。

[4] 彭林：《WTO框架下的国际贸易壁垒及中国的应对措施》，《现代企业教育》2005年第3期，第16页。

[5] 郭力生：《标准化与国际贸易》，《机电信息》2005年第7期，第52页。

[6] 郑秉秀：《国际贸易中的知识产权壁垒》，《国际贸易问题》2002年第5期，第26—30页。

[7] 冯正强：《当代国际贸易中非关税壁垒的新体系及其作用机理》，《中南大学学报·社会科学版》2004年第8期，第460页。

调。国际标准为这种技术协调提供了有效的途径[1]。国际标准化机构可以在各国作出决定之前进行干预，进行先期协调，可以使各国标准渐趋一致。维护一个国际标准，比事后协调各国标准容易得多[2]。国际标准的发展方向是力求简单、清晰，便于操作，节约能源、降低成本、提高效率以促进国际贸易的发展[3]。在国际上存在着地区标准，如欧洲标准，也存在着行业标准和地方标准，但就全球范围来说，国际标准、国家标准和公司标准是世界各国普遍接受和使用的三级标准。在这三级标准中，国际标准的适用范围最广，但不是关于最高技术水平的文件。国家标准的技术水平可以高于国际标准，公司或企业的标准可以高于国家标准和国际标准[4]。在国际贸易中采用的标准类型主要有三种：第一，出口要参考进口国的标准。出口国与进口国通行的技术规格可能不一致，出口国必须适应进口国的规格。日本常采用这种类型，因此又称为日本型。第二，按照德国标准生产。这是目前最理想的生产标准，但是只有本国的技术领先和技术先进才能实现，这种类型又称为德国型。第三，按国际标准生产。按国际标准生产有助于国际贸易的技术统一，又称为瑞典型[5]。

在货物贸易领域，WTO鼓励各成员积极采用国际标准，把国际标准当做减少和消除不必要的技术壁垒的最佳选择。标准是企业进行设计和组织生产的前提，可以为促成贸易提供技术支

---

[1] 郭力生：《标准化与国际贸易》，《机电信息》2005年第7期，第52页。
[2] 安庆权：《标准化在国际贸易中的作用》，《统计与咨询》2004年第5期，第43页。
[3] 刘卓慧：《标准、认证与国际贸易》，《交通标准化》2004年第10期，第21—28页。
[4] 郭力生：《标准化与国际贸易》，《机电信息》2005年第7期，第51页。
[5] 安庆权：《标准化在国际贸易中的作用》，《统计与咨询》2004年第5期，第43页。

撑。标准是由与之相关的各方利益集团共同制订的技术文件，它主要反映着生产方和使用方的利益；反映着政府的关心和消费者的期望。技术法规指的是强制执行的设计产品的特性、加工程序、生产方法或管理规定的文件，而标准则是由公认的机构批准的非强制执行的技术文件；技术法规是强制性的，只能由国家法律授权发布强制执行文件的单位发布，而标准则是非强制性的，可以由任何一级机构发布，如国际组织、区域组织、国际机构、社会团体和企业[①]。

WTO 的与技术壁垒密切相关的法律文件主要是贸易技术壁垒协议，美国人称之为标准守则，而欧洲人称之为 TBT 协议。TBT 协议是一个覆盖了所有产品的综合协议，包括工业产品和农业产品。TBT 主要规范的是 WTO 成员的中央政府和地方政府机构在制定本国技术法规、标准以及合格评定程序方面应遵守的准则，其中最基本的原则是非歧视性原则和透明度原则，它的最有特色的原则是避免不必要的贸易障碍的原则。TBT 协议规定任何成员都可以在他们认为适当的程度上为保护国家安全、防止欺诈行为、保护人的安全和健康、保护动植物的生命和健康、保护环境而制定本国的技术法规或标准，这种授权的限度是不能给国际贸易制造不必要的技术障碍。不必要的技术壁垒指的是从贸易保护主义的观点出发或超出正当的政策目标，制订过高或过于严格的技术要求，从而给贸易造成不必要的障碍[②]。一些发达国家不仅在商品贸易中大量使用 TBT，而且还把 TBT 用到服务贸易和投资领域[③]。

---

① 郭力生：《标准化与国际贸易》，《机电信息》2005 年第 7 期，第 51—53 页。
② 同上书，第 52 页。
③ 冯正强：《当代国际贸易中非关税壁垒的新体系及其作用机理》，《中南大学学报·社会科学版》2004 年第 8 期，第 460 页。

随着各国标准化工作的开展,尤其在工业发达国家标准化工作的推动下,区域和世界范围内的标准化组织相继建立。1906年成立的国际电工委员会(IEC)是世界上第一个在专门领域从事标准化工作的非官方国际组织。国际电报联盟在1932年改为国际电信联盟(ITU),它是一个由各国官方机构参加的国际组织,它的一项主要的工作就是国际电信方面的标准化工作。1947年在全球范围内从事综合性标准化工作的国际标准化组织(ISO)正式成立。目前上述组织是国际上从事标准化工作的三大组织[1]。ISO是联合国系统外的非政府性国际机构,它制订的国际标准是自愿执行的技术文件[2]。ISO现有146个成员团体,IEC有62个成员团体,ITU有189个国家成员和650个机构成员,这些组织制订的大部分标准都直接或间接地服务于国际贸易。这三个国际标准化组织的最终工作目标是一个标准、一次评价、全球接受。另外,还有一些国际组织,如国际食品法典委员会也发布有关食品安全的标准。在国际标准化组织的活动中,发达国家参与制订的标准较多[3]。

在贸易活动中,不可避免地要引发对商品质量是否符合标准的情况的质疑,送样与批量商品的质量是否符合情况的质疑,还有质量纠纷也需要处置,这些问题的经常发生就导致了认证活动的产生。1903年英国首先以国家标准为依据对钢轨进行认证,开创了国际认证制度的先河。此后,欧洲的产品认证活动逐渐开展起来。20世纪60年代,世界上发达国家普遍开始了

---

[1] 刘卓慧:《标准、认证与国际贸易》,《交通标准化》2004年第10期,第21—28页。

[2] 郭力生:《标准化与国际贸易》,《机电信息》2005年第7期,第51页。

[3] 刘卓慧:《标准、认证与国际贸易》,《交通标准化》2004年第10期,第21—28页。

认证活动，并从70年代起逐步向发展中国家推广。到了80年代，由一些国家的政府推动的强制性产品认证制和民间机构开展的自愿性的产品认证制构筑了目前的国际产品认证活动的基本框架。1987年ISO发布了第一套质量管理与质量保证标准，被称为ISO9000标准，它的实施使各国的质量管理和质量保证活动统一在一个标准之下进行。质量体系认证活动尤其是第三方质量体系认证活动的开始，在消除技术贸易壁垒方面显示出了其优越性。1996年ISO发布了ISO14000环境管理体系和审核指南等五项标准，促进了全球保护环境运动的开展，自此管理体系认证开始在全球形成了一种模式、一种潮流、一种信赖、一种重要的评价手段。目前在全世界有150多个国家开展了管理体系的认证工作[①]。

WTO把支撑和服务于国际贸易的现代技术与管理手段的标准化工作和认证活动看得尤为重要，因此标准和认证也成为各国在实施WTO的《技术贸易壁垒协议》（TBT）时的贸易障碍的设置与反设置的双刃剑。一些国家借着认证方面名义上的合理性、提法上的隐蔽性、技术上的难以操作来设置贸易壁垒。目前世界各国都在关注技术性贸易壁垒的发展和寻求应对措施，同时也在积极探索建立保护各自利益的技术壁垒。发达国家借助其科技发达、检测手段先进的优势，更容易设置技术壁垒[②]。2005年6月30日，WTO公布了《2005年世界贸易报告》，其副标题是"探讨贸易、标准和WTO之间的关系"。报告明确指出，标准规范能为消费者获取信息、环境保护和相关货物、服务贸易的兼容

---

① 刘卓慧：《标准、认证与国际贸易》，《交通标准化》2004年第10期，第21—28页。

② 同上。

性作出贡献,但也可以成为贸易保护措施,增加发展中国家生产者的出口费用①。

环境壁垒

生态标签又称环境标签(Eco-labeling or environmental labeling)。1978年在德国首次出现了"蓝色天使"生态标签。有的学者把产品分为三类②:搜寻产品(search goods)、经验产品(experience goods)和凭证产品(credence goods)。消费者可以通过试穿等方式知道搜寻产品的特征。消费者在购买前无法决定经验产品的特征,比如说只有喝过牛奶才能知道其味道。还有即使在消费后消费者也无法判定产品的环境质量特征,比如说消费者很难知道自己驾驶的车会造成多少污染。生态标签就能够起到对产品的环境质量提供可信的信息的作用。有的学者将生态标签分为三类:第一类为政府组织或非盈利的私人机构等作为第三方对产品及制造工艺签发的标签,这类标签基本上是由企业自愿申请的;第二类标签是对产品的单项特征签发的标签,常常由厂商或产业协会签发,在特定产品市场上,这类标签可视为强制性的;第三类标签提供的是量化信息,它使用的是议定的一组指标③。

环境壁垒又称绿色壁垒,指的是一些国家以环境贸易为借口,通过制订高标准的国内环境法规,实施贸易保护和贸易歧

---

① 王琛:《标准化:国际贸易的双刃剑》,《WTO经济导刊》2005年第8期,第18页。

② See Darby, M. R. and Karni, E., "Free competition and the optimal amount of fraud", *Law and Economics*, vol. 16 (1), 1973, pp. 67—88; Nelson, Philip, (1970), "Information and consumer behavior", *Political Economy*, vol. 78 (2), 1970, pp. 311—329.

③ 李昭华、潘小春:《产品消费排污的信息不对称与生态标签在国际贸易中的战略操控》,《数量经济技术经济研究》2005年第2期,第19、20页。

视。环境壁垒产生于20世纪80年代后期,兴起于90年代,它是目前国际上广泛采用的一种国际贸易壁垒,其主要表现形式是:第一,绿色关税。它对可能造成环境破坏或威胁的进口产品征收附加税。第二,市场准入[①]。这是进口国以污染环境、危害人类健康、违反有关部门国际环境公约、违反国内环境法律法规而采取的限制外国产品进入的措施。第三,绿色技术标准。这是各国根据本国经济技术发展水平,制定严格的强制性环保技术标准,以限制国外产品和服务的进入标准。第四,绿色环境标志。这是进口国要求产品从研制、开发、生产、使用直至回收利用的整个过程都要符合生态和环境保护的要求的标志。第五,绿色卫生检疫。它也是控制外国产品进入的重要工具。第六,绿色包装。它要求产品的整体包装能够节约资源、减少废弃物、不污染环境,使用后容易回收、再分解或自然分解。第七,绿色补贴制度。这是进口国以保护环境和资源的名义而采取反补贴措施以限制产品进口的制度[②]。

社会壁垒

社会壁垒指的是以劳动者、劳动环境和生存权利为由而采取的贸易保护措施,目前在社会壁垒方面比较引人注目的标准是SA8000(Social Accountability 8000)[③]。SA8000是美国社会责任国际(SAI)的民间组织推出的有关企业社会责任方面的标准,主要包括童工、强迫劳动、安全卫生、结社自由和集体谈判权、歧视、惩罚性措施、工作时间、工资报酬和管理体系

[①] 姜芳:《绿色贸易壁垒对我国对外贸易的影响与对策》,《现代财经》2003年第1期,第45—48页。

[②] 冯正强:《当代国际贸易中非关税壁垒的新体系及其作用机理》,《中南大学学报·社会科学版》2004年第8期,第460—461页。

[③] 同上。

9个要素，它在许多方面规定了对企业在用工方面的最低要求[①]。该标准以 ISO9000 为基础，对企业内部的生产环境条件提出了最低要求[②]。SA8000 的宗旨是确保供应商所供应的产品符合社会责任标准的要求。SA8000 标准适用于世界各地的任何行业的不同规模的公司，其依据与 ISO9000 质量管理体系和 ISO14000 环境管理体系一样，都是一套可以被第三方认证机构审核的国际标准[③]。

　　SA8000 是近十几年来的社会责任运动的产物。20 世纪 80 年代以后，大量的跨国公司为追求更高的利润而把生产线转移到第三世界国家。这些跨国公司设在国外的工厂大量雇佣童工、迫使劳工超时工作、劳动工资低下、劳动环境恶劣、工人集体中毒等事件频频曝光，逐渐演化成社会责任运动，使跨国公司不得不开始制订社会责任守则，进而一些上游采购商也开始制定约束供应商行为的社会责任要求。1997 年 10 月，总部设在美国的非政府组织"经济优先权委员会认可委员会"（CEPAA，SAI 的前身）发起并联合欧美部分跨国公司和一些国际组织，制订和发布了约束供应商社会责任行为的 SA8000 标准，其目的是促使企业在赚取利润的同时负担起对环境和利益相关者的责任。该标准最终可能发展成为一个覆盖社会、环境、道德等领域的标准，并有可能转化为像 ISO 那样的真正的国际性标准[④]。

---

　　① 杨育谋：《都是廉价惹的祸：SA8000：国际贸易的"道德壁垒"》，《粤港澳价格》2004 年第 5 期，第 20 页。
　　② 冯正强：《当代国际贸易中非关税壁垒的新体系及其作用机理》，《中南大学学报·社会科学版》2004 年第 8 期，第 461 页。
　　③ 樊瑛、张炜：《从 SA8000 看国际劳工标准与国际贸易》，《国际商务——对外经济贸易大学学报》2004 年第 3 期，第 5 页。
　　④ 杨育谋：《都是廉价惹的祸：SA8000：国际贸易的"道德壁垒"》，《粤港澳价格》2004 年第 5 期，第 20、21 页。

SA8000 已得到越来越多的国际认可[①]。全球大的采购集团非常重视 SA8000 认证企业的产品[②]。据调查，2000 年以后，几乎所有的欧美大型企业都对其全球供应商实施了社会责任评估和审核，它们只与通过了评估和审核的企业建立合作伙伴关系。在跨国公司订单的附加条件中，越来越多地把企业的社会责任条款包括入内[③]。作为全球第一个可用于第三方认证的社会责任管理体系，任何企业或组织都可以通过 SA8000 认证，向客户、消费者和公众展示其良好的社会责任表现和承诺。SA8000 也可能同各种各样的国际标准认证一样，成为新的贸易壁垒。SA8000 是以美国为首的发达国家的企业组织的认证，体现的主要是发达国家的企业的利益。SA8000 与国际劳动标准密切联系，反映了发达国家将贸易与劳工标准挂钩的企图，其目的是要在贸易中引入统一的劳工标准，使得一些以劳动密集型产业为主的发展中国家的出口产品价格上升，以保护发达国家的工人和产业的利益。SA8000 标准认证制度在某种程度上成为新的国际贸易壁垒。发达国家从三个层面上推行其劳工标准：在多边贸易体制层面上，将劳工标准与贸易列为 WTO 发展回合的新议题；在双边层面，通过区域贸易协定将劳工标准强加给贸易伙伴；在非政府组织或工商企业组织层面，通过 SA8000 制订机构等在企业界推行其劳工标准[④]。

[①] 樊瑛、张炜：《从 SA8000 看国际劳工标准与国际贸易》，《国际商务——对外经济贸易大学学报》2004 年第 3 期，第 5 页。

[②] 冯正强：《当代国际贸易中非关税壁垒的新体系及其作用机理》，《中南大学学报·社会科学版》2004 年第 8 期，第 461 页。

[③] 杨育谋：《都是廉价惹的祸：SA8000：国际贸易的"道德壁垒"》，《粤港澳价格》2004 年第 5 期，第 21 页。

[④] 樊瑛、张炜：《从 SA8000 看国际劳工标准与国际贸易》，《国际商务——对外经济贸易大学学报》2004 年第 3 期，第 5—7 页。

在 1919 年国际劳工组织成立之前，国际劳工标准问题就存在了。SA8000 制订的基础就是国际劳工组织（ILO）的国际劳工标准和国际公约。近十几年来，发达国家高度重视国际贸易与劳工标准之间的关系，他们强调发展中国家较低的劳工标准使发达国家的产品在成本价格和贸易竞争中处于不利地位，因为发达国家的一些政治势力把失业率的增加和部分工人的低工资归罪于从低工资国家进口制成品的结果。FLA 公平劳工协会守则、WRAP 环球服装生产社会责任守则、ETI 道德贸易行为守则、SA8000 标准等都是在这样的背景下产生的。SA8000 认证提高了发展中国家企业的成本，削弱了这些国家的中小企业的国际竞争力[1]。

道德壁垒

在 WTO 的倡导和推动下，关税和配额的影响普遍下降，大大提高了国际商品和生产要素流动的自由化程度。WTO 通常仅允许一个国家在出现严重的国际收支赤字或符合 WTO 产业保障措施条款的情形下采取紧急措施限制进口，因此一些管理措施，如卫生与植物卫生措施，日益成为干扰国际贸易的有效的非关税壁垒[2]。国际贸易中的动物福利问题主要表现在农场动物福利问题上。动物产品与其他产品不同，因为动物能够感觉到疼痛、伤病和痛苦。一些养殖方式，如实施切断术、提前断奶、过度拥挤、极端的选种繁殖和长途屠宰运输等，都没有考虑到动物在生

---

[1] 樊瑛、张炜：《从 SA8000 看国际劳工标准与国际贸易》，《国际商务——对外经济贸易大学学报》2004 年第 3 期，第 6—7 页。

[2] 文娟：《SPSs 对国际贸易的妨碍及衡量》，《国际商务研究》2003 年第 3 期，第 29、31 页。

理上和心理上感受到的痛苦[1]。研究证明，如果动物长期生活在痛苦、恐惧之中，体内会分泌一种对食用者身体健康造成危害的毒素[2]。

WTO 的《实施卫生与植物卫生措施（SPSs：Sanitary and Phytosanitary Measures）的协议》追求的是产品安全，目的是保护两类对象的生命和健康：作为买方的消费者和与交易无关的动植物。从食品卫生上看，根据诺贝尔经济学奖获得者阿克劳夫的分析，当自由市场中出现交易双方对于交易对象具有不对称信息时，就可能发生逆向选择。逆向选择的结果会使市场平均质量不断下降，劣质产品逐渐充斥整个市场，最糟糕的结局就是使整个市场崩溃瓦解。买卖双方对于食品安全具有不对称的信息。生产者在信息占有上处于优势，消费者则处于劣势。卖方可以按照安全产品的价格出售不合格产品，而一般消费者对产品所含的添加剂、药物残留、病原体等指标及其对人体的危害缺乏了解，而获取境外生产食品的安全信息更难[3]。

在食品贸易方面，由于各国检验检疫标准的不同，食品安全的隐患也不断增多。由于食品中化学物质和添加剂的使用、畜牧业中的抗生素的使用，造成了诸如疯牛病、口蹄疫等，使食品污染增加。目前转基因产品的安全性问题还没有公认的科学标准，而转基因产品的贸易却在逐年增加。许多商品如烟草和酒精都是对健康有害的商品，但无论是在各国的贸易谈判中还是在 WTO

---

[1] 佚名：《动物福利与国际贸易》，《动物福利与肉品安全国际论坛专刊》2005年第10期，第14、16页。

[2] 王玉芬、刘碧云：《动物福利——国际贸易壁垒新动向》，《对外经贸实务》2004年第11期，第41页。

[3] 文娟：《SPSs对国际贸易的妨碍及衡量》，《国际商务研究》2003年第3期，第28、29页。

的规则中,这些商品和其他商品的待遇都没有什么差别。尽管20世纪90年代开始许多高收入国家的香烟的消费量已经下降,而在发展中国家却一直处于上升趋势,这在很大程度上是跨国烟草公司将世界市场转向低收入和中等收入国家的结果[1]。

从动物福利上看,早在三十多年前,一些西欧国家就已提出了动物福利(Animal Welfare)这个概念。许多欧洲国家的动物立法都考虑了动物的生理福利和心理福利两个方面。韦伯斯特(Webster)描述了动物的五大权利和自由:不受饥渴、生活舒适、不受痛苦伤害和疾病威胁、生活无恐惧、能够表达其天性。1990年,台湾学者夏良宙概括了动物福利的基本含义:"善待活着的动物,减少动物死亡的痛苦。"世界上有一百多个国家有关于动物福利的立法,要求在动物饲养、运输和屠宰过程中执行动物福利标准,在进口动物产品时也要求符合动物福利法规方面的技术指标,构建了各自的动物福利壁垒。欧盟组织和美国、日本等西方发达国家为了保护本国的动物产品市场和本国农场主的利益,以动物福利为由限制其他国家的动物产品的出口,形成了动物福利壁垒。动物福利壁垒的产生是传统贸易保护主义进一步弱化的结果[2]。

有些国家通过制定动物福利法,利用已有的动物福利优势,提高动物福利标准以限制进口,这类贸易保护措施被称为道德壁垒。近几年,一些欧洲国家和欧洲动物保护协会督促欧盟设法使WTO考虑有关动物福利的问题,力图使其理念和立法得到国际

---

[1] 渠如晓、焦志文:《论国际贸易的健康视野》,《国际贸易问题》2005年第10期,第98、99页。

[2] 王玉芬、刘碧云:《动物福利——国际贸易壁垒新动向》,《对外经贸实务》2004年第11期,第41、42页。

社会的认可①。利用"动物福利"的名义设置贸易壁垒，不仅具有合法的外衣，而且可以借助本国或国际组织的有关动物福利的法律法规，并可以获得社会舆论的同情和支持②。随着社会的发展，起源于发达国家的动物福利也日益成为发展中国家所关注的焦点之一，而由于发展水平的限制，发展中国家很难利用粗放的农场经营来获得畜牧业上的优势③。近年来，国际上的动物产品出口因为动物福利问题遭退货甚至抵制的案例很多④。

SPSs可使用三类办法限制进口：在存在明显重大风险或不确定性风险时采取全面或部分禁止进口；采用技术指标，包括加工标准、产品标准和工艺标准；采用信息要求，包括标签规则和自愿控制要求。从对贸易的限制程度上看，第一类措施贸易保护程度最高，第二类次之，第三类最低。SPSs还可分为政府强制型和厂商自愿型。政府强制型是各国政府对产品技术指标作出的强制性规范；厂商自愿型则是由民间组织或国际机构制定的自愿实施标准，如1996年国际标准化组织制订的国际标准环境管理体系ISO14000。强制性措施有比较强的政府干预性，对贸易有明显的扭曲效益；而自愿性措施的普及速度快，影响的产品和地区不断扩展。在许多国家，不符合自愿性标准要求的产品也很难得到强制性标准的认可⑤。

---

① 冯正强：《当代国际贸易中非关税壁垒的新体系及其作用机理》，《中南大学学报·社会科学版》2004年第8期，第461页。

② 王玉芬、刘碧云：《动物福利——国际贸易壁垒新动向》，《对外经贸实务》2004年第11期，第42页。

③ 佚名：《动物福利与国际贸易》，《动物福利与肉品安全国际论坛专刊》2005年第10期，第15页。

④ 王玉芬、刘碧云：《动物福利——国际贸易壁垒新动向》，《对外经贸实务》2004年第11期，第41—42页。

⑤ 文娟：《SPSs对国际贸易的妨碍及衡量》，《国际商务研究》2003年第3期，第28—29页。

即使一国履行国民待遇和非歧视性原则，在执行过程中对国内外产品的主观态度差异也能构成人为的歧视，其中的技术标准和评估程序是形成人为歧视的关键。在法律法规明确写出来的标准或程序差异是很容易被察觉到的显性歧视，而自然歧视和在操作过程中发生的主观歧视行为则比较隐蔽。这样在现实中，SPSs已经成为各国经常挥舞的贸易限制大棒。各国不同的技术标准和评估程序会自然形成对国内产品的保护和对进口产品的歧视。一国的技术标准往往反映出一国的组织结构，因此本国的生产商习惯于在这样的结构中经营发展，而海外供应商却不得不学习和适应这种完全陌生的操作程序。语言的差异、规则的不透明性和规则的易变性都会给进口产品带来特别高的附加成本。进口产品面临的检验检疫程序比进口国产品更复杂和繁琐，这些使得即使没有任何内容上的差异和人为的歧视，SPSs本身也能形成贸易壁垒[1]。

3. 中国状况

目前中国的国际贸易状况，既有值得肯定的方面，也还存在着问题。

（1）肯定的方面

2001年11月中国正式成为WTO成员[2]。当前在中国的对外贸易中，高科技和机电产品的出口已占到外贸出口总数的50%

---

[1] 文娟：《SPSs对国际贸易的妨碍及衡量》，《国际商务研究》2003年第3期，第28—31页。

[2] 盛宝柱：《当代国际贸易理论主要思想与我国对外贸易对策》，《科技情报开发与经济》2004年第5期，第72页。

以上①。随着中国经济的发展，尤其是在中国政府提出了"走出去"的方针后，中国的对外直接投资（Direct Investment Abroad）有了很大的增长，中国已经成为发展中国家和地区的投资母国②。为了鼓励更多的企业参与国际竞争，中国政府进一步放宽了企业申请进出口经营资格的条件，取消了对国内的不同所有制企业的区别待遇③。2004年7月1日开始，中国的许多中小企业都可以从事国际贸易了④。目前海外在中国的年采购商品额已超过3000亿美元，其中家电、轻工和纺织品等占50%以上⑤。

中国建立了一套强制性的产品认证制度，符合这套认证制度的产品，在带有"CCC"标志后方可在中国的市场上销售。根据1988年12月公布的《中华人民共和国标准法》，中国的标准分为强制性和推荐性两种⑥。从2003年5月1日起，凡是在中国公布的第一批强制性产品认证目录中的产品，没有通过强制性产品认证的都不得进口和不得销售。中国实施的强制性认证大部分依据的是国际标准，因此只要按照国际标准组织生产基本上就能满足要求⑦。

---

① 倪晓菁：《从思科华为案看技术时代的国际贸易知识产权保护》，《科技情报开发与经济》2005年第8期，第124—125页。

② 邱黎黎：《对外直接投资对我国国际贸易的影响——东道国和母国的视角》，《西安财经学院学报》2005年第6期，第50页。

③ 刘航平、孙先锦：《供应链创新——提升我国国际贸易公司竞争力的新途径》，《国际商务——对外经济贸易大学学报》2004年第5期，第18页。

④ 高璐：《案释国际贸易支付中应注意的问题》，《国际市场》2004年第8期，第71页。

⑤ 峰岭：《WTO下国际贸易新变局与市场拓展——中国企业应对"自由贸易"与"公平贸易"竞争环境新举措》，《世界机电经贸信息》2004年第10期，第21页。

⑥ 郭力生：《标准化与国际贸易》，《机电信息》2005年第7期，第53页。

⑦ 刘卓慧：《标准、认证与国际贸易》，《交通标准化》2004年第10期，第21—28页。

中国的出口信用保险开始于1989年，中国人民保险公司接受政府的委托正式开办机电产品出口的信用保险业务。在随后的几年里，短期出口信用保险在全国迅速推广开来。1994年中国进出口银行正式成立，开展了包括出口信用保险在内的各项业务。2001年12月18日，经国务院批准合并以上两家机构的出口信用保险业务，成立了中国出口信用保险公司，成为中国唯一的专业出口信用保险机构。中国加入WTO后，出口信用保险业务迅猛增长，市场覆盖面不断扩大[1]。

1996年中国完成了"金关工程"骨干网的建设，建成了中国国际电子商务网；1998年建成电子商务的网络环境，同时借助中国电信公用网实现了与联合国全球贸易网等国际商务网络的链接，在全国33个城市开通了节点，初步形成了连通世界的国家外经贸专用网。1998年7月8日开办了"中国商品交易市场"，这是目前Internet上最大的中国商品采购基地。1999年以来，电子商务在中国开始由概念阶段向实践阶段转变。中国最大的IT企业联想集团在与IBM、Compaq和HP竞争国内计算机市场时能成为行业龙头，就是得益于e-Business。在联合国贸发会议的《2001年电子商务发展报告》中，联想的电子商务的成功范例得到了特别推介[2]。

电子商务的使用使中国的国际贸易的业务流程面临着转型：第一，传统的以交易流程为核心的外贸企业向以服务为核心的服务型企业转变。企业可以做到全天候服务，在全球任何地方的任何客户可以在任何时间从网上得到相关企业的多种商业信息。第

---

[1] 苗永清：《出口信用保险在国际贸易中的作用》，《经济经纬》2004年第3期，第56—57页。

[2] 刘烨、秦丽娜、彭建新：《刍论电子商务与国际贸易业务流程转型》，《财经问题研究》2004年第3期，第69页。

二，由人为的垄断优势向自然的竞争优势转变。根据 WTO 的国民待遇原则，国内所有外贸企业都享有同等待遇，外贸经营权不再是某种特权，非国有外贸企业加入了外贸业务。电子商务的开放性和全球性特征促进了这种转变。第三，由分散管理到集中管理的转变。传统的外贸企业的经营目标是创汇，企业将经营任务层层分包，经营管理相对分散。电子商务的使用，在很大程度上要求企业由原来的层级管理制向扁平的集中管理制度发展①。

（2）存在的问题

中国企业的国际贸易出现了"后发劣势"，出现了环境制约、知识产权制约、劳动力成本制约和资源瓶颈制约②。随着中国经济的快速发展，国内资源短缺的问题日益严重，导致了对国际原材料商品市场的依赖程度越来越高，中国已经成为世界多种基本原材料的最大消费国③。在出口时遇到的关税壁垒在逐渐弱化，纺织品配额也在逐步取消，但其他贸易壁垒却比以前严重。面对中国的出口产品，有的国家为了保护本国的产业而设置障碍，对中国采取歧视性的做法④。2002 年，中国 70% 的出口企业和 39% 的出口产品受到国外技术壁垒的限制⑤。中国对外贸易

---

① 刘烨、秦丽娜、彭建新：《刍论电子商务与国际贸易业务流程转型》，《财经问题研究》2004 年第 3 期，第 70 页。

② 峰岭：《WTO 下国际贸易新变局与市场拓展——中国企业应对"自由贸易"与"公平贸易"竞争环境新举措》，《世界机电经贸信息》2004 年第 10 期，第 21 页。

③ 汝小洁：《国际贸易定价权的获取》，《中国金属通报》2005 年第 Z2 期，第 9 页。

④ 彭林：《WTO 框架下的国际贸易壁垒及中国的应对措施》，《现代企业教育》2005 年第 3 期，第 16、17 页。

⑤ 倪晓菁：《从思科华为案看技术时代的国际贸易知识产权保护》，《科技情报开发与经济》2005 年第 8 期，第 125 页。

的进口大幅增长，而出口增势减缓，一度出现了贸易逆差①。反倾销、技术贸易壁垒和知识产权保护是目前中国遇到的主要的非贸易壁垒②。

　　近年来，中国产品日益成为世界各国（尤其是发达国家）反倾销的对象③。进入 WTO 以后，中国已经成为外国反倾销的主要目标国家④。中国的出口商品的价格越来越低、利润越来越薄。国内厂商为了抢占市场而竞相压价，使大部分利润流向了跨国公司和外国商人。沃尔玛 2000 年在中国采购的商品，毛利率高达 170%⑤。中国的出口企业往往依赖于中间商出口商品，使中国出口企业仅能赚到加工费，出口利润率很低。有的中间商常常以掌握国际需求信息，占有出口经营渠道等优势，在企业之间挑动不公平竞争、相互压价，并引起国外对中国产品的倾销诉讼⑥。国外针对中国产品的反倾销力度加大，对中国实施反倾销的国家不仅有欧美、澳大利亚、加拿大、日本等发达国家和地区，也有像土耳其、埃及、印度、韩国这样一些发展中国家，所涉及的产品既有日用品，也有机电产品；既有制造品，也有矿产

---

　　① 峰岭：《WTO 下国际贸易新变局与市场拓展——中国企业应对"自由贸易"与"公平贸易"竞争环境新举措》，《世界机电经贸信息》2004 年第 10 期，第 20 页。
　　② 彭林：《WTO 框架下的国际贸易壁垒及中国的应对措施》，《现代企业教育》2005 年第 3 期，第 17 页。
　　③ 许为民、宋晓茜、刘畅：《对国际贸易中"倾销行为"的重新认识》，《商场现代化》2005 年第 1 期，第 15 页。
　　④ 彭林：《WTO 框架下的国际贸易壁垒及中国的应对措施》，《现代企业教育》2005 年第 3 期，第 16 页。
　　⑤ 杨育谋：《都是廉价惹的祸：SA8000：国际贸易的"道德壁垒"》，《粤港澳价格》2004 年第 5 期，第 20、23 页。
　　⑥ 峰岭：《WTO 下国际贸易新变局与市场拓展——中国企业应对"自由贸易"与"公平贸易"竞争环境新举措》，《世界机电经贸信息》2004 年第 10 期，第 21 页。

和养殖品①。

由于 TBT 和 SPS 壁垒造成中国的农产品出口损失在数百亿美元。目前的"国际标准"绝大部分是发达国家按照其当前发展水平设计出来的。作为发展中国家，中国大量地承接了西方发达国家淘汰的产业，中国的产品标准化水平还比较低，而西方国家按照现在的先进标准来衡量这些产业的技术标准。中国的出口产品所面临的技术贸易壁垒主要来自美国、欧盟和日本，所涉及的行业主要有农业、纺织服装、轻工、机电、五矿化工和医疗保健，中国有 70% 的出口企业和 40% 的出口产品遭遇技术性贸易壁垒的限制，技术性贸易壁垒已经成为中国产品出口的主要障碍②。

当一个发展中国家的企业进入国际市场的时候，比较容易受到发达国家的跨国公司的攻击。由于知识产权在大多数情况下是发展中国家企业的软肋，在这里进攻往往比较有效。思科与华为的较量具有相当程度的普遍性。2003 年 1 月，全球最大的互联网设备制造商思科公司正式起诉中国的高科技企业华为公司。华为面临的是抄袭源代码和技术文档、侵犯路由协议等五项专利指控，同时它给思科造成的麻烦也并不限于中国市场。在此案中，双方主要就思科的"私有协议"的合法性展开了争议。私有协议一旦成为事实上的标准，将会导致拥有此协议的企业的垄断行为，这种事实标准一开始都是企业标准，而随着企业的发展而逐渐成为行业标准和国际标准。企业能够通过这些标准技术的使用许可来实现专利实施的全球战略，因此标准

---

① 彭林：《WTO 框架下的国际贸易壁垒及中国的应对措施》，《现代企业教育》2005 年第 3 期，第 16 页。

② 同上书，第 16、17 页。

的许可已经成为知识产权贸易的重要方式。思科的"私有协议"因为其在互联网上的垄断地位,在事实上已经逐渐演化为行业标准和国际标准[1]。

中国的出口产品还受到诸如以美国的"337"条款为代表的知识产权保护的限制,也受到来自欧美等国的对华特别产品过渡性保障机制立法的限制[2]。2005年2月,美国电子娱乐协会(ESA)向美国商务代表提交了一份来自国际知识产权保护联盟(IIPA: International Intellectual Property Alliance)的报告指出,中国、马来西亚、俄罗斯是目前全球游戏软件盗版最为严重的三个国家。中国已经成为世界上最大的伪正版制造地、消费国和输出国。美国、欧盟、日本、韩国等专利大国,通过知识产权来打压中国企业和中国产品,使中国企业出现了生产—跨国公司专利限制—巨额专利许可费及侵权费的支付—再生产这样的发展过程[3]。

从2004年5月1日起,美国和欧盟的一些国家开始强制推广SA8000标准认证[4]。因为中国正在逐步成为"世界工厂",越来越多的跨国公司把劳动密集型产品转到中国生产。因为企业社会责任主要是在跨国公司的生产供应链上推行,因此对中国的对外加工贸易企业和出口企业影响最大。这些企业主要生产的是电子、服装、纺织、制鞋、玩具、工艺品、家具、运动器材及日用

---

[1] 倪晓菁:《从思科华为案看技术时代的国际贸易知识产权保护》,《科技情报开发与经济》2005年第8期,第124、125页。

[2] 彭林:《WTO框架下的国际贸易壁垒及中国的应对措施》,《现代企业教育》2005年第3期,第17页。

[3] 张丹丹:《当前中国国际贸易中的知识产权危机及对策》,《对外经贸实务》2005年第5期,第31页。

[4] 樊瑛、张炜:《从SA8000看国际劳工标准与国际贸易》,《国际商务——对外经济贸易大学学报》2004年第3期,第5页。

五金等方面的产品,这些产品占中国向美国及欧盟出口产品的大部分。SA8000 认证一般需要一年时间申请获得,证书有效期为三年,每六个月复查一次。1995 年以来,中国先后有约 8000 家企业被外企要求通过 SA8000 认证,而目前通过 SA8000 企业认证的企业还不到 100 家。近年来,中国的一些出口企业已遇到 SA8000 的要求,典型的例子是近几年香港报纸连续报道的引起全球轰动的深圳某玩具厂使用 400 名童工包装玩具的事件①。

近年来,污染通过走私、贸易和投资等形式进入中国,中国进口了大量的废弃物,而且呈现出逐步增加的趋势②。随着电子工业的快速发展,出现了一种新型的有害废品贸易。淘汰的电脑属于电子垃圾。据业内人士透露,美国的 80% 左右的电子垃圾将出口到亚洲,其中 90% 运往中国。桧峪和台州这两个中国最集中的电子垃圾贸易地面临着环境污染、健康危害、非公平贸易等相关问题③。

中国于 2003 年 8 月 23 日通过了《行政许可法》,这是中国第一部统一的行政许可法。其中虽然对非歧视待遇作了明确的规定,但是中国的行政许可为了保护幼稚工业和限制外资流向,存在较多的差别待遇和超国民待遇,而且在行政许可中"暗箱操作"严重,对行政许可的监督乏力④。另外,中国对国际贸易融资的业务风险缺乏足够的认识;融资的形式比较简单;风险控制

---

① 杨育谋:《都是廉价惹的祸:SA8000:国际贸易的"道德壁垒"》,《粤港澳价格》2004 年第 5 期,第 21、24 页。
② 李慕菡、陈建国、张连众:《我国国际贸易中污染产品的跨境转移》,《国际贸易问题》2005 年第 10 期,第 102 页。
③ [荷兰]凯文·斯戴尔斯:《废船解体业与电子垃圾:危险废物国际贸易在继续》,《产业与环境》第 2—3 期,第 56、60—61 页。
④ 刘亚男、刘冰:《发挥行政许可在国际贸易中的作用》,《合作经济与科技》2004 年第 10 期,第 24 页。

手段比较落后；业务量与市场潜力不匹配；相关法律不健全①。在出口贸易方面，中国的退税资金到位存在着时滞，政府下调了出口退税率。越来越多的商家纷纷采用"钱货两清"的游戏规则，国际贸易公司经常陷入"买断无钱、赊欠不成"的两难境地②。

目前中国的出口企业多而不强、大而不名、跟而不领、广而不聚，而且有待从"中国制造"到"中国创造"的发展③。中国企业缺乏全球化时代的商业竞争所必需的多元化博弈能力，也缺乏必需的专利制度工具④。中国的国际贸易应该具备全球化视野，鼓励技术发明和创新，加快产业的升级换代，以品牌作为制高点，积极开展跨国经营⑤。在世界前50名的驰名商标中，没有一个是属于中国的，其主要原因是出口商品的品牌化程度低；品牌的自我保护意识淡薄，近几年来，国际市场上屡屡发生中国的驰名品牌被外商抢注的事件；品牌的附加值低，品牌的附加值指的是通过品牌给消费者提供的信任感、满足感和荣誉感等⑥。中国目前的大型国际贸易公司主要是国有公司，它们主要是接受

---

① 陈跃雪：《发展国际贸易融资的问题和对策》，《经济经纬》2003年第4期，第114页。

② 刘航平、孙先锦：《供应链创新——提升我国国际贸易公司竞争力的新途径》，《国际商务——对外经济贸易大学学报》2004年第5期，第18页。

③ 峰岭：《WTO下国际贸易新变局与市场拓展——中国企业应对"自由贸易"与"公平贸易"竞争环境新举措》，《世界机电经贸信息》2004年第10期，第20页。

④ 倪晓菁：《从思科华为案看技术时代的国际贸易知识产权保护》，《科技情报开发与经济》2005年第8期，第125页。

⑤ 翁迪：《当代国际贸易发展的趋势及我国的对策》，《黑龙江对外经贸》2005年第3期，第5页。

⑥ 郭超、刘常国：《国际贸易活动的管理问题》，《合作经济与科技》2005年第1期，第38页。

订单、组织货源和交货出口。在未来的发展中，国际贸易公司应该参与到整个供应链之中[①]。在电子商务方面，目前中国的进出口企业缺乏既懂电子商务又懂国际贸易实务的人才，而且无法判断网上查询信息的真伪，无法判断"买家"是真正做生意的还是只是询价的，甚至可能是公司的竞争对手。在这种情况下，公司不回复可能失去机会，而回复则可能泄露公司的秘密。如果在网上发布新产品信息，很容易被抄袭，但不发布又无法吸引客户[②]。

在中国的国际贸易中，存在着外商的拖欠和欺诈现象。从国际贸易拖欠案所涉及的海外公司看：海外华人公司（包括港、澳、台公司）占50%；不良外籍公司占20%；纯因货物有争议的公司占20%；驻外机构占5%；其他占5%。从国际贸易拖欠案的国内发案地区分布看：20世纪80年代集中在沿海大城市及经济特区；90年代主要集中在内地省份；最新的发展趋势为省、市级的进出口企业较多，并向缺乏进出口经验、不熟悉业务操作环节的地区和企业转移。从拖欠原因上看，一方面是国外的原因，另一方面是国内的原因。从国外的原因来看，海外一些不良公司利用中国大力发展对外贸易而相应的法律体系尚不健全的状况，用人情或小恩小惠等方式攻破一些原始警戒或在合同条款和操作方法上设圈套，为今后的拖欠制造理由和把柄。从国内的原因看，主要是中国的进出口企业体制与现代化的国际经贸发展要求不适应和一些企业管理水平低和业务人员素质差。专门从事国际商账追讨以及客户评级的美国邓白氏公司对中国内地进出口企

[①] 刘航平、孙先锦：《供应链创新——提升我国国际贸易公司竞争力的新途径》，《国际商务——对外经济贸易大学学报》2004年第5期，第18页。

[②] 姚钟华、张涛：《e—国际贸易与企业实施问题的分析》，《经济问题》2004年第8期，第72页。

业货款被拖欠的问题曾专门作过统计,其结论如下:从国际贸易拖欠案的直接起因看,有意欺诈的拖欠款占 60%;由于产品质量和货期等原因发生争议的占 25%;严重管理失误的占 10%;其他占 5%[①]。

国际贸易欺诈通常指的是在国际货物贸易、航运、保险和结算的过程中,一方当事人利用国际贸易规则纰漏,故意编造虚假情况或隐瞒真实情况,以非法手段骗取对方当事人的货物、金钱或船舶的行为。根据进出口业务的主要流程,国际贸易欺诈主要可以分为以下几个方面:第一,国际贸易合同主体欺诈,其中主要包括虚构合同主体欺诈;变更合同主体欺诈;有限责任欺诈。在虚构合同主体的欺诈中,又主要包括两种类型:一是有的不法商人在订立合同时虚造不存在的公司实体或无贸易资格冒充有贸易资格者进行欺诈;二是利用独立注册具有法人资格的子公司地位进行欺诈,这种子公司所属的母公司知名度较高、资本雄厚,而子公司的资本很可能少得可怜,因而打着母公司的招牌招揽生意。变更合同主体的欺诈是在国外商人与本国外贸企业签订合同后,在履行过程中编造借口称自己无法履约,并提出比原合同更为优惠的履约条件而建议由另外一家外国公司代为履约,这种做法可能是在欺诈。在有限责任欺诈方面,有的国际贸易欺诈者以很低的资本注册一个有限公司,在超出自己支付能力的前提下大量下订单以达到欺诈的目的。第二,国际海运欺诈,其中主要包括伪造提单和利用非法提单两种方式。第三,在保险方面的欺诈,主要手段是船东和托运人为了获得高额保险费而蓄意破坏船舶及货物。第三,国际贸易结算欺诈。其主要手段是伪造开立信

[①] 鲍维强:《国际贸易实务中货款拖欠产生的原因及对策分析》,《现代财经》2003 年第 6 期,第 64 页。

用证；利用含有模糊不清的内容的"软条款"；开证行审单时吹毛求疵，拒付货款，擅自放单①。

国际贸易合同欺诈指的是合同一方当事人或中介公司利用合同当事人之间分处不同的国家，相互之间缺乏了解，以"影子公司"的名义与对方当事人签订国际贸易合同，造成合同的名义主体和实际主体不符，从而逃避可能出现的风险和法律责任。在中国，利用这种"影子公司"进行欺诈的方式主要有两种：第一，在国内设立的外贸公司利用中介的资格，以根本不存在的"影子公司"的名义与合同另一方的当事人签订购货合同，以收取保证金的方式来骗取保证金和货物。第二，某些公司利用一些国家的特殊的公司法律制度而在该国设立基地公司，而该基地公司通常是名义上的，并没有实际注册和经营管理机构，也没有任何实际的经营活动。这些基地公司会在其他国家依法设立"影子公司"，然后以"影子公司"的名义对外签订国际贸易合同。在对方当事人交货或付款后，基地公司却故意违约以欺骗对方当事人的货物或价金。对方当事人发现被骗后，只能找"影子公司"承担独立的法律责任②。

4. 独白：逃离伦理风险

（1）业务中的伦理风险

国际贸易中的信息流、资金流和物流的流动速度越快，效率越高。

---

① 高杉：《外贸企业：谨防国际贸易欺诈》，《中国经贸导刊》2005年第17期，第39、40页。

② 文博、冯沪斌：《利用第三方保管账户解决国际贸易合同欺诈》，《特区经济》2004年第12期，第201页。

a. 信息流

买卖双方的谈判过程就是个信息流的过程，双方就商品信息和价格信息进行交流，其中会因为以下几个原因而产生伦理风险：第一，卖方提供虚假的商品信息。卖方所提供的技术指标、制造厂家、商标、原产地等可能是假的；卖方提供的样品与实际交货的商品可能不一样。卖方提供虚假的商品信息可能是因为卖方对商品本身不熟悉，它只是经销其他厂家的商品。卖方也可能通过虚报技术指标来提高商品的价格。为了预防这种情况的产生，在谈判时应该有技术专家参与；应该先验样品再要求发货；应该就同类商品的交易咨询其他相关厂家。第二，价格问题。当卖方提供了一种价格比较低的商品，应该问清楚价格低的原因是什么，有的时候价格低是因为商品的质量有问题导致的。在这种情况下，表面上是买了便宜货，但实际上没有买到自己真正需要的货，后面可能产生顾客退货或维修方面的成本。有的时候价格低是卖方为了清仓而降价的，这个时候就应该思考，卖方为什么清仓，这种产品是否在被淘汰，售后服务怎么安排。有的时候卖方是为了挤掉其竞争者而降价的，而这种降价只是暂时的，因为卖方在做赔本买卖；当竞争者被挤垮后，它就可能再涨价。如果卖方通过价格优势挤垮了所有的竞争者而形成了行业垄断，它就可能以比有竞争的情况下更高的价格出售商品，这就是国际上反倾销的正面理由。

有的时候中国人不理解，为什么西方国家反对进口中国的价格比较低的商品。西方国家的正面理由是这些商品的买卖是赔本买卖，而任何一种赔本买卖都不会持续很长时间。这种商品会造成对正常商品的冲击，而在正常的商品被冲击破产后，倾销的商品又不可能被持续提供，这样就会造成商业上的混乱。而其实背后可能有其他的理由：

其一，中国的商品本身是低廉的，因为中国的原材料便宜，人工便宜，因此卖方并不是在做赔本买卖。中国在发展时期，这种廉价商品的出售是会持续相当长的一段时间的。从这个角度上看，中国的商品并不会造成短期倾销的后果。当然在中国发展到一定的时候，就不会再继续出售那么廉价的商品，因为从总体上算大账的话，中国是在做赔本买卖。中国的原材料不应该以那么低廉的价格出售，中国的劳动力也不应该以那么低廉的价格出售。如果中国的劳动力都是以很低廉的价格出售，他们就不可能真正富裕起来，因为他们获得收入的来源就是劳动力的价格。但是由于目前中国处于发展阶段，不出售原材料很难为国家的进一步发展提供资金，而且如果劳动力的价格提高，可能出现更严重的失业现象。这些劳动者为了生存而愿意以低廉的价格出售自己的劳动力，因此中国在现阶段出口低廉的商品不属于暂时的倾销现象。有的国家是误解了中国而反倾销的。

其二，有的国家是知道中国不是在倾销，而故意以反倾销的方式来制约中国的发展，以保护本国的劳工。每个国家都存在着一些主要靠出卖体力劳动来生存的工人，这些工人的失业会导致社会的不稳定。即便一个国家富裕到能够养活这些劳工的程度，但是人希望靠自己的劳动生存，否则会影响到人的尊严，而且如果一个社会出现了大量的不劳而获的人，这会造成努力工作的人心理上的不平衡。因此发达国家也需要保护其劳工的利益。为此他们会以反倾销或人权问题为借口，迫使中国提高商品价格，以削弱中国商品的竞争能力，从而保护本国劳工的利益。

其三，有的国家可能会因为国际政治方面的原因而反倾销。中国在政治上的强大依赖于经济上的强大。经济上强大的国家不一定能够成为政治大国，而经济上不强大的国家肯定不能成为政治大国。目前一个国家在政治上要强大，需要对他国具有一定的控制力，而这种控制力在很大程度上依赖于军事力量的强大。在军事力量对比上占优势的国家更能够保护自己的正当利益，更能够在他国危害了本国利益的时候对他国进行威胁或控制，更容易去改变不公正的国际经济秩序。一个经济大国和军事小国必然只能是一个政治上的小国。如果一个国家有强大的经济后盾，而且有强大的战争动员能力，能快速地在军用与民用之间转换，并拥有先进和足够大的军事储备，这个国家就能在国际政治中占有一席之地，因此有的国家也会通过遏制中国的经济发展来遏制中国在国际政治中的崛起。尤其是在国际政治的排序要发生根本变化的时候，中国必然会面临来自权力跌失国家的强烈反抗，这种反抗会表现为经济关系方面的紧张，从而表现为越来越多的反倾销现象。从这个角度上看，当中国的外贸公司面临反倾销抵制时，可能问题不在中国的外贸企业本身，问题也不在中国的出口商品本身，而是与国际政治有关。

b. 资金流

资金流主要表现在付款与收款的流程中。付款是根据合同条款进行的，通常说来，越是安全的付款方式，付款方因为拒绝合理的支付而导致的伦理风险越小，反之亦然。而采用的付款方式越是安全，支付的费用通常也越高，手续也越是繁琐，因此买方容易提出采取简便方式付款的要求。而拒绝采用伦理风险大的方式付款，表明卖方对买方不信任。采用信用证方式付款本身就说明了买卖双方之间的信任关系尚未建立，因为这种付款方式伦理风险最小，但支付的费用最多，手续也最为繁琐。在谈判中，为了尽量降低伦理风险，可以由公司统一规定在什么情况下需要采用信用证付款，比如说，第一次交易必须采用信用证付款；合同额度大到什么程度必须采用信用证付款。当公司有统一规定时，在买方提出伦理风险比较大的付款方式时，业务员可以坚持用一种伦理风险较低的方式付款，又可以避免让对方感觉不被信任。而在信用关系建立起来后，卖方可以主动提出采用伦理风险较大的方式付款，这样可以降低交易的成本和简化手续，同时能够表现出对买方的信任，可以进一步巩固合作关系。在判断一个公司的信用的时候，可以采用如下两种方式：第一，雇佣征信公司进行信用调查。采用这种方式需要支付一些费用，而且如果交易方知道这种情况，可能产生信任危机。第二，本公司自行在交往中了解对方的信用关系。本公司主要应该了解交易方的如下情况：其一，资本的多少和流动资金状况。有的公司运作是小公司在作大买卖。一旦买卖出现故障，该公司想支付也没有钱支付。有的公司因为流动资金不足从而可能导致连锁反应。一步不到位，处处不到位。有的公司虽然牌子很响，但是已经处于破产边缘，它很可能进行比较冒险的交易。其二，买方是否有拒付信用证的现象。尽管信用证在审证上有严格的要求，只要信用证与提交的单证有不符点，买方从法律上讲就具有合理拒付的理由。但是一个信用好的公司，即便出现了不符点，在收到货物和验收后，还是会支付款项。如果一个公司经常拒付，要么是这个公司的管理过于刻板，要么是这个公司不顾及合同公司的利益，这样的公司不是很好的合作伙伴。这种公司看上去很合法，但是与之交易的伦理风险较大。当然这不是说一个公司应该放松审证方面的要求。公司应该有专门的审证把关员。其三，买方是否经常卷入法律诉讼之中。如果一个公司经常卷入法律诉讼之中，那就说明这个公司在运作中是存在各种问题的，而且本公司也可能因为买方的原因而卷入法律诉讼之中。而一个不经常进行法律诉讼的公司，通常是难以对付经常卷入到法律诉讼之中的公司的。

c. **物流**

物流主要表现在交货和验收的流程中，其中的伦理风险主要表现在：其一，延迟交货。有的公司为了满足买方的要求，向买方承诺了本公司在签约时就知道无法按期交货的交货时间。这主要是因为厂家的生产能力有限，在规定的时间内即便是二十四小时运转也无法交货。有的公司为了交货而向别的厂家买货，这就可能出现质量问题，而且也难以满足交货时间的要求。因此买方不仅应该了解外贸公司的交易情况，还应该了解其供货的厂家的情况。有的公司为了获得代理权，在委托公司来调查时，会租借其他公司的地方来蒙骗调查者。其二，骗取定金。如果卖方第一次交易和不是很了解买方时，就接受30%的T/T预付，交货后70%的T/T付款，就应该提高警惕。太好的买卖可能会是个骗局。其三，恶意退货。有的商品市场转瞬就会发生变化。在买方订货的时候，那种商品可能很好销售；而当货到的时候，那种商品可能已经滞销。这个时候买方可能找出种种似乎合理而实际上不合理的退货要求。因此发货方在发货时就应该了解一下市场行情，以便尽早做好防备这种退货现象的发生。

（2）非贸易壁垒的伦理性质

在各种贸易壁垒中，贸易报复主要是发达国家采用的方式。贸易报复看上去是种经济行为，而实际上常常是种权力行为。经济行为的直接目标是经济利益，而权力行为的直接目的是改变对方的意志，使对方服从于本国的意志。发达国家更有能力实行贸易报复，主要是因为：第一，发达国家占领的国际市场比较大，而且他们进口的产品通常不具有垄断性，他们比较容易采用其他国家的进口产品来替代被报复的国家的进口产品。第二，这种报复有军事威胁作为后盾，一旦发生暴力冲突，发达国家有足够的军事力量来对付。第三，在报复行为中，双方都可能有经济上的损失，但是即便是双方产生了同样数量的经济损失，对经济弱国的打击比对经济强国的打击大，因为这种数量在双方经济中所占的份额不一样，这是发展中国家的后发劣势的一个表现。当这种报复行为实施的时候，普遍性的毁约现象就会出现，而这种伦理风险是要通过一个国家的强大才能降低的。反倾销和反补贴也主要是针对发展中国家的，其主要理由是造成了不公平竞争，这是发展中国家的后发劣势的另一个表现。强者总是希望公平竞争的，因为在同样的规则下，强者总是赢家。从道理上说，竞争原则应该是公平的，而问题是发达国家在开始发展的时候并不是采取公平原则的。而当他们形成了一种不可挑战的优势时，它们的利益已经能够得到完全的保护，因此它们倡导一种公平竞争原则。而一种公平竞争应该是建立在同等重量级的国家之间的竞争。弱国首先需要得到一种发展的机会，在发展到势均力敌的时候，二者才有公平竞争的条件。公平竞争应该发生在实力相当的国家之间，这样才能够真正比试出输赢。一种合理的国际经济社会，应该是个国家之间贫富差距不大的社会，国家之间是种合作性的竞争，竞争的结果符合全球各国国民的利益。

技术壁垒是能够保护发达国家的利益的壁垒。一个国家提高本国进口产品的技术标准，从道理上说是无可指责的。从各个国家都可以提高本国进口产品的技术标准这个角度上看，似乎各国是平等的。只是采用同样高的技术标准，发达地区的产品因为技术水平高而能够通过这种技术标准，因此能够进入发展中国家，而发展中国家的产品则跨越不了这种技术标准进入发达国家。这就会形成虽然发展中国家和发达国家的门户都是开放的，而发达国家的产品能够流入发展中国家，而发展中国家的产品则难以流入发达国家。发达国家通过吸引全世界的优秀人才而控制着高新技术，这些高新技术又以专利的形式被保护着，这就使得发展中国家很难达到其技术标准。每当发展中国家的技术水平提高的时候,发达国家又会出台更高的技术标准。在这种体制下,一个国家只有能够垄断高新技术才可能在技术出口中处于优势地位。

绿色壁垒也是能够保护发达国家利益的壁垒。目前全球环境污染严重,环境和生态问题已经是全球各国普遍关注的问题。为了全球利益,全球各国都有义务保护环境。在环境伦理学领域,出现了人类中心主义与非人类中心主义之争。笔者认为非人类中心主义的观点对于保护环境来说很值得重视,但是目前人类还很难普遍实施非人类中心主义的观念。如果人类中心主义被取消,人类的文明史就会变成人类的罪恶史,这种罪恶只能通过消灭人类才能够实现。人类的每一种创造几乎都会造成对生态环境的破坏。从猪的利益出发,人类把猪通过那么多道工序做成美食,人对猪是犯下了滔天大罪的。如果猪把人通过那么多道工序做成美食,人一定不会饶恕猪的。在武松打虎中,武松被我们看成英雄,是因为我们是从人的角度出发,武松通过打死老虎保护了人。如果换成从老虎的角度出发,武松就不会是英雄了。目前人们普遍重视生态和环境问题,也主要是因为环境的恶化会给人类带来不利。如果环境恶化并不会影响人类的利益,人类也是很难普遍关注环境问题的。

目前无论是发达国家还是发展中国家的经济活动,都在破坏着生态环境,只是程度不同而已。每个国家都只可能在能够解决本国国民生存问题的前提下,尽可能地保护本国的生态环境。当绿色壁垒进入国际贸易领域时,其性质就发生了变化。与技术壁垒一样,绿色壁垒成为发达国家保护本国利益的工具。发达国家为了保护本国的环境,把污染企业转移到发展中国家。发展中国家为了发展而不顾环境恶化,允许污染企业转移到本国。发达国家通过提高环境保护标准而把污染物出口到发展中国家,而发展中国家的环境污染最终会导致全球的环境污染。发达国家在环境保护上追求本国利益最大化的结果，迟早也会危及发达国家本身的利益。在环境保护问题上，发达国家是可以有所作为的。它们有更多的资金能够治理污染，而它们却采取了转移污染的方法。

在中国崛起的过程中不能采取这种方式来发展本国的经济。中国儒家的"仁"的文化是应该在各个领域中发扬的。目前在国际社会中存在着一种现象：哪个国家的经济发展得最好，哪个国家对大众就最具有吸引力。人们会习惯地认为那个国家的经济发展得好，是因为那个国家的政治制度好；那个国家的政治制度好是因为它的文化优越。因此对于一个国家的经济发展的肯定，最后会导致对一个国家的政治制度和文化的肯定，而对一个国家的经济发展的否定，最后会导致对一个国家的政治制度和文化的否定。其实经济发展的因素是多重的，经济落后的因素也是多重的。有的国家的经济发展是因为其政治和文化优秀的原因，有的国家的经济发展也不一定是其政治和文化优秀的原因。一个国家的文化体系再完备，如果那种体系是用来证明追求利益最大化的合理性，那种文化体系在本质上就没有一种追求仁道的文化体系崇高。对经济利益的追求应该被限制在仁道的范围内，这才符合全球的根本利益。如果一个国家在损害他国的环境的基础上，把本国发展得很好，那种行为对于中国的仁道文化来说，不是一种值得赞扬的行为，而是一种让人感觉耻辱的行为。

SA8000社会责任标准和动物保护方面的标准的设立也是有道理的，人类是应该向这个方向发展的，但是在国际贸易的实践中这些年标准也成为了保护发达国家的利益的工具。SA8000主要是设置了劳工标准。这种劳工标准看上去是人道的，而对于发展中国家来说，提高劳工标准的结果是产生大量的失业者。这些失业者没有社会保障，面临着无法生存的境地。在动物保护方面，最好是每个动物都有自己的家，每个动物都不会被人类蓄意杀死，每个动物都能够享有人类享有的权利。而这是每个国家都无法做到的。提高动物保护的标准，同样意味着发展中国家在动物出口方面会遇到更多的限制措施。所有的关税壁垒从道理上看都是无可挑剔的，只是因为发达国家和发展中国家的发展程度不同，这些壁垒的出台保护了发达国家的利益，而发达国家正是用这些标准的合理性来保护本国的利益的。从这个角度上看，虽然不少发展中国家加入了WTO，似乎发达国家与发展中国家之间互相开放了市场，而事实上是发展中国家更多地开放了本国的市场，而发达国家通过非关税壁垒又把本国的重要市场保护起来。这里它们采用了表面上合乎伦理的方法来保护本国的私利。中国要逃离这种伦理风险，最终只能靠中国的整体发展的强大和强大后仍然采取的互惠互利的国际贸易政策。

分领域 3：国际直接投资中的伦理风险

… (content analysis)

第7章 跨国投资

本章研究了一般的投资理论、国际投资理论的发展脉络、跨国公司投资的原因、投资与贸易之间的关系、国际投资的发展状况等,主要目的是把握跨国投资的全景,为理解跨国投资中的伦理问题提供条件。在独白部分,笔者主要从一般投资的角度对跨国投资的技术风险和伦理风险进行了分析,因为跨国投资从属于一般投资。在一般投资中存在的问题,也是在跨国投资中存在的问题。笔者认为跨国投资在技术方面的失败会导致跨国投资领域的伦理风险的增加,因此笔者对跨国投资的技术方面的风险也进行了分析,同时也分析了跨国投资本身存在的伦理风险。

1. 投资理论[①]

投资[②]是一种推迟消费的行为,就是用目前的消费去换取未来的消费,通常是更多的消费,它是用现在的商品去换取未来的商品。投资于资本品涉及牺牲现在的消费以增加今后的消费。资

[①] 陈宪、石士钧、陈信华、董有德编著:《国际经济学教程》,立信会计出版社 2003 年版,第 195—196、211—227 页。

[②] See Douglas Hearth, Janis K. Zaima, *Contemporary investments: security and portfolio analysis*, South-Western, a division of Thomson Learning, 2004, pp. 4—5.

本的数量和收益率由这么两个相互作用的因素来决定：人们有没有耐心等待未来的消费，从而去节约和积累更多的资本品；是否有给所积累的资本带来或高或低的收益的各种投资机会。投资者总是密切关注通货膨胀和税收。通货膨胀能够减少手中的钱所能购买的商品的数量。投资者关注的是税后收益。所有投资都必须建立在对未来收益的估计上，因此必须对未来的成本和结果进行猜测。几乎所有的贷款和投资都存在着风险因素，尽管每一项投资的风险大小不同。主权风险指的是一个国家的政府未能履行它的债务而导致的风险[1]。投资者通常都不愿意持有风险资产，因此为了引导人们对具有高系统性风险或不可投保的项目进行投资，就有必要使他们获得额外收益或称风险溢价。在一般均衡体系中，居民户提供要素、购买产品，以实现满意最大化；厂商被利润诱惑，把从居民户那里购得的要素转化为产品，再卖给居民户[2]。

按照投资者对投资项目的实际控制程度，可以把国际投资分为直接投资和间接投资或证券投资（portfolio investment）。直接投资是指投资者对所投入的资金的实际运行过程具有足够的影响力和控制权的投资。由于现代公司所有权的极度分散，许多西方国家在统计上把拥有10%的股权作为区分直接投资和间接投资的标准。间接投资是指投资者不直接操纵或影响资金的实际运行过程的投资，间接投资的投资者只是关心投资的回报率，他能够决定的只是是否进行这项投资，因此可以把间接投资当做纯金融资产的流动来对待。尽管目前国际资本流动大部分采取的是证券

---

[1] 曹荣湘、朱全涛编：《国籍风险与主权评级》，社会科学文献出版社2004年版，第2页。

[2] ［美］保罗·萨缪尔森、威廉·诺德豪斯：《经济学》，萧琛主译，人民邮电出版社2004年版，第224—234页。

投资的方式，但直接投资的重要性远远超过其在国际资本流动总额中所占的份额，因为它具有促使实际资源转移的效应。资本在国际市场上的流动方向往往和外国直接投资的方向相反[①]。

国际投资（international investment）是一种跨国经济行为[②]。国际直接投资理论指的是解释跨国投资发生的原因、机制和结果的理论。跨国公司指的是一个以上的国家全部或部分控制和管理的能产生收益的资产的企业，它们主要是通过对外直接投资和筹资进行跨国界的生产。国际直接投资是跨国公司形成的主要形式，而国际直接投资的主体主要就是跨国公司[③]。跨国公司是生产和资本国际化的产物[④]。跨国公司的发展与国际直接投资是密不可分的，跨国公司的成长过程便是对外直接投资迅速增长的过程。在跨国公司中出现了海外生产与母国的"产业空心化"的现象[⑤]。当一个跨国公司（TNC：transnational corporation）在国外建立分支企业后，该分支企业不仅必须对母公司承担纯金融上的义务，而且它也是母公司的组织结构中的一部分，因此国际直接投资便不只是个资本流动的问题，也是个企业组织的问题。发展中国家的企业在跨国投资中，如果发挥比较优势，即使是处于相对劣势的企业，也能从事跨国投资并获得利益[⑥]。跨国公司的

---

① 吴勤学：《中国对外直接投资理论与实务》，首都经济贸易大学出版社2006年版，第11页。

② 孔淑红、曾铮主编：《国际投资学》，对外经济贸易大学出版社2005年版，第81页。

③ 余万林、张红霞：《跨国公司国际贸易与国际直接投资的协调与选择》，《商业研究》2005年第16期，第26—27页。

④ 毛蕴诗：《跨国公司在华投资策略》，中国财政经济出版社2005年版，第2页。

⑤ 熊小奇：《海外直接投资风险防范》，经济科学出版社2004年版，第2页。

⑥ 黄河：《论发展中国家企业对外直接投资的比较优势》，《新疆大学学报·哲学人文社会科学版》2005年第7期，第5页。

直接投资对东道国的积极影响主要表现在，海外直接投资能够增加东道国的资本存量；促进先进技术、劳动技能、组织管理技巧等在东道国的扩散；推动东道国的产业结构的升级；在一定程度上增加东道国的就业机会[1]。

在完全竞争的条件下，企业不具有市场力量，因为他们生产同类产品，都具有获得所有生产要素的平等权利。对外直接投资是全球的产品和要素市场不完全性的产物。在完全市场条件下，跨国企业就没有什么优势可言。企业规模和技术密集度是对外投资最重要的决定因素。一国和国际市场的不完全性都可能使跨国企业在国内获得垄断优势，并通过国外生产加以利用。技术优势具有核心作用，技术优势主要包括生产秘密、管理组织技能和市场技能。新产品和新生产工艺是技术优势中最实质性的组成部分，其中尤其是产品的特异化能力具有重要意义，这种能力已变得比标准化的地方更为重要。通过对产品的物质形态做少量的变化形成的商标和主观差别、不同的销售条件和附带条件等方法，也可使产品免受别人的直接仿造。美国的不少企业的成功之道在于他们在市场营销方面所付出的努力远远超过了其在实验室研究与开发上的努力。

早期的国际投资理论主要解释的是当时普遍存在的国际间接投资现象[2]。在西方经济学中，最早涉足国际直接投资现象的是纳克斯（R. Nurkse）发表于1933年的题为《资本流动的原因和效应》的论文，其中提出了利率元理论。在早期国际资本流动理论中比较有影响的还有新古典利率理论、债务周期理论、国际

---

[1] 屈朝霞、寿莉：《跨国公司直接投资与中国国家经济安全》，《工业技术经济》2005年第10期，第40页。

[2] 陈洁蓓、张二震：《从分歧到融合——国际贸易与投资理论的发展趋势综述》，《经济学研究》2003年第3期，第4页。

收支平衡理论和外汇汇率理论等。这些理论的共同特点是：以市场完全竞争为前提；对间接投资进行专门研究，但涉及直接投资；以宏观经济理论为主。早期的国际资本流动理论以完全竞争市场为前提，它只能说明资本流动与利润率或证券收益率高低的内在联系，而说明不了实际存在的不完全竞争条件下的国际直接投资。自由竞争与国际直接投资是相互对立的。如果存在着自由竞争，投资国直接进行国际贸易就可以盈利，而不需要到国外直接投资；如果存在自由竞争，当地的厂商就可以生产并使利率趋同，因此不需要外国厂商的投资。古典利率理论和非古典利率理论都因为前提假设不现实，因此难以说明实际情况。国际直接投资理论作为独立的理论产生于20世纪60年代，以美国学者海默（S. Hymer）在其1960年的博士论文《厂商的国际化经营：直接投资的一项研究》中提出的厂商垄断优势理论为标志[1]。

从20世纪60年代开始，西方学者开始以不完全竞争为前提，开始了当代国际直接投资理论的研究。不完全竞争指的是由于规模经济、技术垄断、商标专利、价格信息不对称等因素造成的偏离生产要素自由公平流动的市场运行结构，而对外直接投资正是市场不完全性的产物。从20世纪70年代中期以后，国际直接投资理论的研究重点逐渐转向建立一个统一的国际直接投资理论或跨国的一般理论[2]。现代跨国公司理论的出现，首先是为了解释美国企业第二次世界大战后的对外投资行为，尤其是对西欧的投资。当时的投资多集中于制造业，因此理论的重点也在研究制造业的对外投资行为。对外投资企业在自己不熟悉的环境下组

---

[1] 余万林、张红霞：《跨国公司国际贸易与国际直接投资的协调与选择》，《商业研究》2005年第16期，第27页。

[2] 同上书，第27—28页。

织生产和经营，与当地的竞争对手相比，要承担一定的附加成本。这些成本可能是由于法律、制度、文化、语言差别和缺乏对当地市场的了解等因素引起的。外来企业必须具有某种当地企业所不具有的优势，才能在竞争中立于不败之地，因此研究跨国公司的特有优势便成为国际直接投资和跨国公司理论研究的一个出发点。

跨国公司特有优势的获得和维持只有在非完全竞争的市场上才能实现，其优势主要来自以下几个方面：第一，对某种技术的垄断，这种技术既包括生产过程中实际运用的具体技术，也包括诸如知识、诀窍等以无形资产形式存在的技术；第二，产业组织的规模经营，世界上最大的企业几乎都成为跨国企业；第三，企业家才能或管理能力的过剩；第四，具备获取廉价的原材料和资金的渠道。美国企业在节约劳动的技术上独领风骚，欧洲企业多以节约原材料的耗费见长，而日本则在创造性地应用西方的技术、节约能源及原材料和有效节约空间上具有很大的优势。

在一般情况下，企业的海外扩张过程是按照出口、直接投资和对外发放许可证的顺序实现的。跨国公司在海外投资的主要优势在于：第一，技术优势。这里的技术既包括在生产过程中实际运用的具体技术，也包括信息、知识、无形资产和诀窍等。第二，产业组织形式的寡占性。规模经济对通过研究和开发进行发明创造具有重要作用，而且一定程度的垄断和规模的扩大能够有效地防止技术秘密被竞争对手掌握。当外国市场出现贸易壁垒，而本国市场受反垄断条款制约时，直接投资就会提到日程上来。第三，企业管理与创业能力的"过剩"。卓越的管理才能是企业优势的一个重要来源，在国际流动中可以充分利用管理资源。第四，资金和货币优势。跨国公司的母公司的资金实力与它已确立的信用等级，都能使跨国公司的子公司在当地筹集到更多和较低利率的资金。第五,获取原材料的优势。当跨国公司获得了使用原材料或矿山的特权,这种特权就会成为企业特有的优势[①]。

现代跨国公司理论所涉及的领域已越来越广。从 20 世纪 80 年代开始,国际生产综合理论逐渐获得了主导地位,这种理论的基本原理可以集中概括为所有权优势、内部化优势和区位优势分析的有机结合。一个企业从事国际生产的水平和结构主要取决于其在多大程度上满足下列四个条件:企业必须具有其他国家的企业所不具备的与所有权相联系的特殊优势;具备内部化优势;具有区位优势;其国际生产与企业的长期管理战略相一致[②]。在多数技术领域中,单个企业很难独霸核心技术。当势均力敌的企业在竞争中不能彻底打败对方时,就开始合作,开始进行专利的交叉许可,最后形成企业联盟[③]。

目前的国际投资理论体系主要研究的是直接投资形成的原因,其主要理论形态如下:第一,海默的垄断优势理论(产业组织理论)。海默认为企业在知识资产等方面具有垄断优势,市场的不完全性是企业对外直接投资的决定性因素。在以下两个前提下,企业在国外直接投资能够具有比较优势:一是国内实行的禁止垄断制度使企业的潜在优势难以发挥;二是国外的当地市场为不完全竞争市场。第二,弗农的产品生命周期理论。1974 年,弗农把产品周期的三阶段重新界定为发明寡占阶段、成熟寡占阶段和老化寡占阶段。这种理论难以解释 20 世纪 70 年代以来美、

[①] 余万林、张红霞:《跨国公司国际贸易与国际直接投资的协调与选择》,《商业研究》2005 年第 16 期,第 27—28 页。

[②] 陈宪、石士钧、陈信华、董有德编著:《国际经济学教程》,立信会计出版社 2003 年版,第 219 页。

[③] 倪晓菁:《从思科华为案看技术时代的国际贸易知识产权保护》,《科技情报开发与经济》2005 年第 8 期,第 124 页。

日、欧之间大量的相互直接投资现象。第三，内部化理论。这种理论把科斯定理融入国际直接投资理论，认为产业因素、企业因素和交易成本是影响内部化行为的关键因素。当内部化行为超越了国界时，就表现为本国的母公司在国外建立子公司。第四，邓宁的国际生产折中理论。这种理论认为决定企业从事对外直接投资活动的三个基本因素是所有权优势、内部化优势和区位优势。第五，小岛清的比较优势理论。这种理论认为对外直接投资应该从本国已经处于或即将陷于比较劣势的产业依次进行[①]。

目前占主流地位的西方微观投资理论强调，直接投资必须具有垄断竞争优势，但这种理论不能解释发展中国家对外直接投资的现象，因此出现了新的国际投资理论：第一，小规模技术理论。威尔斯主要从三个方面分析了发展中国家的跨国企业的比较优势：拥有为小市场提供服务的小规模生产技术；在具有民族特色的产品的海外生产方面颇具优势；低价产品营销战略。世界市场是多元化和多层次的，因此即使那些技术不够先进、经营和生产规模不够大的小企业，在参与国际竞争时仍有很强的经济动力。第二，技术地方化理论。拉奥认为即使发展中国家的跨国企业的规模小、多属于劳动密集型，但其中包含着企业内部的创新活动。企业的技术吸收过程是一种不可逆的创新，这种创新往往受当地的需求、供给和企业特有的学习活动的直接影响。第三，规模经济理论。当具有规模效应的企业的商品、服务的生产经营具有可分性时，企业就有可能在国外设立分公司。当市场、原材料基地或其他生产要素源在发达国家而母公司在发展中国家时，发展中国家的企业就会在发达国家直接投资。各种国际直接投资

---

① 陈洁蓓、张二震：《从分歧到融合——国际贸易与投资理论的发展趋势综述》，《经济学研究》2003 年第 3 期，第 4 页。

理论都认为，对外直接投资会导致资源转换、产业结构的调整、国际收支效果和市场竞争效应[1]。

另外，20世纪30年代以来，产业集群（industrial cluster）一直是经济学、管理学及地理学等学科研究的重点。产业集群指的是特定产业及其支撑和关联产业在一定地域范围内的集中，形成产业集群的过程也被称为产业集聚过程（industrial agglomeration）。至今为止，产业集群的传统研究主要以中小企业为研究对象。美国学者马库森（Markusen）是将大企业特别是跨国公司纳入集群研究范围的首要倡导者。跨国公司嵌入集群不仅能为集群带来新的技术引领者，而且能够从整个产业甚至是全球产业发展的角度去考虑问题。跨国公司对东道国产业集群的有效介入，能够使集群的生产企业及相关供应商的升级打下知识和技术基础[2]。

2. 投资与贸易[3]

最初的国际直接投资是为了规避国际贸易中的诸多壁垒。如果说战前的国际直接投资还是从属于国际贸易的话，从战后到今天则已经成为联系世界经济的主要纽带[4]。在第二次世界大战以前，国际贸易一直是一个国家参与国际经济的主要形式。而第二次世界大战以后，各国贸易保护主义抬头。发达国家为了保护或

---

[1] 陈洁蓓、张二震：《从分歧到融合——国际贸易与投资理论的发展趋势综述》，《经济学研究》2003年第3期，第4—5页。

[2] 俞毅：《论东道国产业集群与跨国公司的直接投资：相互影响及政策建议》，《国际贸易研究》2005年第9期，第87—88页。

[3] 张晓涛：《从替代、互补到交叉与融合——试论国际贸易与国际直接投资的关系》，《经济师》2004年第1期。本题目下资料除特别注释外均来自该文第14页。

[4] 余万林、张红霞：《跨国公司国际贸易与国际直接投资的协调与选择》，《商业研究》2005年第16期，第27页。

支持某些产业的发展人为地设置了关税壁垒，发展中国家在获得独立后为了保护幼稚的民族工业也设置了高关税壁垒，这种贸易障碍导致了资本的国际流动或直接投资。随着国际经济格局的变化，国际投资尤其是国际直接投资成为一个国家参与国际经济的主要形式。通过在东道国设立工厂，就地生产和就地销售，既可以绕过贸易保护主义的壁垒以增加出口，还可以充分利用东道国丰富的资源。目前贸易与投资基本上保持了不断增长的态势，而且两国之间的贸易额越大，直接投资的规模也就越大。国际贸易与国际直接投资相互影响、互相促进，形成了明显的融合趋势。当在国外的项目引起了母国的新的出口时，则出现了由投资到贸易的现象；当出口要求在国外设立服务或其他机构时，就出现了由贸易到投资的现象[①]。

国际贸易和国际直接投资是国际分工的两种基本表现形式。传统的研究将国际贸易理论与国际直接投资理论分别置于不同的分析框架之下，使国际贸易和国际直接投资的理论研究长期处于隔离状态。随着经济全球化的发展，人们认识到国际贸易与国际直接投资之间存在着互相替代、互相补充、互相促进等关系。资本要素的流动只不过是商品生产和销售发生了地理上的转移，并没有增加世界商品的总产量。在对外直接投资与国际贸易之间的关系方面，主要存在着两种观点，一种观点认为贸易与投资之间具有替代性；另一种观点则认为直接投资与贸易之间是互补的[②]。国际贸易与国际直接投资的替代关系指的是贸易障碍会产生资本的流动，而资本流动的障碍会产生贸易。国际直接投资对

[①] 陈洁蓓、张二震：《从分歧到融合——国际贸易与投资理论的发展趋势综述》，《经济学研究》2003年第3期，第6页。

[②] 张文建、何永贵：《对外直接投资与国际贸易的互动关系分析》，《商业研究》2005年第14期，第169页。

国际贸易的替代实际上是以生产要素（主要是资本）的国际流动来代替商品的国际流动，从而绕过关税壁垒。

从静态的角度分析，一种商品可以通过贸易或投资的方式进入一国市场，选择了投资便会替代贸易。投资国具有比较成本优势的产品的对外直接投资会替代该国同种产品的出口贸易，能够替代东道国的同种产品的进口贸易，并引发东道国对有关生产要素的进口贸易，还能使投资国的收益普遍扩大。比较成本优势大的国家向比较成本优势小的国家的直接投资，会促进比较成本优势小的国家的出口贸易的发展；而比较成本优势小的国家向比较成本优势大的国家的直接投资，会使比较优势大的国家的出口贸易减少[1]。这种替代主要包括以下几种情况，海外子公司的产品代替母公司的出口；子公司的生产代替了母国竞争厂商的出口；子公司的生产代表了当地市场或第三市场的其他公司的出口；子公司的生产代替了本国其他供应商对东道国的出口。从理论上分析，如果具备了贸易壁垒和国际资本自由流动这两个条件，那么国际资本流动最终可以替代国际贸易。

从改善世界范围内的资源配置的效率的角度看，生产要素在国际间的流动与商品流动的功能是相同的，它们最终都有利于实现要素价格均等化这一资源配置最优化的标准。土地不存在跨地域流动的可能性，流动性最强的要素是资本，资本的间接投资主要受边际生产力和投资风险的影响。而劳动力的跨国移动是个复杂的社会经济现象。企业要维持一种所有权优势需要与市场不完全为前提，市场的不完全也使企业以内部化的方式来实现企业优势成为必要。内部化有利于减少交易成本。当内部化过程超越了

---

[1] 龚晓莺：《比较成本优势诱发的国际贸易与国际直接投资的关系及政策选择》，《国际商务——对外经济贸易大学学报》2004年第3期，第13页。

国界，便产生了以直接投资为主的生产国际化进程。跨国公司的国际扩展格局是由所有权优势、内部化优势和区位优势的相互作用共同决定的[①]。

在国际贸易与国际投资的联系方面的研究，比较重要的模型有：第一，希尔施的出口贸易与对外投资的成本决策模型，这种模型从成本的角度说明了企业在何种条件下选择出口和在何种条件下选择对外投资；第二，小岛清的比较优势原理。小岛清认为国际分工原则和比较成本原则是一致的。国际分工既能解释对外贸易，也能解释对外直接投资。投资国的对外投资应该从处于或即将处于比较劣势的边际产业依次进行。对外直接投资与东道国之间的基础差距越小，其技术就越容易为东道国所吸收和普及[②]。蒙代尔较早提出了贸易与投资相互替代的理论，他认为一种直接投资是为了绕过关税壁垒以克服贸易障碍而引起的，因此表现为投资对贸易的替代。小岛清则认为如果资本的流动不是由关税引起的，而且主要是流入出口部门，那么投资和贸易就将表现为一种互补关系而不是替代关系[③][④]。另外在这方面研究比较成熟的理论模型还有马库森和斯文森（Markuson and Svensson）的互补模型、巴格瓦剔和迪诺普洛斯（Bhagwati and Dinopoulos）的补偿投资模型。

[①] 陈宪、石士钧、陈信华、董有德编著：《国际经济学教程》，立信会计出版社 2003 年版，第 187—188 页。

[②] 陈洁蓓、张二震：《从分歧到融合——国际贸易与投资理论的发展趋势综述》，《经济学研究》2003 年第 3 期，第 7 页。

[③] 张军、王伟华：《FDI 与国际贸易增长关系的实证分析与对策研究》，《经济经纬》2005 年第 2 期，第 27 页。

[④] 张文建、何永贵：《对外直接投资与国际贸易的互动关系分析》，《商业研究》2005 年第 14 期，第 169 页。

3. 发展状况[①]

　　影响外国直接投资的因素很多。从宏观的角度上看，一般有实际和预期的市场规模、税收水平、贸易条件和利率水平等因素；从微观的角度上看，通常有产品差别、生产技术、产品的生命周期和公司规模等因素；从战略角度上看，通常包括政治稳定、商业文化、政府干预程度、外汇管制等因素。有的时候还必须考虑一个民族对外国直接投资所持有的态度。而汇率作为国内外商品和生产要素的相对价格，在解释短期内的外国直接投资频繁波动或具有相似特征的国家之间的外国直接投资有较大差异时应该首先考虑的因素。一国货币的实际贬值会吸引外国直接投资的流入，而一国货币的实际升值会导致外国直接投资的流出[②]。

　　各国对外直接投资在行业选择上主要考虑两方面的因素：一是世界各特定行业的发展与竞争状况；二是如何发挥本国现有产业的优势。在对外直接投资的行业选择上主要应该依据以下规则：弥补国内资源的不足；选择比较优势；注意产业的横向关联和纵向关联度；推动国内产业结构的升级。各国对外直接投资的行业变化的基本趋势是，20世纪60年代以前主要集中于以初级产品为主的第一产业；70—80年代前期主要集中于以制造业为主的第二产业；进入80年代末以后，国际服务业呈现出迅猛增长的势头，出现了一大批规模庞大、技术密集、专业化程度高、

---

　　① 陈浪南、童汉飞：《我国对外直接投资的行业选择战略》，《国际商务——对外经济贸易大学学报》2005年第5期。本题目下的资料除特别注释外均见该文77—79页。

　　② 张桂鸿：《汇率变化对外国直接投资的影响》，《国际经济合作》2005年第9期，第15页。

信誉良好的服务型跨国公司,以服务业为主的第三产业跃居各行业的首位。随着国家经济实力的增长,一国的产业结构在逐步提升,产业重心由农业过渡到工业再到服务业,目前全球多数发达国家和部分发展中国家的国内经济重心已向服务业偏移[①]。

从20世纪80年代开始,制造业和服务业的直接投资的行业结构也产生了深刻的变化。在制造业中,出现了由劳动、资本密集型的产业向技术、知识密集型的产业转移的趋向。目前制造业投资的行业重点已由传统的化学工业转向了汽车、精密机械、电子电器等高精尖产业,并进一步向计算机、航天航空、生物工程、海洋工程、信息通讯等高技术产业转移。在服务业中,传统的商业、运输和公用事业的对外直接投资在整个第三产业的国际直接投资中的比重已大大下降,而金融、保险、通信和传媒业的国际直接投资的比重大大上升。从事涉及全球范围内的金融、保险、会计、咨询、营销、运输、广告类服务,为各生产类的跨国企业提供了全方位的一站式服务。生产型企业的需求是服务型企业走向世界的一个主要动因。许多生产企业为了专注于核心产品的生产,将企业中的一部分工作分离出去由更加专业的服务商提供,这便是分工所产生的"挤出效应"[②]。

19世纪60年代,国际直接投资在英国产生。20世纪初,在英、法、德、美等国的推动下得到了一定的发展,而国际直接投资的迅速发展和对国际经济产生重大影响则是在第二次世界大战期间,特别是在20世纪60年代以后[③]。日本的对外直接投资是

[①] 代晓明、祝艳华:《服务型跨国公司对外直接投资研究综述》,《商场现代化》2005年第9期,第44页。

[②] 同上。

[③] 余万林、张红霞:《跨国公司国际贸易与国际直接投资的协调与选择》,《商业研究》2005年第16期,第27页。

以资源开发型投资起步的,此后以扩大对外贸易为目的的商业投资为主,带动制造业方面的投资,再发展到制造业和商业投资并重,近几年来逐渐转变为以第三产业投资为主的结构。美国曾经是最大的债权国,对债务国英国具有很大的优势。由于美国的资本和商品扩张加强了英帝国广大自治领地和殖民地的分离倾向,英国不得不把对外投资重点转向帝国内部。对外投资不仅是美国与英国进行竞争的手段,也是美国从经济上和政治上控制受款国的一条主要途径[1]。

20世纪60年代以前,美国对外直接投资主要集中于石油等初级产品的开发。70年代后期美国的对外直接投资大量地向制造业转移。近些年来,美国对外直接投资发展最快的是金融、保险和服务业。美国从原来的以发挥技术优势、寻求资源为主的对外直接投资转变为以发挥资本优势、管理优势和技术优势为主的对外直接投资。20世纪90年代以来,美国服务业的对外直接投资取代了制造业,成为美国对外直接投资的最大行业,对美国的服务贸易产生了深刻的影响。90年代以来,美国对外直接投资的区位变化呈现出两个显著特点:一是美国对发展中国家的投资力度明显加大;二是美国对外直接投资在发展中国家和发达国家内部的配置都出现了集中化趋势。对发达国家的投资越来越集中在英、法、德、意、日、加等少数几个发达国家[2],而对发展中国家的投资则越来越集中在一些经济增长速度快、经济发展前景

---

[1] 徐煜:《20世纪20年代英美关于国际贸易与投资市场的竞争》,《湖北社会科学》2005年第8期,第104页。

[2] See Pierre-Bruno Ruffini, ed., *Economic integration and multinational investment behaviour*, Edward Elgar Publishing Limited, 2004, pp. 41—51.

好的新兴工业化国家[1]。

目前，在对外直接投资方面，发展中国家呈现出增长的势头，其中主要的投资国是东亚、南亚和东南亚地区。亚洲四小龙是发展中国家对外直接投资最多的国家和地区，其中香港居发展中国家对外直接投资的首位[2]。香港地区的对外直接投资最初以制造业和劳动密集型产业为主。在制造业中，又以纺织业等劳动密集型产业为主。20世纪80年代后期开始，在对发达国家的投资中，香港地区服务业逐渐上升为主要投资，同时兼有技术寻求型投资。台湾地区早期的对外直接投资也是以资源寻求型为主。20世纪80年代以制造业为主，90年代服务业投资上升较快。20世纪80年代，新加坡的对外直接投资以制造业为主，而且集中于亚洲，主要是向马来西亚、中国香港、中国等东亚地区投资。90年代后，新加坡的对外直接投资产业不断高级化，逐步与发达国家同步，其服务业逐渐上升到主导地位，其次是制造业，然后是贸易业和不动产业，而且服务业多是投向发达国家。20世纪80年代中期以前，韩国的对外直接投资以资源开发型投资为主。80年代时，韩国的大型财团初具规模，开始对发达国家制造业的市场和技术寻求投资，使制造业成为其第一大投资行业，而且主要集中在北美的汽车、钢铁和电子等韩国在工业化过程中形成的优势产业上。

国外直接投资[3]已经成为世界经济的一个主要组成部分，跨

---

[1] 王清平：《对外直接投资对美国服务贸易的影响》，《商场现代化》2005年第9期，第99页。

[2] 黄河：《论发展中国家企业对外直接投资的比较优势》，《新疆大学学报·哲学人文社会科学版》2005年第7期，第5页。

[3] See Yingqi Annie Wei, V. N. Balasubramanyam, ed., *Foreign direct investment*, Edward Elgar Publishing Limited, 2004, pp. 1—8.

国公司的离岸生产已经远远超过了国际贸易,而且国际贸易的一大部分都发生在这些企业之间。几个主要的国际投资避税地是中国香港、维尔京群岛、新加坡、开曼群岛和西萨摩亚。这些国家和地区的共同点在于:对所得和一般财产价值提供免税或低税的优惠待遇,而且企业来自境外的投资所得不用回到居住国交税,其税赋主要是东道国政府的征税[1]。各国政府和跨国公司所追求的目标不同,它们之间产生着冲突;不同政府之间互相竞争以获得国外直接投资利益,因此也会出现冲突。要解决这些冲突,就应该有合理的制度安排。贸易问题主要是通过世界贸易组织来解决的,货币问题主要是通过国际货币基金组织来解决的,开发融资主要是通过世界银行来解决的,但是目前还没有全球规则或相关制度来管理国外直接投资[2]。

4. 独白:逃离伦理风险

在如上研究的基础上,笔者分析了一般投资中的技术风险和伦理风险问题,这些风险属于跨国投资同样要面对的风险。因为投资中出现的技术风险会导致伦理风险的增加,所以为了逃离伦理风险,也必须研究投资中的技术风险。在这里技术风险属于间接的伦理风险。

(1) 间接伦理风险

投资的目的是要得到更多的收益,而这个目的能否得以实

---

[1] 钟炜:《"两税"并轨对我国引进外国直接投资的影响》,《税务与经济》2005年第5期,第22页。
[2] [美]爱德华·M. 格莱汉姆:《全球性公司与各国政府·英文版序》,胡江云、赵书博译,北京出版社2000年版,第1页。

现，取决于投资是否成功。失败的投资不仅不能得到更多的收益，而且可能血本无归。如果是贷款经营，则可能负债累累。一种投资的回报率越高，人投资的动机越强，这样投资在这个领域的人越多，失败率也就越高。跨国投资是否成功不仅取决于技术方面的原因，还取决于伦理方面的原因，而这两方面的原因又是交互作用的。从技术方面来说，一种投资是否能够成功主要取决于：

第一，投资者是否熟悉其经营的商品或服务市场：这种商品或服务能够满足什么人的需求；这些商品或服务离需求这些商品或服务的人有多远；这种需求是在增加还是减少；这种需求会不会因为什么原因消失；有没有可能发展固定客户；随机客户来源于什么地方；通过什么方式能够让人们知道这种产品和服务的存在；制造这种商品或提供这种服务是否需要特别的技能；其他投资者是否很容易就能够生产出类似的商品或提供类似的服务；自己的商品或服务是否有什么特点；生产成本或提供这种服务的成本是否具有竞争力；购买这些商品或服务的顾客的支付能力如何；这些顾客购买这种商品或服务的目的主要是使用还是需要得到一种标识，或者是对于用途和标识都需要。

第二，产品和服务的设计是否符合顾客的需求。做市场与做科研不一样。市场需要的未必是最先进和功能最全面的产品，而是最适合顾客需求的产品。有的产品很先进，但是尚无这类需求，这种产品也无销路。有的产品并不是很先进，但是恰好符合市场需求，则会受到顾客欢迎。有的产品功能很多，而顾客实际上只是需要其中的部分功能。如果其他功能的增加意味着成本的增加，则可能降低产品的竞争力。对于有的注重标识的顾客来说，他买产品不仅是在买用途，而且是在买标识，他希望自己购买到的东西是最能炫耀的东西。对于这些人来说，即使有的功能是没有用的功能，但是他会因为拥有这种功能而具有了炫耀的资本。有的产品在一个国家畅销，而到另一个国家就未必畅销。影响这种产品的销路的原因可能是用途需求方面的原因，也可能是文化差异方面的原因。有的产品在某个时间畅销，换个时间也许就不畅销了。有的服务在作为一种时尚的时候有需求，而当这种时尚过去了，这种需求也就消失了。

  第三，从市场本身来说，只要有需求，又具有恰好适合这种需求的产品或服务，这种投资就肯定会成功。但是需求会受很多因素的影响，而很多因素是人无法预知的，因此风险总是存在的。一个投资者，无论他找到了多么优秀的内部管理者，这个管理者能够把握的主要还是公司内部的事务。通过这种管理，能够制造出质量比较好和成本比较低的产品和提供比较好的服务，但是如果没有市场需求，再好的商品或服务都会失去市场价值。因此在市场经济中，一项投资的失败，并不一定是管理的失败，而可能是对于影响需求的因素没有把握好而造成的失败。由于投资者无法全面把握这些因素，而有的因素会导致需求的增加，使一项投资获得预想不到的收益；而有的因素又可能导致需求的消失，使一项投资遭受了预想不到的损失，就使得投资者必须具有承担和应对风险的良好心态。在考虑是否投资的时候，不仅要对投资可能带来的最佳收益状况进行畅想，而且要考虑到最可能出现的惨败现象，当这种现象出现的时候，投资者应该如何来面对。在一项长期投资中，通常会有收益好的时候，也有收益不好的时候。在收益不好的时候，尤其需要具有一种客观的分析能力和承受力。尽管一项投资的失败，事先是不知道原因的，而在事后是能够通过分析找到原因的。如果找到了失败的真正原因，消除这种失败的原因，这种失败就可能成为成功之母，而找错了原因或不找原因，则失败可能是下次失败之母。

第四，投资者在技术上的失败可能使投资者成为投资领域的伦理风险的制造者。如果投资者能够妥善处理投资失败的结果，即便是给别人造成了损失，也不会在主观上造成对他人的伦理风险。而如果投资失败者在心理上不能承受这种失败，选择了以下行为就可能造成对他人的伦理风险：其一，选择自杀。如果一个人不处理好由于投资失败导致的债务而采取了自杀行为，这种行为导致了一种不履约又没有通告的结果。即便是自杀了，也对债权人造成了伦理风险。这些债权人不仅得承受物质利益遭受损失的痛苦，还得承受因为不能履约又不加以说明而导致的伦理方面产生的痛苦。其二，选择逃债。当投资失败时，有的债务人选择隐姓埋名地逃到债权人找不到的地方。这种方式也对债权人造成了伦理风险。其三，选择进入破产程序。尽管进入合理的破产程序是法律允许的，但是破产可能是债务人存心造成的结果。在采取有限公司制的投资中，投资可能破产了，但是投资者本人可能还拥有很好的生活条件，而债权人则可能因这种投资失败导致的还不清债务的后果而倾家荡产。在这种情况下，债权人可能采用非法行为逼迫债务人还债，从而同时造成伦理风险和法律风险。从这个角度上说，预防投资失败就能够降低投资领域的伦理风险。

（2）直接伦理风险

在投资本身中也存在着伦理风险。这种伦理风险主要可以归纳为以下几种：

第一，管理者的自私行为。在当今社会中，投资者与管理者可能是分离的。投资者可能不是直接的管理者，投资者通过管理者来管理投资。投资者选择的管理者可能是很能干的，但能干的管理者不一定会尽最大努力为投资者工作。其一，他们可能追求他们自己的利益最大化。如果他们是获得固定工资的管理者，他们就可能不会冒险去做一些可能给公司带来很大利益的项目。即便公司给他们一部分股份，但是在整个的收益中，他们通常占的比例也比较少，可能不足以让他们去全力为公司工作。其二，他们可能会在人生价值观方面缺乏进取精神。如果他们认为有足够的财富就可以了，应该用更多的时间享受生活。在这种情况下，他们的财富达到一定值后，他们就会采取维持现状的做法。其三，有的管理者可能又非常喜欢冒险。他们具有赌徒心理，而投资者的利益成了他赌博的筹码。一个有责任心的好的管理者，不仅应该有管理知识和管理经验，而且应该有很强的对投资者负责的责任心。在接受管理职位的时候，就应该把投资者的投资看成是自己的投资。一个想干一番大事业，希望从事业的成功中获得幸福的人能够成为一个很有责任心的管理者。

第二，这里所说的资本不是货币，不是原材料，不是人力，而是生产出来的耐用品，主要指的是生产中所使用的工具。工具的先进性决定着生产的效率，因此在投资评估中，应该注意评估企业的资本的先进程度和在未来更换的可能性及现在的使用效率。如果一个国家的企业的生产工具能够始终在总体上保持先进水平，这个国家的企业的总体通常就具有竞争力。有竞争力的企业更会考虑长期利益，更会注意企业的形象和荣誉，因此更容易创造一种企业文化，更容易遵循伦理道德规范。投资到这样的企业，投资者面临的伦理风险比较低。资本品的落后可能会使成本提高，从而使产品缺乏竞争力，最终会破产。面临破产危机的企业，更可能突破伦理道德规范，成为具有高伦理风险的企业。

第三，资本国有和资本私有会造成不同种类的伦理风险。在资本国有的情况下，如果管理不当，更容易造成浪费和以公谋私，更容易导致国有资产的流失，管理者更容易采取短期行为，谋求在位时的自身利益的最大化。这种企业的管理主要依赖于管理者的人品和管理才能。一个管理才能很优秀的人，如果很自私，只谋求个人利益的最大化，他会更有能力为自己谋求更多的私利，对国有企业会带来更大的危害。而一个人品好而无能的人，虽然他能够不谋私利，但是他可能把企业管理成破产企业。在资本私有的情况下，资本拥有者会采用各种方式进行有效管理，企业内部的浪费和资产流失比较容易被控制，但是如果企业拥有者的人品不好，他可能会为了追求企业的利益最大化，而不惜污染环境，不惜以次充好，不惜生产假冒伪劣产品。在大型股份制企业中，如果管理者的人品不好，他可能会为了追求经理层的利益而损害股东利益。即便针对所有类型的企业管理者的管理体系都很严格，企业经理的活动空间还是很大的。对一个品质不好的人是防不胜防的，因此在投资时应该对企业经理的品质进行测评。如果一个国家的企业家队伍不是追求利益最大化，而是追求公益潜能的发挥，追求对社会的贡献，追求因为优秀的管理而带来的成就感、荣誉感和光荣感，这样的企业伦理风险就比较小，而做到追求公益潜能的发挥并不是不可能的。从人性的角度上看，人是不善不恶的。人是追求利益最大化还是追求公益潜能的发挥，在于一个国家的文化传统和一个国家是否创造出这样的企业家生存的良好空间；在于一个企业经理自身的道德修养；在于企业经理的精神追求的高低。而且一个追求公益潜能最大发挥的企业经理，更容易发挥出持久的创造力，更有定力，更能够发挥自己的长处和利用本人的长处来进行竞争。

第四，当一个国家的储蓄率低，企业投资生产资本品的资金少，本国的生产工具的生产和更新就会受到影响，从长远看来，这个国家的生产力水平就会比较低，国际竞争力会受到影响。从总体上说，在同样的文化背景下，一个国家生产工具越先进，国家竞争力越强，投资收益越多。当这些收益能够被合理分配时，这个国家的伦理规范和道德规范更容易为人们所遵守，这个国家的总体伦理风险就比较低。合理不合理，要看大众的认同程度。任何一个能够产生总体功能大于部分之和的结果的社会，都必然是个系统而不是一个堆。而一个系统必然是个等级结构。在这个等级结构中必然有的人贡献比较大，有的人贡献比较小。贡献大的人自然应该得到比较多的收入，贡献小的人也自然应该得到比较少的收入。大众是能够根据贡献大小来认同收入差异的。而当社会财富被不合理地分配时，即便一个国家比较富裕，那个社会还是会出现高伦理风险的状况，因为人感觉社会不合理的时候，更容易产生不满情绪。对社会怀有不满情绪的人，更容易报复社会，从而增加社会的伦理风险。在市场经济条件下，如果一个国家的收益没有很好地用来建立社会保障体系，每个人都感觉会沦落到衣食无着的境地，就会使人更容易在有机会的时候腐败。当人的生存受到威胁时，有的人会选择死亡，但也有人会通过突破伦理道德底线来获得生存条件。因此在一个国家的穷人区生活，比在一个国家的富人区生活伦理风险要大。建立普遍的社会基本保障能够降低一个国家的总体的伦理风险。

第五，西方社会明确提出人是自私的，是在资本主义产生的时候。那个时候西方也还没有建立普遍的社会保障体系。农民为地主干活，虽然比较苦，但是生存条件基本上是能保证的。而当农民转化成工人时，则可能穷得无法生存。这个时候提出人是自私的，可以安慰资本家的良心。如果假设人是自私的，人就可以心安理得地见死不救。别人的生活与自己毫无关系。当时资产阶级提出的自由、平等、博爱都与资产阶级的利益有关。自由可以把农民从土地上解放出来，成为自由的受雇佣的人。由于市场需求不是很稳定，资本家需要工人在有需求的时候提供劳动，没有需求的时候解雇他们。因此在资本主义社会中，工人能够出租自己的劳动，而不能卖身为奴，因为把自己变成奴隶会成为资本家的负担。平等是针对资本家当时在政治上与贵族没有平等的政治权利而提出的。博爱是针对资本家与贵族在上帝面前不平等而提出的。西方资本主义社会假设人是自私的，而市场经济本身的发展又是需要道德的，因此其思想家用社会契约论来解释道德的来源。在政治领域，人对社会有义务，要遵循社会责任，因为人与国家有契约关系。国家为个人保障权利，个人为国家提供义务。在经济领域，工人与资本家签订契约。资本家为工人提供工资，工人为资本家提供劳动。人都是自私的，但人因为互相需求而互相提供劳动。即便如此，人与人之间在信守契约上也是必须有道德的。因此人虽然是自私的人，人也是需要有道德才能够在社会中生存的。道德与人的利益是相关的。

在中国的儒家传统文化中，道德具有超功利性。儒家的君子主要通过研修儒家经典，修得一种儒家的德性，通过考试变成仕。仕的俸禄是有严格规定的。君子在变成仕后，可以获得比较好的生活条件。而且仕去思考俸禄的多少是没有意义的，因为俸禄不因为思考而变多，也不会因为不思考而变少。除非一个人需要获得俸禄以外的利益，而这些人被看成是小人儒而不是君子儒。在这种传统中，道德是立身之本，也是人之所以能够成为人的条件。在跨国投资中，中国还应该保持这种超功利性的道德传统。在西方的资本主义时代，西方经济生活中倡导的道德是一种底线道德，道德产生于义务，义务产生于利益。道德具有工具性的价值，因此人在遵循道德的过程中，不会有崇高的感觉，因为其中不存在牺牲，人的贡献已经通过权利而得到补偿了。人与人之间互不相欠，国家与个人之间互不相欠。而中国的道德的超功利性则不把利益放在第一位，而是把道德放在第一位。符合道德的事情，不管是不是有相应的权利，人都应该去做，其中包含着一种个人牺牲。因为有了这种牺牲，他人和社会会感觉欠着这个人，因此会去赞扬这种道德行为。个人会因为自己的牺牲，而感觉到自己在道德上的崇高，从而会产生一种被社会肯定和赞扬的幸福。对于有精神追求的人来说，追求崇高获得的幸福感比获得物质利益更重要。

第 8 章 风险投资

风险投资是跨国直接投资中的热点之一，其投资对象主要是高科技企业。高科技企业的投资具有高风险高回报的特征，风险投资家通过分散风险来获得比较稳定的高回报。本章对风险投资的投资方式、风险管理进行了研究，在此基础上说明了风险投资和风险企业的技术和伦理风险特征，并说明了风险企业家应该具有的美德。风险企业家的美德能够降低风险投资领域的伦理风险，并能够使风险企业家更能够融入社会，从而得到社会的认可，使他们能够享受到一种成功的精神幸福。

1. 投资方式[①]

风险资本或创业投资（Venture Capital）属于一种金融资本。它是一种由专门的投资公司或专业投资人员在自担风险的前提下，通过科学评估和严格筛选，把资本投向有潜在发展前景的公司和项目等，在一定阶段后通过上市、兼并或其他股权转让方式

---

① 张梁、李宏编著：《做最好的管理者——风险企业的经营突破》，金城出版社 2001 年版。除特别注释外，本题目下的所有资料均来自该书第 10—14、142—197、198—223 页。

撤出投资，取得投资回报的一种投资行为①。西方国家的治理结构主要是依赖两种机制：激励机制和约束机制。激励机制主要是通过利诱也就是股权或期权安排来激励管理层为股东利益最大化而努力。风险投资者的目的是利润而非控股。它所占的股份通常在 15%—20%，相当大的一部分股份由管理层持有，这样才能使管理者与投资者的利益一致。公司中有普通股和优先股之分。投资公司通常持有优先股，在公司破产时有优先清偿权，而在公司迅速发展时可转为普通股，从而分享增长带来的好处。管理层通常持有的是普通股。期权安排通常是允许管理层在实现了经营目标后按照事先约定的较低的价格或无偿增持股份。而约束机制主要是通过董事会席位、表决权分配、控制追加投资和管理层雇佣条款来实现。

风险投资公司主要采用的是股权投资方式，但有时也会配套地提供债权融资。在风险企业的早期发展阶段，采取优先股作为投资工具是一种较优的选择②。实现风险资本增值的基本前提是风险投资的成功退出。风险投资主要有两种退出渠道：一种是通过证券市场（IPO）退出；另一种是通过产权市场退出，具体包括协议转让、股份回购、收购和出售、清算等方式③。20 世纪 70—80 年代，管理层收购流行于欧美国家。管理层收购（MBO：Management Buy-outs）又称"经理人融资收购"，它主要是指企业管理者利用借贷所融资本购买目前公司的股份，改变目标公司

---

① 陶军、张振、何友玉：《我国风险投资退出渠道的现实分析——基于 MBO 退出机制的理性选择》，《特区经济》2005 年第 10 期，第 312 页。

② 布拉格：《风险投资中创业者素质评估及风险防范措施研究》，《科学管理研究》2005 年第 10 期，第 110 页。

③ 邓卫红：《我国上市公司风险投资的现状、问题和前景》，《特区经济》2005 年第 9 期，第 24 页。

的所有者结构、控制权结构和资产结构,从而完成从管理者向所有者和经营者合一的身份的转变,并从中获取预期收益的收购方式①。

风险投资起源于 15 世纪末和 16 世纪初欧洲人进行的远洋探险投资。在 19 世纪,美国人沿用了这个术语及其投资方式,用于油田和铁路事业的创办。风险投资发展的最初形式是在 20 世纪 40 年代,由富裕的家庭和个人向他们认为很有前途的企业提供启动资金。现代风险投资则始于 1946 年波士顿美国研究与发展公司的成立。1958 年美国通过了中小企业投资法案,并在此基础上建立了小企业投资公司,风险投资从此应运而生。1971 年美国的风险投资企业交易系统(Nasdaq)的建立,在很大程度上刺激了风险投资的发展,风险投资也逐渐把投资对象主要锁定在高新技术产业方面②。

根据经济合作与发展组织的定义,知识经济指的是以现代科学技术为核心的建立在知识和信息的生产、存储、使用和消费的基础上的经济③。知识经济以高科技产业为支柱产业,而投资高科技企业的风险大,难于从商业银行获得充足的资本,于是风险投资得到了很大发展。世界经合组织科技政策委员会于 1996 年发表了一份《创业投资与创新》的研究报告,其中对风险投资作了如下定义:风险投资是一种向极具发展潜力的新建企业或中小企业提供股权资本的投资行为,其基本特征是投资周期比较

---

① 陶军、张振、何友玉:《我国风险投资退出渠道的现实分析——基于 MBO 退出机制的理性选择》,《特区经济》2005 年第 10 期,第 312 页。
② 甘晓玲:《政府在风险投资中的作用》,《商场现代化》2005 年第 10 期(下),第 99 页。
③ 高正平:《政府在风险投资中作用的研究》,中国金融出版社 2003 年版,第 19 页。

长，通常为3—7年；投资者还向投资对象提供企业管理方面的咨询和帮助；投资者主要是通过投资结束时的股权转让活动获取投资回报。投资者通常是大型机构投资者①。这种投资并不局限于高科技企业，但是又与高科技企业具有一种天然的联系，因为这些企业的发展潜力大。风险企业对待风险投资者的初期基本理念是"你发财，我发展"。

高科技企业通常会经历种子期、导入期和成长期②，在不同的阶段有不同的资金需求③。高科技发展在资金方面通常是先寻找"种子资金"，再争取场外证券交易，再到依靠常规资本市场获得社会公众的投资。高科技企业在起步时最艰难，此时只有风险投资能够担负起这个时期的"孵化"重任。风险投资通常是由专门的风险投资公司经营；通过发行风险投资基金来为高新技术企业提供创业资金；通过扶持成功的高科技企业上市和股票升值来回收投资。以生物工程和电子计算机为代表的现代文明是与风险投资的融资方式联系在一起的。

风险公司的创业通常要经过八个阶段：第一，设想阶段。要具有一种新的产品和新的服务来填补市场空白的设想，此后对于创业者来说就要放弃安稳的日子，开始艰苦的创业。第二，规划阶段。要写出很好的经营计划④。第三，正式组阁。要找到一名有丰富经验的技术专家为中心进行组阁，成立创业小组，其成员主要包括财会人员、销售专家、技术专家等。企业家精神是创业

---

① [美]鲍勃·齐德等编：《风险投资业》，潘焕学译，中国人民大学出版社2004年版，第7页。
② 谢科范、杨青等：《风险投资管理》，中央编译出版社2004年版，第100页。
③ 陈智慧、胡亮：《风险投资的理论与实践：风险投资体系研究》，西北大学出版社2002年版，第15页。
④ 李月平、王增业：《风险投资的机制和运作》，经济科学出版社2002年版，第38页。

的核心①。第四，根据顾客需求和市场信息开发新产品，这是最艰苦的阶段，这时要做好保密工作。第五，把技术转化为初级产品。第六，交易阶段，这也就是需要吸收风险投资的阶段。产品的知识密度越高，通常市场前景越好。如果企业家本身不投入，而要求投资方投入100万元资金，投资方则会要求占有80%以上的股份，也会因此怀疑企业家的创业诚意。如果企业家投入10万，再加上技术与产品等知识产权，则可能获得50%的股份。如果企业家投入30万资金，则可能获得80%的股份，而且创业诚意也不会被怀疑。投资者对新建公司的投资回报率要求通常在50%以上，即在5年后达到7倍回收。在企业进入成熟期后，风险投资的回报率要求在25%—50%之间。第七，超速成长阶段。这个时候主要是企业家和风险投资者合作找市场和其他合作者的阶段。第八，成功上市。经过五六年的经营之后，风险投资家将以卖出股票的形式帮助公司公开化。这个时候要有专业的广告人员负责公司形象宣传和产品推广等。至此，风险投资家的任务完成。

企业家要在了解市场情况的条件下制订一个完整的商业计划。商业计划要说明的主要是企业的目的是什么？为什么需要那么多钱？投资者为什么值得注入资金？在计划摘要中还需要介绍风险投资家的背景、经历、经验、特长和主要性格特点等，尤其是个人承担压力的能力和失败后能一次次站起来的能力，因为企业家的素质对企业的发展往往起着关键性的作用。另外投资者最关心的是企业的退出方式，也就是企业向风险投资公司所提供的投资回报的途径。投资公司的最佳出场方式主要有三种：第一，

---

① ［瑞士］马丁·海明格：《风险投资国际化》，复旦大学中国风险投资研究中心译，复旦大学出版社2005年版，第18页。

公开上市，投资公司通过出让股份而获得投资回报；第二，企业家可以向大型公司出售自己所拥有的企业；第三，企业家可以在未来买回风险投资公司所占的股份。

公司应该有自己的主页，并可以尝试在互联网上融资，可以在"美国企业投资目录"（America's Business Funding Directory）上查询投资信息，也可以在那里张贴自己的公司信息。在筹资时，应该按需定筹，并不是资金越多越好；要量力而行，不能过多地负债；要选取成本最低的方式融资；除非另有目的，否则要保留企业的控制权。筹资过程主要如下：第一，准备文件；第二，筛选投资公司；第三，打电话接触，如果能够得到投资者熟悉的律师、会计师或某行业内的权威的推荐，更容易成功；第四，会谈；第五，在会谈成功后就要进行价格谈判，风险投资家对初创企业所期望的回报率通常是 10:1，对非初创企业所期望的回报率则为 5:1；第六，签署文件。

王志东在谈到如何获得风险投资时说，风险投资的目标不是看企业的规模有多大，而是看企业的人力资源、领导者的事业心和未来的发展潜力。融入风险投资，管理的独立性会受到限制，原有的股东的股份利益会被稀释，领导层的压力会更大。目前全球资本过剩，在主动找寻好的项目。在这种情况下，资本运作的模式主要有这么几种：第一，贷款和债券，借贷者只付利息而不损失股本；第二，收购与合并中的资本流动；第三，合资和合作，包括风险投资。风险投资的附加值在于：能够与其他企业结成兄弟企业；大的风险投资商本身具有一种品牌象征；风险投资的评估对公司会有帮助。风险投资实现的最佳途径是股票上市。在启动过程中要对公司结构和疑难问题进行清理。风险是押在人身上的，如果没有好的团队，就无法给投资人以信心。要有一个完整的商业计划，因为风险投资要买的是公司的未来，因此要编一个好的故事。公司领导层、原股东、董事长要明确融资计划,估算好需要多少股份,然后通过路演(RoadShow)来推销自己的商业计划。在回答投资者的问题时要有耐心。如果回答满意则会得到一个意向书,其中包括价格和条件等。

在美国,许多高科技巨型跨国企业都是依靠风险投资由小到大,由弱变强并迅速发迹的。从投资者的角度看,风险投资具有高风险和高回报的特点,其中存在着信息不对称的问题[①]。当合约的双方不愿意或不能够履行合约时,就会产生信用风险[②③]。风险投资者要对公司进行考察,以发现其管理中存在的问题[④]。在100个考察项目中,大约只会选择四五个项目进行投资。它不需要公司用任何财产作抵押。大约有三分之一的风险投资会颗粒无收,还有大量的项目不能收回全部投资。而投资家依然看好风险投资并乐此不疲,主要是因为一旦投中的项目好,获得的回报可能高出这一项投资额的十几倍甚至几百倍。投十个项目,只要一个项目投好,就不仅能挽回其他项目的损失,而且会获得很高的回报。目前在很多国家和地区,风险投资已经涵盖了许多针对私人控股公司的股权融资活动。一些美国风险投资公司开始从事交易型融资活动,而这些业务与投资银行的业务更为接近。在公司经营中,资金为王。要想获得财富,必须分享财富。风险投资家奋斗的幻想大都是一场梦,成功者只是少数,但是媒体通常不报道失败者的情况。风险投资企业的失败者与成功者的比例大致

---

① 王洪波、宋国良:《风险预警机制——在躁动和阵痛下风险创业投资机构必备的生存工具》,经济管理出版社2002年版,第41页。
② [美]菲利普·乔瑞:《风险价值》,中信出版社2005年版,第14页。
③ See David Shimko, *Credit risk models and management*, Incisive Media Investments Limited, 2004, p.159.
④ [美]米歇尔·科罗赫等:《风险管理》,中国财政经济出版社2005年版,第243页。

是十比一。在硅谷，大多数人都有被解雇的经历，但解雇的原因通常不是因为他们工作表现差，而是他们所在的风险企业创业失败了。风险创业成功的人士在很大程度上得益于"幸运"，也就是他们在恰当的时间和恰当的地点拿出了恰当的产品。失败的公司有宣布破产的，但大多数失去生命力的公司都是被其他公司兼并接管了。

2. 风险管理[①]

风险管理[②]（risk management）最初起源于美国。在20世纪50年代早期和中期，美国的大公司发生了重大损失，使决策者意识到了风险管理的重要性。风险管理这一术语的使用开始于20世纪50年代初。到50年代中期，学术界开始关注风险管理。最早的文献之一是加拉格尔（Russell B. Gallagher）于1956年发表在《哈佛商业评论》中的一篇论文，其中提出了在组织中应该有专门负责管理纯粹风险的人。当时许多大公司都已经有负责一揽子保险单的保险经理这样的职位。随着时间的推移，一些更精明的公司经理开始意识到，也许还有一些更加符合成本—效益原则的方式来对付风险。可以首先预防损失的发生，这样就可以把无法预测的风险所带来的经济损失最小化。由此风险管理的基本原理便产生了，即通过识别和评价所面临的风险，通过计划来避免一些损失的发生，并使其他损失的影响最小化，这种理念已开始传播。

---

① 顾孟迪、雷鹏编著：《风险管理》，清华大学出版社2005年版。本题目下的资料，除特别注释外均来自该书第1、15—48页。

② See Peter Field, *Modern risk management: a history*, Incisive RWG Ltd, 2003, p. 3.

1975年《保险购买者协会》决定更名为《风险及保险管理协会》(RIMS：Risk and Insurance Management Society)，并出版了一份名为《风险管理》的杂志。自20世纪60年代后期，风险管理的概念、原理和实践传播到其他国家和地区。在欧洲，1973年成立的《日内瓦协会》是推动欧洲风险管理的最主要的组织，它于1976年创刊了《风险和保险管理》杂志。一般认为，风险管理是一种应对纯粹风险的方法，它通过预测可能的损失，设计并实施一些流程使这些损失发生的可能最小化；而对已经发生的损失则尽量使这些损失所造成的经济影响最小化。有的人认为风险管理是以最小的代价降低纯粹风险的一系列程序。虽然风险管理与传统的保险有着密切联系，但是二者在理念上存在着很大的差异。保险作为风险管理的一项重要手段，其本身的发展已经比较成熟。

风险与不确定性相关[①]。尽管任何企业都要承担风险，但风险企业所要承担的风险更多更大。国外的风险企业一般设有风险管理部门，以尽量对风险进行客观分析，并在发生损失后给予必要的补偿[②]。企业经营的目的是通过资产投资获得利润。如果事情没有按预期发展，投资者遭受的损失的可能性就是企业面临的风险。当企业无法通过多元化投资或投保来消除风险时，其股票或股权就需要一个可观的风险溢价才能吸引规避风险的投资者。这种用于抵补投资风险的额外回报被称为股权溢价（equity pre-

---

① See Luca Celati, *The dark side of risk management*, Person Education Limited, p. 35.
② 张梁、李宏编著：《做最好的管理者——风险企业的经营突破》，金城出版社2001年版，第226—228页。

mium)[①]。风险管理主要关注的是经济风险。现代企业制度以公司制企业为代表，而公司制企业不可回避所有权与经营权相分离而导致的信息不对称问题。这种信息不对称既存在于签约投资前的项目评估阶段，也存在于项目的运行阶段。分段投资是风险投资中控制创业者评估中的片面性的一种较为有效的机制。虽然风险投资公司一般不会参与对风险企业的管理，但是要求风险企业定期提供财务报表[②]。

企业的一般管理活动在一定程度上也可以看做是风险管理，因为企业中的一系列决策都是在不确定的情况下进行的。企业的实际经营结果是要用市场来检验的，市场情况可能比估计的好，也可能比估计的差。但是一般管理所涉及的是组织面临的所有风险，既包括投机风险也包括纯粹风险。大多数企业都要承担违约风险（risk of default），这些风险主要包括：第一，某项贷款或投资不能得到执行，比如说借款人破产；第二，可投保风险（insurable risk），比如说火灾；第三，不可投保风险或系统风险（uninsurable or systematic risk），主要是由于商业周期产生的波动引起的；第四，政权风险（sovereign risk），指的是政府不履行其承诺，并且没有相应的法律可以追索[③]。风险管理的范围则是纯粹风险；风险经理承担的只是一般管理者管理责任中的纯粹管理部分。

风险经理是由一般的保险管理者演变而来的，但是保险管理

[①] [美]保罗·萨缪尔森、威廉·诺德豪斯：《经济学》，萧琛主译，人民邮电出版社2004年版，第223页。

[②] 布拉格：《风险投资中创业者素质评估及风险防范措施研究》，《科学管理研究》2005年第10期，第109—110页。

[③] [美]保罗·萨缪尔森、威廉·诺德豪斯：《经济学》，萧琛主译，人民邮电出版社2004年版，第223页。

只考虑可保风险，而风险管理则要处理所有的纯粹风险。在纯粹风险中有许多是不可保的。保险费通常超过了那些被保险的项目的平均损失，因此风险经理只有必要时才会使用保险。风险经理是由企业雇佣的专门负责风险管理的员工。在大型企业中，风险经理是薪水较高的专业岗位，有具体的工作要求；在中等规模的企业中，风险管理工作则可能由首席财务官或其他中层领导担任；在小型企业中，风险经理的职责可能就是由企业的主要领导担当。风险识别是风险管理中最困难的一部分。风险经理的知识结构要比较完整，最好是作家和演说家，对于不同专业的公司，还需要具有不同的专业背景。要找到这样的人比较难，可以搭建一个班子来完成这个任务。风险管理教育并不是要培养精通风险管理的所有领域的专业人士，而是要让人们理解风险管理的内在联系。在企业的风险经理中，大约有三分之一的风险经理也负责职工的福利工作。目前出现一些新的趋势，一些企业开始采用风险管理工作外包的理念。风险管理的外部资源主要有：风险管理咨询公司、大型保险中介公司的附属咨询机构以及保险公司及其分公司。

对风险管理的质疑主要来自两个方面：一个是风险管理在实践中的适用性问题；另一个涉及风险管理和保险之间的关系。有的人认为风险管理只适用于大型企业，而实际上风险管理的理念适合于各种规模的企业。从总体上看，设置风险经理职位的企业数量正在逐年增加。尽管小企业没有设置风险经理的必要，但在应对风险时的基本理念是类似的。有的人则认为风险管理是反保险的，倡导风险自担。其实风险管理的基本出发点不是对风险加以自担，而是要采用最适合的方法来应对风险。要分清什么需要自担，什么需要投保。

在风险投资的评估体系中，创业者素质及管理能力是风险投资公司对风险企业进行综合评估所需要重点考虑的核心因素,这是风险投资评估与传统项目评估的最大区别。风险投资公司需要通过各种渠道考察和采集有关创业者的相关信息,从正直诚实、责任心、判断力、勤奋敬业和开放精神等角度对创业者的素质进行评估[①]。风险企业家要执著、不断进取;要不断创新,而创新就必然要冒险;要具有想象力才能创新。创新主要包括技术创新、产品创新、市场创新和管理创新。通常说来,随着企业由小变大,创新的重心往往会由技术创新向管理创新和市场创新移动。风险创业家具有一种强烈的想自己掌握自己命运的愿望。在新产品问世之前,他们是得不到风险投资家的帮助的。那段时间,他们通常依靠积蓄度日,在希望与绝望中挣扎着艰苦创业[②]。

风险企业家要有很强的求胜欲望,具有有备无患的自信。他们在成功前通常都是没日没夜地拼命工作。他们的工作时间长、节奏非常快、工作强度极大。一天工作十六个小时是家常便饭。他们因此没有时间与家人团聚,造成了许多家庭的破裂。他们如此紧张地工作的重要原因之一是竞争的压力。这里的创新者指的是有远见、有个性、有魄力和能够把新观念带入商业中的人。每项成功的创新都能造成暂时性的垄断。创新利润或熊彼特利润被视为创新者或企业家的暂时性超额收入,这些利润会由于竞争者和模仿者的出现而消失[③]。

---

① 布拉格:《风险投资中创业者素质评估及风险防范措施研究》,《科学管理研究》2005年第10期,第108页。

② 张梁、李宏编著:《做最好的管理者——风险企业的经营突破》,金城出版社2001年版,第1—28页。

③ [美]保罗·萨缪尔森、威廉·诺德豪斯:《经济学》,萧琛主译,人民邮电出版社2004年版,第223—224页。

3. 独白:逃离伦理风险

风险投资的主要对象是高科技企业,而高科技企业的发展又是全球社会中最先进的经济增长方式,因此风险投资家和经营风险企业的企业家成为了这个时代最重要的人力资源的组成部分之一。在风险投资中,技术风险与伦理风险交错在一起,并有其自己的特点。

(1) 风险投资的特点

风险企业推出的高科技产品通常都是新产品,这些新产品通常不属于必需品。非必需品的市场是很难预测的,而且受很多因素的影响,这样就可能会出现产品质量很好,产品的种类也很新,但是没有市场的状况,造成这种状况的主要原因有技术方面的,也有伦理方面的。

第一,产品过于先进,超出了人们目前的需求水平。做科研与做市场不一样,科研需要研究出最先进的产品,而市场只需要最符合人们的需求的产品,因此不是最先进的产品就必然是市场接受的产品。

第二,产品的顾客群需要培育。一种新产品的用途可能没有被顾客发现,这就需要通过各种方式把产品的用途揭示给顾客,使顾客能够接受这种产品。在顾客接受这种产品之前,即便有潜在的用户市场,这种产品也会出现销售方面的困难。

第三,产品的使用方式过于复杂。人们通常不喜欢使用操作比较复杂的产品。有的时候产品的使用并不复杂,但是说明书写得让人看上去很复杂,这也会使顾客望而却步。人们对于高科技产品本身就有一种恐惧心理。他们容易把学习高科技与使用高科技放在一起联想，感觉高科技很难学，因此使用高科技产品也比较难。这就需要在说明书上做文章，最好把使用说明与维修等介绍完全分开。

第四，产品的设计观念和包装形式与顾客的价值观念相冲突。有的产品设计的目的是通过技术强制来改变人的行为习惯。有的行为习惯是可以用技术强制来改变的，而有的行为习惯则不能用技术强制来改变，因为其中关系到人的尊严问题。有的产品的形状让人感觉不舒服，有的包装形式让人感觉不舒服，有的色彩搭配不合适，有的品牌名称让人听上去不舒服，这都可能成为市场不接受这种产品的障碍。而在这种不舒服中，有的是属于产品在美感方面存在问题，有的则是与人的伦理观念有关。比较保守的人对于在性方面很裸露的包装会比较反感。有的民族偏爱某种色彩或形状，偏恶某种色彩或形状，因为这些色彩或形状有伦理方面的象征意义。

第五，与生产产品的厂家的名声有关，而厂家的名声又与企业家及其员工的行为方式有关。有的企业家或员工穿衣不分场合，不知道什么场合应该穿什么衣服，不知道衣服的色彩应该怎么搭配。有的企业注意规范员工的外在行为，却没有规范员工的心。一个很自私和对别人漠不关心的人，假笑起来是很难看的。如果一个企业不注重培养员工的内在素养，只是要求员工对顾客微笑，那这种微笑会让人感觉更加难受。再有如果有不诚信或损害顾客利益或公共利益的行为被媒体报道，则可能产生很大的负面影响。

第六，有的营销方式不好。如果营销的出发点就是为了本公司的利益最大化或某个员工的利益最大化，在营销时就会出现不顾顾客的感受而强行推销的情况。比如，有的员工为了推销自己的产品，说顾客头发少、皮肤糙、皱纹多等，即便这些情况都是事实，顾客也不愿意听到这种说法。有的员工就因为其推销方式不当而把顾客推销跑了。让顾客感觉舒服，他们就会常来。有的顾客也许就喜欢到店里逛，他们并没有想买产品，但是他们可能在逛的时候会改变主意；他们自己不买这种产品，但他们可能会向别的人推荐这种产品；即便他们一直来逛而不买产品，也能使一个门面的人气旺盛，而一个店的人气越旺，越容易招徕顾客。

由于上述原因的存在，高科技企业的销售可能会非常不好，使之无法经营下去，不得不宣布破产，而且破产率比较高。从这个角度上看，投资高科技企业具有很高的风险。任何投资都具有风险，而只有这种投资称为风险投资，其理由就在于此。如果只具有高风险而没有高回报，也就不可能有那么多风险投资集中在高科技领域。高科技企业的销售也可能异常的好，因为新产品具有一定的垄断性，因此也可能在销售初期带来很高的利润。当有竞争的企业出现时，利润率又会下降。因此风险投资通常在投资初期介入，并要求很高的回报率，而在初期阶段过去后，风险投资者就通过退出渠道退出，投资到其他的高科技企业。从这些产品销售异常好的企业获得的利润可以平衡风险投资失败带来的损失。风险投资通过投资到比较多的高科技企业来分散风险，使得总体的风险投资本身的风险降低。

对于初创的高科技企业来说，由于其投资风险大，从普通银行很难申请到贷款。当一项新产品研制成功后，产品专利拥有者通常缺乏启动资金，而且通常不具有经营管理方面的才能。风险投资公司的介入不仅能够带来资金，而且能够带来经营管理的方法。但是在一个高伦理风险的社会中，高科技企业和风险投资家都会各有顾虑。高科技企业会害怕风险投资者投资后不退出，最后使自己失去了控股权，成为风险投资者的打工者。其实这种情况可以通过合同解决，但是在一个伦理风险比较高的社会环境中，企业家对这种合同的有效性也会产生怀疑，他们不知道合同是否能够被真正实行。在一个财会制度方面存在比较大的伦理风险的社会中，由于较多做假账的情况存在，风险投资者也会怀疑当公司盈利后是否真的会获得回报，是否会存在故意把公司做破产，而通过其他方式转移资金的情况。从这个角度上看，即便高科技企业和风险投资企业本身的伦理风险比较低，一种不良的社会伦理环境也会影响风险投资及风险投资企业的发展。

本章中谈到的风险管理，主要不是指的风险投资企业及其所投资的企业的风险管理，而是一般企业的风险管理。但是这些风险管理的基本原理和思路也适用于风险投资企业及其所投资的企业的管理。从风险投资企业及其所投资的企业的内部伦理风险防范的角度看，企业应该选择品德良好的风险投资业务经理。有些品德有问题的业务人员会与所投资的企业进行勾结。风险投资已经把投资失败率高看成普通的事情，因此如果业务员的道德品质不好，更容易与所投资的企业进行勾结。尽管公司能够采取各种管理措施对一个道德品质有问题的人的行为加以约束，但总是有防不胜防的时候。人与人之间是存在道德品性方面的差异的。从一个人的追求，一个人所做过的事情，一个人处理利益冲突的方法，一个人平时为人处事时的言谈举止，都能够判断出一个人的道德品质。从一个人为公司和为他人出谋划策的过程中也能够判断出一个人的道德品质。一个道德品质好的人，通常不会给公司或他人出损人利己的主意；一个道德品质不好的人则可能给公司或他人出损人利己的主意。当然有的人很伪善，他知道自己给公司或别人出不道德的主意，会影响别人对自己的看法，因此会故意隐藏自己的道德品性。另外，《论语》中所说的"仁者见仁、智者见智"是可以推广为善者见善、恶者见恶这种说法的。一个善人总是能发现他身边和社会中有很善良的人存在的，他总是会心存感激，即便是有很恶的人存在，他也会先从善的角度去看人和看事。而一个恶人则可能认为他身边和社会上没有一个好人。

(2) 企业精英的美德

高科技企业的创业者通常是高科技研究人员。他们需要研究出一种新产品或者发现一种他们认为有市场前景的、能够购买到专利权的新产品。在开始创业时，公司也许就只有创业者本人，因为他没有资金雇用其他员工。但是在写计划书的阶段，他应该物色到几个很能干的专业人员：一位高科技专家（通常是创业者本人）、一位总经理（通常由创业者兼任）、一位财务专家、一位营销专家、一位法律专家、一位办公室秘书。这些人员开始可以作为他的咨询人员，以后在公司发展后再成为公司的员工。在这些人员中，任何一个人有道德方面的问题，都可能会影响公司的创业和发展。这里的核心人物是高科技专家。这个核心人物的人格特征会影响到公司的创业和发展。这种核心人物可能是追求利益最大化的，也可能是追求自我的公益潜能的最大发挥的，而他们的共同特点都是具有永不满足的金钱欲望。前者是通过追求金钱来满足自己的欲望，这样的人成功后会过一种奢侈的生活；后者则是通过金钱的标识来说明自己的优秀，这些钱还会以各种方式服务于社会，这样的人即便是拥有了最多的财富，他个人的生活还是比较节俭。

社会公认的优秀的企业家属于后者而不是前者。他们能够得到社会的尊重。从儒家追求的立德、立功和立言的三不朽中，这样的人是最能够立大德的，因为他们具有能够实现善的手段。如果人们追求的都是自己的公益潜能的最大发挥，他们无论是从政、为学还是经商，同样能得到来自社会的尊敬，因为他们都在以不同的方式为社会做贡献。在一个具有专业分工的社会中，人的才能注定就是需要社会来使用的。一种没有被社会使用的才能是没有社会价值的。人在社会使用自己的才能的时候才能够感觉到自己的社会价值,从而能够感觉到被社会认可的幸福感。在中国,前一种人被贬为暴发户;后一种人则属于社会精英。追求个人利益最大化的暴发户,无论在客观上给社会带来了什么好的效果,社会都不会在道德意义上肯定他们的行为。而追求公益潜能发挥的人,即便是他们最后失败了,人们还会认为他们的精神可嘉。因此这里说的企业精英只包括追求公益潜能最大化的企业家,而不包括追求个人利益最大化的人物。

企业精英需要具有很强的抗打击能力,这应该是企业精英拥有的一种很关键的美德,拥有这种美德就具有了很大的抗伦理风险的能力。这种打击主要来自:

第一,处处碰壁。在开始创业的时候,自己的计划书可能会屡屡被否定。否定的方式可能是发出的计划书没有回音,但这不一定说明自己的计划书不好,而可能与是否与投资公司的口味相符合有关系。投资公司通常喜欢做自己擅长的产品,而且投资公司也有自己的大计划,还有,投资公司中具体的负责人也有自己的喜好,碰不对也会被否定。在这个时候要客观地分析自己的计划书。如果坚信自己的计划书没有问题,应该屡败屡战。否定的方式也可能是在面洽后发生的。面洽后被否定,可能是因为计划书中确实有不完善的地方,比如说,投资方认为那个计划书过于理想。虽然计划书做得很完美,但是投资方可能认为是无法实现的,因为多数投资方特别关注的是利润的实现方式。投资方是否能够获得利润和投资是否能够成功有关系。投资方首先要看这项投资是否能够成功,然后再看利润分配是否合理。如果投资方认为那个计划注定是会失败的,即使在利润分配中他能够得到很大的份额,那也等于零。

因此一项好的计划书,不仅要有很好的产品,很诱人的利润预期,还要有很严密的论证。论证的目的是要能够说服对方,使对方认为这个计划是可行的。在论证方面,哲学方面的训练是能够起很大作用的。学习哲学能够培养出一个人把握资料和利用资料进行严密论证的能力。在文本的写作中,形式逻辑会起到使文章的前后不矛盾的作用,而辩证逻辑则能够使人具有很强的论辩能力。辩证逻辑用不好会成为诡辩论,走向相对主义。相对主义是缺乏说服力的,因为似乎怎么说都是对的。而辩证逻辑则不一样。辩证逻辑通过设立坐标系或撤销坐标系来说明事物的确定性与不确定性。当一种坐标系建立起来后,事物就是确定的,而当这种坐标系被撤离的时候,事物就具有了不确定性。辩护律师要把一个人辩得有罪,就是个设立坐标系的过程。如果把法律规定看做是横坐标,而证据看成是纵坐标,只要这个坐标系立起来,犯罪嫌疑人就变成了罪人。而律师要把一个人辩得无罪,就是要把这个坐标系给撤掉。只要这个坐标系里的法律规定或证据出现了问题,这个坐标系都会被攻破,犯罪嫌疑人就能变成无罪之人。计划书也需要设立这样一个坐标系。当然这个坐标系可能是多维的,需要在每个维度上都加以证明。如果属于论证方面的问题,可以请论证能力强的计划书设计者帮助论证。一份同样内容的设计书,由于设计者的论证能力的差异,可能产生完全不同的效果。

第二,失败与成功交替出现或失败与成功同在。企业在发展过程中总是起起落落的,有的时候一直在盈利,有的时候一直在赔本;有的项目在盈利,有的项目在赔本;有的地区在盈利,有的地区在赔本。企业管理者在盈利的时候比较高兴,在赔本的时候比较不开心,这是正常的心理状态。如果一个企业管理者在盈利的时候很不开心,而在赔本的时候很开心,他就是个不正常的人。而如果一个企业管理者对于盈与赔都没有什么反应,他也就不会有很强的追求事业成功的动力。一个企业精英通常是对得失比较敏感的人。因为成功能够给他带来好的感觉,达到巅峰的成功能够给他带来达到巅峰的幸福感,所以他追求成功,而且永不停歇地追求达到巅峰的幸福感。在他的生命中,有无数次成功给他带来幸福的回忆,这使得他的人生经历比较饱满。其他人也许只尝试过一种幸福的方式,而他经历过无数次不同的幸福的方式。他的感情世界因此被细化了,使他成为一个情感丰富的人。

企业家在走向成功的过程中精雕细刻地塑造着丰富的内心世界。因为失败会给他带来坏的感觉,因为巨大的失败会给他带来巨大的痛苦,因此他更知道一个人需要获得成功,需要获得社会的认可。这种痛苦从另一个角度丰富了他的内心世界。由于这些年的经历,会使一个成功过的企业精英即使在金钱上一无所有的时候,他仍然是个充满魅力的人。他在成功后,经过短暂的幸福后又会投入到下一个成功的追求中。在失败后,他能够很快地自我疗伤,很快振奋起来。在追求的过程中,他能够百折不挠地向自己的目标前进,就是在走上绝境的时候,他仍然相信他是有未来的。有的时候企业与企业之间的竞争就是企业精英之间的意志力的竞争。有的时候胜负就在坚持与不坚持之间,当企业的生存是因为缺乏机会而导致的时候,坚持一段时间机会可能就会到来。

第三,社会评价起落的打击。人在很大程度上是依赖着社会评价来获得幸福与痛苦的感觉的。当社会评价好的时候,自己就会感觉幸福;当社会评价不好的时候,自己就会感觉痛苦。企业精英也是会受社会评价的影响的。在企业发展比较好的时候,社会、员工和家庭都能够给予他好的评价,使他能够有成功的感觉;而在企业的发展处于低谷的时候,就可能有多方面的不好评价袭来，这个时候企业精英不仅要承受经济方面的损失带来的痛苦，而且还必须能承受得住这些不好的评价。一个经常处于成功状态的人，就是被别人冷落也是很受不了的，更何况听到不好的评价。有的时候这些不好的评价会使人一直处于一种抑郁状态。而且有的人只能听好话，听不得批评的话。别人说他一百句好话，然后说了一句批评的话，他可能会置那一百句好话不顾，只在意别人说的那一句批评的话。这种人很容易情绪低落，而且很容易产生自卑心理。一位企业精英应该是很自信的人。他不仅是别人评价的对象，也是评价别人和评价自我的主体。他能够对他人的评价进行再评价。对于自己确实不好的方面，自己改正了就好了。对于他人评价得不对的，自己有充分的自信来进行自我肯定。而且每个人不管怎么辉煌，总是有走下坡路的时候。今天的我一定有明天的他来超越，这就是发展。一个人只要把自己的潜能全部发挥出来了，人生也就无憾了。人可以作为自己的事业的创造者，也可以成为自己的事业的欣赏者。对于自己做不到而别人做到了的，就去欣赏别人。这样就能够使自己有一种好的心态。在精神方面，自己不把自己打倒，别人是打不倒自己的。

第 9 章 中国状况

本章研究了中国的对外投资的四个发展阶段,并说明了中国占绝对优势的外资企业来自中国的香港和台湾;中外合资的企业所占的比重最大;外商直接投资主要分布在东南沿海地区,中西部地区的外商直接投资非常有限;外商的直接投资主要集中在第二产业;跨国并购可能成为外商对华投资的重要方式;房地产投资也是外商投资的一个热点。本章还研究了中国的对外投资状况,说明了中国企业对外直接投资的现行模式等。在上述研究的基础上,笔者提出了中国建立低伦理风险社会以营造良好的投资环境的设想。

1. 对华投资状况

外国的对华直接投资的历程大致可以分为四个阶段:1979—1987 年是外国对华直接投资的起步阶段;1988—1991 年是外商对华投资的稳步发展阶段;1992—1995 年是外商对华投资迅速增长的阶段;1996 年以来是外商对华直接投资的调整发展阶段[1]。1992 年是中国利用外商直接投资的一个转折点,当年利用

---

[1] 孙文会:《加入 WTO 后外国对华直接投资的研究》,《商业研究》2005 第 16 期,第 132 页。

合同外资金额大幅上升。利用合同外资金额在 1993 年达到高峰后,从 1994 年开始下降,并出现了负增长。2000 年出现了恢复性增长,2002 年则首次超过美国成为全球吸引外资最多的国家。2003 年外商投资的突破性增长是中国进入新一轮吸引外商直接投资的标志[1]。

中国引进外国直接投资额已连续十年居发展中国家之首。中国商务部的《2004 年中国外商投资报告》提供的累积对华投资前十位的国家和地区是:亚洲国家和地区特别是中国的香港和台湾地区的投资占 51.66%;美国、日本、新加坡、韩国分别占 8.79%、8.25%、4.69%、3.93%;来自国际避税地维尔京群岛的实际投资额占 6.01%;来自英、德、法的外商直接投资总额占 5.27%。中国的外资分为两类有代表性的企业:一类是在比重上占绝对优势的来自中国的香港和台湾的外资企业;另一类是来自美国、欧盟和日本等发达国家的外资企业,其比重较小,只占到 25% 左右。来自中国的香港和台湾的外商投资企业以小规模的劳动密集型企业为主,主要为了利用中国的廉价劳动力从事原料和市场"两头在外"的加工贸易,产品返销到香港和台湾或出口到第三国,因此可称为出口导向型投资。来自欧美和日本的外商投资企业规模比较大,在类型上逐渐倾向于市场导向型投资,其主要动机是占领海外市场,多倾向于长期投资,因此这些企业不太注重短期的经营成本,而是更关注投资地的经济和政治的稳定性以及充足的有技能的劳动力供应和富有效率的政府管理体制[2]。

---

[1] 郑甘澍:《关于我国新一轮吸引外商直接投资的思考》,《国际贸易问题》2005 年第 9 期,第 93 页。

[2] 钟炜:《"两税"并轨对我国引进外国直接投资的影响》,《税务与经济》2005 年第 5 期,第 20—22 页。

在各种外商直接投资的方式中,中外合资企业所占的比重最大。在1979年到2000年的外商直接投资中,中外合资经营的项目占总项目数的56.79%。外商直接投资来自中国的港澳台地区的金额占绝大部分,其他直接投资较多的国家和地区是美国、日本、新加坡、韩国、英国、德国和法国等。外商直接投资主要分布在中国的东南沿海地区,中西部地区的外商直接投资非常有限。1976—1999年,外商直接投资在第一、第二和第三产业的比重分别为2.79%、73.01%和24.2%[1]。中国的第三产业发展滞后,服务业市场的开放程度较低。由于长期以来对服务业的歧视,导致了服务经济理论和贸易投资理论研究超常滞后于实践。外商直接投资长期集中于制造业,使得服务业方面的直接投资也未得到充分发展。在1984—2003年间,中国的服务业利用直接投资的状况可分为三个阶段:1984—1991年为初步发展阶段;1992—1993年迅猛攀升;1993年之后一路下滑[2]。

在加入WTO后,外商的对华直接投资有所变化。在加入WTO的谈判中,中国在市场准入和国民待遇等的实施的承诺通常有5—6年的过渡期安排。根据中国参加的TRIMs和TRIPs,中国将遵循世贸精神和国际惯例,逐步减少对市场准入的限制措施,外商直接投资的自由度将进一步扩大。中国将逐步取消对外商直接投资领域的限制,将开放电信、金融、保险和专业服务四个新的投资领域,同时加大对原来开放的领域的开放程度。根据中国加入WTO的承诺,中国将扩大第三产业主要是服务业的对

---

[1] 孙文会:《加入WTO后外国对华直接投资的研究》,《商业研究》2005第16期,第132页。

[2] 庄丽娟、贺梅英:《服务业利用外商直接投资对中国经济增长作用机理的实证研究》,《世界经济研究》2005年第8期,第73页。

外资的开放①。中国将进行企业所得税并轨,其目的是使内外企业所得税税率合并。税前各个项目要统一,税收优惠要做适当调整。这将会使内资企业的税负降低,外资企业的一些税收优惠将被取消②。

2004年6月,首届泛珠三角区域合作与发展论坛签署的"泛珠三角区域合作框架协议",标志着9省和两个特别行政区的区域合作全面启动,该区域与东南亚有着传统的经济联系。在泛珠三角区域的"9+2"框架中,有广东、福建、广西、海南、四川、云南、贵州、江西和湖南等9省以及香港和澳门两个特别行政区。这是个超大型的经济区域,它的总人口超过西欧人口的总和,其外贸总额相当于日本的水平。该区域的出现将为区域内的省份与东南亚经济在直接投资领域的进一步合作提供巨大的商机和新的空间。东南亚国家很可能是泛珠三角区域合作的最大的得益者。在过去的二十多年里,广东一直是东南亚企业对外直接投资的热点地区③。

欧盟东扩对中国的外商直接投资有着有利的一面。中东欧国家入盟后,中东欧诸国实施的各种对外国公司的税收优惠政策被逐渐取消以达到欧洲标准,使得中东欧国家的劳动力成本正在不断上升,因此新入盟的中东欧国家对外资的吸引力正在减弱。国际上的一些跨国公司开始把目光由中东欧国家向中国等更为有利的投资地转移。欧盟东扩对中国的外商直接投资也有不利的一

---

① 孙文会:《加入WTO后外国对华直接投资的研究》,《商业研究》2005第16期,第133页。

② 钟炜:《"两税"并轨对我国引进外国直接投资的影响》,《税务与经济》2005年第5期,第20页。

③ 曾凯生:《泛珠三角区域与东南亚之间直接投资合作》,《特区经济》2005年第9期,第60页。

面，因为会有一大部分欧盟资金投向新入盟的十国，会吸引更多的区域外资金向中东欧地区聚集①。

随着中国的法律政策的完善和市场发育的逐渐成熟，跨国并购的方式将可能成为外商对华直接投资的重要方式。目前跨国并购方式在外商对华直接投资中采用的比较少，而就全球跨国直接投资趋势上看，跨国并购方式因其投资见效快、方式简便、进入简单等优点，已成为国际直接投资的最主要的方式。市场准入和国民待遇等的实施会使以前对港澳台地区的产品出口型企业的优惠政策因违反最惠国原则和补贴与反补贴原则而被取消。这将会使来自港澳台地区的中小企业的小型投资减少，而使得市场寻找型的欧美日等发达国家跨国公司的优质资本流入增加②。

目前跨国公司在中国设立的地区总部有三十余家，分布在北京和上海，它们主要是来自欧盟、美国和日本的跨国公司。随着跨国公司把生产和销售等产业转移到中国，客观上要求在华设立地区总部以便管理③。跨国公司的直接投资促进了中国经济的发展，同时也给中国带来了消极的影响，主要表现在：第一，跨国公司对中国企业的压制和排挤，集中体现在股权控制、技术控制和品牌控制上。第二，跨国公司的直接投资造成了中国区域发展的不平衡，使东西部外资流量严重失衡。第三，西方跨国公司向发展中国家投资的一个重要倾向是将污染性产业和企业转移到发展中国家。在跨国公司对中国的直接投资中也存在这种倾向。不

---

① 熊洁敏：《欧盟东扩对我国外国直接投资的影响与对策》，《经济纵横》2005年第8期，第26页。

② 孙文会：《加入WTO后外国对华直接投资的研究》，《商业研究》2005第16期，第133页。

③ 钟炜：《"两税"并轨对我国引进外国直接投资的影响》，《税务与经济》2005年第5期，第22页。

少污染密集型产业转移到中国,增加了中国生态保护的成本。第四,中国的各种商业秘密和其他秘密对国外的防范难度大大增加①。

中国长期对外贸易顺差及外商直接投资的逐年增加,使中国的外汇储备猛增。国际游资预计人民币升值,大量涌入中国,更是加大了中国的外汇储备。2004年中国的外汇储备大幅攀升,较2003年底上涨了51.3%。2004年美元连续贬值,加上中国国内食品价格不断上涨以及投资规模不断扩张,物价一度处于高位运行状态。政府采取了一系列的宏观调控措施控制物价,在2005年产生了效果,但是固定资产投资,尤其是房地产投资增速不减,导致生产资料价格上涨的压力难以缓解。因为中国实行紧盯美元的固定汇率,因此美元升值时有通货紧缩的压力,而美元贬值时有通货膨胀的压力。由于外汇储备增加多少,国内货币供给就增加同样的数额,因此外部资本的涌入造成了中国货币供给的增加,从而造成了一定的通货膨胀的压力,而要控制信贷扩张,就必须控制投资规模②。

汇率对外国直接投资的影响主要表现在:首先,汇率的频繁波动将使外商投资的成本发生波动,从而会增加他们的投资风险,这将会减少资本的流入;其次,中国的外商投资企业多属于出口贸易型企业,汇率的变动也将增加企业在产品出口时的风险;最后,外商寻求稳定的投资环境也将趋向增加在中国的投资。从理论上讲,汇率的稳定是中国吸引外商直接投资的一个重要因素。由于人民币汇率保持相对稳定,其波动程度通常不反映

---

① 屈朝霞、寿莉:《跨国公司直接投资与中国国家经济安全》,《工业技术经济》2005年第10期,第40、41页。

② 赵丽:《从物价看房地产投资》,《四川省情》2005年第6期,第1页。

市场的变化。汇率因素对于美国等发达国家的跨国公司的对华投资决策的影响不大，因为它们更倾向于开拓和占有市场，更多地考虑经济规模和开放政策等因素。而对于中国的香港及其他不发达国家来说，它们在中国进行直接投资的主要动机是降低成本，因此汇率的变化对它们的投资行为的影响较为显著。实际汇率的变化对于不发达国家的对华外国直接投资的影响更为显著[1]。

从风险投资的角度上看，中国的风险投资与发达国家相比尚处于起步阶段[2]，目前上市公司开始介入中国的风险投资，上市公司的风险投资指的是有明确的主营业务的上市公司在其内部和外部进行的风险投资，上市公司的资本金存款和其他企业存款的数量相当可观，许多上市公司在经历了规模扩张阶段以后，在本行业中的竞争地位处于相对稳固阶段，其经营活动产生的大量现金需要投资。风险投资企业的高成长、高收益和具有美好未来的特征必然成为上市公司投资或收购的理想目标。上市公司享有低成本的融资权，能够通过资本市场的运作，从股票市场上筹集大量没有还本付息压力的资金，从而更适合风险投资的特点。目前上市公司是除政府财政资金外最现实可行的风险资金来源，这些上市公司也将成为中国除政府以外最具投资实力的群体。2002年，因为中国的高科技领域的经济发展速度减慢，风险投资业也处于相对低迷状态，世界风险资金投入中国的速度也在放缓。目前中国的股票市场和产权市场尚不健全，使风险投资很难适时退

---

[1] 张桂鸿：《汇率变化对外国直接投资的影响》，《国际经济合作》2005年第9期，第16、17页。

[2] 陶军、张振、何友玉：《我国风险投资退出渠道的现实分析——基于MBO退出机制的理性选择》，《特区经济》2005年第10期，第312页。

出或套现[1]。由于中国的金融和法律等环境不完善,大中型企业管理层收购的操作难度比较大[2]。中国是在 20 世纪 80 年代后才开始重视风险管理的研究[3]。

2. 房地产引资

房地产开发是一项投资大、建设周期长和风险大的经济活动。中国的房地产的开发模式在不断变化和演进中经历了关系为王、资本制胜、圈地称霸等几个阶段,现在进入了管理取胜的时代。目前在管理上还存在着不少问题。中国的商品房投诉量居消费投诉之首,其中质量、虚假广告、合同违约、承诺不兑现、产权证难办和物业管理等问题严重。由于中国的房地产已进入了常规成熟的发展阶段,房地产开发商正直接面临生存压力[4]。房地产既是人们生活中的一种必需品,又因具有保值增值功能而具有很好的投资品属性,因此个人购买房地产一般有两种目的:一类是自住自用,属于消费行为;一类是为了获得预期的收益,属于投资行为。房地产投资可分为直接投资和间接投资,直接投资包括房地产开发投资和置业投资;间接投资包括购买房地产企业的债券和股票等。目前中国的房地产投资主要为置业投资,房地产的间接投资市场还不很健全。中国的房地产投资以中高收入人群

---

[1] 邓卫红:《我国上市公司风险投资的现状、问题和前景》,《特区经济》2005 年第 9 期,第 24 页。

[2] 陶军、张振、何友玉:《我国风险投资退出渠道的现实分析——基于 MBO 退出机制的理性选择》,《特区经济》2005 年第 10 期,第 312 页。

[3] 顾孟迪、雷鹏编著:《风险管理》,清华大学出版社 2005 年版,前言,第 1 页。

[4] 王水利:《投资房地产要看好风向》,《科技智囊》2005 年第 4 期,第 73 页。

为主①。

近年来,中国的房地产业呈加速增长态势。中国的个人投资渠道相对狭窄。个人除了股市、房地产之外,便少有投资方向,因此在低利率和股市低迷的情况下,投资房地产便是最佳选择②。上市公司中真正的黄金是优质地产股,但是在1999年以前的相当长一段时间内,房地产企业上市被明令禁止,多数地产公司采取了借壳上市的方法。地产公司的股权比较分散,增加了股权分置改革的难度,因为这种改革甚至会威胁到大股东的控股地位③。2003年和2004年,全国房屋销售价格分别比上年上涨4.8%和9.7%,涨幅以倍速提高。2005年以来,虽然在国家宏观调控的作用下,房屋售价快速上涨的势头得到有效控制,但一季度的同比涨幅仍然高达9.8%④。中国政府的"稳定"重于一切的政策,通常不会允许房价大跌⑤,但是中国目前控制房价和房地产投资的宏观调控政策是以控制信贷和行政命令为主,而这两项政策都只是短期有效。政府国债利息支出占政府预算的相当比例,加息会增加政府的财政负担;再有国有企业的流动资金高度依赖银行贷款,对加息的反应异常敏感,因此央行加息的空间不大,后期房地产投资的形势仍然值得密切关注⑥。

近年来,很多境外机构的人民币升值,导致国际大量"热

---

① 牛毅:《浅谈房地产市场中的个人投资》,《市场研究》2005年第6期,第39页。

② 赵丽:《从物价看房地产投资》,《四川省情》2005年第6期,第1页。

③ 段海瑞:《房地产:调控浪淘沙,投资选真金》,《股市动态分析》2005年第43期,第34页。

④ 黄琳:《境外资金快速进入市房地产:令人担忧》,《中国统计》2005年第11期,第27页。

⑤ 段海瑞:《房地产:调控浪淘沙,投资选真金》,《股市动态分析》2005年第43期,第34页。

⑥ 赵丽:《从物价看房地产投资》,《四川省情》2005年第6期,第1页。

钱"入市中国，入境资金大量流入房地产业。大量的境外资金进入中国房地产业进行投机套利是国内房地产业过快发展的重要原因①。而且从 2003 年开始，全球的股市低迷使得大量游资找不到出路从而转向房地产②。据统计，2003 年北京市商品房预售额为 864 亿元，其中港澳台个人投资近 11 亿元，外籍个人投资 14 亿元，外省市个人投资为 220 亿元③。外资基金在大陆投资房地产的方式主要有四种：投资并参与开发；投资公建；投资住宅；收购银行的不良资产，再通过打包变现。目前在大陆房地产市场上比较活跃的外资基金主要包括摩根斯坦利、美林银行、荷兰国际投资基金（ING）、新加坡凯德置地（Capital Land）等，另外，像美国的高盛和雷曼等国际投资银行也以不同形式介入了房地产投资④。

境外资金主要通过三条非正常渠道进入中国的外汇市场，并投机于房地产等行业：一是以企业注册资本金或增资以及预收货款的形式，从境外收取外汇并办理结汇，然后转为房地产投资；二是由中资外汇银行离岸部对境内的外商投资企业的外方发放短期外汇贷款，外方再借给境内企业，办理结汇，以绕开政策监管，然后转入房地产；三是部分贸易及资本项下的资金以个人名义流入境内。境外资金在房地产市场上的"标杆效应"，导致很多民间资金跟风入市，使房价越炒越高。而一旦购房者的预期发生变动，如果这部分房屋集中抛向市场，必然导致房价大跌。而

---

① 黄琳：《境外资金快速进入市房地产：令人担忧》，《中国统计》2005 年第 11 期，第 27 页。

② 王水利：《投资房地产要看好风向》，《科技智囊》2005 年 4 月，第 72 页。

③ 牛毅：《浅谈房地产市场中的个人投资》，《市场研究》2005 年第 6 期，第 39 页。

④ 王晨：《外资基金四种方式投资大陆房地产市场》，《中国房地信息》2005 年第 7 期，第 53 页。

且一旦人民币升值,大量的国际游资将套利回流,房地产业将面临资金断裂的风险,进而影响整个金融系统的稳定[1]。

3. 对外投资

自从中国的"走出去"战略推出以来,中国企业的对外直接投资(FDI)迅速增加。截止到2004年底,经官方批准或备案设立的境外中资企业数量已达8300家,累计对外直接投资近370亿美元。与此同时,中国的出口贸易额也在逐年增长,截止到2004年底已达5933亿美元[2]。按照实际对外直接投资额计算,中国已经成为发展中国家中的对外直接投资大国[3]。中国企业对外直接投资的现行模式是:第一,在国外建厂或收购相关厂的模式,这种模式追求的是在国外相关市场扩大销售份额;第二,国内生产、国外销售模式,这种模式主要追求的是低成本;第三,以资本换资源的模式。这种海外投资的目的是在某种程度上控制被投资国的战略资源,以供应本国的稀缺资源的需要;第四,战略联盟型投资,这是一种以控股的方式获得利益的模式。这种对外直接投资可能放弃短期利益,以获取长期的或其他方面的利益,它可采用收购国外上市公司或控股国外大型企业的方式实现[4]。

---

[1] 黄琳:《境外资金快速进入市房地产:令人担忧》,《中国统计》2005年第11期,第27页。

[2] 熊跃生、古广东:《对外直接投资与出口贸易关系研究——基于中国数据的协整分析》,《特区经济》2005年第4期,第32页。

[3] 黄河:《论发展中国家企业对外直接投资的比较优势》,《新疆大学学报·哲学人文社会科学版》2005年7月,第6页。

[4] 孔令玉、陈蔚:《中国企业对外直接投资的模式分析》,《经济师》2005年第7期,第166页。

中国对外直接投资过分偏重于贸易型投资。尽管在中国的对外直接投资中,第三产业已居首位,但它是在没有完成第二产业居首位的情形下出现的。在制造业和服务业的对外直接投资中,中国的对外直接投资以低层次的劳动密集型等传统产业为主,对高新技术产业的投资严重偏少[1]。在未来的发展中,中国政府将鼓励和支持具有比较优势的各种所有制企业到海外投资,形成一批有实力的跨国企业和著名品牌,带动商品和劳务的出口[2]。

目前中国的对外直接投资应该以巩固和扩大对发展中国家和地区的直接投资为基本取向,以加快发展对发达国家的直接投资为主导目标,积极发展对东欧、独联体国家和地区的直接投资。中国对外直接投资的重点应该是东盟十国,因为东盟十国的劳动力价格低廉,适合发展劳动密集型投资,而且他们的投资环境比较好,实施了许多吸引外资的优惠政策。地缘上的邻近性和文化背景方面的类似性,构成了东盟国家的区位比较优势。独联体及波罗的海国家是中国对外投资的又一重要地区。这些国家产业结构畸形,轻工业发展水平十分落后,但是消费市场容量比较大,基础建设良好,而且人力资源丰富。中国的很多产业在许多非洲国家具有比较优势。中国的农业技术在非洲也具有比较优势,而且市场巨大。拉美地区有较大的市场容量,而经济不景气,因此迫切需要外资流入。西亚地区的国家对外界的商品依赖性很大,进入限制更少,而且西亚国家近年来正在积极实施经济多元化政策,鼓励国外企业进入[3]。

---

[1] 陈浪南、童汉飞:《我国对外直接投资的行业选择战略》,《国际商务——对外经济贸易大学学报》2005年第5期,第78—79页。
[2] 李勇:《用好国际金融组织的资源》,《国际金融》2005年第7期,第12页。
[3] 杨建清:《我国对外直接投资的地区选择》,《商场现代化》2005年第12期,第132页。

4. 独白:逃离伦理风险

在上述研究的基础上,笔者认为中国应该在创造良好的投资环境上努力,其中降低整个社会的伦理风险对改善投资环境具有很重要的作用。在下文中,笔者提出了降低社会伦理风险的两个阶段,并说明了其中应该注意的问题。

(1) 现阶段目标

目前在直接投资方面,中国要面临的是两种伦理风险:一种是他国对华投资的伦理风险,一种是中国对外投资的伦理风险。他国对华投资的伦理风险,看上去似乎与本国利益无关,其实关系到外国企业是否和在多大程度上会在中国投资。直接投资通常是长期投资,这些投资的流动性不像金融投资和外贸投资那样容易撤走,因此中国的投资环境的改善对于吸引外国直接投资具有很重要的作用。中国应该尽力降低本国的伦理风险,以改善直接投资的伦理环境,为此目前中国主要应该抓的是:

第一,在全球范围内改变华人区的脏乱差的现象。这些现象其实主要是习惯问题,但是很容易让人感觉到这个国家的国民的精神方面的素质很差,成为伦理风险评估的一个很重要的因素。这种现象在全球的华人区中都存在着,与廉价商品同时成为中国社区的一种标志性特征。而这个问题没有能够解决,与国民对这个问题的认识很有关系。如果人们不以此为耻,就很难改变这种现象。以色列曾有过大量的大人采野花,从而破坏了外部环境的情况。以色列政府曾经采取过在学校教育小孩,让孩子回家教育大人的方法,使这些孩子成为了野花的保护神,从而保护了野花的生存。中国也可以采取让孩子教育大人的方面来改善脏乱差的现象。孩子从小就应该接受一整套的文明礼节教育。这种礼貌教育应该与实践联系起来，让他们马上学马上做，使他们在学校、在家和在公共领域都能够遵守文明礼节的规范。学校应该让学生作一个礼仪日记，记录自己在遵守礼仪方面的业绩，并根据这个日记给学生打礼仪分。如果从幼儿园到博士毕业，都能够采取这样的措施，中国就会再以礼仪之邦而闻名。外国投资者首先接触到的是海外华人社区，对这些社区的印象影响到他们对中国的印象。

　　第二，中国应该形成一个普遍尊重企业家的伦理环境，而这又与企业家的道德是否值得人们普遍尊重有关。如果人们能够普遍尊重中国的企业家，就能够为企业家的生存造成一个良好的伦理环境。为此中国不仅要有针对员工的企业伦理和企业道德教育，而且要有针对企业家整体的企业家道德和企业家礼仪教育。通过对企业家的道德和礼仪教育，使他们能够成为社会的道德典范。如果中国的企业家在道德方面不能够得到国民的认同，他们就会生存在伦理危机之中，成为人们在口头上或行为上攻击的对象。而这种情况的存在，对于国家和国民也是有害的，因为这些人都是有能力移民到别的国家去的。当他们移民到国外时，他们会带走中国需要的发展资金。中国的企业家要能够受到国民的普遍尊重，首先他们的财产来源必须是清清白白的，没有官商勾结的现象，没有偷税漏税的现象，他们关注国家的命运，关心国民的疾苦。而一个企业家要能做到没有官商勾结的现象和没有偷税漏税的现象，这又与官德有关。如果官员就是需要贿赂才能批给项目，就是为了得到贿赂而对偷税漏税现象视而不见，企业家为了生存就不得不这样做。这里就引申出了官员的选拔问题。为官者无德，这个官做得越大，对国家的危害越大。为此中国应该为企业家和官员设立道德档案，其中记录的主要是他们在道德方面的品行。在网络上设立这些企业家和官员的道德档案栏,国民可以对他们进行以其言行为基础的道德方面的评论。在这些官员和企业家移民到他国后,国家应该通过全球网络公布这个人的英文版的道德档案。这种道德档案的设立,能够在一定程度上制约企业家和官员的不道德行为。一个有道德问题的人是全球的人都会共同排斥的人。国家还应该鼓励民间机构设立伦理和道德风险评估机构。在提拔官员时,应该首先请这些评估机构对其道德状况加以评估,并写成评估报告以作为提拔干部的参考。国家在审批项目投资时,也应该请专门的伦理评估机构,对企业家的道德状况进行评估。伦理风险评估机构本身应该具有很好的职业道德规范,它们要能够设计出切实可行并能够真正测试出个人的道德品质的测试方式,机构本身也不能为了机构的利益而帮企业家和官员掩盖不道德的事实。

中国也能够通过一整套的考试制度来营造中国企业家在国外的投资环境,降低中国企业家在他国投资的伦理风险。有的国家对于中国人的排斥不是来自技术方面,而是来自对中国人的看法,尤其是精神素质方面的看法。中国的企业逐步在"走出去"。他们在走出国门后,人们对他们的印象不只来自这些投资企业,而且来自全球华人在海外的名誉。中国应该设立一个面对全国的十八岁以上的公民的出国综合考试制度,企业家和企业员工也应该参加这种考试。除了必要的外语考试之外,在这个考试制度中,应该包括这么几方面的内容:第一,中国和所往国家的经济、政治和文化简史。不少出国的公民,包括一些学者,对于这些基本的知识都缺乏系统的了解,这种状况会让他国人感觉到这些中国人很无知。第二,中国和所往国家目前在国际竞争中的经济、政治和文化战略。这样中国人能够在一个宏观的层次上来把握中国与他国的国际关系,能够自觉地为中国的国家大战略服务。这些教育应该落到实处,既要让人感觉到中国的未来的希望,也要让人知道中国目前面临的各种困难。第三,所往国的道德规范和礼仪。中国人到国外后应该遵循外国的道德规范和礼仪。第四,中国人自己的道德规范和礼仪。中国应该根据一定的道德规范设计出一整套的礼仪。在一些主要的场合,中国人应该有什么样的行为,着什么样的装,应该有一套统一的礼仪标准。中国应该通过使馆和领事馆在中国的节日里和在中国社区里建立这样的道德礼仪文化。

中国的对外投资应该分阶段进行,先有一批企业到各国投资和积累经验,然后再鼓励更多的企业去投资。中国在国际政治中得有足够高的地位时,才能够保护本国在他国的直接投资中的合理利益。在国际社会中存在着明显的欺软怕硬的现象。随着中国的国际投资在全球的铺开,中国企业可能会成为起诉者,也可能成为被告,而这些法律诉讼都可能是在国外进行的,这些企业可能会因为国家不够强大而被欺负。这种现象也是一种伦理风险,因为中国企业受到了不公正的待遇。中国对于被起诉和败诉的本国企业,应该客观分析本国企业的行为。如果本国企业确实有错,不应该姑息,而如果本国企业受冤枉,即便是败诉了,中国也应该给予这个企业道义上的支持,不能只以他国的法律标准的判决作为正确与错误的判断标准。

在中国的海外投资主要来自香港和台湾地区,这与这些地区的公民对大陆的文化了解有关系,也与这些地区的人在大陆有中国的亲戚有关系。中国人比较信任熟人而难以信任陌生人,主要就是因为中国人通常认为与陌生人交往比较容易被欺骗,这就是一种伦理风险观。人们习惯认为与熟人交往伦理风险小,而与陌生人交往伦理风险大。这种观念会影响中国人对管理人才的使用。一个中国的企业家,也许他并不善于管理,从他的亲戚朋友中也找不到善于管理的人才，这时候他就需要雇用一个管理者。而这个管理者的能力是可以通过他的业绩来表示的，但是这个人在道德上是否能够被信任就是个很大的问题。而在公司发展到一定的时候，没有专门的管理人才来管理，又很难生存。这就需要有专门的伦理风险评估机构来对管理者的伦理道德进行评估，这些机构应该对他们的评估结果承担一定的经济后果。

中国可以由政府组织一些针对西方国家的引资公司。这些中国公司由国家担保。他们在开始时与西方国家的公司合作，占有一定的股份。这些合作公司在中国运行两年后，中方退出这些公司，由这些公司在中国继续经营。这样可以帮助外国公司适应中国的水土，使他们在投资初期不会因为水土不服而导致公司失败。中国公司应该对这些外方合作公司的产品在中国的市场有足够的了解。如果这些引资公司的成功率高，便有可能引入大量的西方投资。在吸引外资的过程中，中国也应该算大账。有的买卖从局部和个体上算是不合适的，而从国家的整体收益上来算大账则是对双方都有利的。

另外，来自国外的房地产投资可能产生一些社会问题，这些社会问题可能会转化为伦理风险：第一，由于外资投入房地产炒作，使中国的房地产热加温，导致了一些经济上不是很宽裕的人也开始购房。而房产不像金钱那么容易流动。中国人目前的社会保障不是很完善。当人没有应急款支付诸如医疗等方面的费用时，会使人产生焦虑情绪，而且进一步让人感觉到自己的贫穷，从而会加剧对社会不公的不满，因此更容易突破道德底线。第二，在房地产发展中还渗透着一种标识。由于住宅区集中化，而且每个小区的房价差不多，一些小区以廉价著名，而一些小区则以豪华著名。这样通过居住在什么区，就很容易让人们区分出贫富来,这样更会加剧人们的贫富差距感,而目前中国的贫富差距问题是中国的社会不稳定的重要因素之一。第三,外资进入房地产,抬高了中国的房价,从而使劳动力生存的成本增加,这样必然会提高中国的劳动力的成本。而劳动力成本的提高,又会影响到中国的劳动力的综合竞争力,从而可能使失业率更高。失业率高会使人们的还贷能力降低,从而导致可能产生伦理风险的社会问题。一个国家的社会问题越多,人们突破道德底线的可能性越大,一个国家的伦理风险就越大,其投资环境就越差。

(2) 未来的奋斗目标

中国还需要进一步努力,通过市场的第一次分配和政府的第二次分配来改变社会结构,才能够从总体上降低伦理风险,从而提供很好的投资环境。在市场经济的条件下,中国的合理的社会结构主要应该分为五个层次:第一层次是相对富有的层次,这个层次的人主要来自管理者、高风险承担者和创造者。这个层次的人应该少而精,应该控制在一个国家的劳动人口的5%左右。这些人的高收入的合理性前提是他们的经营是合乎法律并合乎一定社会的道德规范的。这里笔者特别提出了道德规范的问题,因为在社会的法律体系不健全的情况下,合乎法律的行为并不一定是合乎道德的行为。而且即便法律是健全的,法律规范也只是与底线道德规范相吻合。从中国的传统道德体系来看,合乎法律的人是可以分为君子和小人两类的。他们都不是违法者,但是他们在道德情操上有区别。这个层次的人应该成为社会的道德典范,因此他们应该属于君子而不是小人,他们应该具有为社会做贡献之心。君子与小人做事可能都能带来同样的经济收入,但是他们在本末关系上有区别,君子以对社会的贡献为本，而以获取收入为末，小人则以获取收入为本，而以为社会贡献为末，通过这种区别就把人的道德情操区别开来。能够成功地管理一个大型企业并给社会带来效益，这些人的高收入的存在，能够激发人向高级管理者的方向努力，这样有利于提高一个国家的综合竞争能力。

在市场经济环境中，人多少都得具有承担风险的能力。这种社会的特征就是变动性强和不确定因素多。若想要成就一番事业，通常是需要承受比较大的风险的。在经济收入上鼓励高风险承担者，能够让人们更容易去承担高风险责任，从而能够成就更大的事业，这也能提高一个社会的综合竞争力。创造者也是这个社会应该鼓励的群体。中国能够从一个出卖廉价劳工和廉价资源的国家转化为一个靠高科技创新产品来发展的国家，主要依靠的是创新者。这三个群体的恰当配合，能够提高一个国家在市场经济中的综合实力，因此国家不仅在经济分配上应该向这三个人群倾斜，而且应该注重培养这三个人群的道德情操，从而能够在名誉分配上也能够向他们倾斜，使这个层次成为人们奋斗的目标，激励人们向这个层次发展。当然这个层次的人的收入不能过高，应该通过转移支付进行公平分配的调节。而且要保持这个层次的纵向和横向流动渠道。这个层次的人做不好能够掉下来，下面的层次的人能够通过努力进入这个层次，在这种纵向流动中不能人为地设置任何障碍，这些群体的横向的跨行业流动也应该加以鼓励，而且国家应该多报道他们的事业，少报道他们的生活方式。他们因为比较富有，当然比其他层次的人具有更富有的生活条件，但是在他们身上值得人们效仿的不是他们的个人生活方式，而是他们在事业上的奋斗精神。

第二层次的人是提供高级服务的劳动者，这些人主要是精神产品的创造和传播者。这个层次的人应该占一个国家的劳动人口的40%左右。这个层次的人会随着社会的发展而不断增加,而且会越来越成为社会的主体。这个层次的人生产的产品主要是满足人们的精神需要的。这些产品消耗的自然资源比较少,而且因为这种劳动主要属于脑力劳动,因此收入相对比较高,在收入层次中属于第二层次。这种产品在精神上是否健康,对社会的整个精神状况会产生很大的影响。在精神文化的创造与传播方面,从技术上看存在着雅俗之分。雅文化通常需要具有一定的专业知识才能够欣赏,比如说,交响乐的欣赏就需要懂得特殊的音乐语言才能够欣赏,而通俗歌曲则是大众能够懂的。而雅俗都能够服务于善与恶。如果一种雅的形式所赞赏和传播的是一种崇高的善,那就是善雅;如果一种雅的形式赞赏和传播的是一种恶,那就是恶雅。同样如果一种俗的形式赞赏和传播的是一种善,那就是善俗;而当一种俗的形式赞赏和传播的是种骄奢淫逸,那就是恶俗。善雅和善俗都是精神文化创造中需要的,前者与后者只是在技术上有区别,它们都能够满足人们的纯净的精神文化需求;而恶雅和恶俗的传播则会使一个社会的精神面貌萎靡不振。目前在中国社会中还存在着一种糙话文化,一些用糙话写出的文学作品比较流行。这种现象的存在与社会上存在着一些对自己目前的生存状况不满和对社会不公的不满的人有关系,因此能够得到比较广泛的流行。这是人们发泄不满的一种形式。一个健康的和伦理风险低的社会是善雅和善俗流行,而恶雅、恶俗和糙语得不到流行的社会。

第三层次的人是提供高级职业技术服务的劳动者。这些人主要是物质产品的生产者。他们不属于提供简单劳动的劳动者,因为他们的工作需要经过高级培训,他们的工作不容易为机器人所替代。这个层次的人应该占国家的劳动人口的40%左右。随着社会的发展,这个层次的劳动者会逐渐减少。他们通常是某种工具的熟练使用者。他们能够在工作中改善工具和改善工作流程，从而提高工作效率。这个层次的劳动者与第二层次的劳动者在收入上不应该有很大的差别。这些人虽然在很大程度上在使用体力，但是他们也需要使用他们的智慧，而且这种体力劳动的强度通常比较大，工作也比较危险，而且他们的劳动相比第二层次的人来说更枯燥乏味。因此即便这个层次的人与第二层次的人具有同样的工资，能够做第二层次的工作的人还是会努力进入第二层次，并不会因为收入分配接近而不愿意努力进入第二层次。而且在社会需要这个层次的劳动者的时候，人们能够安心在第三层次工作。这样的社会就会比较稳定。

第四层次的人是提供简单劳动的劳动者。这个层次应该占国家的总劳动人口的10%左右。随着社会的发展，简单劳动越来越多地会被机器人替代，但是还是有一些简单劳动必须由人来从事。因为这种劳动很简单，因此这种劳动的报酬应该是远低于第三层次的劳动者，这样可以激励这些劳动者努力向上面三个层次努力。这个工作可以提供给在读学生和暂时找不到工作的劳动者，这种工作可以以临时工的方式存在。

第五个层次的人属于社会救济的对象。他们因为各种原因而失去了工作或工作能力。社会为了保护人权、体现人间的温暖和维持社会的稳定，应该为这些人提供良好的社会救济。但这种社会救济金不能过高，否则可能会使第四层次的人放弃工作而领取社会救济。一个国家的所有公民都应该享有良好的社会保障。在这种社会中，伦理风险就会很小，投资环境就会很好。中国应该向着这样一种社会结构迈进，应该引导本国和他国按这种职业结构投资。从目前的情况上看，中国的职业结构还是属于第四层次居多的情况。农民已经是工业社会中不应该大量存在的层次，而中国仍然存在着大量的困苦的农民。中国目前的状况相对于那么大规模的改革来说，已经属于非常稳定的状态，这种状态与中国的传统文化在发挥着作用有关系。中国一方面应该继续发挥传统文化的稳定社会的作用，一方面应该从经济上尽力解决弱势群体的生存问题，使全社会的人都能够享受到经济改革带来的利益。

附录

逃离伦理风险之方法缩影

当今之世为风险之世。风险有可图之处。经历风险可丰富人生。恒安之心因无情感波动而如沙石。幻想可创充满风险之内心世界，可不冒实际风险之苦，但无品味细节之感。想葡萄、看葡萄与吃葡萄滋味各异。风险之于乐观之人，似冰岛之飞雪落温泉，寒不伤温，独有其味。风险也有需避之害。供需似云雾变幻，故有市场之风起云涌，人心之抑郁焦躁。而静心则易从道。商业之道，买低抛高，趋落而不追高。概率之道，弹常不复落同地，机常不接踵而来，殊途可同归，同途可殊归。稳定之国，可投资而不可投机。不稳定之国，可投机而不可投资。投稳定之众愿可暴发而持久。官愿不合众愿之时，投官愿可偶发而不可持久。债多险大，一环出错，环环皆输。制疏之漏、才疏之漏、德疏之漏、心疏之漏，均可化为风险之隐患。制不严无规、才不济无恒、德不立无信、心不定无常，故有随遇而不安之心。不安之心可铸成大错，大错之后可造成更大之不安，从而可铸成更大之错，风险便环环滚动起来，成为人之厄运。而识风险者为俊杰。知制之漏而防之、知德之漏而疑之、知心之漏而定之、知才之漏而避之，故能挺立于风险之中。心傲或心虚必显于表，惹人烦或惹人疑而易失相关之机遇。风险存于细节之中，万因或不足于成事，一因则足于败事。先敏不可失，不然则易麻木；后静不可无，不然则易偏激。保持独立思维，不潜在受他人意志支配。他之求与我之欲合则事可立。人立风险之中，心立风险之外，以淡然之心应莫测之险，险而非险。从俗者跟风、追崇者附雅、超然者平凡。静心易识风险，易阻风险之滚动，易发挥公益潜能，易与天地并立，易获人生巅峰之乐。

参考文献[①]

中文部分

1. ［美］博特赖特：《金融伦理学》，静也译，北京大学出版社 2002 年版。
2. 陈泽环：《个人自由和社会义务》，上海辞书出版社 2004 年版。
3. 陈泽环：《功利·奉献·生态·文化：经济伦理引论》，上海社会科学院出版社 1999 年版。
4. 丁明鲜：《经济伦理论》，四川人民出版社 2004 年版。
5. ［美］里查德·狄乔治：《国际商务中的诚信竞争》，翁绍军、马迅译，上海社会科学院出版社 2001 年版。
6. ［美］理查德·T.德·乔治：《经济伦理学》，李布译，北京大学出版社 2002 年版。
7. 梁世红、董建新：《市场经济伦理学》，暨南大学出版社 2000 年版。
8. 陆晓禾：《走出"丛林"：当代经济伦理学漫话》，湖北教育出版社 1999 年版。
9. 罗能生：《义利的均衡：现代经济伦理研究》，中南工业大学

---

① 本部分主要列出伦理学方面的参考书目，经济学方面的参考书目请见注释。

出版社 1998 年版。
10. ［瑞士］罗世范：《国际经济伦理：晋升商场定级玩家的 18 项伦理修炼》，张秋蔚译，台北：五南图书出版股份有限公司 2004 年版。
11. 罗伟：《经济伦理新探》，云南科技出版社 2003 年版。
12. 聂文军：《亚当·斯密经济伦理思想研究》，中国社会科学出版社 2004 年版。
13. 乔法容、朱金瑞主编：《经济伦理学》，人民出版社 2004 年版。
14. 乔洪武：《正谊谋利：近代西方经济伦理思想研究》，商务印书馆 2000 年版。
15. 乔治·恩德勒：《国际经济伦理：挑战与应对方法》，锐博慧网公司翻译，北京大学出版社 2003 年版。
16. ［美］乔治·恩德勒：《面向行动的经济伦理学》，高国希、吴新文等译，上海社会科学院出版社 2002 年版。
17. 任重道：《证券伦理》，河南人民出版社 2002 年版。
18. 苏勇：《管理伦理》，河南人民出版社 2002 年版。
19. 孙春晨：《市场经济伦理研究》，江苏人民出版社 2005 年版。
20. 孙君恒：《贫困问题与分配正义：阿马蒂亚·森的经济伦理思想研究》，当代中国出版社 2004 年版。
21. 孙英、吴然主编：《经济伦理学》，首都经济贸易大学出版社 2005 年版。
22. 孙铮、骆祖望主编；《倒塌的"红塔"：企业经理的道德风险》，上海财经大学出版社 2003 年版。
23. 唐凯麟、陈科华：《中国古代经济伦理思想史》，人民出版社 2004 年版。
24. 唐能赋等：《经济伦理学：市场经济运行中道德问题研究》，

西南财经大学出版社 1997 年版。
25. 万俊人：《道德之维：现代经济伦理导论》，广东人民出版社 2000 年版。
26. 万俊人主讲：《义利之间：现代经济伦理十一讲》，张彭松整理，团结出版社 2003 年版。
27. 汪荣有：《当代中国经济伦理论：当代中国经济伦理嬗变及经济伦理建设研究》，人民出版社 2004 年版。
28. 王福霖、刘可风主编：《经济伦理学》，中国财政经济出版社 2001 年版。
29. 王克敏：《经济伦理与可持续发展》，社会科学文献出版社 2000 年版。
30. 王锐生、程广云：《经济伦理研究》，首都师范大学出版社 1999 年版。
31. 王小锡、宣云凤主编：《现代经济伦理学》，江苏人民出版社 2000 年版。
32. 王小锡、朱金瑞、汪洁主编：《中国经济伦理学 20 年》，南京师范大学出版社 2005 年版。
33. 王泽应：《义利观与经济伦理》，湖南人民出版社 2005 年版。
34. 向玉乔：《生态经济伦理研究》，湖南师范大学出版社 2004 年版。
35. 萧家兴：《经济伦理与公义信仰》，台北：财团法人禧年经济伦理文教基金会 2003 年版。
36. 杨建文等：《分配伦理》，河南人民出版社 2002 年版。
37. 杨清荣：《企业伦理与现代企业制度》，湖北人民出版社 2000 年版。
38. 叶敦平等：《经济伦理的嬗变与适应》，上海教育出版社 1998 年版。

39. 尹继佐主编：《发展中国经济伦理》，上海社会科学院出版社 2003 年版。
40. 曾欣：《中国证券市场道德风险研究》，西南财经大学出版社 2003 年版。
41. 张鸿翼：《儒家经济伦理》，湖南教育出版社 1989 年版。
42. 章海山：《经济伦理及其范畴研究》，中山大学出版社 2005 年版。
43. 章海山：《经济伦理论：马克思主义经济伦理思想研究》，中山大学出版社 2001 年版。
44. 周俊敏：《〈管子〉经济伦理思想研究》，岳麓书社 2003 年版。
45. 周中之、高惠珠：《经济伦理学》，华东师范大学出版社 2002 年版。
46. 周中之：《消费伦理》，河南人民出版社 2002 年版。
47. 朱林等：《中国传统经济伦理思想》，江西人民出版社 2002 年版。

英文部分

1. A. A. Long, ed., *The Cambridge companion to early Greek philosophy*, Cambridge; New York: Cambridge University Press, 1999.
2. Andrew Fight, Andrew Fight, *Understanding international bank risk*, John Wiley & Sons, 2003.
3. Aristotle, *The Nicomachean Ethics*, J. L. Ackrill, J. O. Urmson, David Ross (Translator), Oxford University Press, 1998.
4. Arthur Schopenhauer, *The world as will and representation* (Volume 1), Dover Publications, 1966.

5. Augustine Thompson, *Cities of God: the religion of the Italian communes*, 1125—1325, University Park, Pa.: Pennsylvania State University Press, 2005.
6. Brigham Young (Corporate Author), F. Neil Brady (Editor), *Ethical universals in international business*, Seep-Conference on Economic Ethics and Philosophy 1995, Springer, 1996.
7. Bruce McComiskey, *Gorgias and the new sophistic rhetoric*, Carbondale: Southern Illinois University Press, 2002.
8. Christoph Riedweg; *Pythagoras: his life, teaching, and influence*, translated by Steven Rendall in collaboration with Christoph Riedweg and Andreas Schatzmann, Ithaca: Cornell University Press, 2005.
9. Curtis N. Johnson, *Socrates and the immoralists*, Lanham: Lexington Books, 2005.
10. Daniel Little, *The paradox of wealth and poverty: mapping the ethical dilemmas of global development*, Westview Press, 2003.
11. David Gauthier, *Rousseau: the social and the solitary*, Cambridge; New York: Cambridge University Press, 2006.
12. Desmond M. Clarke, *Descartes' s theory of mind*, New York: Oxford University Press, 2003.
13. Dirk Couprie, Robert Hahn, and Gerard Naddaf, *Anaximander in context: new studies in the origins of Greek philosophy*, Albany: State University of New York Press, 2003.
14. E. M. Atkins, Thomas Williams, ed., *Thomas Aquinas: disputed questions on the virtues*, translated by E. M. Atkins, Cambridge: Cambridge University Press, 2005.
15. Friedrich Nietzsche, *Beyond Good & Evil: Prelude to a philoso-*

phy of the future, Walter Kaufmann (Translator), Vintage, 1989.
16. G. W. F. Hegel, *Phenomenology of spirit*, J. N. Findlay (Foreword), A. V. Miller (Translator), Oxford University Press, 1979.
17. Hervé Moulin, Maurice Salles, Norman J. Schofield, ed., *Social choice, welfare, and ethics: proceedings of the eighth international symposium in economic theory and econometrics*, William A. Barnett (Series Editor), Cambridge University Press, 1995.
18. Immanuel Kant, *Kant: groundwork of the metaphysics of morals*.
19. Jacques Brunschwig and Geoffrey E. R. Lloyd, ed., with the collaboration of Pierre Pellegrin; *Greek thought: a guide to classical knowledge*, translated under the direction of Catherine Porter, Cambridge, Mass. : Belknap Press of Harvard University Press, 2000.
20. Jean-Paul Sartre, *Existentialism and uuman emotions*, Citadel Press, 1984.
21. Jeremy Bentham, *The Principles of morals and legislation*, Prometheus Books, 1988.
22. John Dewey, *Experience and education*, Free Press, 1997.
23. Karl Marx, *Capital: a critique of political economy*, Ernest Mandel (Introduction), Ben Fowkes (Translator), Penguin Classics, 1992.
24. Kern Alexander, Rahul Dhumale, John Eatwell, *global governance of financial systems: the international regulation of systemic risk*, Oxford University Press, 2005.
25. Louis Anthony Cox, *Risk analysis: foundations, models and*

methods, Springer, 2001.
26. Machiavelli, *The prince*, edited by Quentin Skinner and Russell Price, Beijing: China University of Political Science and Law Pr. , 2003.
27. Martin Heidegger, *Being and time*, HarperSanFrancisco, 1962.
28. Martin Heidegger, *The essence of truth: on Plato's cave allegory and Theaetetus*, translated by Ted Sadler, New York: Continuum, 2002.
29. Nejdet Delener, ed. , *Ethical issues in international marketing*, International Business Press, 1995.
30. Néstor-Luis Cordero, *By being, it is: the thesis of Parmenides*, Las Vegas: Parmenides, 2004.
31. Patricia F. O'Grady, *Thales of Miletus: the beginnings of western science and philosophy*, Aldershot, Hants, England; Ashgate, 2002.
32. Paul A. Swift, *Becoming Nietzsche: early reflections on Democritus, Schopenhauer, and Kant*, Lanham, Md. : Lexington Books, 2005.
33. Paul Bishop and R. H. Stephenson, *Friedrich Nietzsche and Weimar classicism*, Rochester, NY: Camden House, 2005.
34. Plato, *Plato: Republic*, G. M. A. Grube, C. D. C. Reeve (Translator), Hackett Publishing Company, 1992.
35. Robert Deuchars, *The international political economy of risk: rationalism, calculation and power*, Ashgate Publishing, 2004.
36. Roberto Polito, *The sceptical road: Aenesidemus' appropriation of Heraclitus*, Leiden; Boston: Brill, 2004.
37. Roger Beck, *The religion of the Mithras cult in the Roman Em-*

pire: *mysteries of the unconquered sun*, Oxford; New York: Oxford University Press, 2006.
38. S. Marc Cohen, Patricia Curd, C. D. C. Reeve, ed. , *Readings in ancient Greek philosophy*: *from Thales to Aristotle*, Indianapolis: Hackett, 2000.
39. S. Prakash Sethi, Oliver F. Williams, *Economic imperatives and ethical values in global business*: *the south African experience and international codes today*, Springer, 2000.
40. Samuel Enoch Stumpf, *Socrates to Sartre*: *a history of philosophy*, New York: McGraw-Hill, 1993.
41. Sara Ahbel-Rappe and Rachana Kamtekar, ed. , *A companion to Socrates*, Malden, MA; Oxford: Blackwell Pub. , 2006.
42. Simon Trépanier, *Empedocles*: *an interpretation*, New York: Routledge, 2004.
43. Theodore H. Moran, Gerald T. West, ed. , *International political risk management*: *looking to the future*, World Bank Publications, 2005.
44. Theodore H. Moran, *Managing international political risk*: *new tools*, *strategies and techniques for investors and financial institutions*, Blackwell Publishers, 1998.
45. Thomas Hobbes, *Leviathan*, edited by Richard Tuck, Beijing: China University of Political Science and Law Pr. , 2003.
46. Tim O'Keefe, *Epicurus on freedom*, Cambridge, UK; New York: Cambridge University Press, 2005.